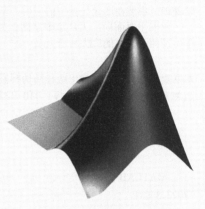

MATLAB
图像处理实例详解

杨丹 赵海滨 龙哲 等编著

清华大学出版社

北 京

内 容 简 介

本书全面、系统地介绍了 MATLAB 在数字图像处理中的各种技术及应用。本书对图像处理的基础概念做了必要交代，重点给出了 MATLAB 在图像处理各个环节中的实现方法，在讲解各个知识点时列举了丰富的实例，使得本书应用性很强。书中的实例程序完整，在基于 MATLAB 编程的图像处理应用和开发中有很高的实用价值。本书附带 1 张光盘，收录了本书重点内容的配套多媒体教学视频及书中涉及的实例源文件。这些资料可以大大方便读者高效、直观地学习本书内容。

本书共 15 章，分为 3 篇。第 1 篇为 MATLAB 及图像基础，涵盖的内容有图像基础、MATLAB 基础和 MATLAB 数字图像处理基础；第 2 篇为基于 MATLAB 的常见图像处理技术，涵盖的内容有数字图像的运算、数字图像增强技术、数字图像复原技术、图像分割技术、图像变换技术和彩色图像处理；第 3 篇为基于 MATLAB 的高级图像处理技术及应用，涵盖的内容有图像压缩编码、图像特征分析、图像形态学处理、小波在图像处理中的应用、基于 Simulink 的视频和图像处理和 MATLAB 图像处理综合实例。

本书主要面向广大从事数字图像处理的工程设计人员、从事高等教育的专任教师、高等院校的在读学生及相关领域的广大科研人员。

图书在版编目（CIP）数据

MATLAB 图像处理实例详解 / 杨丹，赵海滨，龙哲等编著. —北京：清华大学出版社，2013.7（2023.3重印）

　　ISBN 978-7-302-32186-6

　　Ⅰ. ①M… Ⅱ. ①杨… ②赵… ③龙… Ⅲ. ①Matlab 软件—应用—数字图像处理 Ⅳ. ①TN911.73

中国版本图书馆 CIP 数据核字（2013）第 083419 号

责任编辑：夏兆彦
封面设计：欧振旭
责任校对：胡伟民
责任印制：杨 艳

出版发行：清华大学出版社
　　　网　　址：http://www.tup.com.cn, http://www.wqbook.com
　　　地　　址：北京清华大学学研大厦 A 座　　　　邮　　编：100084
　　　社 总 机：010-83470000　　　　　　　　　邮　　购：010-62786544
　　　投稿与读者服务：010-62776969，c-service@tup.tsinghua.edu.cn
　　　质 量 反 馈：010-62772015，zhiliang@tup.tsinghua.edu.cn
印 装 者：三河市龙大印装有限公司
经　　销：全国新华书店
开　　本：185mm×260mm　　　　印　张：31.25　　　　字　数：785 千字
　　　　　附光盘 1 张
版　　次：2013 年 7 月第 1 版　　　　　　　　印　次：2023 年 3 月第 14 次印刷
定　　价：69.00 元

产品编号：052480-01

前　　言

图像是物体透射或反射的光信息，通过人的视觉系统接受后，在大脑中形成的印象或认识，是自然景物的客观反映。图像，作为一种有效的信息载体，是人类获取和交换信息的主要来源，其直观性和易理解性是显而易见的，是其他类信息所无法比拟的。实践表明，人类感知的外界信息，80%以上是通过视觉系统得到的。

一幅图像可定义为一个二维函数或三维函数，当空间坐标和幅度值为有限离散的数值时，称该图像为数字图像。对图像进行的一系列的操作以达到预期目的的技术，称为图像处理。图像处理可分为模拟图像处理和数字图像处理两种方式。利用光学、照相和电子学方法对模拟图像的处理称为模拟图像处理。数字图像处理，简称为图像处理，是指利用计算机来处理数字图像，从而获得某种预期结果的技术。同模拟图像处理相比，数字图像处理具有精度高、再现性好、通用性强和灵活性高等优点。随着计算机的发展，图像处理技术越来越受到人们极大的重视，出现了许多新理论、新方法和新算法等，在科学研究、工业生产、医疗卫生、教育、娱乐、管理和通信等领域都得到了广泛的应用。

MATLAB 软件是由美国 Mathworks 公司发布的主要面对科学计算、数据可视化、系统仿真及交互式程序设计的高科技计算环境。由于其功能强大，而且简单易学，MATLAB 软件已经成为高校教师、科研人员和工程技术人员的必学软件，能够极大地提高工作效率和质量。MATLAB 软件有一个专门的工具，即图像处理工具箱。图像处理工具箱是由一系列支持图像处理操作的函数组成，可以进行诸如几何操作、滤波和滤波器设计、图像变换、图像分析与图像增强、图像编码、图像复原及形态学处理等图像处理操作。

本书将理论和实践相结合，在介绍图像处理理论的同时，采用 MATLAB 编程进行了实现，使读者能够在最短的时间内，达到最好的学习效果。通过学习本书内容，读者不仅能够全面掌握 MATLAB 的编程和开发，而且还可以迅速掌握 MATLAB 在图像处理和分析中的具体应用。

本书的特点

1. 提供"在线交流，有问必答"网络互动答疑服务

国内最大的 MATLAB&Simulink 技术交流平台——MATLAB 中文论坛（www.iLoveMatlab.cn）联合本书作者和编辑，一起为您提供与本书相关的问题解答和 MATLAB 技术支持服务，让您获得最佳的阅读体验。具体参与方式请详细阅读本书封底的说明。

2. 每章都提供对应的教学视频，学习高效、直观

为了便于读者高效、直观地学习本书中的内容，作者对每章的重点内容都特意制作了教学视频，这些视频和本书的实例文件一起收录于配书 DVD 光盘中。

3．内容由浅入深，循序渐进

本书结构合理，内容由浅入深，讲解循序渐进，不仅适合初学者阅读，也非常适合有一定图像处理基础的高级读者进一步学习。

4．结构合理，内容全面、系统

本书详细介绍了 MATLAB 编程、数据分析和处理、数据可视化、Simulin 仿真、GUI 编程开发及常用的工具箱，将实际项目开发经验贯穿于全书，思想和内容都非常丰富。在内容的安排上，根据读者的学习习惯和内容的梯度进行了合理地安排，更加适合读者学习。

5．叙述详实，例程丰富

本书有详细的例程，每个例子都经过精挑细选，有很强的针对性。书中的程序都有完整的代码，而且代码非常简洁和高效，便于读者学习和调试。读者也可以直接重用这些代码来解决自己的问题。

6．结合实际，编程技巧贯穿其中

本书将图像处理的深奥理论和实际的工程实践相结合，并且给出了大量的编程技巧。这些编程技巧都来自于工程实践，能够起到事半功倍的作用。

7．语言通俗，图文并茂

本书中的实例程序都有详细的注释和说明，程序的运行结果提供了大量的图片，让读者对不同算法的运行结果有更加直观的印象。

本书内容

MATLAB 软件功能强大，非常适合进行图像处理。本书由浅入深，适合各个水平阶段读者的学习。本书共 15 章，分为 3 篇。

第1篇　MATLAB及图像基础（第1～3章）

第 1 章详细介绍了数字图像处理的基础内容，包括什么是数字图像基础、图像的表示方法、图像的数据结构及计算机中的图像文件格式。

第 2 章详细介绍了 MATLAB 的基础，包括 MATLAB 简介、MATLAB 的数据类型、运算符、矩阵、m 文件及图形可视化。

第 3 章详细介绍了利用 MATLAB 来实现数字图像处理的基本操作，包括 MATLAB 图像处理工具箱，图像类型的转换，图像文件的读写、显示，视频文件的读写。

第2篇　基于MATLAB的常见图像处理技术（第4～9章）

第 4 章详细介绍了 MATLAB 中数字图像的运算，包括点运算、代数运算、逻辑运算，图像的平移、镜像、缩放、转置、旋转及剪切，图像的邻域操作和区域选择。

第 5 章详细介绍了图像增强技术。图像增强的目的是为了改善图像的视觉效果，提高图像的质量，包括空域内处理和频域内处理。空域内处理是直接对图像进行处理；频域内处理是在图像的某个变换域内，对图像的变换系数进行运算，然后通过逆变换获得图像增强效果。

第 6 章详细介绍了图像复原技术。图像复原是要尽可能恢复退化图像的本来面目，它是沿图像退化的逆过程进行处理，主要包括图像的噪声模型、图像的滤波及常用的图像复原方法等。

第 7 章详细介绍了图像分割技术，主要包括边缘分割技术、阈值分割技术和区域分割技术等。图像分割就是把图像分成各具特性的区域，并提取出感兴趣目标的技术。

第 8 章详细介绍了图像变换技术，主要包括 Radon 变换和反变换、傅立叶变换、离散余弦变换、Hadamard 变换和 Hough 变换。

第 9 章详细介绍了彩色图像处理，包括彩色图像的基础和彩色图像的坐标变换。

第3篇　基于MATLAB的高级图像处理技术及应用（第10～15章）

第 10 章详细介绍了 MATLAB 中的图像压缩编码。包括霍夫曼编码、香农编码、算术编码、行程编码和预测编码及编码方法的 MATLAB 实现、静态图像压缩标准 JPEG 标准。

第 11 章详细介绍了 MATLAB 中的图像特征分析，包括介绍图像的颜色特征、纹理特征和形状特征的分析方法及其 MATLAB 实现方法。

第 12 章详细介绍了利用 MATLAB 软件进行形态学图像处理，主要内容包括形态学基本运算、组合形态学运算及二值图像的形态学运算等。

第 13 章详细介绍了 MATLAB 中小波变换在图像处理中的应用，包括在 MATLAB 中的小波函数及基于小波的图像去噪、压缩及融合的 MATLAB 实现方法。

第 14 章详细介绍了 MATLAB/SIMULINK 中的 Video and Image Processing Blockset 模块库。包括 Video and Image Processing Blockset 模块库的构成，图像增强、变换和形态学等图像处理的 Simulink 实现。

第 15 章详细介绍了在 MATLAB 中图像处理的实例，包括 CT 图像重建算法、车牌倾斜校正算法、人脸识别算法及基于神经网络的图像识别算法等。

适合阅读本书的读者

数字图像处理的初学者；
❑ 数字图像处理进阶人员；
❑ 数字图像处理从业人员；
❑ 数字图像处理工程技术人员；
❑ 高校相关专业的学生和老师；
❑ MATLAB 爱好者和研究人员。

本书作者

本书主要由东北大学的杨丹、赵海滨及中国医科大学的龙哲主笔编写，东北大学的徐彬、沈阳师范大学的张志美、沈阳职业技术学院的赵薇参与编写。其中，龙哲、张志美负责第 1 章、第 2 章、第 3 章、第 10 章和第 11 章的编写工作；杨丹、赵薇负责第 4 章、第 9 章、第 13 章、第 14 章和第 15 章的编写工作；赵海滨、徐彬负责第 5 章、第 6 章、第 7 章、第 8 章和第 12 章的编写工作。其他参与编写的人员还有叶琳琳、李锐、王丹丹、吕轶、于洪亮、邢岩、武冬、郅晓娜、孙美芹、卫丽行、尹翠翠、蔡继文、陈晓宇、迟剑、邓薇、郭利魁、金贞姬、李敬才、李萍、刘敬、陈慧、刘艳飞、吕博、全哲、佘勇。杨丹负责全书的统稿工作，徐彬参与全书内容的编辑和校对，并负责实例整理及验证。在此对所有关心、支持本书出版的人表示感谢！

另外，本书还受到中央高校基本科研业务费青年教师科研启动基金资助项目（NN100304008、N110316001）资助。

由于时间仓促，作者水平所限，书中可能还存在遗漏和不足之处，恳请广大读者提出宝贵意见。

编著者

目　　录

第 1 篇　　MATLAB 基础

第 2 篇　基于 MATLAB 的常见图像处理技术

第 3 篇 基于 MATLAB 的高级图像处理技术及应用

第 1 篇　MATLAB 基础

第 1 章　数字图像基础

随着计算机技术的发展，20 世纪 50 年代，人们开始应用计算机处理一些图形和图像信息，这是最早的图像处理；20 世纪 60 年代，人们应用计算机改善图像的质量，这时形成了数字图像处理这门学科。本章主要介绍数字图像处理的基础内容，包括什么是数字图像基础、图像的表示方法、图像的数据结构，以及计算机中的图像文件格式。

1.1　数字图像处理简介

数字图像处理（Digital Image Processing）又称为计算机图像处理，是一种将图像信号数字化后利用计算进行处理的过程。随着计算机科学、电子学和光学的发展，数字图像处理已经广泛地应用到诸多领域之中。本节主要介绍图像的概念、分类和数字图像处理的产生及数字图像处理的研究内容。

1.1.1　什么是图像

图像是三维世界在二维平面的表示，具体来说，就是用光学器件对一个物体、一个人或一个场景等的可视化表示。图像中包含了它所表达的事物的大部分信息，据有关资料表明，人类所获得的大部分信息来源于视觉系统，也就是从图像中获得的。中国有句古话叫"耳听为虚，眼见为实"，可见一斑。

1.1.2　图像的分类

根据图像的属性不同，图像分类的方法也不同。从获取方式上图像分为拍摄类图像和绘制类图像；从颜色上图像分为彩色图像、灰度图像和黑白图像等；从内容上图像分为人物图像、风景图像等；从功能上图像又分为流程图、结构图、心电图、电路图和设计图等。

在数字图像处理领域，将图像分为模拟图像和数字图像两种，计算机处理的信号都是数字信号，所以在计算机上处理的图像均为数字图像。根据数字图像在计算机中表示方法的不同，分为二进制图像、索引图像、灰度图像、RGB 图像和多帧图像；根据计算机中图像文件格式的不同，图像又分为位图和矢量图。可见，图像的属性是多角度的，图像的分类也是多维的。

1.1.3　数字图像的产生

数字图像的产生主要有两种渠道，一种是通过像数码照相机这样的设备直接拍摄得到数字图像；还有一种是通过图像采集卡、扫描仪等数字化设备，将模拟图像转变为数字图像。如图 1.1（a）所示为字母 Y 的一副模拟图像，将这幅图像上下左右平均分成 8 等份，则图像被分割成 64 个格子，用数字 0 表示黑色，8 表示白色，1～7 表示黑色和白色所占有的多少，那么整个图像可以用如图 1.1（b）所示的数字表示出来，则图 1.1（b）称为数字图像，而每一个格子称为"像素"。

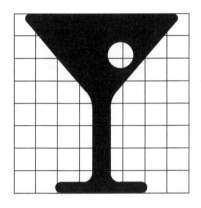

<table>
<tr><td>6</td><td>0</td><td>0</td><td>0</td><td>0</td><td>0</td><td>0</td><td>6</td></tr>
<tr><td>8</td><td>4</td><td>0</td><td>0</td><td>3</td><td>2</td><td>4</td><td>8</td></tr>
<tr><td>8</td><td>8</td><td>4</td><td>0</td><td>2</td><td>5</td><td>8</td><td>8</td></tr>
<tr><td>8</td><td>8</td><td>8</td><td>3</td><td>3</td><td>8</td><td>8</td><td>8</td></tr>
<tr><td>8</td><td>8</td><td>8</td><td>4</td><td>4</td><td>8</td><td>8</td><td>8</td></tr>
<tr><td>8</td><td>8</td><td>8</td><td>4</td><td>4</td><td>8</td><td>8</td><td>8</td></tr>
<tr><td>8</td><td>8</td><td>8</td><td>4</td><td>4</td><td>8</td><td>8</td><td>8</td></tr>
<tr><td>8</td><td>8</td><td>4</td><td>2</td><td>2</td><td>4</td><td>8</td><td>8</td></tr>
</table>

（a）模拟图像　　　　　　　　　　　　　　　（b）数字化

图 1.1　数字图像

1.1.4　数字图像处理的研究内容

数字图像处理的研究内容主要有以下方向。

1．图像运算与变换

图像的运算主要以图像的像素为运算对象，对两幅或多幅图像进行点运算、代数运算及逻辑运算，但逻辑运算中逻辑非的运算对象是单幅图像；图像的变换主要是对图像像素空间关系的改变，从而改变图像的空间结构。在图像的每个像素上加一个常数可改变图像的亮度，如图 1.2 所示。

2．图像增强

图像增强是为了提高图像的质量，当不清楚图像品质下降的原因时，如主观想改善图像中某些部分，可以采取一些方法改善图像质量。但因为图像品质下降原因不明，所以很难确定采取哪种方法是最好的，最后只能通过试验结果分析和误差分析来评价增强效果。图像增强的方法有灰度变换、直方图修正、图像平滑和图像锐化等。对一幅图像调整强度值或颜色映像如图 1.3 所示。

（a）原图像　　　　　　　　　　　　　　（b）亮度改变后的图像

图 1.2　亮度改变的图像

（a）原图像　　　　　　　　　　　　　　（b）增强后的图像

图 1.3　图像增强

3．图像复原

图像复原也是为了提高图像的质量，当图像品质下降的原因已知时，图像复原可以对图像进行校正。图像复原的关键是根据图像品质下降过程建立一个合理的降质模型，然后再采用某种滤波方法，恢复或重建原来的图像。去除噪声模糊的复原图像如图 1.4 所示。

（a）噪声模糊图像　　　　　　　　　　　　（b）复原后的图像

图 1.4　图像复原

4．图像的锐化处理及边缘检测

图像的锐化和边缘检测就是补偿图像的轮廓，增强图像的边缘及灰度跳变的部分，使图像变得清晰，处理方法分为空间域处理和频域处理两类。边缘检测算子算法提取的边缘图像如图 1.5 所示。

（a）原图形　　　　　　　　　　　　　　　（b）边缘提取后

图 1.5　边缘检测

5．图像分割

图像分割是将图像分成区域，将感兴趣的部分提取出来，为进一步进行图像识别、分析和理解提供方便。虽然目前已研究出不少边缘提取、区域分割的方法，但还没有一种普遍适用于各种图像的有效方法。现有的图像分割方法主要分为基于阈值的分割方法、基于区域的分割方法、基于边缘的分割方法，以及基于特定理论的分割方法等。图像阈值分割如图 1.6 所示。

 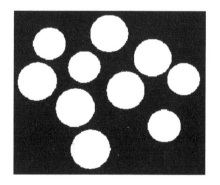

（a）原图像　　　　　　　　　　　　　　　（b）阈值分割后的图像

图 1.6　图像阈值分割

6．图像编码压缩

图像编码压缩是指在不影响图像质量的情况下，减少图像的数据量，以便节省图像传输、处理时间和减少所占用的存储器容量。图像压缩编码可分为两类，一类压缩是可逆的，即压缩后的数据可以完全恢复原来的图像，信息没有损失，称为无损压缩编码；另一类压缩是不可逆的，即从压缩后的数据无法完全恢复原来的图像，信息有一定损失，称为有损压缩编码。编码是压缩技术中最重要的方法，它在图像处理技术中是发展最早且比较成熟的技术。

1.1.5　数字图像处理的实验工具

数字图像处理是通过计算机完成的，首先需要数字图像获取工具得到数字图像，图像获取工具（例如扫描仪）可以将模拟图像转换为数字图像，也可以直接通过图像获取工具（如数码照相机）直接产生数字图像。数字图像产生后，传输到计算机中，通过计算机中的图像处理软件或是用户编写的图像处理程序对图像进行处理，专业应用还可以通过图像处理工作站对专业图像处理。数字图像处理需要对大量的数据进行运算，所以通常需要计算机的计算速度快、内存空间大和大的硬盘存储能力。经过处理的图像主要通过显示器显示出来，有时根据需要还要求通过打印机打印出来。数字图像处理系统如图 1.7 所示。

图 1.7　数字图像处理系统

1.2　图像的表示方法

图像的表示方法是对图像处理算法描述和利用计算机处理图像的基础。一个二维图像，在计算机中通常为一个二维数组 $f(x, y)$，或者是一个 $M \times N$ 的二维矩阵（其中，M 为图像的行数 N 为图像的列数）。

$$F = \begin{bmatrix} f(1,1) & \cdots & f(1,N) \\ \vdots & \ddots & \vdots \\ f(M,1) & \cdots & f(M,N) \end{bmatrix}$$

本节主要介绍 5 种图像的表示方法，分别是二进制图像、索引图像、灰度图像、RGB 图像和多帧图像。

1.2.1　二进制图像

二进制图像也称为二值图像，通常用一个二维数组来描述，1 位表示一个像素，组成图像的像素值非 0 即 1，没有中间值，通常 0 表示黑色，1 表示白色，如图 1.8 所示。二进制图像一般用来描述文字或者图形，其优点是占用空间少，缺点是当表示人物或风景图像时只能描述轮廓。

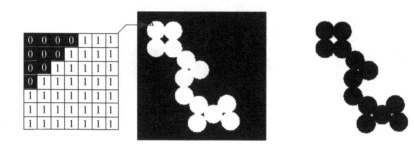

图 1.8　二进制图像

在 MATLAB 中，二进制图像是用一个由 0 和 1 组成的二维逻辑矩阵表示。这两个值分别对应于黑和白，以这种方式来操作图像可以更容易识别出图像的结构特征。二进制图像操作只返回与二进制图像的形式或结构有关的信息，如果希望对其他类型的图像进行同样的操作，则首先要将其转换为二进制的图像格式，可以通过调用 MATLAB 提供的 im2bw() 函数来实现。二进制图像经常使用位图格式存储。

1.2.2　灰度图像

灰度图像也称为单色图像，通常也由一个二维数组表示一幅图像，8 位表示一个像素，0 表示黑色，255 表示白色，1～254 表示不同的深浅灰色，一幅灰度图像放大 4×4 大小像素，如图 1.9 所示。通常灰度图像显示了黑色与白色之间许多级的颜色深度，比人眼所能识别的颜色深度范围要宽得多。

在 MATLAB 中，灰度图像可以用不同的数据类型来表示，如 8 位无符号整数、16 位无符号整数或双精度类型。无符号整型表示的灰度图像每个像素在[0，255]或[0，65535]范围内取值；双精度类型表示的灰度图像，每个像素在[0.0，1.0]范围内取值。

1.2.3　RGB 图像

RGB 图像也称为真彩色，是一种彩色图像的表示方法，利用 3 个大小相同的二维数组表示一个像素，3 个数组分别代表 R、G、B 这 3 个分量，R 表示红色，G 表示绿色，B 表示蓝色，通过 3 种基本颜色可以合成任意颜色，如图 1.10 所示为 RGB 图像。每个像素中的每种颜色分量占 8 位，每一位由[0，255]中的任意数值表示，那么一个像素由 24 位表示，允许的最大值为 2^{24}（即 1677216，通常记为 16M）。

图 1.9　灰度图像

在 MATLAB 中，RGB 图像存储为一个 $M \times N \times 3$ 的多维数据矩阵，其中元素可以为 8 位无符号数、16 位无符号数和双精度数。RGB 图像不使用调色板，每一个像素的颜色直接由存储在相应位置的红、绿、蓝颜色分量的组合来确定。

图 1.10　RGB 图像

1.2.4　索引图像

索引图像是一种把像素值直接作为 RGB 调色板下标的图像。在 MATLAB 中，索引图像包含一个数据矩阵 X 和一个颜色映射（调色板）矩阵 map。数据矩阵可以是 8 位无符号整型、16 位无符号整型或双精度类型。颜色映射矩阵 map 是一个 $m \times 3$ 的数据阵列，其中每个元素的值均为[0，1]之间的双精度浮点型数据，map 矩阵中的每一行分别表示红色、绿色和蓝色的颜色值。索引图像可把像素的值直接映射为调色板数值，每个像素的颜色通过

使用 X 的像素值作为 map 的下标来获得，如值 1 指向 map 的第一行，值 2 指向第二行，依次类推。调色板通常与索引图像存储在一起，装载图像时，调色板将和图像一同自动装载，索引图像如图 1.11 所示。

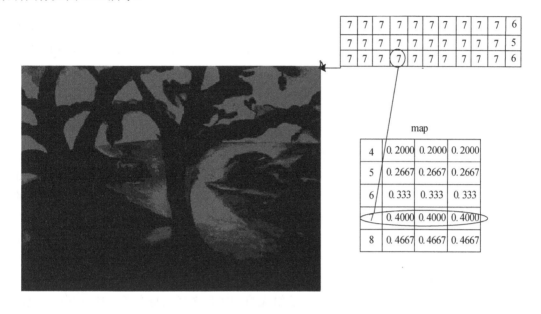

图 1.11 索引图像

1.2.5 多帧图像

多帧图像是一种包含多幅图像或帧的图像文件，又称为多页图像或图像序列，主要用于需要对时间或场景上相关图像集合进行操作的场合。例如，计算机 X 线断层扫描图像或电影帧等。

在 MATLAB 中，用一个四维数组表示多帧图像，其中第四维用来指定帧的序号。图像处理工具箱支持在同一个数组中存储多幅图像，每一幅图像称为一帧。如果一个数组中包含多帧，那么这些图像的第四维是相互关联的。在一个多帧图像数组中，每一帧图像的大小和颜色分量必须相同，并且这些图像所使用的调色板也必须相同，如图 1.12 所示。

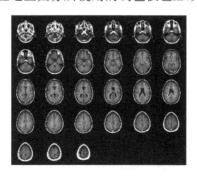

图 1.12 多帧图像

1.3　图像的数据结构

数字图像处理中常用的数据结构有矩阵、链表、拓扑结构和关系结构。图像的数据结构用于目标表示和描述。本节主要介绍矩阵、链表、拓扑结构和关系结构，描述图像、图像的边界、区域和区域之间的关系。

1.3.1　矩阵

矩阵用于描述图像，可以表示黑白图像、灰度图像和彩色图像。矩阵中的一个元素表示图像的一个像素。矩阵描述黑白图像时，矩阵中的元素取值只有 0 和 1 两个值，因此黑白图像又叫二值图像或二进制图像。矩阵描述灰度图像时，矩阵中的元素由一个量化的灰度级描述，灰度级通常为 8 位，即 0～255 之间的整数，其中 0 表示黑色，255 表示白色。现实中的图像都可以表示成灰度图像，根据图像精度的要求可以扩展灰度级，由 8 位扩展为 10 位、12 位、16 位或更高。越高的灰度值所描述的图像越细腻，对存储空间的要求也越大。黑白图像和灰度图像的矩阵描述如图 1.13 所示。

RGB 彩色图像是由三原色红、绿、蓝组成的，RGB 图像的每个像素都由不同灰度级的红、绿、蓝描述，每种单色的灰度描述同灰度图像的描述方式相同，如图 1.14 所示。

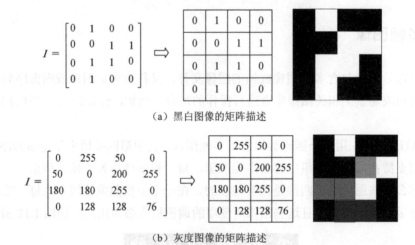

（a）黑白图像的矩阵描述

（b）灰度图像的矩阵描述

图 1.13　黑白图像和灰度图像的矩阵描述

1.3.2　链码

链码用于描述目标图像的边界，通过规定链的起始坐标和链起始点坐标的斜率，用一小段线段来表示图像中的曲。链码按照标准方向的斜率分为 4 向链码或 8 向链码，如图 1.15 所示。因为链码表示图像边界时，只需标记起点坐标，其余点用线段的方向数代表方向即可，这种表示方法节省了大量的存储空间。

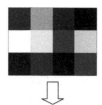

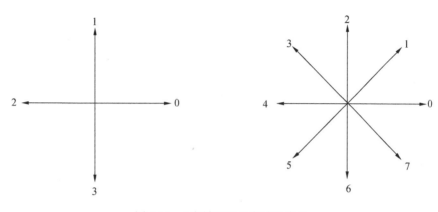

图 1.14　RGB 图像彩色描述

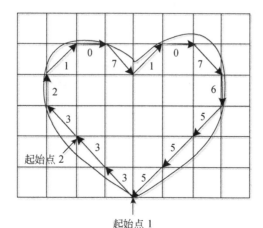

图 1.15　4 向链码和 8 向链码编号

边界链码的表示与起始点的选取直接相关，起始点不同，链码的表示也不相同，如图 1.16 所示为一个图像的 8 向链码编号。为了实现链码与起始点无关，需要将链码归一化。简单的归一化方法将链码看成一个自然数，取不同的起始点，得到不同的链码。比较这些自然数表示的链码找到其中最小的自然数，最小的这个自然数所表示的链码就是归一化的结果，如图 1.16 所示的链码归一化的结果为 07107655533321。

图 1.16　起始点不同的链码

1.3.3　拓扑结构

拓扑结构用于描述图像的基本结构，通常在形态学的图像处理或是二值图像中，用于描述目标事件发生的次数，在一个目标事件中有多少个孔洞、多少联通区域等。在图像中定义相邻的概念，一个像素与它周围的像素组成一个邻域，如图 1.17 所示，像素点 p 周围有 8 个相邻的像素点，若只考虑上下左右的 4 个像素点则称为 4-邻域，若只考虑对角上的 4 个像素点则称为对角邻域，4-邻域和对角邻域都加上称为 8-邻域。

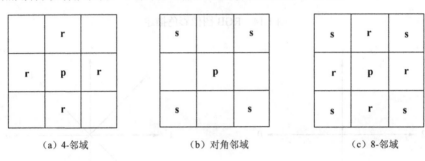

　　（a）4-邻域　　　　　　　　（b）对角邻域　　　　　　　　（c）8-邻域

图 1.17　像素的邻域

在图像中，目标事件上的两个像素点可以用一个像素序列连通。如图 1.18 所示，连接像素 p 和 q 的都是 4-邻域像素点，则 p 和 q 称为 4-连通；若连接 p 和 q 的都是 8 邻域像素点，则 p 和 q 称为 8-连通。 如果一个像素集合中的所有像素都是 4 连通，则这个集合称为 4-组元；如果一个像素集合的所有像素都是 8 连通，则这个集合称为 8-组元。

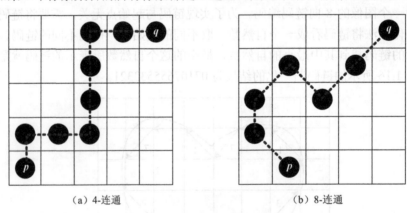

　　　　（a）4-连通　　　　　　　　　　　　　　（b）8-连通

图 1.18　像素的连通

1.3.4　关系结构

关系结构用于描述一组目标物体之间的相互关系，常用的描述方法为串描述和树描述。串描述是一种一维结构，当用串描述图像时，需要建立一种合适的映射关系，将二维图像降为一维形式。串描述适用于那些图像元素的连接可以用来从头到尾或用其他连续形式的图像元素的描述。链码表示就是基于串描述思想描述的。

　　另一种关系描述是树描述，树描述是一种能够对不连接区域进行很好描述的方法，如图 1.19 所示。树是一个或一个以上节点的有限集合。其中，有一个唯一指定的节点为根，剩下的节点划分为多个互不连接的集合，这些集合称为子树，树的末梢节点称为叶子。在树图中有两类重要信息，一个是关于节点的信息，另一个是节点与其相邻节点的关系信息，第一类信息表示目标物体的结构，第二类信息表示一个目标物体和另一个目标物体的关系。

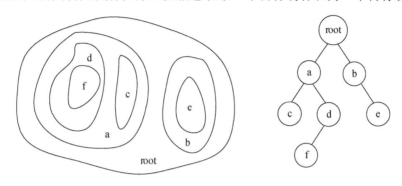

图 1.19　用树描述表示目标图像关系

1.4　计算机中的图像文件格式

　　数字图像在计算机中存储的格式多种多样，每一种文件格式都包括一个头文件和一个数据文件。头文件的内容由制作图像的公司规定，一般包括文件类型、制作时间、文件大小、制作人及版本号等信息。文件制作时还涉及图像的压缩和存储效率等。本节主要介绍 BMP 文件格式、GIF 文件格式、JPEG 文件格式和 TIFF 文件格式。

1.4.1　BMP 文件格式

　　BMP 文件格式是 Windows 系统中的一种标准图像文件格式，支持 RGB、索引颜色、灰度和位图颜色模式。BMP 文件一共有两种类型，即设备相关位图（DDB）和设备无关位图（DIB）。Windows 3.0 以前的 BMP 文件格式与显示设备有关，因此把这种 BMP 文件格式称为设备相关位图 DDB（Device-Dependent Bitmap）文件格式。Windows 3.0 以后的 BMP 文件与显示设备无关，因此把这种 BMP 图象文件格式称为设备无关位图 DIB（Device-Independent Bitmap）格式。BMP 文件默认的文件扩展名是 .BMP 或 .bmp。

　　典型的 BMP 图像文件由 4 部分组成。

- ❏ BMP 文件头数据结构：它包含 BMP 图像文件的类型、文件大小、显示内容、从文件头到图像数据的偏移字节数和保留字等信息。
- ❏ BMP 信息头数据结构：它包含有 BMP 图像的宽度、高度、指定颜色位数、压缩方法、实际的位图数据占用的字节数、目标设备水平分辨率、目标设备垂直分辨率、定义颜色及信息头数据的长度等信息。

❑ 调色板：它包含红色分量、绿色分量和蓝色分量，这个部分是可选的，有些位图需要调色板，有些位图如真彩色图（24 位的 BMP）就不需要调色板。

❑ 位图数据：这部分的内容根据 BMP 位图使用的位数不同而不同，在 24 位图中直接使用 RGB，而其他的小于 24 位的使用调色板中的颜色索引值。

BMP 文件格式采用位映射存储格式，除了图像深度可选以外，不采用其他任何压缩，因此 BMP 文件所占用的空间很大。BMP 文件的图像深度可选 1bit、4bit、8bit 及 24bit。BMP 文件存储数据时，图像的扫描方式按从左到右、从下到上的顺序。

目前的 BMP 文件都是与硬件设备无关的图像文件格式，使用非常广范。由于 BMP 文件格式是 Windows 环境中交换与图像有关的数据的一种标准，因此，在 Windows 环境中运行的图形图像软件都支持 BMP 图像格式。BMP 文件格式包含的图像信息较丰富，支持 1 位到 24 位颜色深度。但是 BMP 文件有它自身的局限性，BMP 文件格式采用位映射存储格式，除了图像深度可选以外，不采用其他任何压缩，因此 BMP 文件所占用的空间很大。BMP 文件不受 Web 浏览器支持。

1.4.2　GIF 文件格式

GIF 文件格式是 CompuServe 公司在 1987 年开发的图像文件格式，任何商业目的使用均须由 CompuServe 公司授权。GIF 文件是用于压缩具有单调颜色和清晰细节的图像（如线状图、徽标或带文字的插图）的标准格式，分为静态 GIF 和动画 GIF 两种，扩展名为 .GIF 或 .gif。GIF 主要分为两个版本，即 GIF 87a 和 GIF 89a，GIF 87a 是在 1987 年制定的版本，GIF 89a 是 1989 年制定的版本。区别于 GIF 87a，在 GIF 89a 版本中，为 GIF 文档扩充了图形控制区块、备注、说明和应用程序编程接口等 4 个区块，并提供了对透明色和多帧动画的支持 。目前几乎所有相关软件都支持 GIF 文件，公共领域有大量的软件在使用 GIF 图像文件格式。

GIF 文件主要是为数据流设计的一种传输格式，不作为文件的存储格式，它具有顺序的结构形式。GIF 文件主要由 5 部分组成。

❑ 文件标志块：识别标识符 GIF 和版本号。

❑ 逻辑屏幕描述块：定义图像显示区域的参数，包含背景颜色信息、显示区域大小、纵横尺寸、颜色深浅及是否存在全局彩色表。

❑ 全局彩色表：其大小由图像使用的颜色数决定。

❑ 图像数据块：包含图像的描述块、局部彩色表、压缩图像数据、图像控制扩展块、无格式文本扩展块、注释扩展块和应用程序扩展块，此部分可以默认。

❑ 尾块：为三维 16 进制数，表示数据流已经结束，此部分可以默认。

GIF 文件的数据，是一种基于 LZW 算法的连续色调的无损压缩格式，其存储效率高，支持多幅图像定序或覆盖、交错多屏幕及文本覆盖。GIF 的图像深度从 1 位到 8 位，即 GIF 最多支持 256 种色彩的图像。GIF 解码较快，因为采用隔行存放 GIF 图像，在显示 GIF 图像时，隔行存放图像的显示速度要比其他图像快。

GIF 格式支持背景透明，如果 GIF 图片背景色设置为透明，它将与浏览器背景相结合，生成非矩形的图片。GIF 格式支持动画，在 Flash 动画出现之前，GIF 动画可以说是网页中唯一的动画形式。GIF 格式可以将单帧的图像组合起来，然后轮流播放每一帧而成为动画，目前几乎所有的图形浏览器都支持 GIF 动画。GIF 格式支持图形渐进，渐进图片将比非渐进图片更快地出现在屏幕上，可以让访问者更快地知道图片的概貌。GIF 格式支持无损压缩，所以它更适合于线条、图标和图纸。因为 GIF 文件的诸多优点恰恰迎合了 Internet 的需要，所以 GIF 图像文件格式成了 Internet 上最流行的图像格式。随着网速等互联网技术的发展和人们对图像色彩质量要求的提高，GIF 文件只能显示 256 色，GIF 文件的应用范围受到局限，因此它不能用于储存和传输真彩的图像文件。

1.4.3　JPEG 文件格式

JPEG 是 Joint Photographic Experts Group 的缩写，即联合国图像专家组。作为一种图像文件格式，JPEG 格式由联合国图像专家组制定，文件扩展名 .jpg 或 .jpeg。JPEG 格式的图像文件具有迄今为止最为复杂的文件结构和编码方式，和其他格式的最大区别是 JPEG 使用一种有损压缩算法，是以牺牲一部分的图像数据来达到较高的压缩率，但是这种损失很小以至于很难察觉。JPEG 格式又可分为标准 JPEG、渐进式 JPEG 及 JPEG 2000 这 3 种格式，这 3 种格式的区别主要在 Internet 图像显示方式上。标准 JPEG 格式图像在网页下载时只能由上而下依序显示图像，直到图像全部下载完毕，才能看到全貌。渐进式 JPEG 格式可以在网页下载时，先呈现出图像的粗略外观后，再慢慢地呈现出完整的内容。JPEG 2000 格式是新一代的影像压缩法，压缩品质更好，并可改善无线传输时，常因信号不稳造成马赛克及位置错乱的情况，改善传输的品质。

JPEG 的文件格式十分复杂，总共由以下 8 部分组成。

❑ 图像开始 SOI 标记：数值 0xD8，图像开始。

❑ APP0 标记：数值 0xE0，JFIF 应用数据块，包含 APP0 长度、标识符、版本号、X 和 Y 的密度单位，X 方向像素密度，Y 方向像素密度，缩略图水平像素数目，缩略图垂直像素数目，缩略图 RGB 位图等信息。

❑ APPn 标记：其中 n=1～15，数值对应 0xE1～0xEF，其他应用数据块，包含 APPn 长度和应用详细信息。

❑ 一个或者多个量化表 DQT：数值 0xDB，包含量化表长度、量化表数目和量化表。

❑ 帧图像开始 SOF0：数值 0xC0，包含帧开始长度，精度即每个颜色分量每个像素的位数，图像高度，图像宽度，颜色分量数及每个颜色分量的 ID 、垂直方向的样本因子、水平方向的样本因子和量化表号。

❑ 一个或者多个霍夫曼表 DHT：数值 0xC4，包含霍夫曼表的长度、类型、AC 或者 DC、索引、位表和值表。

❑ 扫描开始 SOS：数值 0xDA，包含扫描开始长度、颜色分量数，每个颜色分量的 ID、交流系数表号和直流系数表号及压缩图像数据。

❑ 图像结束 EOI：数值 0xD9。

JPEG 文件格式使用一种有损压缩算法，压缩比率通常在 10:1 到 40:1 之间，是以牺牲一部分的图像数据来达到较高的压缩率，可以说是 JPEG 文件以其先进的有损压缩方式用最少的磁盘空间得到较好的图像质量。JPEG 格式压缩的主要是高频信息，对色彩的信息保留较好，适合应用于 Internet，可减少图像的传输时间，可以支持 24bit 真彩色，也普遍应用于需要连续色调的图像。当编辑和重新保存 JPEG 文件时，会使原始图片数据的质量下降，这种下降是累积性的。JPEG 格式不适用于所含颜色很少、具有大块颜色相近的区域或亮度差异十分明显的较简单的图片。

1.4.4　TIFF 文件格式

TIFF 格式最初由 Aldus 公司与微软公司一起为 PostScript 打印开发，是一种主要用来存储包括照片和艺术图在内的图像的文件格式，文件扩展名为 .tif 或 .tiff。TIFF 最初的设计目的是为桌面扫描仪厂商达成一个公用的扫描图像文件格式，而不是每个厂商使用自己专有的格式。在刚开始的时候，TIFF 只是一个二值图像格式，因为当时的桌面扫描仪只能处理这种格式。随着扫描仪的功能越来越强大，并且桌面计算机的磁盘空间越来越大，TIFF 逐渐支持灰阶图像和彩色图像。TIFF 格式主要包括 4 种类型：TIFF-B 适用于二值图像；TIFF-G 适用于黑白灰度图像；TIFF-P 适用于带调色板的彩色图像；TIFF-R 适用于 RGB 真彩图像。

TIFF 文件格式主要包括 3 个部分。

- ❑ 文件头：有固定的位置，位于文件的最前端，是文件中唯一的，包含一个标志参数指出标识信息区在文件中的存储地址，以及正确解释 TIFF 文件的其他部分所需的必要信息。
- ❑ 标识信息区：是用于区分一个或多个可变长度数据块的表，包含了有关于图像的所有信息。图像文件目录中提供了一系列的指针，这些指针指向各种有关的数据字段在文件中的初始地址，并给出每个字段的数据类型及长度。
- ❑ 图像数据：根据图像文件目录所指向的地址存储相关的图像信息。

TIFF 文件格式善于应用指针的功能，可存储多份调色板数据，可以存储多幅图像。文件内数据区没有固定的排列顺序，只规定文件头必须在文件前端，对于标识信息区和图像数据区在文件中可以随意存放和改写。图像数据可分割成几个部分分别存档。在 TIFF 6.0 中定义了许多扩展，它们允许 TIFF 提供 5 种通用功能，分别是几种主要的压缩方法、多种色彩表示方法、图像质量增强、特殊图像效果及文档的存储和检索帮助。

1.5　本章小结

本章主要介绍了一些数字图像处理的基础知识。首先，介绍了图像产生的概念、分类及数字图像的产生，数字图像处理研究的内容和处理的实验工具。其次，介绍了图像的表示方法，其中包括二进制图像、灰度图像、RGB 图像、索引图像和多帧图像。接下来，主要给出了描述图像的 4 种数据结构，包括矩阵、链码、拓扑结构和关系结构。最后，详细说明了计算机图像的文件的 4 种格式，即 BMP 格式、GIF 格式、JPEG 格式和 TIFF 格式。本章中涉及的都是数字图像处理的基本内容，可在以后章节结合 MATLAB 知识，加深对数字图像处理的理解。

习　　题

1．什么是数字图像？数字图像处理有哪些特点？

2．数字图像处理有哪些主要内容？

3．RGB 图像表示方法与索引图像表示方法上有哪些区别？

4．用 4 向链码和 8 向链码分别描述题下图，对 8 向链码归一化。

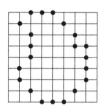

5．拓扑结构中的邻域是什么，连通是什么？组元是什么？

6．BMP、GIF、JPEG 和 TIFF 文件存储格式中，哪种是有压缩，哪种是无压缩，哪种是有损压缩，哪种是无损压缩？

7．在 Windows 图画中建立一幅图像，分别存储为 BMP、GIF、JPEG 和 TIFF 格式，比较哪种格式文件最大，哪种格式文件最小？

第 2 章　MATLAB 基础

MATLAB 是当今最强大的一款科技应用软件之一。与其他高级语言相比，MATLAB 程序编写简单，计算高效，提供大量的专业工具箱，便于专业应用。本章主要介绍 MATLAB 的基础，包括 MATLAB 简介、MATLAB 的数据类型、MATLAB 的运算符、MATLAB 的矩阵、MATLAB 控制语句、MATLAB 的 m 文件和 MATLAB 图形可视化。

2.1　MATLAB 简介

MATLAB 是一款由 MathWorks 公司开发的程序设计环境，主要用于算法开发、数据分析、可视化和数值计算。MATLAB 官方网站为 http://www.mathworks.com，中国网站为：http://www.mathworks.cn。MATLAB 摆脱了传统非交互式程序设计语言（如 C、Fortran）的编辑模式，将数值分析、矩阵计算、数据可视化及非线性动态系统的建模和仿真等诸多强大功能集成在一个易于使用的视窗环境中，为科学研究、工程设计及必须进行有效数值计算的众多科学领域提供了一种全面的解决方案。MATLAB 有大量的用于不同专业领域的工具箱，包括信号和图像处理、通信、控制系统设计、测试和测量、财务建模和分析及计算生物学等，能够解决多种专业应用领域内的问题。本节主要介绍 MATLAB 运行环境、工作界面、常用命令和帮助系统。

2.1.1　MATLAB 发展史

MATLAB 名字由 MATrix 和 LABoratory 两词的前三个字母组合而成。20 世纪 70 年代，时任美国新墨西哥大学计算机科学系主任的 Cleve Moler 出于减轻学生编程负担的动机，为学生设计了一组调用 LINPACK 和 EISPACK 矩阵软件工具包库程序的"通俗易用"的接口，此即用 FORTRAN 编写的萌芽状态的 MATLAB。

1983 年，Cleve Moler 到斯坦福大学访问，将 MATLAB 介绍给工程师 John Little。同年，John Little、Cleve Moler 和 Steve Bangert 用 C 语言合作开发了 MATLAB 第二代专业版。从这个版本的 MATLAB 开始，内核采用 C 语言编写，并且在原有的数值计算能力基础上，增加了数据图视功能。

1984 年由 Little、Moler 和 Steve Bangert 合作成立 MathWorks 公司，并把 MATLAB 正式推向市场。

1993 年 MathWork 公司推出了基于 Windows 平台的 MATLAB 4.0。自此，MATLAB 成为国际控制界公认的标准计算软件。

1997 年仲春，MATLAB 5.0 版问世，该版本在继承了 MATLAB 4.0 版本功能基础上，实现了真正的 32 位计算。之后又相继推出了 MATLAB 6.0 和 MATLAB 7.0 等诸多版本。

MATLAB 的每次新版都是一次技术上的飞跃，现今的 MATLAB 拥有更丰富的数据类型和结构、更友善的面向对象、更加快速精良的图形可视、更广博的数学和数据分析资源和更多的应用开发工具。

2.1.2　MATLAB R2010a 新功能和特点

本书主要介绍 MATLAB 7.10 版本，即 MATLAB R2010a，由 Mathworks 公司于 2010 年上半年发布，该版本增加了一些新的功能。在 MATLAB 的命令行窗口输入命令 whatsnew，在 MATLAB 的帮助系统中会显示 MATLAB R2010a 的新功能。

MATLAB 2010a 对 MATLAB 和 Simulink，以及若干工具箱进行了更新和缺陷修复。MATLAB R2010a 版本的新功能包括：

- ❑ 增加更多多线程数学函数，增强文件共享、路径管理功能，改进了 MATLAB 桌面显示。
- ❑ 新增用于在 MATLAB 中进行流处理的系统对象，并在 Video and Image Processing Blockset 和 Signal Processing Blockset 中提供超过 140 种支持算法。
- ❑ 针对 50 多个函数提供多核支持并增强其性能，并对图像处理工具箱中的大型图像提供更多支持。
- ❑ 在全局优化工具箱和优化工具箱中提供新的非线性求解器。
- ❑ 能够利用工具箱 Symbolic Math Toolbox 生成 Simscape 语言方程。
- ❑ 在 SimBiology 中提供随机近似最大期望（SAEM）算法等。

Simulink 产品系列的新功能包括：

- ❑ 在 Simulink 中提供可调参数结构、触发模型块及用于大型建模的函数调用分支。
- ❑ 在嵌入式 IDE 链接和目标支持包中提供针对 Eclipse、嵌入式 Linux 及 ARM 处理器的代码生成支持。
- ❑ 在 IEC 认证工具包中提供对 Real-Time Workshop Embedded Coder 和 PolySpace 产品的 ISO 26262 认证。
- ❑ 在 DO 鉴定工具包中提供扩展至模型的 DO-178B 鉴定支持。
- ❑ 新工具 Simulink PLC Coder，用于生成 PLC 和 PAC IEC 61131 结构化文本。

2.1.3　MATLAB 运行环境

MATLAB 可以在多种类型计算机上运行，例如：PC 兼容机、Macintosh 机或 UNIX 工作站等。本书只针对 PC 兼容机上 Microsoft® Windows®操作系统给予介绍。

1．系统要求

- ❑ 操作系统为 Windows XP Service Pack3；Windows Server 2003 R2 with Service Pack 2；Windows Vista™ Service Pack 1 or 2；Windows Server 2008 Service Pack 2 or R2，Windows 7。
- ❑ 处理器为 Intel® 或 AMD x86 处理器，支持 SSE2 指令集。

❑ 磁盘空间最小需求 1GB，推荐 3～4GB。

❑ 内存需求至少 1024MB，推荐 2048MB。

2．MATLAB 的启动和退出

启动 MATLAB 程序和启动其他程序一样，可以直接双击 MATLAB 在桌面上的快捷方式图标🗡️。如果没有找到桌面上的快捷方式，选择 Windows“开始”|“所有程序”|MATLAB|R2010a|MATLAB R2010a 命令即可。

MATLAB 开启以后，会短暂地出现一个显示 MATLAB 标志及一些 MATLAB 产品信息的窗口，然后 MATLAB Desktop 窗口启动。在 MATLAB Desktop 窗口中包含一个标题栏、一个菜单栏、一个工具栏和 4 个内嵌窗口，这 4 个内嵌窗口分别是中间位置的 Command Window 窗口，在其左面的 Current Folder 窗口，在其右面的 Work space 窗口和 Command History 窗口。

退出 MATLAB 程序有 3 种方法，最简便的方法是直接在 MATLAB 的 Command Window 窗口中输入 exit；也可以像关闭其他程序一样，直接单击窗口右上角的关闭按钮❌；还可以在 File 菜单中选择 Exit MATLAB。

2.1.4 MATLAB 的工作界面

MATLAB 的工作界面如图 2.1 所示。

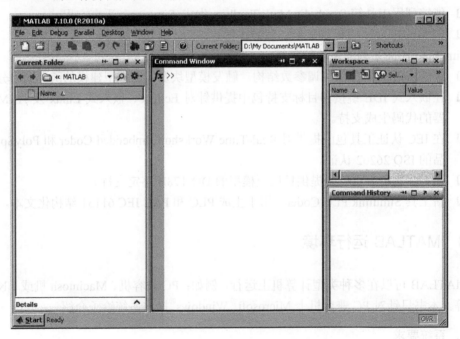

图 2.1 MATLAB 工作界面

1．菜单栏

MATLAB 菜单栏包括 File 菜单、Edit 菜单、Debug 菜单、Parallel 菜单、Desktop 菜单、

Window 菜单和 Help 菜单。

- ❑ File 菜单项用于实现 MATLAB 中关于文件的操作。
- ❑ Edit 菜单项用于对命令窗口的编辑操作。
- ❑ Debug 菜单项用于对程序进行调试。
- ❑ Parallel 菜单项用于进行并行计算方面的设置。
- ❑ Desktop 菜单项用于设置主窗口显示结构。
- ❑ Window 菜单项用于设置所有打开窗口的位置和各个窗口之间的快速切换。
- ❑ Help 菜单项用于提供各种帮助。

2．工具栏

MATLAB 工具栏中包括 11 个命令快捷键，按从左至右顺序，依次为新建、打开、剪切、复制、粘贴、撤销、重做、Simulink、GUIDE、Profiler 和帮助。

3．命令窗口

MATLAB 命令窗口（Command Window）是执行 MATLAB 操作的主要窗口，如图 2.2 所示，主要有两大功能。

- ❑ 用户在该窗口中输入各种 MATLAB 运行命令和数据。
- ❑ 该窗口显示所有命令执行结果和运行出错时给出的相关错误提示。

命令窗口中出现"＞＞"符号之后，可以在命令窗口中输入命令，按下回车后执行命令。如果一条命令输入后以"；"结束，则命令执行后不显示执行结果；如果一条命令输入结束后直接按下回车，则命令执行后在窗口中显示执行结果。如果要清空命令窗口中的内容，可以选择 Edit|Clear Command Window 命令，也可以直接在命令窗口中输入"clc"命令。

4．工作空间窗口

MATLAB 工作空间窗口（Workspace）是显示工作空间中存储变量的窗口，如图 2.3 所示。在工作空间窗口中，变量显示的信息包括变量名（Name）、变量数值（Value）、变量大小（Size）、变量所占字节数（B）、变量类型（Class）、最小值（Min）、最大值（Max）、最大值与最小值之差（Range）、平均值（Mean）、Median（中间值）、众数（Mode）、方差（Var）和标准差（Std），其中除了变量名之外，其他均为可选择项。在工作空间中可以对变量进行各种操作，如新建变量、打开变量、导入变量、保存变量和删除变量，还可以单击 Select data to plot 图标将变量以图形形式显示。工作空间中存储的变量在 MATLAB 程序关闭时自动丢失，若想在以后应用这些变量，必须以 MAT-file 格式保存变量。

5．历史命令窗口

MATLAB 历史命令窗口（Command History）保存 MATLAB 自安装以来命令窗口中输入的所有命令，如图 2.4 所示。在历史命令窗口中，可以按命令发生时间顺序查找之前执行的命令，单条命令双击，可以重新在命令窗口中执行；多条命令重新执行，可按住 Ctrl 键同时选择重新执行命令，在选中区域右击，在弹出的快捷菜单中选择 Copy 项，然后在命令窗口中右击，在弹出的快捷菜单中 Paste 项，把要重新执行的命名复制到命令窗口中

即可。清除历史命令窗口，可以选择 Edit|Clear Command History 命令。

图 2.2　命令窗口

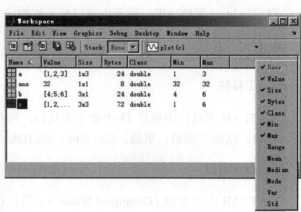

图 2.3　工作空间窗口

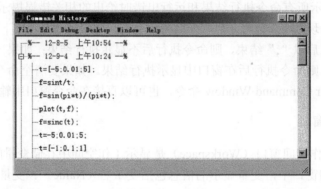

图 2.4　历史命令窗口

6. 当前路径窗口

MATLAB 当前路径窗口（Current Folder）显示 MATLAB 默认的保存当前运行的文件和文件夹目录，如图 2.5 所示。当前路径窗口显示文件（或文件夹）名（Name）、大小（Size）、修改时间（Data Modified）和类型（Type），其中除了文件（或文件夹）名之外，其他均为可选项。在 Details 行显示当前所选文件（或文件夹）的详细说明。在当前路径窗口中可以对文件和文件夹进行移动、删除、压缩和重命名等操作。当前路径可以在 MATLAB 工具栏中单击■图标重新设定。

2.1.5　MATLAB 的常用命令

MATLAB 中除了用窗口和菜单栏设置操作外，还提供了一些常用命令在命令窗口中同样可以进行设置操作。MATLAB 窗口的常用命令，如表 2.1 所示。

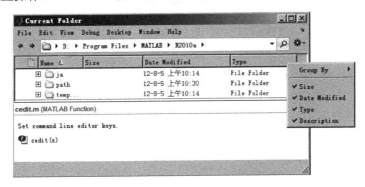

图 2.5　当前路径窗口

表 2.1　MATLAB窗口常用命令表

命　　令	说　　明	命令	说　　明
cd	更改当前文件夹	load	从磁盘调入数据变量
clc	清除命令窗口	mkdir	创建目录
clear	清除工作空间中变量，释放内存	openvar	在工作空间或其他图形编辑器中打开变量
clf	清除图形窗口	pack	收集内存碎片，进行内存整理
commandhistory	打开历史命令窗口，或在已经打开的窗口中选择历史命令窗口	preferences	打开参数选择对话框
commandwindow	打开命令窗口，或在已经打开的窗口中选择命令窗口	pwd	显示当前工作目录
delete	删除文件或图形对象	save	保存变量到磁盘
demo	在帮助窗口中显示演示信息	Search Path	查看或更改 MATLAB 查询路径
dir 或 ls	列出当前目录下文件	type	显示文件内容
disp	显示文字内容	userpath	查看或更改用户定义的搜索路径
edit	打开 m 文件编辑器	who	显示当前工作空间中所有变量
exit 或 quit	终止 MATLAB 程序	whos	显示当前工作空间中变量大小、字节、类型等信息
format	设置输出数据显示格式	workspace	打开工作空间窗口，或在已经打开的窗口中选择工作空间窗口

此外，在 MATLAB 中，还有一些标点符号有特殊的用途，例如通过方括号（[ ]）定义矩阵，通过感叹号（!）来执行 DOS 命令等，如表 2.2 所示。需要注意的是，这些标点符号都是在英文状态下输入的。

表 2.2　标点符号特殊功能表

标点符号	说　　明	标点符号	说　　明
:	冒号，在矩阵中具有多种应用	..	父目录
,	逗号，区分矩阵的列	...	续行符号
;	分号，区分矩阵的行或取消运行结果的显示	!	感叹号，执行 DOS 命令
()	小括号，指定运算的先后顺序	=	等号，用来赋值

续表

标点符号	说　　明	标点符号	说　　明
[]	方括号，用于定义矩阵	'	单引号，定义字符串或矩阵的转置
{}	大括号，建立单元数组	%	百分号，给程序添加注释
.	小数点或对象的域访问	@	创建函数句柄

在 MATLAB 中还有很多命令，用户如有需要可以通过 MATLAB 帮助系统获得命令的帮助，通过这些命令，可以非常方便地完成一些常用操作。

2.1.6　MATLAB 的帮助系统

MATLAB 为用户提供了强大的帮助系统，其中包括产品帮助、函数帮助、网络资源帮助和演示等。选择菜单栏 Help|Product Help 命令，可以打开 MATLAB 帮助窗口，如图 2.6 所示。界面中的 Contents 标签页罗列了所有产品帮助文档的目录，单击这些目录及目录下面的文章标题，就可以在右边的窗体中具体浏览帮助信息。用户也可以在 Search 栏内输入关键字全文搜索，搜索结果在 Search Results 标签页中显示。

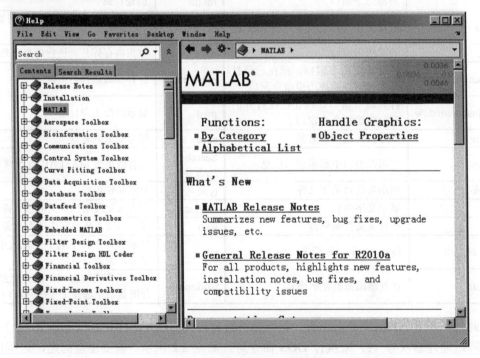

图 2.6　MATLAB 帮助窗口

此外，MATLAB 中为每一个工具箱或者模块都提供了大量的演示示例（Demos）供用户学习，如图 2.7 所示。这些演示程序非常有典型性，通过这些例子学习 MATLAB 往往能够起到事半功倍的效果。

如果在 MATLAB 窗口工作情况下，不方便打开 MATLAB 帮助系统，MATLAB 还提供了一些帮助命令帮助查询某个函数的帮助信息，例如函数的调用方式、函数的位置及函数的说明和例子程序等。在 MATLAB 命令行窗口中，常用的帮助命令如表 2.3 所示。

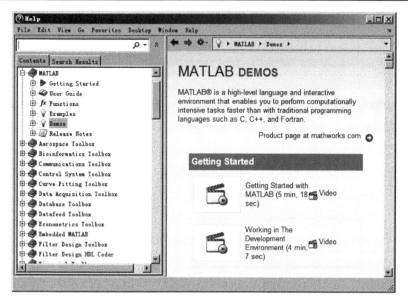

图 2.7　MATLAB 中的 Demos 界面

表 2.3　常用的帮助命令

命　　令	说　　明
help	在命令行窗口进行查询
doc	在帮助窗口中显示查询结果
which	获取函数或文件的路径
lookfor	查询指定关键字相关的 m 文件
helpdesk	在浏览器中打开帮助窗口
helpwin	在浏览器中打开帮助窗口
demo	在帮助窗口显示演示程序

其他帮助命名，用户可以通过 MATLAB 帮助系统获得，这里不再详细介绍。

2.2　MATLAB 的数据类型

MATLAB 是一门计算机语言，它处理的对象是数据。MATLAB 基本数据类型有十几种，不同的专业工具箱中还具有特殊的数据类型，并且 MATLAB 还支持面向对象的编程技术，支持用户自定义的数据类型。每一种类型的数据都以矩阵或数组形式存储和表现，MATLAB 的命令和语法也是以基本的矩阵运算及矩阵扩展运算为基础。在本节中，主要介绍 MATLAB 的基本数值类型、逻辑类型、函数句柄、结构类型和细胞数组类型，其中，细胞数组类型是 MATLAB 中一种独特的数据类型。

2.2.1　数值类型

卓越的数值运算能力是 MATLAB 优于其他高级程序语言的最大特点。与多数计算机高级语言一样，MATLAB 基本数值类型包括浮点型、整数型和一些特殊数值，程序默认的双精度浮点型数值使计算结果保证较高的精度。

1. 整数型

MATLAB 整数型数值包括有符号整型和无符号整型。有符号整型分为 4 种，分别是 8 位有符号整型、16 位有符号整型、32 位有符号整型和 64 位有符号整型，有符号整型可以表示正数和负数，数的最高位为符号位。对应 4 种有符号整型，无符号整型也有 4 种，即 8 位无符号整型、16 位无符号整型、32 位无符号整型和 64 位无符号整型。无符号整型只可以表示 0 和正数。不同的整型数值所占的内存空间也不相同，整数型数值所占内存空间如表 2.4 所示，准确的选择数值类型可以提高 MATLAB 计算速度。

表 2.4　整数型数值所占内存空间表

整数型说明	MATLAB 表示	占内存空间	范围	转换函数
8 位有符号	int8	1bytes	$-2^7 \sim 2^7-1$	int8(x)
8 位无符号	uint8		$0 \sim 2^8-1$	uint8(x)
16 位有符号	int16	2bytes	$-2^{15} \sim 2^{15}-1$	int16(x)
16 位无符号	uint16		$0 \sim 2^{16}-1$	uint16(x)
32 位有符号	int32	4bytes	$-2^{31} \sim 2^{31}-1$	int32(x)
32 位无符号	uint32		$0 \sim 2^{32}-1$	uint32(x)
64 位有符号	int64	8bytes	$-2^{63} \sim 2^{63}-1$	int64(x)
64 位无符号	uint64		$0 \sim 2^{64}-1$	uint64(x)

【例 2-1】　不同整数数值类型变量强制类型转换。

```
close all; clear all; clc;  %关闭所有图形窗口，清除工作空间所有变量，清空命令行
A=240
B1=int8(A)                  %将 A 进行强制类型转换为 8 位有符号整数
B2=int16(A)                 %将 A 进行强制类型转换为 16 位有符号整数
B3=uint8(A)                 %将 A 进行强制类型转换为 8 位无符号整数
B4=uint16(A)                %将 A 进行强制类型转换为 16 位无符号整数
```

程序运行后，输出结果如下：

```
A =
   240
B1 =
  127
B2 =
   240
B3 =
  240
B4=
   240
```

程序运行后，应用 whos 命令查看各个变量，输出结果如下：

```
Name      Size        Bytes      Class       Attributes
A         1x1          8         double
B1        1x1          1         int8
B2        1x1          2         int16
B3        1x1          1         uint8
B4        1x1          2         uint16
```

在 MATLAB 中,默认数值类型为双精度浮点型,程序中通过函数 int8()、int16()、uint8() 及 uint16()将变量数值转换为不同类型的整数,在转换为 8 位整有符号数时,产生了溢出。最后通过 whos 命令查看各个变量的类型及所占用的字节数。

2. 浮点型

MATALB 浮点型数值包括单精度浮点型和双精度浮点型两种,它们都依据 IEEE 标准定义。单精度型是 32 位数,其中最高位为符号位,30～23 位为整数部分。22～0 位为小数部分。双精度型是 64 位数,最高位亦为符号位,62～52 位为整数部分,51～0 位为小数部分。浮点型数值所占内存空间如表 2.5 所示。

表 2.5　浮点型数值所占内存空间表

浮点型说明	MATLAB 表示	占内存空间	范　　围	转换函数
单精度	single	4bytes	-3.40292347E+38 ～ +3.40292347E+38	single(x)
双精度	double	8bytes	-1.79769313486231570E+308 ～ +1.79769313486231570E+308	double(x)

【例 2-2】　浮点型数值与整型数值之间的转换。

```
close all; clear all; clc;    %关闭所有图形窗口,清除工作空间所有变量,清空命令行
A=123.567
B=single(A)                   %将双精度浮点型转换为单精度浮点型
C=int16(A)                    %将双精度浮点型转换为 16 位有符号整型
```

程序运行后,输出结果如下:

```
A =
  123.5670
B =
  123.5670
C =
    124
```

程序运行后,应用 whos 命令查看各个变量,输出结果如下:

```
Name      Size            Bytes   Class       Attributes
A         1x1                 8   double
B         1x1                 4   single
C         1x1                 2   int16
```

在 MATLAB 中,默认数值类型为双精度浮点型,程序中通过函数 single()转换成单精度浮点型,通过函数 int6()转换成 16 位有符号型数值,最后通过 whos 命令查看各个变量的类型及所占用的字节数。

除此以外,MATLAB 还提供一些函数根据不同的规则对浮点型数值取整,如表 2.6 所示。

表 2.6　浮点数的取整函数

函数	说　　明
round(x)	结果等于离浮点数 x 最近的整数,如果小数部分大于或等于 0.5 向前进 1,如果小数部分小于 0.5 舍去

续表

函数	说　　明
fix(x)	结果等于舍去浮点数 x 小数部分取整
floor(x)	结果等于小于浮点数 x，且离 x 最近的整数
ceil(x)	结果等于大于浮点数 x，且离 x 最近的整数

【例 2-3】 利用函数 round()、fix()、floor()和 ceil()对浮点数取整。

```
close all; clear all; clc;    %关闭所有图形窗口，清除工作空间所有变量，清空命令行
A1=round(-1.9)                %应用 round()函数对浮点数取整
A2=round(3.4)
B1=fix(-1.9)                  %应用 fix()函数对浮点数取整
B2=fix(3.4)
C1=floor(-1.9)               %应用 floor()函数对浮点数取整
C2=floor(3.4)
D1=ceil(-1.9)                %应用 ceil()函数对浮点数取整
D2=ceil(3.4)
```

程序运行后，输出结果如下：

```
A1 =
    -2
A2 =
     3
B1 =
    -1
B2 =
     3
C1 =
    -2
C2 =
     3
D1 =
    -1
D2 =
     4
```

应用函数 round()、fix()、floor()和 ceil()取整的结果各不相同，读者可仔细观察函数输出结果，根据实际需要选择函数。

3. 变量与常量

MATLAB 中的变量定义与其他高级语言不同，不需要提前定义，一个变量在程序中的第一次合法出现视为定义，运算或函数表达式中的变量必须是已经定义过的。MATLAB 变量名区分大小写，必须以英文字母开始，可以由字母、数字、下划线组成，但不能是标点符号和空格。变量名长度不得超过 31 位，超出部分将被自动忽略。MATLAB 中的主要关键字不能作为变量名。

MATLAB 中还有一组默认常量，程序已经定义好其数值，如表 2.7 所示。

表 2.7　MATLAB 默认常量表

常量名	说　　明	常量名	说　　明
ans	最近运算的结果	pi	圆周率
eps	浮点数相对精度	i,j	虚数单位
NaN	非数(Not a Number)	Inf	无穷大

eps 的具体数值，与运行 MATLAB 程序的计算机相关，不同的计算机可能具有不同的数值。有些默认常量可以在 MATLAB 运行过程中重新定义使用，使用过后用 clear 命令清除工作空间后恢复原有的常量数值。MATLAB 分别用-Inf 和 Inf 表示负无穷大和正无穷大，如果 MATLAB 的运算结果超出 MATLAB 允许表示范围，系统就会用-Inf 或 Inf 来表示运算结果，Inf 也为双精度型数值。非数（NaN），是 Not a Number 的缩写，MATLAB 为某些特殊运算提供的显示结果，例如 0/0 或 Inf/Inf，NaN 也为双精度型数值。

2.2.2　字符与字符串

MATLAB 中经常会对字符或是字符串进行操作。字符串就是一维字符数组，可以通过它的下标对字符串中的任何一个字符进行访问。字符数组中存放的并非是字符本身，而是字符的 ASCII 码。 MATLAB 的字符串处理功能非常强大，提供了许多字符或字符串处理函数，包括字符串的创建、字符串的属性、比较、查找及字符串的转换和执行等。MATLAB 中常用的字符串操作函数如表 2.8 所示。

表 2.8　字符串操作的常用函数

函　　数	说　　明	函　　数	说　　明
blanks(n)	生成一个由 n 个空格组成的字符串	str2double(s)	将字符串数组转化为数值数组
cellstr(s)	利用给定的字符数 s 组创建字符串单元数组	strcat(s1,s2,…)	将多个字符串串联
char(s1,s2,…)	利用给定的字符串或单元数组 s1、s2、…创建字符数组	strcmp(s1,s2)	判断字符串是否相等
deblank(s)	删除字符串 s 尾部的空格	strcmpi(s1,s2)	判断字符串是否相等（忽略大小写）
double(s)	将字符串 s 转化成 ASC 码形式	strjust(s1,type)	按照指定的 type 调整一个字符串数组
findstr(s1,s2)	在长字符串中查找短字符串	strfind(s1,s2)	在是字符串 s1 中查找 s2
int2str(x)	将整数型转换为字符串	strncmp(s1,s2,n)	判断前 n 个字符串是否相等
iscellstr(A)	判断是不是字符串单元数组	strncmpi(s1,s2,n)	判断前 n 个字符串是否相等（忽略大小写）
ischar(A)	判断是不是字符串数组	strrep(s1,s2,s3)	将字符串 s1 中出现的 s2 用 s3 代替
isletter('A')	判断是不是字母	strtok(s1,D)	查找 s1 中的第一个给定的分隔符之前和之后的字符串
isspace('s')	判断是不是空格	strtrim(s)	删除字符串 s 开始和结尾的空格
lower(s)	将一个字符串写成小写	strvcat(s1,s2,…)	将多个字符串竖直排列
num2str(x)	将数字转换成字符串	upper(s)	将一个字符串写成大写

1．字符串的基本操作

MATLAB 中用单引号""创建一个字符串，字符串是一个行向量，这个行向量中的每个元素都是字符串对应位置符号的 ASCII 码，其中包括字符串中的空格。应用函数 size()计算字符串的大小，应用函数 disp()显示字符串。

【例 2-4】　创建一个字符串 S，对 S 进行基本操作。

```
close all; clear all; clc; %关闭所有图形窗口，清除工作空间所有变量，清空命令行
S='Please create a string!';      %创建字符串
[m,n]=size(S);                    %计算字符串大小
a=double(S);                      %计算字符串的 ASCII 码
S1=lower(S);                      %将所有字母转换成小写字母
S2=upper(S);                      %将所有字母转换成大写字母
```

程序运行后，输出结果如下：

```
S =
Please create a string!
m =
    1
n =
   23
a =
 Columns 1 through 12
    80   108   101    97   115   101    32    99   114   101    97   116
 Columns 13 through 23
   101    32    97    32   115   116   114   105   110   103    33
S1 =
please create a string!
S2 =
PLEASE CREATE A STRING!
```

程序中应用单引号创建一个字符串，通过函数 size() 计算字符数组的大小，函数 double() 将字符串转换成 ASCII 码，应用函数 lower() 和 upper() 将字符串变换成全小写和全大写，数字和其他符号不变换。

【例 2-5】 字符串的连接和拆分。

```
close all; clear all; clc;  %关闭所有图形窗口，清除工作空间所有变量，清空命令行
S1='How are you!   ';       %创建 S1 字符串
S2='Fine, Thank you!';      %创建 S2 字符串
A=[S1,S2];                  %合并字符数组
B=char(S1,S2);              %连接字符串 S1 和 S2
C=strcat(S1,S2);            %横向连接字符串 S1 和 S2
D=strvcat(S1,S2);           %纵向连接字符串 S1 和 S2
E=S2(7:16);                 %拆分截取字符串 S2
```

程序运行后，输出结果如下：

```
S1 =
How are you!
S2 =
Fine, Thank you!
A =
How are you!    Fine, Thank you!
B =
How are you!
Fine, Thank you!
C=
How are you!Fine, Thank you!
D =
How are you!
Fine, Thank you!
E =
Thank you!
```

程序中将字符串看成字符数组，以数组合并符"[ ]"可以连接两个字符串，连接后保留字符串结尾处的空格，通过字符串连接函数 strcat() 将字符串连接后会将结尾的空格删除。函数 char() 可以完成两个以上字符串的纵向连接。字符串的拆分截取就是字符数组的拆分，将其中一部分截取出来。

2. 字符串的比较

MATLAB 中比较两个字符串的大小，即两个字符串对应字符 ASCII 的比较。可以应用关系运算符比较，也可以通过 MATLAB 中提供的函数 strcmp()、strncmp() 和 strncmpi() 完成。

【例 2-6】　通过关系运算符比较两个字符串。

```
close all; clear all; clc;    %关闭所有图形窗口，清除工作空间所有变量，清空命令行
S1='My name is Tommy';
S2='Nice to meet you';
a=S1==S2;                     %判断两个字符串是否相等
b=S1>S2;                      %判断 S1 是否大于 S2
c=lt(S1,S2);                  %应用函数判断 S1 是否小于 S2
d=S1<S2;                      %判断 S1 是否小于 S2
```

程序运行后，输出结果如下：

```
S1 =
My name is Tommy
S2 =
Nice to meet you
a =
    0    0    0    0    0    0    0    1    0    0    0    0    0    0    0    0
b =
    0    1    0    1    1    0    0    0    0    1    0    0    1    0    0    1
c =
    1    0    1    0    0    1    1    0    1    0    1    1    0    1    1    0
d =
    1    0    1    0    0    1    1    0    1    0    1    1    0    1    1    0
```

运用关系运算符比较两个字符串时，要求两个字符串长度必须相同，对应字符相互比较，关系表达式为真时返回 1，关系表达式为假时返回 0，返回值组成一个逻辑数组，其大小与字符串大小相同。应用关系运算符比较结果与应用关系函数比较结果相同。

【例 2-7】　通过字符串比较函数比较字符串。

```
close all; clear all; clc;    %关闭所有图形窗口，清除工作空间所有变量，清空命令行
S1='Good morning!';
S2='good morning, Sir.';
a=strcmp(S1,S2);              %比较两个字符串大小
b=strncmp(S1,S2,7);          %比较两个字符串前 7 个字符大小，区分大小写
c=strncmpi(S1,S2,7);         %比较两个字符串前 7 个字符大小，不区分大小写
```

程序运行后，输出结果如下：

```
S1 =
Good moring!
S2 =
good moring, Sir.
a =
```

```
        0
b =
        0
c =
        1
```

程序中通过函数 strcmp()比较字符串，字符串相同时返回值为逻辑真（1），字符串不相同时返回值为逻辑假（0），函数区分大小写；通过函数 strncmp()比较字符串时，可以选择比较前几位，相同时返回逻辑真（1），不同时返回逻辑假（0），函数区分大小写；通过函数 strncmpi()比较字符串时，算法与函数 strncmp()相同，但不区分大小写。

3. 字符串的转换

MATLAB 中提供一些函数可以将字符串转换成其他类型的数据，常用的函数有 num2str()、int2str()、str2num()和 str2double()等。

【例 2-8】 字符串与数值之间的转换。

```
close all; clear all; clc;        %关闭所有图形窗口，清除工作空间所有变量，清空命令行
num=rand(3,3);                    %产生 3×3 随机矩阵
s1=num2str(num);                  %将数值转换成字符串
s2=num2str(pi,10);               %将 pi 的前 10 位转换成字符串
int=12345;
s3=int2str(int);                  %将整数转换成字符串
s4=mat2str(pascal(3));           %将矩阵转换成字符串
num1=str2num('123456');          %将字符串转换成数值
num2=str2double('1234.56');      %将字符串转换成双精度浮点数
```

程序运行后，输出结果如下：

```
num =
    0.9649    0.9572    0.1419
    0.1576    0.4854    0.4218
    0.9706    0.8003    0.9157
s1 =
0.96489      0.95717      0.14189
0.15761      0.48538      0.42176
0.97059      0.80028      0.91574
s2 =
3.141592654
int =
     12345
s3 =
12345
s4 =
[1 1 1;1 2 3;1 3 6]
num1 =
     123456
num2 =
  1.2346e+003
```

程序运行后，应用 whos 命令查看各个变量，输出结果如下：

```
Name       Size          Bytes  Class      Attributes
int        1x1               8  double
num        3x3              72  double
num1       1x1               8  double
num2       1x1               8  double
```

```
s1          3x31          186  char
s2          1x11           22  char
s3          1x5            10  char
s4          1x19           38  char
```

上面程序中运用函数 num2str() 将数值矩阵转换为字符串，也可以将单数值转换成字符串，转换时可以指定转换数值的前几位。利用函数 int2str() 可以将整数转换为字符串，利用函数 str2num() 可以将字符串转换为数值，利用函数 str2double() 可以将字符串转换为双精度浮点数。程序运行后，在 MATLAB 的命令窗口中输入命令 whos，查看各个变量的类型和大小。

MATLAB 中还提供了函数 bin2dec() 和 dec2bin() 在二进制数和十进制数之间进行转换；dec2hex() 和 hex2dec() 函数可在十进制数和十六进制数之间进行转换；base2dec() 函数可任意进制数转换成十进制数。

【例 2-9】　二进制、十进制、十六进制和任意进制之间的转换。

```
close all; clear all; clc;   %关闭所有图形窗口，清除工作空间所有变量，清空命令行
a=bin2dec('1011001');        %将二进制数转换成十进制数
b=dec2bin(18);               %将十进制数转换成二进制数
c=hex2dec('9A2B');           %将十六进制数转换成十进制数
d=dec2hex(97);               %将十进制数转换成十六进制数
e=base2dec('212',3);         %将任意进制数转换成十进制数
```

程序运行后，输出结果如下：

```
a =
    89
b =
10010
c =
    39467
d =
61
e =
23
```

上面程序中，bin2dec() 函数将二进制数 1011001 转换成十进制数 89；dec2bin() 函数将十进制数 18 转换成二进制数 10010；hex2dec() 函数将十六进制数 9A2B 转换成十进制数 39467；dec2hex() 将十进制数 97 转换成十六进制数 61；base2dec() 将三进制数 212 转换成十进制数 23 。

【说明】在 MATLAB 中十进制数是双精度浮点型，二进制、十六进制和任意进制数都是字符串类型。

4．字符串的查找和替换

MATLAB 中提供一些函数实现字符串的查找，常用的函数有 findstr()、strfind() 和 strrep() 等。

【例 2-10】　利用函数 findstr() 和函数 strfind() 查找指定字符串。

```
close all; clear all; clc;   %关闭所有图形窗口，清除工作空间所有变量，清空命令行
s = 'Find the starting indices of the shorter string.';
a1=findstr(s, 'the');        %在长字符串中查找短字符串
```

```
a2=findstr('the', s);
a3=findstr(s,'a');
a4=findstr(s,' ');
a5=strfind(s, 'the');                        %在前字符串中查找后字符串
a6=strfind(s, 'a');
a7=strfind('the',s);
```

程序运行后，输出结果如下：

```
a1 =
     6    30
a2 =
     6    30
a3 =
    12
a4 =
     5     9    18    26    29    33    41
a5 =
     6    30
a6 =
    12
a7 =
    []
```

上面程序中，运用函数 findstr()在长字符串中查找短字符串，返回短字符串在长字符串中首字符的位置。如果没有查找到，则返回空矩阵。函数 strfind()在前一个字符串中查找后一个字符串，返回后一个字符串在前一个字符串中首字符的位置，如果没有查找到则返回空矩阵。

【例 2-11】　利用函数 strrep()替换字符串。

```
close all; clear all; clc; %关闭所有图形窗口，清除工作空间所有变量，清空命令行
s1 = 'This is a good example.';
s2=strrep(s1, 'good', 'great');              %在字符串中查找 good 用 great 替换
s3=strrep(s1,'Good','great');
```

程序运行后，输出结果如下：

```
s1 =
This is a good example.
s2 =
This is a great example.
s3 =
This is a good example.
```

程序中利用函数 strrep()在 s1 中查找 good，用 great 替换，函数 strrep()对大小写敏感。如果没有找到字符串，就不进行字符串的替换，输出仍为原来的字符串。

2.2.3　逻辑类型

MATLAB 用"1"和"0"分别代表"逻辑真"和"逻辑假"，但在运算过程中将所有非 0 值看作逻辑真，将 0 看作逻辑假。和一般的数据类型不同，逻辑类型数值只能通过数值类型转换，或者使用特殊的函数生成逻辑数组或矩阵。MATLAB 不但提供给用户比较齐全的算术运算符，同样也支持关系运算和逻辑运算。关系运算和逻辑运算主要是为用户解决程序设计中的"真"、"假"问题，在使用流程控制语句的时候，用户常常需要使用这

逻辑类型值作为控制语句的判断条件。

【例 2-12】 利用函数 logical()将任意类型矩阵转换为逻辑矩阵,利用函数 true()和函数 false()生成逻辑矩阵。

```
close all; clear all; clc;   %关闭所有图形窗口,清除工作空间所有变量,清空命令行
A=[0 0 1;2 0 0;0 3 0]
B=logical(A)                 %将矩阵 A 转换成逻辑矩阵 B
C=true(3)                    %生成 3 阶逻辑真矩阵
D=false(3)                   %生成 3 阶逻辑假矩阵
```

程序运行后,输出结果如下:

```
A=
     0     0     1
     2     0     0
     0     3     0
B =
     0     0     1
     1     0     0
     0     1     0
C=
     1     1     1
     1     1     1
     1     1     1
D=
     0     0     0
     0     0     0
     0     0     0
```

程序运行后,运用 whos 命令查看各个变量,输出结果如下:

```
Name      Size          Bytes   Class        Attributes
A         3x3              72    double
B         3x3               9    logical
C         3x3               9    logical
D         3x3               9    logical
```

程序中利用函数 logical()将矩阵 *A* 转换为逻辑矩阵 **B**,零值转换为逻辑非(0),非零值转换成逻辑真(1),利用函数 true()生成各个元素都为逻辑真的逻辑矩阵,利用函数 false()生成各个元素都为逻辑非的逻辑矩阵。

2.2.4　函数句柄

函数句柄是一个可调用的 MATLAB 函数的关联,有了函数句柄这种关联,用户在任何情况下都可以通过函数句柄调用 MATLAB 函数,即使是超出正常的函数调用范围仍然可以。

函数句柄主要有以下 4 个用途:

❑ 可以将一个函数传递给另一个函数。

❑ 可以捕获一个函数的数值供下一次使用。

❑ 可以在正常范围外调用函数。

❑ 可以将函数句柄以.mat 文件类型保存,供下一次 MATLAB 运行时使用。

在函数名前加一个"@"符号就可以建立一个函数句柄,一旦创建一个函数句柄,就

可以通过函数句柄调用函数，函数句柄包含函数保存的绝对路，用户可以从任何位置调用该函数。

【例 2-13】 函数句柄的建立与应用。

```
close all; clear all; clc;  %关闭所有图形窗口，清除工作空间所有变量，清空命令行
fhandle=@sin                %建立一个函数句柄
y1=fhandle(2*pi)            %用函数句柄调用函数
y2=sin(2*pi)               %直接调用函数
```

程序运行后，输出结果如下：

```
fhandle =
    @sin
y1 =
 -2.4493e-016
y2 =
 -2.4493e-016
```

程序中利用@创建函数句柄 fhandle，通过函数句柄调用 sin()函数和直接调用 sin()函数得到的结果相同。但对于一些私有函数，外部函数不能直接调用，定义了函数句柄以后，外部函数可以通过函数句柄调用私有函数。

MATLAB 提供一些与函数句柄相关的函数，如表 2.9 所示。

表 2.9 函数句柄操作函数

函　　数	说　　明
func2str(fhandle)	将函数句柄转换为字符串
str2func('str')	将字符串转换为函数句柄
functions(fhandle)	返回包含函数信息的结构体变量
isa(a, 'funhandle')	判断是否为函数句柄
isequal(fhandle1,fhandle2)	判断两个函数句柄是否对应同一函数

【例 2-14】 函数句柄操作函数。

```
close all; clear all; clc;  %关闭所有图形窗口，清除工作空间所有变量，清空命令行
f1=@help;                       %创建函数句柄
s1=func2str(f1);                %将函数句柄转换成字符串
f2=str2func('help');            %将字符串转换成函数句柄
a1=isa(f1,'function_handle');   %判断 f1 是否为函数句柄
a2=isequal(f1,f2);              %判断 f1 和 f2 是否指向同一函数
a3=functions(f1);               %获取 f1 信息
```

程序运行后，输出结果如下：

```
f1 =
    @help
s1 =
help
f2 =
    @help
a1 =
     1
a2 =
     1
a3 =
```

```
function: 'help'
    type: 'simple'
    file: [1x62 char]
```

程序中利用符号@建立了函数句柄，利用函数 func2str()将函数句柄转换成字符串，利用函数 str2func()将字符串转换成函数句柄。通过函数 isa()判断是否为函数句柄，通过函数 isequal()判断两个函数句柄是否指向同一个函数，最后利用函数 functions()获取该函数句柄的详细信息。

2.2.5　结构类型

MATLAB 与其他高级语言一样具有结构类型的数据。结构类型是包含一组彼此相关、数据结构相同但类型不同的数据类型。结构类型的变量可以是任意一种 MATLAB 数据类型的变量，也可以是一维的、二维的或者多维的数组。但是，在访问结构类型数据的元素时，需要使用下标配合字段的形式。

1．结构类型的建立

MATLAB 提供两种方法建立结构体，用户可以直接给结构体成员变量赋值建立结构体，也可以利用函数 struct()建立结构体。

【例 2-15】　利用两种方法建立结构体。

```
close all; clear all; clc;   %关闭所有图形窗口，清除工作空间所有变量，清空命令行
stu(1).name='LiMing';         %直接创建结构体 stu
stu(1).number='20120101';
stu(1).sex='f';
stu(1).age=20;
stu(2).name='WangHong';
stu(2).number='20120102';
stu(2).sex='m';
stu(2).age=19;
                             %应用 struct()函数创建结构体 student
student=struct('name',{'LiMing','WangHong'},'number',{'20120101','20120
102'},'sex',{'f','m' },'age',{20,19})
stu
stu(1)
stu(2)
student
student(1)
student(2)
```

程序运行后，输出结果如下：

```
stu =
1x2 struct array with fields:
    name
    number
    sex
    age
ans =
     name: 'LiMing'
   number: '20120101'
      sex: 'f'
      age: 20
```

```
ans =
      name: 'WangHong'
    number: '20120102'
       sex: 'm'
       age: 19
student =
1x2 struct array with fields:
    name
    number
    sex
    age
ans =
      name: 'LiMing'
    number: '20120101'
       sex: 'f'
       age: 20
ans =
      name: 'WangHong'
    number: '20120102'
       sex: 'm'
       age: 19
```

程序利用直接赋值法建立结构体变量 stu，其中包含 4 个成员变量，分别是 name、number、sex 和 age。在创建结构体变量的同时，对成员变量进行了赋值；然后利用函数 struct()创建结构体 student，其中包含 4 个成员变量与 stu 相同；最后通过函数 stu(1)、stu(2)、student(1)和 student(2)显示结构体变量中成员变量的具体数值。

2. 结构类型的操作

MATLAB 提供一些与结构类型相关的函数，如表 2.10 所示。

表 2.10　结构类型操作函数

函　　数	说　　明
fieldnames(s)	获取指定结构体所有成员名
getfield(s, 'field')	获取指定成员内容
isfield(s, 'field')	判断是否是指定结构体中的成员
orderfields(s)	对成员按结构数组重新排序
rmfield(s, 'field')	删除指定结构体中的成员
setfield(s, 'field', value)	设置结构体成员内容

【例 2-16】　应用函数对结构体类型操作。

```
close all; clear all; clc; %关闭所有图形窗口，清除工作空间所有变量，清空命令行
stu=struct('name',{'LiMing','WangHong'},'number',{'20120101','20120102'
},'sex',{'f','m' },'age',{20,19});
a=fieldnames(stu);              %获取 stu 所有成员名
b=getfield(stu,{1,2},'name');   %获取指定成员内容
c=isfield(stu,'sex');           %判断 sex 是否为 stu 中的成员
stunew=orderfields(stu);        %按结构体成员首字母重新排序
rmfield(stu,'sex');             %删除 sex
s1=setfield(stu(1,1),'sex','M');  %重新设置 stu 中的 sex 内容
s2=setfield(stu{1,2},'sex','F');  %重新设置 stu 中的 sex 内容
s2(1,2)
```

程序运行后，输出结果如下：

```
stu =
1x2 struct array with fields:
    name
    number
    sex
    age
a =
    'name'
    'number'
    'sex'
    'age'
b =
WangHong
c =
     1
stunew =
1x2 struct array with fields:
    age
    name
    number
    sex
ans =
1x2 struct array with fields:
    name
    number
    age
s1 =
    name: 'LiMing'
    number: '20120101'
      sex: 'M'
      age: 20

s2 =
1x2 struct array with fields:
    name
    number
    sex
    age
ans =
    name: 'WangHong'
    number: '20120102'
      sex: 'F'
      age: 19
```

　　程序中首先利用函数 struct()建立结构体 stu,利用函数 fieldnames()获得所有成员名称,利用函数 getfield()获得指定结构体成员 stu(1,2)的 name 内容;然后利用函数 isfield()判断 sex 是否为 stu 结构体中的成员,如是返回值为真（1）, 否返回值为假（0）,利用函数 orserfields()重新对 stu 成员排序,以成员名首字母由小到大的顺序排列;最后利用函数 refield()删除结构体成员中的 sex;利用函数 setfield()将 stu 结构体 stu(1, 1)中 sex 设置为 M,将 stu(1, 2)中 sex 设置为 F。

2.2.6　细胞数组类型

　　细胞数组是 MATLAB 特有的一种数据类型,组成它的元素是细胞,细胞是用来存储不同类型数据的单元,如图 2.8 所示为 2×2 细胞数组结构图。细胞数组中每个细胞存储一种类型的 MATLAB 数组,此数组中的数据可以是任何一种 MATLAB 数据类型或用户自定义的类型,其大小也可以是任意的。相同数组的第二个细胞的类型与大小可以和第一个细胞完全不同。

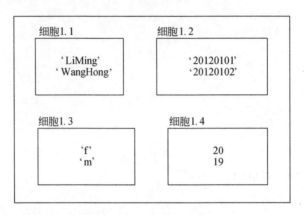

图 2.8　细胞数组结构图

1. 细胞数组类型的建立

与结构数组相同,MATLAB 为细胞数组的建立提供两种方法,一种是直接赋值,一种是用函数 cell()创建。

【例 2-17】 利用两种方法建立细胞数组。

```
close all; clear all; clc; %关闭所有图形窗口,清除工作空间所有变量,清空命令行
student{1,1}={'LiMing','WangHong'};          %直接赋值法建立细胞数组
student{1,2}={'20120101','20120102'};
student{2,1}={'f','m'};
student{2,2}={20,19};
student
student{1,1}
student{2,2}
cellplot(student)                           %显示细胞数组结构图
```

程序运行后,输出结果如下:

```
student =
    {1x2 cell}    {1x2 cell}
    {1x2 cell}    {1x2 cell}
ans =
    'LiMing'    'WangHong'
ans =
[20]    [19]
```

应用函数 cellplot()画出 student 细胞数组结构图,如图 2.9 所示。
程序代码如下:

```
close all; clear all; clc; %关闭所有图形窗口,清除工作空间所有变量,清空命令行
stu=cell(2)                    %运用 cell()函数建立 2×2 细胞数组
stu{1,1}={'LiMing','WangHong'};
stu{1,2}={'20120101','20120102'};
stu{2,1}={'f','m'};
stu{2,2}={20,19};
```

```
stu
cellplot(stu)                              %显示细胞数组结构图
```

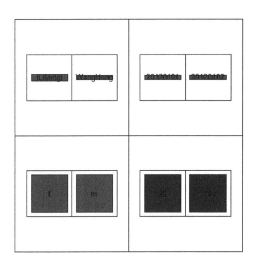

图 2.9 student 细胞数组结构图

程序运行后，输出结果如下：

```
stu =
    []       []
    []       []
stu =
    {1x2 cell}    {1x2 cell}
{1x2 cell}    {1x2 cell}
```

应用函数 cellplot()画出 stu 细胞数组结构图，与图 2.9 相同。

程序中利用赋值法建立细胞数组，用函数 cellplot()画出细胞数组结构图；然后利用函数 cell()建立细胞数组，建立一个空数组，用户还需要给细胞数组赋值；最后用函数 cellplot()画出细胞数组结构图，通过细胞数组结构图可以看出两种方法建立细胞数组得到的结构相同。

2．细胞数组类型的操作

MATLAB 提供与细胞数组相关函数，如表 2.11 所示。

表 2.11 细胞数组相关函数

函　　数	说　　明
cell2struct(cellArray, fields, dim)	将细胞数组转换成结构数组
iscell(c)	判断指定数组是否是细胞数组
struct2cell(s)	将结构数组转换成细胞数组
mat2cell(A, m, n)	将矩阵拆分成细胞数组矩阵
cell2mat(c)	将细胞数组合并成矩阵
num2cell(A)	将数值数组转换成细胞数组
celldisp(c)	显示细胞数组内容
cellplot(c)	显示细胞数组结构图

【例 2-18】应用函数 cell2struct()、iscell()、struct2cell()、mat2cell()、cell2mat()、num2cell()、celldisp()和 cellplot()对细胞数组操作。

```
close all; clear all; clc; %关闭所有图形窗口，清除工作空间所有变量，清空命令行
stu_cell={'LiMing','20120101','M','20'};        %建立细胞数组
celldisp(stu_cell)                              %显示细胞数组
fields={'name','number','sex','age'};
stu_struct=cell2struct(stu_cell,fields,2); %将细胞数组转换成结构体
stu_struct
a=iscell(stu_cell);                    %判断 stu_cell 是否为细胞数组
b=iscell(stu_struct);
stu_t=struct('name',{'LiMing','WangHong'},'number',{'20120101','2012010
2'},'sex',{'f','m' },'age',{20,19});
stu_c=struct2cell(stu_t);                    %将结构体转换成细胞数组
c= {[1] [2 3 4]; [5; 9] [6 7 8; 10 11 12]};    %建立细胞数组
m= cell2mat(c);                              %将细胞数组合并成矩阵
M = [1 2 3 4 5; 6 7 8 9 10; 11 12 13 14 15; 16 17 18 19 20];
C1= mat2cell(M, [2 2], [3 2]);              %将 M 拆分成细胞数组
C2=num2cell(M);                            %将 M 转换成细胞数组
figure;
subplot(121);cellplot(C1);                    %显示 C1 结构图
subplot(122);cellplot(C2);                    %显示 C2 结构图
```

程序运行后，输出结果如下：

```
stu_cell{1} =
 LiMing
stu_cell{2} =
 20120101
stu_cell{3} =
M
stu_cell{4} =
20
stu_struct =
     name: 'LiMing'
   number: '20120101'
      sex: 'M'
      age: '20'
a =
    1
b =
    0
stu_t =
1x2 struct array with fields:
   name
   number
   sex
   age
stu_c(:,:,1) =
   'LiMing'
   '20120101'
   'f'
   [20]
stu_c(:,:,2) =
   'WangHong'
   '20120102'
   'm'
   [19]
c =
```

```
      [         1]     [1x3 double]
      [2x1 double]     [2x3 double]
m =
      1      2      3      4
      5      6      7      8
      9     10     11     12
M =
      1      2      3      4      5
      6      7      8      9     10
     11     12     13     14     15
     16     17     18     19     20
C1 =
      [2x3 double]     [2x2 double]
      [2x3 double]     [2x2 double]
C2 =
      [ 1]    [ 2]    [ 3]    [ 4]    [ 5]
      [ 6]    [ 7]    [ 8]    [ 9]    [10]
      [11]    [12]    [13]    [14]    [15]
      [16]    [17]    [18]    [19]    [20]
```

程序中运用赋值法创建细胞数组 stu_cell，用函数 celldisp()显示细胞数组，利用函数 cell2struct()将细胞数组 stu_cell 转换成结构体 stu_struct。然后利用函数 iscell()判断是否为细胞数组，如是细胞数组返回值为逻辑真（1）如不是细胞数组返回值为逻辑假（0）。接着用赋值法建立结构体 stu_t，用函数 struct2cell()将结构体 stu_t 转换成细胞数组 stu_c。建立细胞数组 c，利用函数 cell2mat()将细胞数组合并成一个矩阵。之后建立矩阵 **M**，利用函数 mat2cell()拆分成细胞函数 C1，利用 num2cell()转换成细胞函数，C1 和 C2 细胞数组的结构图如图 2.10 所示。

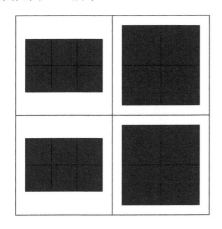 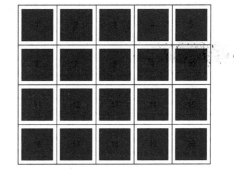

（a）C1 结构图　　　　　　　　　　　　　　　（b）C2 结构图

图 2.10　细胞数组结构图

2.3　MATLAB 的运算符

MATLAB 为用户提供了 3 种运算符，即算术运算符、关系运算符和逻辑运算符。本节主要介绍这三种运算符及运算符的优先级。

2.3.1 算术运算符

MATLAB 的算术运算分为矩阵运算和矩阵内元素运算,矩阵内元素运算在矩阵运算符前加".",如表 2.12 所示。除了一些矩阵的运算符以外,MATLAB 算术运算符要求参与运算的矩阵必须是维数相同,但如果运算对象是标量和矩阵,则是标量和矩阵内每一个元素相运算。

表 2.12 算术运算符

运算符	说 明	运算符	说 明
+	加法	.\	左除法
-	减法	\	矩阵左除法
.*	乘法	.^	求幂
*	矩阵乘法	^	矩阵求幂
./	右除法	.'	转置
/	矩阵右除法	'	矩阵求秩,复数求共轭

【例 2-19】 算术运算举例。

```
close all; clear all; clc;    %关闭所有图形窗口,清除工作空间所有变量,清空命令行
A=eye(3)                      %建立 3×3 对角矩阵 A
B=magic(3)                    %建立 3×3 魔方矩阵 B
C1=A.*B                       %A 点乘 B
C2=A*B                        %A 乘以 B
C3=A/B                        %A 左除 B
C4=A./B                       %A 左点除 B
```

程序运行后,输出结果如下:

```
A =
     1     0     0
     0     1     0
     0     0     1
B =
     8     1     6
     3     5     7
     4     9     2
C1 =
     8     0     0
     0     5     0
     0     0     2
C2 =
     8     1     6
     3     5     7
     4     9     2
C3 =
    0.1472   -0.1444    0.0639
   -0.0611    0.0222    0.1056
   -0.0194    0.1889   -0.1028
C4 =
    0.1250         0         0
         0    0.2000         0
         0         0    0.5000
```

运算符号前没加 "." 的都是矩阵运算，满足矩阵运算规则；运算负号前加 "." 的都是点运算，是矩阵对应元素的运算。

2.3.2　关系运算符

MATLAB 关系运算符如表 2.13 所示。关系运算符两侧的矩阵维数必须相同，关系运算是对矩阵内元素运算。如果参与运算的元素使关系运算式为真则返回值为逻辑 1，反之返回值为逻辑 0。标量与矩阵进行关系运算时，是将标量与矩阵内每一个元素进行运算。

表 2.13　关系运算符

运 算 符	说　　明	函　　数
<	小于	lt(a, b)
<=	小于等于	le(a, b)
>	大于	gt(a, b)
>=	大于等于	ge(a, b)
==	恒等于	eq(a, b)
～=	不等于	ne(a)

【例 2-20】　关系运算举例。

```
close all; clear all; clc;      %关闭所有图形窗口，清除工作空间所有变量，清空命令行
A = [2 7 6;9 0 5;3 0.5 6];
B = [8 7 0;3 2 5;4 -1 7];
C1=A<B                          %小于运算符
C2=lt(A,B)                      %lt 函数求小于
C3=A==B                         %恒等于
C4=～A                          %不等于
```

程序运行后，输出结果如下：

```
A =
    2.0000    7.0000    6.0000
    9.0000         0    5.000
    3.0000    0.5000    6.0000
B =
    8    7    0
    3    2    5
    4   -1    7
C1 =
    1    0    0
    0    1    0
    1    0    1
C2 =
    1    0    0
    0    1    0
    1    0    1
C3 =
    0    1    0
    0    0    1
    0    0    0
C4 =
    0    0    0
    0    1    0
```

| 0 | 0 | 0 |

矩阵 **A** 和 **B** 都是双精度浮点型矩阵，矩阵关系运算式为对应元素关系运算。运算结果为真，返回值为逻辑 1；运算结果为假，返回值为逻辑 0。利用函数 lt() 得到的运算结果与关系运算符得到的结果一致。

2.3.3　逻辑运算符

MATLAB 提供 3 种类型的逻辑运算，分别为逻辑矩阵的元素运算、整型数据或数组的按位运算和短路运算。MATLAB 编程时可以用除了位运算以外的逻辑运算的返回值作逻辑索引。

参与矩阵元素逻辑运算的逻辑矩阵必须是维数相同的矩阵，如果逻辑运算符的一侧为标量，则是标量和逻辑矩阵的每一个元素进行逻辑运算。逻辑运算符有：与运算 "&"、或运算 "|"、非运算 "～" 和异或 "xor"。MATLAB 也提供了与逻辑运算符对应的函数来完成逻辑运算，如表 2.14 所示。

表 2.14　逻辑运算符与函数对应表

运算符	说　明	函　数
&	与运算	and (a, b)
		或运算	or (a,)
～	非运算	not (a)
xor	异或	xor(a, b)

【例 2-21】　逻辑运算举例。

```
close all; clear all; clc;    %关闭所有图形窗口，清除工作空间所有变量，清空命令行
A = [0 1 1 0 1];
B = [1 1 0 0 1];
C=A&B                         %与运算
D=A|B                         %或运算
E=～A                         %非运算
F=and(A,B)                    %and()函数与运算
G=xor(A,B)                    %异或运算

程序运行后，输出结果如下:

A =
    0    1    1    0    1
B =
    1    1    0    0    1
C =
    0    1    0    0    1
D =
    1    1    1    0    1
E =
    1    0    0    1    0
F =
    0    1    0    0    1
G =
    1    0    1    0    0
```

逻辑运算是对参与运算的矩阵的对应元素进行逻辑与、逻辑或、逻辑非和逻辑异或。可以采用运算符，也可以采用函数。参与逻辑运算的矩阵如果是两个，则这两个矩阵必须有相同的维数。

MATLAB 中提供两个快速逻辑运算符，快速逻辑与（&&）和快速逻辑或（||），快速运算只在 if 语句或 while 语句中应用。在执行 if 语句或 while 语句中的表达式时，如果快速逻辑运算符左侧的操作数可以确定整个逻辑运算式的值，那么逻辑运算符右侧的操作数自动被短路。

【例 2-22】 快速逻辑运算举例。

```
close all; clear all; clc;    %关闭所有图形窗口，清除工作空间所有变量，清空命令行
a=54;
b=12;
c1=(a<b)&&(a*4<b);            %快速与运算
c2=(b*4<a)||(b<a);           %快速或运算
```

程序运行后，输出结果如下：

```
c1 =
    0
c2 =
    1
```

程序中利用快速逻辑与运算（&&）时，第一个表达式为假，直接返回假，不再计算第二个表达式。利用快速逻辑或运算（||）时，当第一个表达式为真时，直接返回真，不再计算第二个表达式。

2.3.4 运算优先级

MATLAB 表达式可以使用的任何组合运算、关系和逻辑运算符。优先级别确定 MATLAB 表达式的运算顺序。如果两个运算符的优先级相同，则从左向右运算。MATLAB 的运算符的优先级从最高到最低如下：

- ❑ 括号运算。
- ❑ 转置运算，幂运算，复数共轭转置运算，矩阵幂运算。
- ❑ 正号，负号，逻辑非运算。
- ❑ 点乘法，点除法，矩阵乘法、矩阵除法。
- ❑ 加法，减法。
- ❑ 冒号运算。
- ❑ 小于，小于等于，大于，大于等于，恒等于，不等于。
- ❑ 逻辑与。
- ❑ 逻辑或。
- ❑ 短路逻辑与。
- ❑ 短路逻辑或。

【例 2-23】 运算符优先级举例。

```
close all; clear all; clc;    %关闭所有图形窗口，清除工作空间所有变量，清空命令行
a1=2+3*4>5&1;                 %运算符优先级
```

```
a2=2+(3*4>5&1);
```

程序运行后，输出结果如下：

```
a1 =
     1
a2 =
     3
```

运算时按照运算符的优先级从高到低，相同优先级时按照从左到右的顺序进行。应用运算符计算时，最好用括号对运算顺序进行分割，这样更容易理解。

2.4　MATLAB 的矩阵

矩阵式 MATLAB 中最基本的数据结构，用户开始定义一个变量时，首先想到的就是定义一个矩阵。用一个矩阵可以表示多种数据结构，当矩阵是 1×1 维时，它表示一个标量，当矩阵只有一行或只有一列，它表示一个向量。一个二维矩阵能够存储多种数据元素，这些数据元素可以是字数值类型，字符串，逻辑类型或者其他 MATLAB 结构类型。MATLAB 为矩阵提供多种运算，这些运算可以提高 MATLAB 的运算效率。本节主要介绍如何建立一个矩阵，矩阵的操作有哪些，还要介绍一些 MATLAB 中常用的与矩阵相关的函数。

2.4.1　矩阵的建立

在 MATLAB 中建立一个最简单的矩阵是使用矩阵构造函数算子"[ ]"。创建一个行矩阵用逗号或空格来分隔每一个元素，其代码如下：

```
row = [E1, E2, ..., Em]        row = [E1 E2 ... Em]
```

【例 2-24】　建立一个包含有 5 个元素的行矩阵。

```
close all; clear all; clc;  %关闭所有图形窗口，清除工作空间所有变量，清空命令行
A=[1,2,3,4,5]               %建立行向量
B=[1 2 3 4 5]               %建立行向量
```

程序运行后，输出结果如下：

```
A =
     1     2     3     4     5
B =
     1     2     3     4     5
```

创建一个多行矩阵，每一行之前以"；"间隔，代码如下：

```
A = [row1; row2; ...; rown]
```

【例 2-25】　建立一个 4 行 3 列的矩阵。

```
close all; clear all; clc;  %关闭所有图形窗口，清除工作空间所有变量，清空命令行
C=[1,2,3;4,5,6;7,8,9;10,11,12]  %建立 4×3 矩阵
```

程序运行后，输出结果如下：

```
C =
     1      2      3
     4      5      6
     7      8      9
    10     11     12
```

MATLAB 还提供了一些构造特殊矩阵的函数，如表 2.15 所示。

表 2.15　构造特殊矩阵函数表

函　　　　数	说　　　明
ones(n)；ones(n, m)	建立一个元素都为 1 的矩阵
zeros(n)；zeros(n, m)	建立一个元素都为 0 的矩阵
eye(n)；eye(n, m)	建立一对角线元素为 1，其他元素都为 0 的矩阵
diag(v)；diag(X)；diag(v, k)；diag(X , k)	将一个向量变成一个对角矩阵，或求一个矩阵的对角元素
magic(n)	建立一个方阵使得它的每一行，每一列，和对角线元素的和都相等
rand(n)；rand(n , m)	建立一个均匀分布的随机矩阵，元素值在 0,1 之间
randn(n)；randn(n , m)	建立一个标准正态分布的随机矩阵
randperm(n)	建立一个随机排列的指定整数向量

【例 2-26】　利用函数 ones()、zeros()、eye()、diag()、magic() 和 rand() 建立矩阵。

```
close all; clear all; clc;    %关闭所有图形窗口，清除工作空间所有变量，清空命令行
A=ones(3)                     %建立一个元素都为 1 的 3 阶方阵
B=ones(2,3)                   %建立一个元素都为 1 的 2×3 阶矩阵
C=zeros(2,3)                  %建立一个元素都为 0 的 2×3 阶矩阵
D=eye(3)                      %建立一个对角元素为 1 其他元素为 0 的 3 阶方阵
v=[1,2,3,4,5]                 %生成一个行向量
E=diag(v)                     %将一个向量变成一个对角矩阵
F=magic(3)                    %建立一个 3 阶魔方方阵
G=rand(2,3)                   %建立一个 2×3 阶随机矩阵
```

程序运行后，输出结果如下：

```
A =
     1      1      1
     1      1      1
     1      1      1
B =
     1      1      1
     1      1      1
C =
     0      0      0
     0      0      0
D =
     1      0      0
     0      1      0
     0      0      1
v =
     1      2      3      4      5
E =
     1      0      0      0      0
     0      2      0      0      0
     0      0      3      0      0
     0      0      0      4      0
     0      0      0      0      5
```

```
F =
    8    1    6
    3    5    7
    4    9    2
G =
   0.7922   0.6557   0.8491
 0.9595   0.0357   0.9340
```

2.4.2　矩阵的操作

1．矩阵的合并

将两个或多个矩阵合并成一个新的矩阵，称为矩阵的合并。"[ ]"不仅是矩阵构造算子，也是 MATLAB 连接操作符。表达式 C=[A B]表示横向合并矩阵 **A** 和 **B**，表达式 C=[A;B]表示纵向合并矩阵 **A** 和 **B**。在矩阵合并操作时，横向合并的矩阵要求保证行数相同，纵向合并时要求保证列数相同。

【例 2-27】　合并矩阵 **A** 和 **B**。

```
close all; clear all; clc; %关闭所有图形窗口，清除工作空间所有变量，清空命令行
A=ones(2,4)*3;
B=rand(3,4);
C=[A;B];                    %纵向合并两矩阵
D=[A B];                    %横向合并两矩阵
```

程序运行后，输出结果如下：

```
A =
    3    3    3    3
    3    3    3    3
B =
   0.1869   0.6463   0.2760   0.1626
   0.4898   0.7094   0.6797   0.1190
   0.4456   0.7547   0.6551   0.4984
C =
   3.0000   3.0000   3.0000   3.0000
   3.0000   3.0000   3.0000   3.0000
   0.1869   0.6463   0.2760   0.1626
   0.4898   0.7094   0.6797   0.1190
   0.4456   0.7547   0.6551   0.4984
??? Error using ==> horzcat
CAT arguments dimensions are not consistent.
```

两矩阵合并时，横向合并要求有相同的行数，纵向合并要求有相同的列数。

除此以外，MATLAB 为矩阵的合并提供了一些函数，如表 2.16 所示。

表 2.16　矩阵合并函数表

函　　数	说　　明
cat(dim,A,B)	在指定方向 dim 上合并 **A** 和 **B** 矩阵，如果 dim=1 为横向合并，dim=2 为纵向合并
horzcat(A, B)	横向合并矩阵
vertcat(A, b)	纵向合并矩阵
repmat(A, m, n)	将矩阵复制，合并成新矩阵
blkdiag(A, B)	已知矩阵合并成对角矩阵

【例 2-28】 利用函数 repmat() 和 blkdiag() 创建矩阵。

```
close all; clear all; clc; %关闭所有图形窗口，清除工作空间所有变量，清空命令行
A=eye(3);
B=rand(3);
C1=repmat(A,2,3);                %将矩阵复制合并成新矩阵
C2=blkdiag(A,B);                 %将矩阵合并成对角矩阵
```

程序运行后，输出结果如下：

```
A =
    1    0    0
    0    1    0
    0    0    1
B =
    0.8147    0.9134    0.2785
    0.9058    0.6324    0.5469
    0.1270    0.0975    0.9575
C1 =
    1    0    0    1    0    0    1    0    0
    0    1    0    0    1    0    0    1    0
    0    0    1    0    0    1    0    0    1
    1    0    0    1    0    0    1    0    0
    0    1    0    0    1    0    0    1    0
    0    0    1    0    0    1    0    0    1
C2 =
    1.0000         0         0         0         0         0
         0    1.0000         0         0         0         0
         0         0    1.0000         0         0         0
         0         0         0    0.8147    0.9134    0.2785
         0         0         0    0.9058    0.6324    0.5469
         0         0         0    0.1270    0.0975    0.9575
```

2. 拆分的矩阵

MATLAB 支持从原有矩阵中拆分出若干行或若干列组成新矩阵，这种矩阵的拆分实质是元素的提取。

【例 2-29】 拆分矩阵 A 重新建立矩阵。

```
close all; clear all; clc; %关闭所有图形窗口，清除工作空间所有变量，清空命令行
A=magic(5);
B=A(:,[2 4]);            %提取矩阵 A 中的第 2 列和第 4 列组成矩阵 B
C=A([1 3],[2 4])        %提取矩阵 A 中的第 1 行和第 3 行，第 2 列和第 4 列元素组成矩阵 C
D=A(1:3,3:4)            %提取矩阵 A 中的 1 至 3 行，3 至 4 列中元素组成新矩阵 D
E=A([1:3;4 5 7;10:12])       %提取矩阵 A 中单下标为 1 至 3 的元素为第一行
%下标为 4,5,7 的元素为第二行，下标为 10～12 的为第三行组成矩阵 E
```

程序运行后，输出结果如下：

```
A =
    17    24     1     8    15
    23     5     7    14    16
     4     6    13    20    22
    10    12    19    21     3
    11    18    25     2     9
B =
    24     8
     5    14
```

```
       6     20
      12     21
18     2
C =
      24      8
       6     20
D =
       1      8
       7     14
      13     20
E =
      17     23      4
      10     11      5
      18      1      7
```

2.4.3　矩阵运算相关函数

1．求矩阵行列式的值

MATLAB 提供函数 det()求方阵行列式的值。

【例 2-30】　应用函数 det()求方阵的行列式。

```
close all; clear all; clc; %关闭所有图形窗口，清除工作空间所有变量，清空命令行
A=[1,3,4;5,6,7;1,0,0]
a=det(A)                    %求行列式的值
```

程序运行后，输出结果如下：

```
A =
       1      3      4
       5      6      7
       1      0      0
a =
  -3.0000
```

2．求转置矩阵

MATLAB 提供函数 transpose ()求矩阵的转置矩阵，也可以应用算术运算符"'"求矩阵的转置运算。

【例 2-31】　应用函数 transpose ()求【例 2-29】中矩阵 *A* 的转置矩阵。

```
close all; clear all; clc; %关闭所有图形窗口，清除工作空间所有变量，清空命令行
B1= transpose(A)           %求转置矩阵
B2= A'
```

程序运行后，输出结果如下：

```
B1 =
       1      5      1
       3      6      0
       4      7      0
B2 =
       1      5      1
       3      6      0
       4      7      0
```

3．求逆矩阵

MATLAB 中提供函数 inv() 求逆矩阵，通过求逆矩阵可以完成矩阵的除法运算。矩阵运算中规定，只有满秩的方阵才有逆矩阵，即行列式不为 0 的方阵才有逆矩阵。如果矩阵不是一个方阵，或者是一个非满秩的方阵时，矩阵没有逆矩阵，但可以求得伪逆矩阵，也称为广义逆矩阵。MATLAB 中提供函数 pinv() 求矩阵的广义逆矩阵。

【例 2-32】　应用函数 inv () 和 pinv() 求逆矩阵和伪逆矩阵。

```
close all; clear all; clc;  %关闭所有图形窗口，清除工作空间所有变量，清空命令行
A=magic(3);
B=[1 2 3 4;5 6 7 8];
C=inv(A);                   %求逆矩阵
D=pinv(B);                  %求伪逆矩阵
```

程序运行后，输出结果如下：

```
A =
     8     1     6
     3     5     7
     4     9     2
B =
     1     2     3     4
     5     6     7     8
C =
   0.1472   -0.1444    0.0639
  -0.0611    0.0222    0.1056
  -0.0194    0.1889   -0.1028
D =
  -0.5500    0.2500
  -0.2250    0.1250
   0.1000    0.0000
   0.4250   -0.1250
```

4．求矩阵的秩

MATLAB 中提供函数 rank() 求矩阵的秩。

【例 2-33】　应用函数 rank() 求【例 2-30】中矩阵 A 的秩。

```
close all; clear all; clc;  %关闭所有图形窗口，清除工作空间所有变量，清空命令行
rank(A)                     %求矩阵的秩
```

程序运行后，输出结果如下：

```
ans =
     3
```

2.5　MATLAB 控制语句

MATLAB 作为一种高级程序设计语言，提供了经典的循环结构（for 循环和 while 循环）、选择结构（if）和流程控制语句。用户可以应用这些流程控制语句编写 MATLAB 程序，实现多种功能。

2.5.1　循环结构

MATLAB 的循环结构由 for 语句和 while 语句实现，两种语句在应用时各有侧重，for 用于已知循环的次数的循环，while 语句用于未知循环次数的循环。循环结构的作用是在满足条件下重复执行语句体。

1．for语句

一般表达式为：

```
for 循环控制变量=表达式 1:表达式 2:表达式 3
语句
end
```

一般情况，表达式 1 为循环初值，表达式 2 为循环增量，表达式 3 为循环终值。循环增量可以是正数也可以是负数，当没有指定循环增量时，系统默认为 1。for 语句可以嵌套使用。

【例 2-34】　应用 for 语句创建一个 Hilbert 矩阵。

```
close all; clear all; clc;   %关闭所有图形窗口，清除工作空间所有变量，清空命令行
k = 5;
hilbert = zeros(k,k);         %产生一个 5×5 全 0 矩阵
for m = 1:k                   %应用 for 给 Hilbert 矩阵赋值
    for n = 1:k
        hilbert(m,n) = 1/(m+n -1);
    end
end
format rat
```

程序运行后，输出结果如下：

```
hilbert =
        1        1/2       1/3       1/4       1/5
       1/2       1/3       1/4       1/5       1/6
       1/3       1/4       1/5       1/6       1/7
       1/4       1/5       1/6       1/7       1/8
       1/5       1/6       1/7       1/8       1/9
```

上面程序中，第一层 for 循环初值为 1，终值为 5，增量未设置，系统默认为 1；第二层 f 循环与第一层一致，初值为 1，终值为 5，增量为 1。每一层 for 循环都以关键字 for 开始，end 结束。

for 语句的循环控制变量还可以是数组表达式，表达式如下：

```
for 循环控制变量 = 数组表达式
语句
end
```

【例 2-35】　循环控制变量为数组表达式的 for 语句应用。

```
close all; clear all; clc;   %关闭所有图形窗口，清除工作空间所有变量，清空命令行
A=[1,2,3,4,5,6];             %计算矩阵 A 所有元素和
sum=0;
```

```
k=0;
for n=A
n
k=k+1;
sum=sum+n;
end
```

程序计算矩阵 A 中所有元素之和，循环变量为矩阵 A 中各个元素，运行结果为 21。

2. while语句

一般表达式：

```
while 关系表达式
语句
end
```

当表达式为逻辑真时，重复执行语句；当表达式值为逻辑假时，跳出循环。while 语句不用事先明确循环次数。

【例 2-36】 应用 while 语句计算 1～100 的和。

```
close all; clear all; clc;  %关闭所有图形窗口，清除工作空间所有变量，清空命令行
i=1;                         %计算 1～100 的和
sum=0;
while(i<=100)
    sum=sum+i
    i=i+1
end
```

while 循环不用明确循环次数，循环表达式为真，循环就执行，只有循环表达式为假时，跳出循环。程序运行结果为 sum=5050，i=101。

2.5.2 选择结构

MATLAB 选择结构包括 if 语句、swich 语句和 try 语句。大部分的程序中都会包括选择结构，选择结构的作用是判断指定的条件是否满足，决定程序的流程走向。

1. if语句

一般表达式：

```
if 表达式
语句 1
else
语句 2
end
```

判断关键字 if 后关系表达式或逻辑表达式返回值为逻辑真，则执行语句 1；如果为逻辑假，执行语句 2；如果为算术表达式，则认为返回值非零为真，返回值是 0 为假。

【例 2-37】 求矩阵 *A* 中的最大元素及元素下标。

```
close all; clear all; clc;  %关闭所有图形窗口，清除工作空间所有变量，清空命令行
A=magic(5)                   %产生 5 阶魔方矩阵 A
```

```
a=A(1);                          %查找 A 中最大元素及元素下标
for i=2:25
    if A(i)>a
        a=A(i);
        n=i;
    end
end
```

程序运行后，依次比较矩阵 A 的各个元素，将最大值赋给 a，下标赋给 n。程序运行结果 a=25，n=15。

if 语句还有两种嵌套形式，一种表达式如下：

```
if 表达式 1
语句 1
else
if 表达式 2
语句 2
else
…
if 表达式 n
语句 n
else
语句 n+1
end
end
…
end
```

另一种表达式如下：

```
if 表达式 1
语句 1
elseif 表达式 2
语句 2
…
elseif 表达式 n
语句 n
else
语句 n+1
end
```

【例 2-38】　if-else 应用举例。

```
close all; clear all; clc;   %关闭所有图形窗口，清除工作空间所有变量，清空命令行
k=5;
for m = 1:k                   %创建一个 5 阶方阵 A，当行标和列标相等的元素赋 2，
    for n = 1:k               %行标和列标的差的绝对值为 2 的元素赋 1
        if m == n
            a(m,n) = 2;
        elseif abs(m-n) == 2
            a(m,n) = 1;
        else
            a(m,n) = 0;
        end
    end
end
```

程序运行后，输出结果如下：

```
a =
     2     0     1     0     0
     0     2     0     1     0
     1     0     2     0     1
     0     1     0     2     0
     0     0     1     0     2
```

计算得到一个 5 阶方阵，行标和列标相等，则矩阵元素值赋 2；行标和列标差的绝对值为 2，则矩阵元素赋 1，其他元素为 0。

2．switch 语句

一般表达式：

```
switch 表达式
case 表达式 1
语句 1
case 表达式 2
语句 2
…
case 表达式 n
语句 n
otherwise
语句 n+1
End
```

判断 switch 关键字后的表达式值，如与表达式 1 相等执行语句 1，如与表达式 2 相等则执行语句 2，依次类推，如与 n 个表达式都不相同则执行语句 n+1 后跳出 switch 语句。

【例 2-39】 switch 语句应用举例。

```
function SEASON(month)
% 计算几月处于什么季节
%函数 SEASON(month)的输入参数 month 为整数型
switch month
case {3,4,5}
season='spring'
case {6,7,8}
season='summer'
case {9,10,11}
season='autumn'
case{1,2,12}
season='winter'
otherwise
season= 'Wrong'
end
```

在命令窗口调用函数 SEASON()

```
SEASON(10)
SEASON(33)
```

程序运行后，输出结果如下：

```
season =
autumn
```

```
season =
Wrong
```

3．try 语句

一般表达式：

```
try
语句 1
catch
语句 2
end
```

try 是一个错误捕获语句，程序先执行语句 1，如果没有错误，则跳出 try 语句；如果语句 1 出错，则执行语句 2。

【例 2-40】　try 语句应用举例。

```
close all; clear all; clc; %关闭所有图形窗口，清除工作空间所有变量，清空命令行
try
picture=imread('girl.bmp','bmp');         %打开一个文件名为 girl.bmp 的文件
filename='girl.bmp';
catch
picture=imread('girl.jpg','jpg');
                      %若文件不存在，则打开一个文件名为 girl.jpg 的文件
filename='girl.jpg';
end
filename
lasterror
```

程序运行后，输出结果如下：

```
filename =
girl.jpg
ans =
      message: [1x167 char]
   identifier: 'MATLAB:imread:fileOpen'
        stack: [1x1 struct]
```

上述程序中读取图片名为 girl，如果读取 girl.bmp 报错，则读取 girl.jpg，用 lasterror 命令显示错误。

2.5.3　程序流程控制

MATLAB 除了之前介绍的两种结构语句外，还有一些可以影响程序的流程语句，称为程序流控制语句。

- ❑ break 语句：可以从本次循环中跳出循环体，执行结束语句 end 的下一条语句。
- ❑ return 语句：终止被调用函数的运行，返回到调用函数。
- ❑ pause 语句：若其调用格式为 pause，则暂停程序运行，按任意键继续；若调用格式为 pause(n)，则程序暂停运行 n 秒后继续；调用格式为 pause on/off：允许/禁止其后的程序暂停。
- ❑ continue 语句：可以结束本次循环，将跳过其后的循环体语句，进行下一次循环。

2.6　MATLAB 的 m 文件

MATLAB 作为一种高级程序设计语言，除了提供一个交互式的计算机环境外，还提供了强大的计算机程序语言，MATLAB 语言编写的程序以.m 扩展名存为 m 文件。用户可以在 MATLAB 命令窗口下操作，每次输入一条命令；也可以写一系列命令到一个 m 文件中，应用 MATLAB 自带的文件编译器创建函数文件，可以像调用 MATLAB 自带工具箱内的函数一样调用该文件。

2.6.1　m 文件的分类

MATALB 的 m 文件分为两种，一种是脚本文件，另一种是函数文件。

- □ 脚本文件：不接受输入参数，也不返回输出参数，文件执行过程中产生的所有变量都存储在工作空间中。
- □ 函数文件：可以接受输入参数，也可以有返回值，文件执行过程中产生的局部变量在文件执行完毕后自动释放，不保存在工作空间中。

1．脚本文件

脚本文件是一系列命令的集合，在执行过程中产生的变量存储在工作空间中，也可以应用工作空间中已经存储的变量，只有用 clear 命令才能将其产生的变量清除。必须注意，脚本文件中的变量有可能覆盖工作空间中存储的原有变量。

【例 2-41】假设当前目录下有脚本文件 sum.m，求 1～100 的和，在命令窗口执行 sum.m 文件，查看工作空间中的变量。

```
%求 1 至 100 的和
i=1;
s=0;
for i=1:100
s=s+i;
end
```

第一行以%开始为说明行，描述当前 m 文件功能。在命令窗口直接输入文件名即可执行 sum.m 文件。

```
close all; clear all; clc; %关闭所有图形窗口，清除工作空间所有变量，清空命令行
sum
```

在工作空间窗口得到变量 i 和 s 的值，如图 2.11 所示。

2．函数文件

函数文件可以从外部接受输入参数，运行结束后返回输出参数。文件的名称和函数名称必须一致。函数文件中的变量（除殊声明外）均为局部变量，这些变量单独存放在函数工作区内，不与 MATLAB 工作空间相互覆盖，函数执行完毕后即刻释放。工作空间内只

存放输入和输出参数。

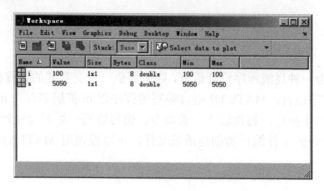

图 2.11　【例 2-41】工作空间显示结果

【例 2-42】　编写函数计算向量中元素的平均值，调用函数。

```
function y = average(x)
%求向量元素平均值.
%函数名为 average，输入参数为一向量
%输入为非向量时报错
[m,n] = size(x);
if (~((m == 1) | (n == 1)) | (m == 1 & n == 1))
    error('Input must be a vector')
end
y = sum(x)/length(x);
end
```

在命令窗口调用函数文件 average.m：

```
close all; clear all; clc; %关闭所有图形窗口，清除工作空间所有变量，清空命令行
A=[1,2,3,4,5,6]
a=average(A)
B=magic(3)
b=average(B)
```

程序运行后，输出结果如下：

```
A =
    1    2    3    4    5    6
a =
  3.5000
B =
    8    1    6
    3    5    7
    4    9    2
??? Error using ==> average at 7
Input must be a vector
```

在工作空间窗口得到变量 A 和 a 的值，如图 2.12 所示。

2.6.2　m 文件的编写

在 MATLAB 菜单栏中选择 File|New 命令，出现一个下拉菜单，如图 2.13 所示。在下拉菜单中选择 Script 选项新建一个脚本文件；选择 Function 选项为新建一个函数文件。

MATLAB 程序自动打开文本编辑器，用户可以在文本编辑器中编写 m 文件。

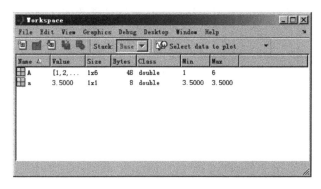

图 2.12　【例 2-42】工作空间显示结果

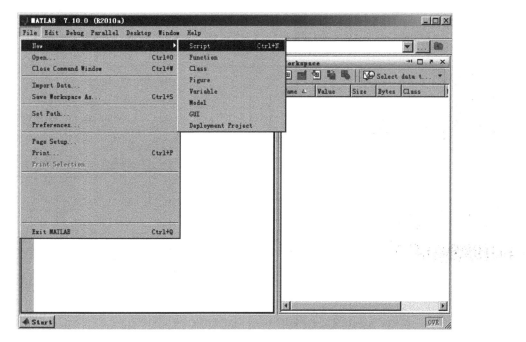

图 2.13　File|New 的下拉菜单

1．脚本文件

打开脚本文件文本编辑器，输入脚本文件，如图 2.14 所示。脚本文件实际上就是命令的集合，与在命令窗口输入命令时一样，脚本文件每执行一条命令，每条命令都以 ";" 结束。文件在编写时约定第 1 行和第 2 行为说明行，在这两行中说明脚本文件的功能及其他需要声明的信息，正文编写从第 3 行开始。

2．函数文件

新建函数文件，如图 2.15 所示。第 1 行为函数定义行，说明函数名及函数有哪些参数、参数顺序。function 是定义函数的关键字，y 为输出参数，average 为函数名，x 为输入参数。

第 2 行至第 3 行为声明行，在此说明函数的功能等相关信息，一般函数的关键字要在声明的第 1 行中说明，以备搜索函数时用。从第 5 行开始是函数体部分，包括所有编辑代码。用户可以在编写程序语句的同时，在语句后面以%开头对语句进行解释说明。

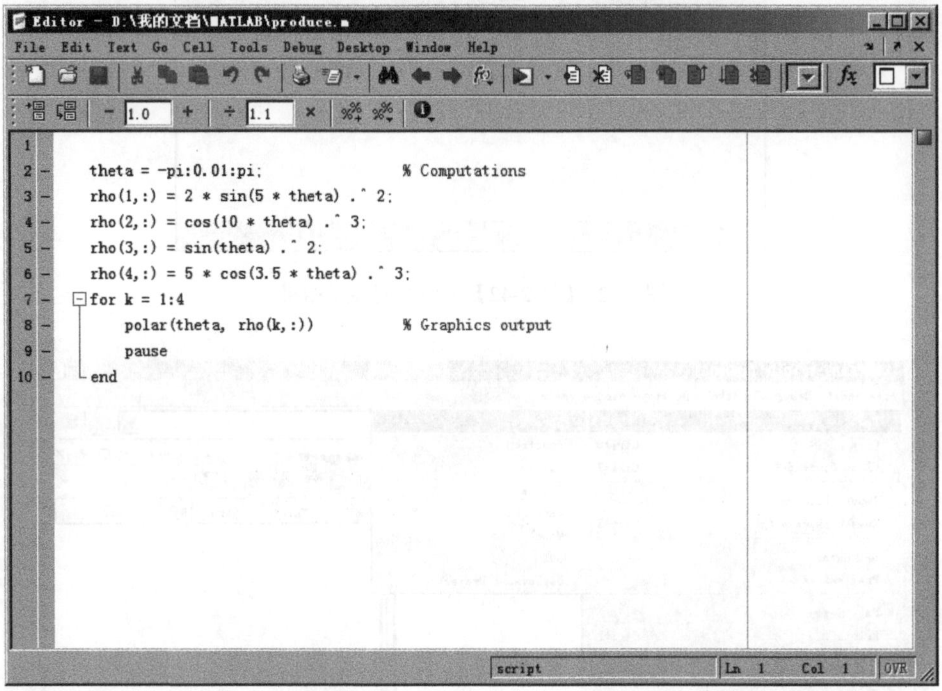

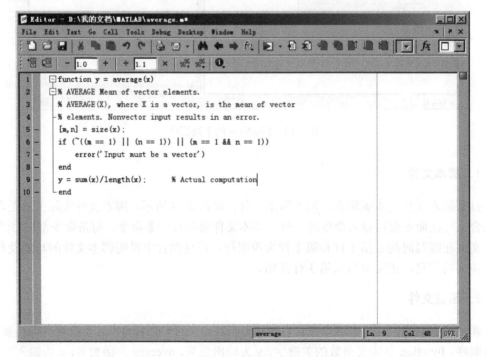

图 2.14   脚本文件

图 2.15   函数文件

2.6.3　m 文件的调试

MATLAB 中常见调试错误有两种，一种是语法错误，一种是逻辑错误。语法错误通常是由于拼写错误、标点漏写或写错造成的。MATLAB 在运行或 P 码编译时一般都能发现，将终止执行并报错，根据提供的错误信息能很快地确定错误位置并改正。而逻辑错误可能是算法问题，也可能是用户对 MATLAB 的指令使用不当造成的程序运行与预期不符，这种错误有时没有错误提示，有时提供的错误信息并不能定位错误发生的位置。这种错误发生在运行过程中，影响因素比较多，而这时函数的工作空间已被删除，调试起来比较困难。

1. 直接调试法

针对 MATLAB 程序中常见的错误，既可以直接根据错误提示信息改正错误，也可以根据一些技巧确定并改正错误。

- ❑ 可以将重点怀疑语句的分号去掉，使计算的中间结果在工作空间中显示出来，判断是否有错误。
- ❑ 在有疑问的位置处添加输出语句，将变量输出查看是否有错误。
- ❑ 在 m 文件中的适当位置添加 keyboard 命令。当 MATLAB 执行至此处时将控制权交给键盘，可以通过查询变量的方法检查程序运行过程中的变量数值并判断是否有错误，检查完毕后，在提示符后输入 return 指令，继续执行原文件。
- ❑ 将函数文件第 1 行加%变成声明行，并定义输入变量的值，这样可以在工作空间中显示出函数的变量值，判断是否有错误。

2. 工具调试法

MATLAB 文本编辑器的菜单栏中有一项 Debug 项，如图 2.16 所示。Debug 中提供了调试工具选项，功能说明如表 2.17 所示。

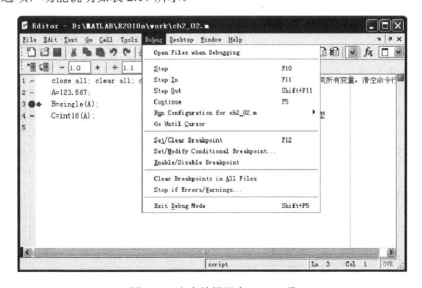

图 2.16　文本编辑器中 Debug 项

表 2.17　Debug调试工具功能说明

菜单栏选项	说　明	图标	命　令
Step	单步执行		dbstep
Step In	进入调试函数		dbstep in
Step Out	跳出调试函数		destep out
Continue	连续执行		dbcont
Set/Clear Breakpoint	设置或清除断点		dbstop、dbclear
Clear Breakpoints in All Files	清除全部断点		dbclear all
Exit Debug Mode	退出调试模式		dbquit

m 文件的调试与其他高级语言的调试基本相同，熟练掌握 m 文件的调试方法对 MATLAB 程序设计可以达到事半功倍的效果。

2.7　MATLAB 图形可视化

MATLAB 提供了强大的图形功能和各种各样的数据图形化函数，把计算数据以图形方式显示出来，便于用户分析结果。本节主要介绍 MATLAB 绘图的基本步骤，以及二维图形的绘制和三维图形的绘制。

2.7.1　MATLAB 绘图步骤

在 MATLAB 中绘制一个图形文件的步骤如下。

（1）数据准备。确定变量的函数关系及取值范围，明确横坐标变量和纵坐标变量，计算出变量数据。

（2）设置图形窗口的位置。在指定的位置创建新的绘图窗口，默认打开 Figure No.1 或当前窗口。

（3）绘制图形，生成图形文件。创建坐标轴，调用绘图函数，设置图形中的线型、色彩、数据点形等属性。

（4）图形的修饰。为了突出图形显示结果，可对生成的图形文件做进一步调整，如设置坐标轴的范围和刻度、图形注释（图名、坐标名、图例、文字说明）等。

（5）保存和导出图形。按指定文件格式保存图形或导出图形，以备后续使用。

绘图过程中，不必完全固定以上步骤。其中步骤（1）和（3）是最基本的，利用这两步就能够生成所需要的图形文件；其余步骤是对基本步骤的补充，在特定要求下，可进行如下操作。

【例 2-43】　绘制正弦函数的曲线图形，其实现的 MATLAB 程序如下：

```
close all; clear all; clc;   %关闭所有图形窗口，清除工作空间所有变量，清空命令行
x=0:0.02:2*pi;               %定义自变量 x 取值
y=sin(x);                    %定义函数 y 与变量 x 的关系，生成绘制图形的数据
plot(x,y);                   %将函数 y 与自变量取值的点连接起来
```

程序执行，生成图形文件 Figure1，如图 2.17 所示。

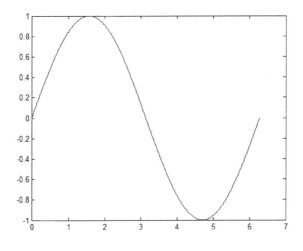

图 2.17　y=sin(x)曲线图

除了利用特定的函数绘制数据或信号的图形文件以外，MATLAB 还可以直接在工作窗口中画出图形。如【例 2-43】中的用户可以查看 Workspace 中的数据，在 Workspace 中直接画出正弦曲线，操作如图 2.18 所示。

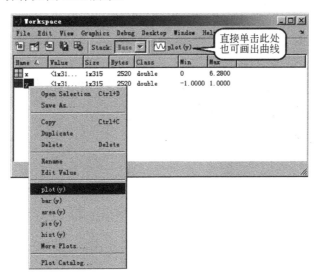

图 2.18　Workspace 中直接画出 y=sin(x)曲线

2.7.2　二维图形绘制

MATLAB 中提供二维曲线绘制函数 plot()，其中线的颜色、点符号、线型、线宽、点符号大小、点颜色及点边框颜色可以根据用户需求自行设置。函数 plot()的 x 和 y 是两个基本输入参数，是自变量和因变量。根据输入参数，可以绘制出线段、曲线和参数方程曲线的函数图形。

函数 plot()的具体调用格式如下。

- ❑ plot(x)：该函数当 x 为一维向量时，以该向量元素的下标为横坐标，x 为纵坐标绘制一条曲线；当 x 为矩阵时，以该矩阵元素的"行下标"为横坐标，矩阵元素的值为纵坐标绘制多条曲线；当 x 为复数组成的向量时，以复数的实部为横坐标，以复数的虚部为纵坐标绘制二维曲线。
- ❑ plot(x, y)：该函数当 x 和 y 为同维向量，以 x 为横坐标，y 为纵坐标的逐点连接的一条曲线。当 x 是向量，y 是矩阵，向量 x 的维数与矩阵 y 的行数或列数相等，以 x 为横坐标的绘制多条不同颜色的曲线，曲线的条数等于的 y 维数。当 x 和 y 是同维的矩阵时，以矩阵 x 列元素为横坐标、矩阵 y 列元素为纵坐标分别绘制曲线，曲线条数等于矩阵的列数。
- ❑ plot(x1, y1, x2, y2, …)：该函数在同一图形窗口中绘制多组曲线，各组之间没有相互关联。

【例 2-44】　利用函数 plot() 绘制二维曲线。

```
close all; clear all; clc;   %关闭所有图形窗口，清除工作空间所有变量，清空命令行
x=-20:20;
y=x.^2+2*x+1;                %输入为一维向量
plot(x,y);
z=magic(4);                  %输入为 4 阶方阵
plot(z);
c=[1+2i,4+3i,7+11i];         %输入为一维复向量
plot(c);
x1=0:0.01:10;
y1=exp(sin(x1));
y2=sin(2*x1+2.*pi./3);
y3=exp(-0.1.*x1).*sin(6*x1);
plot(x1,y1,x1,y2,x1,y3);     %在同一图形窗口中画出 y1，y2 和 y3 曲线
```

程序运行后，输出图像如图 2.19 所示。

2.7.3　图形的修饰

在绘制曲线时，MATLAB 自动安排曲线的线型、颜色及坐标等属性，有时需要用户对图形的坐标、曲线和注释等进行进一步的修饰，以增加图像的可读性，突出结果的显示。MATLAB 提供了一些函数可以对图形进行修饰。

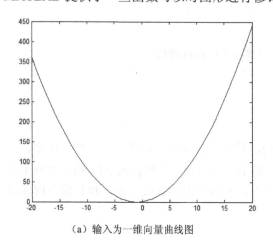

（a）输入为一维向量曲线图

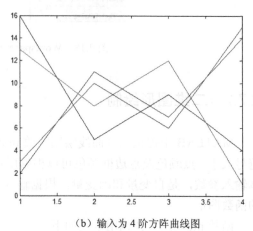

（b）输入为 4 阶方阵曲线图

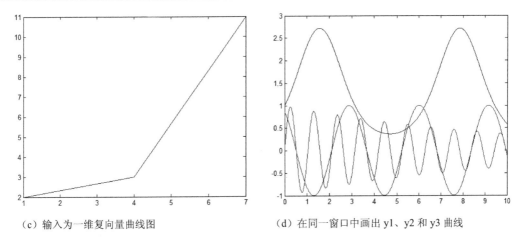

（c）输入为一维复向量曲线图　　　　　　（d）在同一窗口中画出 y1、y2 和 y3 曲线

图 2.19　【例 2-44】绘制二维曲线

1. 选择图形窗口设置

MATLAB 提供了函数 figure()用来打开不同的图形窗口，具体调用格式如下。

❑ figure(1); figure(2); …; figure(n)：该函数用来同时打开多个图形窗口，以便在不同窗口中绘制不同的图形。

MATLAB 提供函数 subplot()用来分割同一个图形窗口，具体调用格式如下。

❑ subplot(m, n, p)：该函数将当前窗口分割为 $m \times n$ 个图形区域，m 为分割行数，n 为分割列数，p 为子图形编号，在不同的图形区域可以以独立的坐标系绘制图形，其简化形式为 subplot(mnp)。

【例 2-45】　将 y=sin(2*x)和 y=2*sin(x)绘制在同一窗口下，每个图形有独立的坐标系。

```
close all; clear all; clc;    %关闭所有图形窗口，清除工作空间所有变量，清空命令行
x=0:0.01:10;
y1=sin(2.*x);
y2=2.*sin(x);
figure(1);                    %打开一个图形窗口
subplot(121);plot(y1);        %将窗口分割成 1×2 两个区域，分别绘制 y1 和 y2
subplot(122);plot(y2);
```

程序运行后，输出图像如图 2.20 所示。

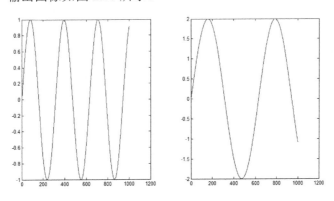

图 2.20　在同一个窗口中绘制两个坐标系独立的曲线

2．线型、顶点和颜色的设置

在函数 plot()调用时，MATLAB 会自动对线型、顶点和颜色进行设置，用户也可以根据需要对线型、顶点和颜色自行设置。MATLAB 中提供允许一个可选范围，如表 2.18 所示。

表 2.18　MATLAB线型、顶点和颜色可选表

符号	颜　色	符号	说　明	线型	说　明
b	蓝色	．	点	-	实线
c	青色	o	圆	:	点虚线
g	绿色	x	叉号	-.	点段虚线
k	黑色	+	加号	--	段虚线
m	品红色	*	星号		
r	红色	p	五角星		
w	白色	s	正方形		
y	黄色	d	钻石形		

3．坐标轴的设置

MATLAB 在绘制图形的同时会自动选择合适的坐标轴，也提供函数 axis()设置用户自定义坐标轴，具体调用格式如下。

- ❑ axis([xmin xmax ymin ymax])：该函数中[xmin xmax ymin ymax]定义二维图形 x 轴和 y 轴坐标轴的范围，其中必须满足：xmin<xmax，ymin<ymax 。
- ❑ axis equal：该函数将横轴和纵轴单位长度设置相同。
- ❑ axis square：该函数设置坐标轴为正方形。
- ❑ axis normal：该函数解除对坐标轴的任何限制。
- ❑ axis off：该函数取消坐标轴的一切设置。
- ❑ axis on：该函数恢复坐标轴的一切设置。

4．图形标注的设置

MATLAB 提供常用的图形文字标注的函数，具体调用格式如下。

- ❑ title('string')：该函数在图形的最上端设置当前图形的标题为字符串 string。
- ❑ xlabel('string')：该函数在图形的最下端设置图形横轴的标题为字符串 string。
- ❑ legend('string1', 'string2', …)：该函数在屏幕上开启小视窗，添加图例，根据绘图的顺序依次给出各个图形的描述。
- ❑ text(x, y, 'string')：该函数在二维平面的指定坐标(x, y)处添加文本标注，文本的内容为字符串 string。
- ❑ gtext('string')：该函数通过单击鼠标来确定文本的位置，文本的内容为字符串 string。

5．栅格的设置

MATLAB 提供常用的栅格函数，具体调用格式如下。

- ❑ grid：该函数给图形加上栅格，不带参数时，在 grid on 和 grid off 之间进行切换。

- □ grid on：该函数给当前坐标系添加坐标网格。
- □ grid off：该函数从当前坐标系中删去坐标网格。
- □ grid minor：该函数设置网格线间的间距。

6．图形叠加设置

MATLAB 在默认情况下，绘制第二条曲线时，若没有叠加设置，则第一条曲线就会被第二条曲线所覆盖，不会两条曲线绘制在同一图形窗口下。为了在一张图中绘制多条曲线，及多次叠加绘制曲线，MATLAB 提供了函数 hold()，具体调用格式如下。

- □ hold on：该函数将当前曲线与坐标保持在屏幕上，同时在这个坐标系中画出另一个图形。
- □ hold off：该函数将旧图用新图覆盖。
- □ hold：该函数在 hold on 和 hold off 之间进行切换。

【例 2-46】　在同一窗口中画出 y=sin(2*x)和 y=2*sin(x)两条曲线，y=sin(2*x)为蓝色型号线，y=2*sin(x)为红色加号线，改变坐标轴只显示半个周期图像，给图形加上文字说明和标题，加入栅格。

```
close all; clear all; clc;  %关闭所有图形窗口，清除工作空间所有变量，清空命令行
x=0:0.1:10;
y1=sin(2.*x);
y2=2.*sin(x);
plot(x,y1,'b*:',x,y2,'r+-');          %设置颜色、顶点和线型
axis([0 pi 0 2 ]);                     %设置坐标轴
title('正弦曲线');                     %设置标题行
xlabel('时间/单位: 秒');ylabel('电压/单位: 伏特'); %设置横坐标纵坐标
gtext('y=sin(2x)');                    %在图中鼠标指定位置添加文字 y=sin(2x)
gtext(2.5,1.5,'y=2sin(x)');            %在图中(2.5, 1.5)处添加文字 y=2sin(x)
grid;                                  %设置栅格
```

程序运行结束后，输出图形如图 2.21 所示，图（a）是未加入任何修饰的 MATLAB 默认的图形显示格式，图（b）中加入了修饰，重新设置坐标轴，加入标题，加入坐标轴标题，在指定位置添加文字，设置图形栅格。

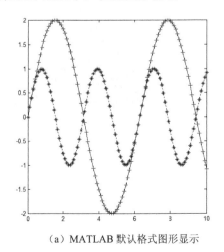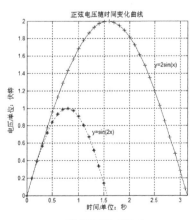

（a）MATLAB 默认格式图形显示　　　　（b）重新设置图形显示

图 2.21　【例 2-46】程序运行后的显示图形

2.7.4　特殊图形的绘制

MATLAB 还提供了一些特殊图形绘制的函数，如直方图、柱状图和高线图等。

1．直方图绘制

MATLAB 提供了函数 hist() 绘制直方图，具体调用格式如下。

❑ hist(y)：该函数将 y 的取值范围分成等差的 10 段，然后将所有元素分类到这 10 段中，根据每段元素个数绘制直方图的高度。

❑ hist(y,n)：该函数将 y 的取值范围分成 n 段，根据 n 个区域进行统计画图。

❑ hist(y,x)：该函数将 y 的取值分成等差的 length(x) 份，将 y 中的元素放到各个分段中，然后由 x 中元素指定的位置为中心的直方图。

【例 2-47】 绘制直方图。

```
close all; clear all; clc;      %关闭所有图形窗口，清除工作空间所有变量，清空命令行
y=randn(1000,1);                %建立正态分布的向量
figure;
subplot(121);hist(y);          %采用 hist 绘制默认直方图
subplot(122);hist(y,20)        %采用 hist 绘制指定直方图
```

程序运行后，输出图像如图 2.22 所示，图 2.22（a）为默认将 y 的取值分为 10 段，图 2.22（b）设定 y 的取值范围分为 20 段。

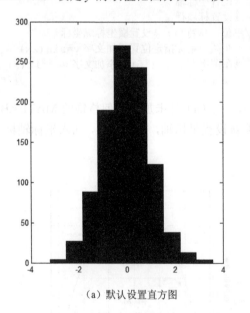

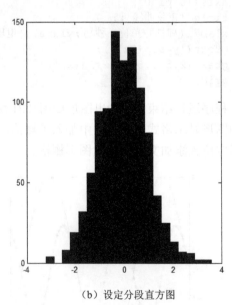

（a）默认设置直方图　　　　　　　　　　　　　（b）设定分段直方图

图 2.22　直方图

2．柱状图绘制

MATLAB 提供函数 bar() 和 barh() 绘制柱状图，具体调用格式如下。

❑ bar(x,y) 或 barh(x,y)：该函数在指定的横坐标 x 上画出 y，参数 x 为单调增加的。

如果 y 为矩阵，则将每个行向量画出。

【例 2-48】　绘制柱状图。

```
close all; clear all; clc; %关闭所有图形窗口，清除工作空间所有变量，清空命令行
A=magic(4);
B=[1,2,3;5,5,7;6,3,4;9,4,7];
figure;
subplot(121);bar(A);              %画出 A 的柱状图
subplot(122);barh(B);             %画出 B 的柱状图
```

程序运行后，输出图像如图 2.23 所示，图 2.23（a）为横向柱状图，图 2.23（b）为纵向柱状图。

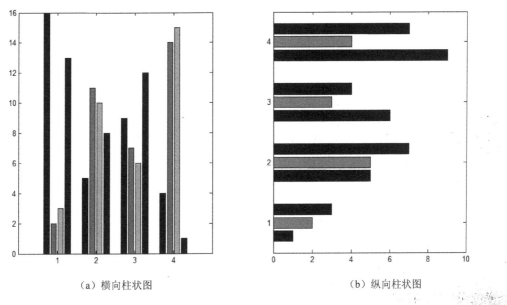

（a）横向柱状图　　　　　　　　　　　　　（b）纵向柱状图

图 2.23　柱状图

3．等高线绘制

MATLAB 提供函数 contour()绘制等高线图，函数 contourf()绘制经过填充的等高线图，具体调用格式如下。

❑　contour(z)：该函数绘制矩阵 z 的等高线。

❑　contour(x,y,z)：该函数在指定坐标(x, y)下，画出矩阵 z 的等高线。

❑　contour(z,n)：该函数绘制 n 条等高线。

❑　contour(x,y,z,[v v])：该函数绘制高度为 v 的等高线。

【例 2-49】　绘制等高线。

```
close all; clear all; clc; %关闭所有图形窗口，清除工作空间所有变量，清空命令行
[x,y,z]=peaks;
figure(1)
subplot(121);
contour(z);                        %绘制函数的等高线
subplot(122);
contour(z,16);                     %绘制等高线指定条数
```

程序运行后，输出图像如图 2.24 所示，图 2.24（a）为默认设置等高线图，图 2.24（b）为设置等高线条数后画出的等高线图。

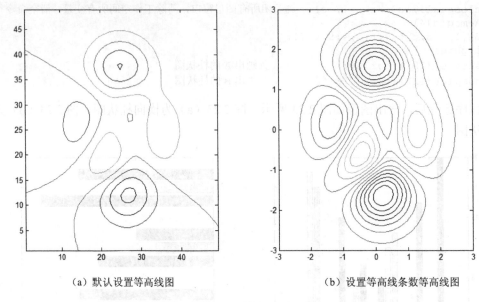

（a）默认设置等高线图　　　　　　　　　　　（b）设置等高线条数等高线图

图 2.24　等高线图

2.8　本 章 小 结

本章主要介绍了 MATLAB 的基础知识。首先介绍了 MATLAB 的发展史、MATLAB R2010a 的新功能和特点、运行环境、工作界面、常用命令和帮助系统；其次列举了 MATLAB 程序中常用的数据类型，包括数值类型、字符与字符串、逻辑类型、函数句柄和结构类型，特别介绍了 MATLAB 独有的细胞数组类型；接下来介绍了 MATLAB 中的基本数据存储格式矩阵及矩阵的建立、操作和相关函数；MATLAB 作为一种高级程序设计语言，和其他高级语言一样具有流程控制语句，因此本章举例说明了在 MATLAB 中流程控制语句的应用；继而介绍了 MATLAB 的 m 文件的一些用法，包括 m 文件的分类、编写和调试；最后介绍了 MATLAB 中二维图形的绘制及修饰，以及三种常用的特殊图形的绘制方法。

习　　题

1．如何将 MATLAB 中的窗口独立出来？

2．是否可以在工作空间窗口中编辑数据？如何操作？

3．在 MATLAB 中有几种获得帮助的途径？如何操作？

4．比较对浮点数取整函数 round()、fix()、floor() 和 ceil()，所得结果有何不同？

5．创建一个字符串"I am a student"将字符串全变成大写字母，在用函数查找字母 a

在何处出现？

6．将矩阵 $A=\begin{bmatrix} 5 & 3 & 5 \\ 3 & 7 & 4 \\ 7 & 9 & 8 \end{bmatrix}$ 转换成逻辑矩阵 B，用 whos 命令查看 A 和 B。

7．创建函数 plot() 的函数句柄，调用函数句柄画图。

8．创建结构体 Date，包括 4 个成员变量年、月、日和星期，创建时对其赋值 2012 年 10 月 1 日至 10 月 3 日，然后删除成员变量星期。

9．创建细胞数组，用函数 cellplot() 画出其结构图。

10．关系运算与逻辑运算哪种运算优先级高？

11．创建一个 5 阶魔方矩阵 A，求 A 的行列式值，A 的转置矩阵，A 的逆矩阵和 A 的秩，提取矩阵 A 的第 2 至 4 列组成矩阵 B。

12．应用 break 语句与 continue 语句编程，比较两个语句的不同。

13．MATLAB 中脚本和函数的区别是什么？

14．创建 m 文件中声明行的作用是什么？一个 m 文件是否可以没有声明行？

15．在同一窗口中画出 y=cos(2x) 和 y=sin(2x) 两条曲线，y=cos(2x) 为黄色线，y=sin(2x) 为绿色线，改变坐标轴只显示半个周期图像，给图形加上文字说明和标题，加入栅格。

第 3 章　MATLAB 图像处理基础

本章主要介绍利用 MATLAB 来实现数字图像处理的基本操作，主要包括以下几个方面的内容：MATLAB 图像处理工具箱、图像类型的转换、图像文件的读写、图像文件的显示和视频文件的读写。介绍这 5 个部分目的，是为了让广大用户在了解 MATLAB 图像处理工具箱的基础上，能够利用该工具箱实现基本的图像处理操作。

3.1　图像处理工具箱

MATLAB 提供的工具箱种类非常多，涉及的应用领域也非常广阔，例如 Control System Toolbox（系统控制工具箱）、Database Toolbox（数据库工具箱）、Filter Design Toolbox（滤波器设计工具箱）和 Signal Processing Toolbox（信号处理工具箱）等，利用这些工具箱可以非常方便地实现所需要的计算、分析和处理等功能。本书主要是介绍 MATLAB 图像处理的相关操作，在 MATLAB 中也提供了与图像处理相关的工具箱——Image Processing Toolbox（图像处理工具箱）。下面具体介绍 MATLAB 中图像处理工具箱的相关内容。

3.1.1　图像处理工具箱使用向导

Image Processing Toolbox（图像处理工具箱）是利用 MATLAB 强大的数学计算能力，为广大用户提供一套全方位的参照标准算法和图形工具，用于进行图像处理、分析、可视化和算法开发。该工具箱提供的图像处理操作非常广泛，包括以下几方面。

- ❑ 图像数据的读取和保存：将图像数据读取到工作空间，处理图像后进行保存。
- ❑ 图像的显示：将图像文件在窗口中显示出来。
- ❑ 创建 GUI：创建图像用户接口，实现交互操作。
- ❑ 图像的几何变换：又称图像的空间变换，例如图像的缩放、图像的旋转、图像的平移、图像的镜像和图像的裁剪等操作。
- ❑ 图像滤波器设计及线性滤波：可以进行线性滤波和设计 FIR 等滤波器。
- ❑ 形态学图像处理：可以进行膨胀和腐蚀，以及基于膨胀和腐蚀的处理，并且可以进行数学形态学重建等操作。
- ❑ 图像域变换：可以进行傅里叶变换、离散正弦或余弦变换和 Radon 变换等。
- ❑ 图像增强：可以进行灰度拉伸、对比度增强和去噪处理等。
- ❑ 图像分析：可以进行图像的直方图统计、边缘检测、边界跟踪和四叉树分解等操作。

- 图像合成：将两幅或多幅部分图像拼接成一幅完整图像。
- 图像配准：可以基于控制点配准图像。
- 图像分割：将一幅图像按照一定规则分成多个部分、区域生长和阈值分割等。
- 图像 ROI 处理：针对图像中感兴趣的区域进行处理、ROI 选取等。
- 图像恢复：图像中含有噪声或者图像发生退化，利用某些算法将图像进行还原和恢复。
- 彩色图像处理：图像的彩色空间类型及彩色空间变换，例如 RGB 彩色空间。
- 邻域和块处理：可以进行块操作、滤波、填充、滑动邻域操作、分离块操作和列处理。

1. 打开图像处理工具箱

在 MATLAB 中，打开图像处理工具箱有以下几种方式。

- 在 MATLAB 界面的窗口菜单栏中选中 Help 选项，选择 Products Help 或者 Demos 选项，如图 3.1（a）和（b）所示。然后会弹出 Help 窗口，在左侧边栏中找到 Image Processing Toolbox 即为图像处理工具箱，如图 3.1（c）所示。

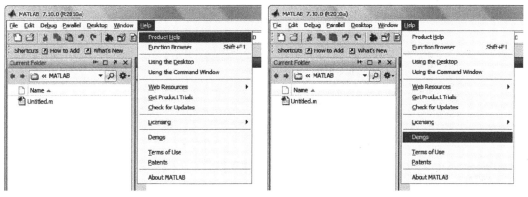

（a）选项 Products Help （b）选项 Demos

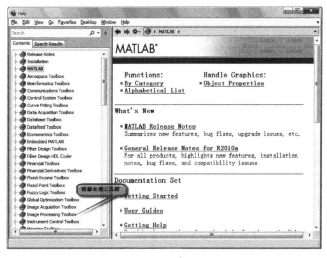

（c）Help 窗口

图 3.1 打开图像处理工具箱

- 在 MATLAB 界面的工具栏中有一个图标 ⑧，当光标放在该图标上时，光标下方会出现一个文本框，该文本框是用来解释该图标的功能的，其中出现了解释的文字 Help，即可以单击该图标来寻求帮助。单击该图标同样会弹出如图 3.1（c）所示的 Help 窗口，在左侧边栏中即可找到 Image Processing Toolbox 即为图像处理工具箱。

- 在 MATLAB 界面中的左下角有一个开始菜单 ▲ Start，单击该图标，依次选择 Toolboxes More…|Image Processing|Help 命令，同样会弹出如图 3.1（c）所示的 Help 窗口，在左侧边栏中即可找到 Image Processing Toolbox 即为图像处理工具箱。操作过程如图 3.2 所示。

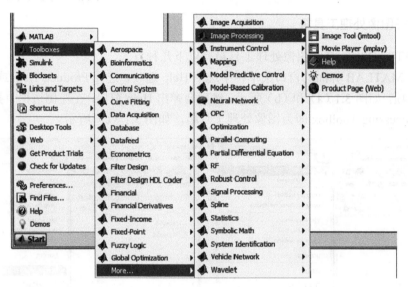

图 3.2　start 菜单栏

2. 图像处理工具箱的基本框架

在 MATLAB 中，图像处理工具箱主要由以下 6 个部分组成：Getting Started、User's Guide、Functions、Examples、Demos 和 Release Notes，如图 3.3 所示。

- Getting Started：该部分由 Product Overview（工具箱概述）、Example 1-Reading and Writing Images（图像读写实例）、Example 2-Analyzing Images（图像分析实例）、Getting Help（寻求帮助）和 Image Credits（图像来源）5 个部分组成，如图 3.4 所示。这部分主要是让用户对 MATLAB 图像处理工具箱有一个大致的了解，并以两个简单的例子来说明如何利用 MATLAB 图像处理工具箱实现想要的图像处理操作。当用户遇到疑问或者想寻求帮助时，可以利用 Getting Help 中所提供的方法进行解决。MATLAB 图像处理工具箱自带有图像库，这些图像都是用来图像处理的原始图像材料，每一个图像都有其来源，在 Image Credits 中就列举了所有图像的出处。

- User's Guide：该部分其实大致可以分为两块，一是用户向导简介，二是利用

MATLAB 和图像处理工具箱软件进行基本图像处理。这部分实际上是整个图像处理工具箱最为核心的部分，该部分包括了 MATLAB 图像基础和 13 大类别的图像处理应用。这 13 类图像处理应用分别是图像数据的读写、图像的显示、创建 GUI、图像空间变换、图像的配准、图像滤波器设计与二维线性滤波、图像域变换、形态学图像处理、图像分析和增强、基于 ROI 处理、图像恢复、彩色图像处理和邻域和块处理，如图 3.5 所示。

图 3.3　图像处理工具箱基本框架　　　　图 3.4　Getting Started 包含内容

❑　Functions：该部分是将所有图像处理工具箱中用到的 MATLAB 函数进行汇总，即 MATLAB 图像处理工具箱的函数库。这些函数按照图像处理应用的类别进行分类，大致分为 11 个部分，如图 3.6 所示。在每一个分类中，都包含了对应图像处理所用的 MATLAB 函数以及函数功能简介。在每一个函数名上都设置有超链接，单击某函数的超链接就会弹出该函数的具体介绍，包括该函数的语法结构、格式描述、支持数据类型及使用举例等。以 Image Display and Exploration 为例，该部分又分为 3 个分支分，别是 Image Display and Exploration、Image File I/O 和 Image Type and Type Conversions，单击 Image Display and Exploration 超链接，链接到该分支下的函数列表，只要单击函数名即可具体了解该函数的具体使用方法。例如，单击函数 subimage，则会出现如图 3.7 所示结果。

图 3.5　User's Guide 的框架内容　　　　图 3.6　Functions 的框架内容

❑　Examples：该部分是将图像处理工具箱中所有图像处理的实例进行了分类汇总，并建立超链接，其链接的内容就是 Getting Started 或者 User's Guide 中所举出的例子。在图 3.8 中，Introductory Examples 中的两个实例 Example 1-Reading and Writing Images（图像读写实例）和 Example 2-Analyzing Images（图像分析实例），显然是 Getting Started 中的内容，而在这个部分只是建立一个超链接，以方便用户查询和使用。

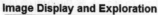

Image Display and Exploration

Image Display and Exploration	Display and explore images
Image File I/O	Import and export images
Image Types and Type Conversions	Convert between the various image types

Image Display and Exploration

immovie	Make movie from multiframe image
implay	Play movies, videos, or image sequences
imshow	Display image
imtool	Image Tool
montage	Display multiple image frames as rectangular montage
subimage	Display multiple images in single figure
warp	Display image as texture-mapped surface

subimage
Display multiple images in single figure

Syntax

```
subimage(X, map)
subimage(I)
subimage(BW)
subimage(RGB)
subimage(x, y...)
h = subimage(...)
```

Description

You can use subimage in conjunction with subplot to create 1
by converting images to truecolor for display purposes, thus avoi

subimage(X, map) displays the indexed image X with colorr

subimage(I) displays the intensity image I in the current axe:

subimage(BW) displays the binary image BW in the current axe

subimage(RGB) displays the truecolor image RGB in the curre

subimage(x, y...) displays an image using a nondefault s

h = subimage(...) returns a handle to an image object.

Class Support

The input image can be of class logical, uint8, uint16, or

Examples

```
load trees
[X2,map2] = imread('forest.tif');
subplot(1,2,1), subimage(X,map)
```

图 3.7　Functions 中函数 subimage 使用说明

☐ Demos：MATLAB 图像处理工具箱集成了一系列复杂标准参考算法和图像处理工具，这些标准算法是以开放的 MATLAB 语言编写并以 M-file 保存，这就是 Demos。用户可以根据需要在这些标准算法中加入其他算法，或者修改源代码创造自己的函数。在图 3.9（a）中可以看到，Demos 包括了 8 个例程，分别是图像恢复、图像增强、图像几何变换、图像分割、图像特征提取、图像域变换和大图像数据处理。以图像增强为例，如图 3.9（b）中所示，该部分包括 3 个例程。用户想要进一步了解例程的具体内容，直接点击该例程名即可。

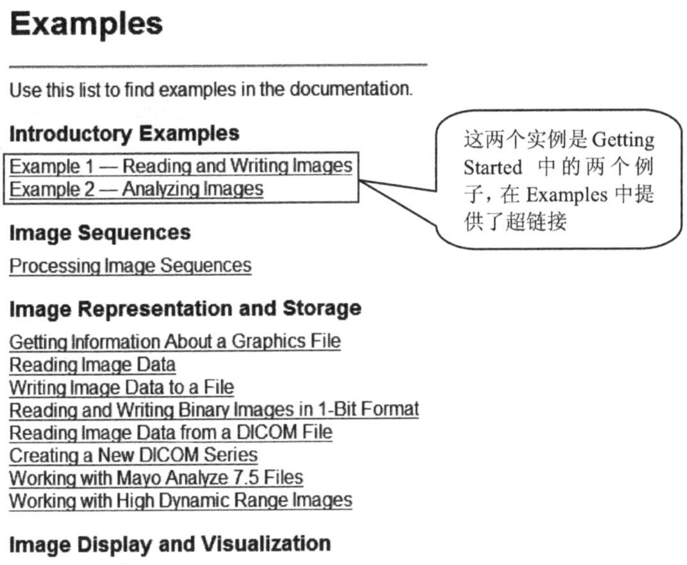

Examples
Use this list to find examples in the documentation.
Introductory Examples
Example 1 — Reading and Writing Images
Example 2 — Analyzing Images
这两个实例是 Getting Started 中的两个例子，在 Examples 中提供了超链接
Image Sequences
Processing Image Sequences
Image Representation and Storage
Getting Information About a Graphics File
Reading Image Data
Writing Image Data to a File
Reading and Writing Binary Images in 1-Bit Format
Reading Image Data from a DICOM File
Creating a New DICOM Series
Working with Mayo Analyze 7.5 Files
Working with High Dynamic Range Images
Image Display and Visualization

图 3.8　Examples 的部分内容

Image Processing Toolbox
Getting Started
User's Guide
Functions
Examples
Demos
Deblurring
Enhancement
Image Registration
Image Segmentation
Spatial Transformation
Measuring Image Features
Transforms
Working with Large Data
Release Notes
Image Processing Toolbox DEMOS
Image Processing Toolbox™ software provides a comprehensive set of reference-standard algorithms and graphical tools for image processing, analysis, visualization, and algorithm development. You can restore noisy or degraded images, enhance images for improved intelligibility, extract features, analyze shapes and textures, and register two images. Most toolbox functions are written in the open MATLAB® language, giving you the ability to inspect the algorithms, modify the source code, and create your own custom functions.
Product page at mathworks.com
Enhancement
Contrast Enhancement Techniques
M-file
Correcting Nonuniform Illumination
M-file
Enhancing Multispectral Color Composite Images
M-file

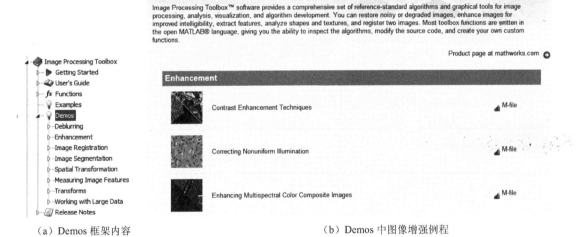

（a）Demos 框架内容　　（b）Demos 中图像增强例程

图 3.9　Demos 中关于图像增强技术

- Release Notes：该部分是关于 MATLAB 图像处理工具箱版本的说明，其中包括版本 2.2.2（R12）到版本 7.0（R2010a）。在图 3.10 中可以看到最新版本的 MATLAB 图像处理工具箱的相关说明，说明的内容包括最新特点和变化、版本兼容性、修改的漏洞和已知问题及网上相关文件，单击其中的超链接就可以找到想要了解的内容。

3.1.2　学习更多关于图像处理工具箱

- MATLAB 图像处理工具箱例程：MATLAB 软件包包括了许多按照分类组织的各

种例程，这些例程提供了一个很好的学习图像处理工具箱的机会。

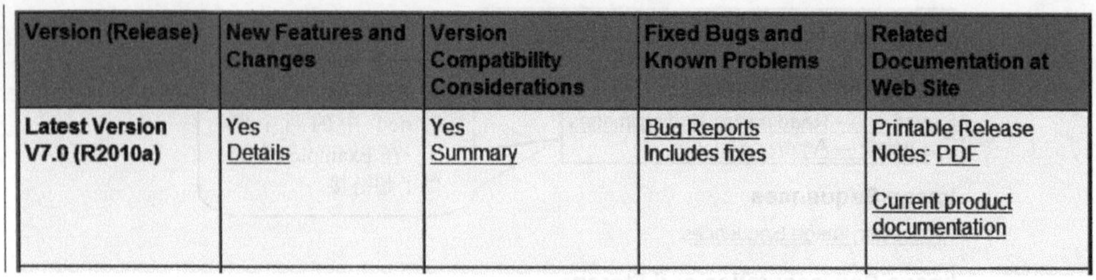

Version (Release)	New Features and Changes	Version Compatibility Considerations	Fixed Bugs and Known Problems	Related Documentation at Web Site
Latest Version V7.0 (R2010a)	Yes Details	Yes Summary	Bug Reports Includes fixes	Printable Release Notes: PDF Current product documentation

图 3.10　MATLAB 图像处理工具箱最新版本说明

❑ MATLAB 网络研讨会：在这个研讨会上 MathWorks 公司的开发人员和工程师会做简短的（一般<=1 小时）技术介绍，从这里用户也会学到很多关于 MATLAB 图像处理工具箱的内容。

❑ MATLAB 图像处理工具箱的主页——http://www.mathworks.com/products/image/，在该主页中有丰富的 MATLAB 图像处理工具箱视频和示例、在线研讨会、技术资源和用户中心等，用户可以根据需要进行访问和学习。

❑ Steve Eddins 的博客：在他的博客中有许多有关图像处理的概念、有用的提示、算法的实现，以及 MATLAB 相关内容——http://blogs.mathworks.com/steve/。

3.2　图像类型的转换

在许多图像处理过程中，常常需要进行图像类型转换，否则对应的操作没有意义甚至出错。在 MATLAB 中，各种图像类型之间的转换关系如图 3.11 所示。

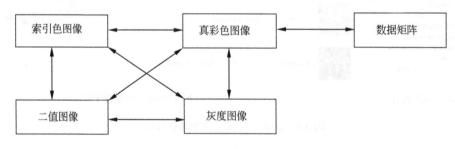

图 3.11　图像类型转换关系图

在 MATLAB 中，要进行图像类型转换可以直接调用 MATLAB 函数，表 3.1 中列举出了常用的图像类型转换函数。

表 3.1　图像类型转换函数表

函数名	函 数 功 能
dither	图像抖动，将灰度图变成二值图或者将真彩色图像抖动成索引色图像
gray2ind	将灰度图像转换成索引图像
grayslice	通过设定阈值将灰度图像转换成索引色图像
im2bw	通过设定亮度阈值将真彩色、索引色、灰度图转换成二值图像

续表

函数名	函 数 功 能
ind2gray	将索引色图像转换成灰度图像
ind2rgb	将索引色图像转换成真彩色图像
mat2gray	将数值矩阵转换成灰度图像
rgb2gray	将真彩色图像转换成灰度图像
rgb2ind	将真彩色图像转换成索引色图像

3.2.1　RGB 图像转换为灰度图像

在 MATLAB 中，将 RGB 图像转换为灰度图像，需要调用函数 rgb2gray()，其调用格式如下。

❑ X=rgb2gray(I)：该函数是将 RGB 图像 I 转换为灰度图像 X，其中 I 表示 RGB 图像，X 表示转换后的灰度图像。

【例 3-1】　将一幅真彩色图像转换为灰度图像，其具体实现的 MATLAB 代码如下：

```
close all;clear all;clc;%关闭当前所有图形窗口，清除工作空间所有变量，清空命令行
I=imread('football.jpg');     %读取文件格式为.jpg,文件名为football的RGB图像信息
X=rgb2gray(I);                %将RGB图像转换为灰度图像
figure,
subplot(121),imshow(I);      %显示原RGB图像
subplot(122),imshow(X);      %显示转换后的灰度图像
```

程序执行，结果如图 3.12 所示。程序先读取 RGB 图像 football.jpg，利用函数 rgb2gray()将该 RGB 图像转换为灰度图像，最后将原图像和转换后的图像显示出来。图 3.12（a）显示的是原 RGB 图像，图 3.12（b）显示的是转换后的灰度图像。

（a）原 RGB 图像　　　　　　　　　　　　　（b）转换后灰度图像

图 3.12　【例 3-1】运行结果

❑ newmap=rgb2gray(map)：该函数是将彩色颜色映射表 map 转化成灰度颜色映射表。其中，map 代表原图像的颜色映射表，newmap 代表转换后的图像颜色映射表。

注：如果输入的是真彩色图像，则可以是 uint8 或者 double 类型，输出图像与输入图像类型相同。如果输入的是颜色映射表，则输入和输出都是 double 类型。

【例 3-2】 输入为颜色映射表，利用函数 rgb2gray() 生成灰度图像，其具体实现的 MATLAB 代码如下：

```
close all;clear all;clc;%关闭当前所有图形窗口，清除工作空间所有变量，清空命令行
[X,map] = imread('trees.tif');          %读取原图像信息
newmap = rgb2gray(map);                 %将彩色颜色映射表转换为灰度颜色映射表
figure,imshow(X,map);                   %显示原图像
figure,imshow(X,newmap);                %显示转换后的灰度图像
```

程序执行，运行结果如图 3.13 所示。程序中先读取索引图像 trees.tif 的信息，变量 map 中存放的是该图像的彩色颜色映射表数据，然后调用函数 rgb2gray() 将彩色颜色映射表转化为灰度颜色映射表 newmap，最后将原彩色图像和转换后的图像显示出来。

（a）原彩色图像   （b）转换后的灰度图像

图 3.13 【例 3-2】运行结果

执行完上面程序后，在命令窗口输入 whos map 和 whos newmap 指令，将返回以下结果：

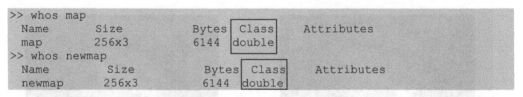

```
>> whos map
  Name        Size          Bytes   Class     Attributes
  map         256x3         6144    double
>> whos newmap
  Name        Size          Bytes   Class     Attributes
  newmap      256x3         6144    double
```

从结果中可以看到 map 的各属性及属性值，分别为颜色表名为 map，颜色映射表大小为 256x3，总字节数为 6144 字节，数据类型为 double 型；newmap 的各属性及属性值，分别为颜色表名是 newmap，颜色映射表大小为 256x3，总字节数为 6144 字节，数据类型为 double 型。其中输入 map 和输出 newmap 的数据类型都是 double 型的。

3.2.2 RGB 图像转换为索引图像

在 MATLAB 中，将真彩色图像转换成为索引图像直接调用函数 rgb2ind()。在早期的 MATLAB 版本中有大致 4 种转换方法，即直接法、均匀量化法、最小方差量化法和颜色表近似法，最新的 MATLAB 版本（如 MATLAB R2010a）中只有后 3 种转换方法。除此之外，在函数 rgb2ind() 中还可以输入参数项 dither_option，其表示是否使用抖动。函数 rgb2ind() 具体调用格式如下。

- ❑ [X,map]=rgb2ind(I,tol)：该函数是利用均匀量化的方法将 RGB 图像转换为索引图像。其中，I 就是原 RGB 图像，tol 的范围是从 0.0 至 1.0，[X,map]对应生成的索引图像，map 包含至少(floor(1/tol)+1)^3 个颜色。

- ❑ [X,map]=rgb2ind(I,N)：该函数是利用最小方差量化的方法，将 RGB 图像转换为索引图像。其中，I 就是原 RGB 图像，[X,map]对应生成的索引图像，map 中包含至少 N 个颜色。

- ❑ X=rgb2ind(I,map)：该函数是通过与 RGB 中最相近的颜色进行匹配生成颜色映射表 map，将 RGB 图像转换为索引色图像。其中，I 就是原 RGB 图像，[X,map]对应生成的索引图像，map 中的颜色是与 RGB 图像中颜色匹配最相近的颜色。

- ❑ [...] = rgb2ind(...,dither_option)：该函数是通过参数 dither_option 来设置图像转换是否进行颜色抖动，dither_option 取值为 dither 则表示抖动，从而可以达到更好的颜色效果；该参数项默认取值为 nodither，表示不进行抖动。该格式中"..."表示根据显示任务的不同可以采取上面介绍的某种格式。

【例 3-3】　将 RGB 图像转换为索引图像，其具体实现的 MATLAB 代码如下：

```
close all;clear all;clc;        %关闭当前所有图形窗口，清除工作空间所有变量，清空命令行
RGB = imread('football.jpg');   %读取图像信息
[X1,map1]=rgb2ind(RGB,64);      %将 RGB 图像转换成索引图像，颜色种数 N 至少 64 种
[X2,map2]=rgb2ind(RGB,0.2);     %将 RGB 图像转换成索引图像，颜色种数 N 至少 216 种
map3= colorcube(128);           %创建一个指定颜色数目的 RGB 颜色映射表
X3=rgb2ind(RGB,map3);
figure;
subplot(131); imshow(X1,map1); %显示用最小方差法转换后的索引图像
subplot(132); imshow(X2,map2); %显示用均匀量化法转换后的索引图像
subplot(133); imshow(X3,map3); %显示用颜色近似法转换后的索引图像
```

　　程序执行，运行结果如图 3.14 所示。程序中先将 RGB 图像 football.jpg 读出，然后利用函数 rgb2ind()分别采用最小方差量化法、均匀量化法和颜色表近似法将 RGB 图像转换为索引图像，最后将转换后的图像显示出来。

 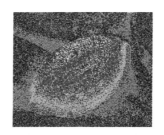 

（a）最小方差法转换后索引图像　　　（b）均匀量化法转换后索引图像　　　（c）颜色近似法转换后索引图像

图 3.14　【例 3-3】运行结果

3.2.3　灰度图像转换为索引图像

　　在 MATLAB 中，灰度图像是一个二维数组矩阵，而索引图像不仅包括一个二维的数组矩阵，还包括一个 M×3 的颜色映射表。所以要想将灰度图像转换成为索引图像，则必

须生成对应的颜色映射表。在 MATLAB 中可以直接调用函数 gray2ind()来实现图像转换，其调用格式如下。

❑ [X,map]=gray2ind(I,n)：该函数是将灰度图像 I 转换为索引图像，其中 I 指的是原灰度图像，n 是灰度级数，默认值为 64，[X,map]对应转换后的索引图像，map 中对应的颜色值为颜色图 gray(n)中的颜色值。

❑ [X,map]=gray2ind(BW,n)：该函数是将二值图像 BW 转换为索引图像，其中 I 指的是二值图像，n 是灰度级数，默认值为 2，[X,map]对应转换后的索引图像，map 中对应的颜色值为颜色图 gray(n)中的颜色值。二值图像实际上也是灰度图像，只是其灰度级为 2 而已。

【例 3-4】 将灰度图像转换为索引图像，其具体实现的 MATLAB 代码如下：

```
close all;clear all;clc; %关闭当前所有图形窗口，清除工作空间所有变量，清空命令行
I = imread('cameraman.tif');          %读取灰度图像信息
[X,map]=gray2ind(I,8);                %实现灰度图像向索引图像的转换，N 取 8
figure,imshow(I);                     %显示原灰度图像
figure, imshow(X, map);               %显示 N=8 转换后的索引图像
```

程序执行，运行结果如图 3.15 所示。程序中先读取灰度图像 cameraman.tif 信息，存放在 I 中，然后对 I 进行图像转换，N 取值为 8，最后将原图像和转换后的图像都显示出来。

（a）原灰度图像　　　　　　　　　　（b）N=8 转换后的索引图像

图 3.15 【例 3-4】运行结果

在 MATLAB 中，将灰度图像转换为索引图像，除了用函数 gray2ind()之外，还可以用函数 grayslice()，其转换的方法是通过设定阈值将灰度图像转换成索引色图像，其调用格式如下。

❑ I=grayslice(G,n)：该函数是将灰度图像中像素灰度均匀量化为 n 个等级并转换为索引色图像。其中 G 表示灰度图像，n 表示灰度级，I 表示转换后的索引图像。

❑ I=grayslice(G,v)：该函数是将灰度图像按照阈值矢量 v 进行值域划分并转换为索引色图像。其中 G 表示灰度图像，v 中每一个元素都在 0 和 1 之间，I 表示转换后的索引图像。

【例 3-5】利用阈值法将灰度图像转换为索引图像，其具体实现的 MATLAB 代码如下：

```
close all;clear all;clc; %关闭当前所有图形窗口，清除工作空间所有变量，清空命令行
I = imread('coins.png');              %读取图像信息
```

```
X = grayslice(I,32);                %将灰度图像转换为索引图像
figure, imshow(I);                  %显示原图像
figure, imshow(X,jet(32));          %显示索引色图像
```

　　程序执行，运行结果如图 3.16 所示。程序先读取图像 coins.png，利用灰度均匀量化法调用函数 grayslice()，将灰度图像 I 转换为索引图像 X，灰度等级划分为 32 个。显示索引图像时，利用 jet() 函数，生成一个颜色映射表，给图像 X 对应像素点加上颜色，颜色变化是从深蓝色开始，然后经过蓝色、蓝绿色、黄色、红色到深红色为止。从图 3.16 中可以看到，（a）中背景区域灰度值较小（暗），转换为索引图像后，正好对应（b）蓝色背景；（a）中硬币区域灰度值较大（亮），转换为索引图像后，对应（b）中的硬币颜色基本上是黄色，甚至有的呈红色。

　　（a）原灰度图像　　　　　　　　　　　　　（b）转换后的索引色图像

图 3.16　【例 3-10】运行结果

3.2.4　索引图像转换为灰度图像

　　利用函数 gray2ind() 可以将灰度图像转换为索引图像，同样，索引图像也是可以转换成为灰度图像的，在 MATLAB 中直接调用函数 ind2gray() 即可实现，其调用格式如下。

　　❑　I=ind2gray(X,map)：该函数是将具有颜色映射表 map 的索引图像转换为灰度图像，去除了索引图像中的颜色、饱和度信息，保留了图像的亮度信息。其中[X,map]对应索引图像，I 表示转换后的灰度图像。输入图像的数据类型可以是 double 型或 uint8 型，但输出为 double 型。

　　【例 3-6】　将索引图像转换为灰度图像，其具体实现的 MATLAB 代码如下：

```
close all;clear all;clc; %关闭当前所有图形窗口，清除工作空间所有变量，清空命令行
[X,map]=imread('forest.tif');       %读取图像信息
I = ind2gray(X,map);                %再将索引图像转换为灰度图像
figure,imshow(X,map);               %将索引图像显示
figure,imshow(I);                   %将灰度图像显示
```

　　程序执行，得到如图 3.17 中结果。程序中先读取索引图像 forest.tif，然后利用函数 ind2gray() 将索引图像转换为灰度图像，最后将原图像和转换后图像进行显示。

　　　　　（a）索引色图像　　　　　　　　　　　　（b）转换后的灰度图像

图 3.17　【例 3-6】运行结果

3.2.5　索引图像转换为 RGB 图像

　　在 MATLAB 中，利用函数 rgb2ind() 可以将 RGB 图像转换为索引色图像，同样索引图像也可以转换为 RGB 图像，利用函数 ind2rgb() 即可实现，其调用格式如下。

❑　RGB=ind2rgb(X,map)：该函数是将索引图像[X,map]转换为 RGB 图像，其中[X,map]指向索引图像，RGB 指向转换后的真彩色图像。转换过程中形成一个三维数组，然后将索引图像的颜色映射表中的颜色值赋值给三维数组。输入图像的数据类型可以是 double 型、uint8 型或 uint16 型，输出为 double 型。

【例 3-7】　将索引图像转换为真彩色图像，其具体实现的 MATLAB 代码如下：

```
close all;clear all;clc;  %关闭当前所有图形窗口，清除工作空间所有变量，清空命令行
[X,map]=imread('kids.tif');           %读取图像信息
RGB=ind2rgb(X,map);                   %将索引图像转换为真彩色图像
figure, imshow(X,map);                %显示原图像
figure,imshow(RGB);                   %显示真彩色图像
```

　　程序执行，运行结果如图 3.18（a）和（c）所示。程序中直接调用函数 ind2rgb() 实现索引图像到真彩色图像的转换，转换后的结果如图 3.18（c）所示。将图 3.18（a）和图 3.18（c）进行比较，两者几乎完全一致，但实际上，两种图像的数据组成形式是不同的。在图 3.18（b）和图 3.18（d）中，可以看到在图像相同区域的像素信息，两者是有差别的。索引图像是由数组 X 和颜色映射表 map 构成，图像中像素的颜色值是对应数组元素值映射到颜色映射表 map 中的颜色值。例如，像素 X（159，201）=1，1 对应 map（1，：）中的颜色值，分别是 R=0.15，G=0.10，G=0.11。RGB 图像是由一个三维数组构成，在像素（159，201）处的对应颜色值为 R=RGB（159，201，1）=0.15 ，G=RGB（159，201，2）=0.10，B=RGB（159，201，3）=0.11。从这个例子可以看到，将索引图像转换为 RGB 图像，就相当于是将索引图像中 map 表中的颜色值直接赋给 RGB 中对应像素的颜色值，因此，两幅图像从肉眼观察几乎完全一致。

（a）原索引图像

（b）索引图像选择区像素信息

（c）转换后的 RGB 图像

（d）RGB 图像选择区像素信息

图 3.18　【例 3-7】运行结果

3.2.6　二值图像的转换

在 MATLAB 中，二值图像中的数据类型实际上是 logical 型，0 代表黑色、1 代表白色，所以二值图像实际上是一幅"黑白"图像。那么，将其他图像转换为二值图像，首先必须规定一个规则，即将其他数组中哪些数据变为 1，哪些数据变为 0。常用的方法是"阈值法"，它是确定一个阈值，小于阈值就取为 0，其他的全部取为 1。在 MATLAB 中，实现这一功能的函数为 im2bw()，其调用格式根据转换的原图像不同而各有差异。如果输入的不是灰度图像，则先将其转换为灰度图像，然后通过阈值法转换为二值图像。

1. 将灰度图像转换为二值图像

❑ BW=im2bw(I,level)：该函数是通过设置阈值参数 level，将灰度图像转换为二值图像。其中 I 为灰度图像，level 为设置的阈值参数，取值范围为[0,1]，BW 是转换后的二值图像。

【例 3-8】　将灰度图像转换为二值图像，其具体实现的 MATLAB 代码如下：

```
close all;clear all;clc;  %关闭当前所有图形窗口，清除工作空间所有变量，清空命令行
```

```
I=imread('rice.png');              %读取图像信息
BW1=im2bw(I,0.4);                  %将灰度图像转换为二值图像，level 值为 0.4
BW2=im2bw(I,0.6);                  %将灰度图像转换为二值图像，level 值为 0.6
figure;
subplot(131),imshow(I);           %显示原灰度图像
subplot(132),imshow(BW1);         %显示 level=0.4 转换后的二值图像
subplot(133),imshow(BW2);         %显示 level=0.6 转换后的二值图像
```

程序执行，运行结果如图 3.19 所示。程序中先读取灰度图像 rice.png，设置两个阈值水平，level=0.4 和 0.6，然后将灰度图像转换为两值图像，最后分别显示出来。通过比较这三幅图像会发现：

- 二值图像中只有黑白两种灰度值。
- level 值较小，则会出现背景区域与目标区域混淆。
- level 值较大，则会丢失部分目标信息。

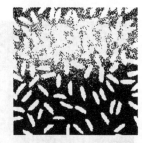

　　（a）原灰度图像　　　　　　（b）level=0.4 转换后的二值图像　　　（c）level=0.6 转换后的二值图像

图 3.19　【例 3-8】运行结果

2. 将索引图像转换为二值图像

- BW=im2bw(X,map,level)：该函数是通过设置阈值参数 level，将索引色图像转换为二值图像。其中[X,map]代表索引图像，参数 level 设置阈值水平，取值范围[0,1]，BW 代表二值图像。

【例 3-9】　将索引图像转换为二值图像，其具体实现的 MATLAB 代码如下：

```
close all;clear all;clc;%关闭当前所有图形窗口，清除工作空间所有变量，清空命令行
load trees;                        %从文件 trees.mat 中载入数据到 workspace
BW = im2bw(X,map,0.4);            %将索引图像转换为二值图像
figure, imshow(X,map);           %显示原索引图像
figure, imshow(BW);              %显示转换后二值图像
```

程序执行，运行结果如图 3.20 所示。程序中将文件 trees.mat 中的数据载入到 workspace，该文件包含的数据如图 3.21 所示，矩阵 X 和颜色映射表 map 都载入到 workspace 之中，因此对变量 X 和 map 直接可以使用了。然后将索引图像转换为二值图像，level 值取 0.4，最后将原图像和转换后的图像显示出来。

3. 将RGB图像转换为二值图像

- BW=im2bw(I,level)：该函数是通过设置阈值参数 level，将 RGB 图像转换为二值

图像。其中 I 代表 RGB 图像，参数 level 设置阈值水平，取值范围[0,1]，BW 代表二值图像。

（a）原索引色图像　　　　　　　　　　　（b）转换后的二值图像

图 3.20　【例 3-9】运行结果

图 3.21　trees.mat 文件中的数据

【例 3-10】　将 RGB 图像转换为二值图像，其具体实现的 MATLAB 代码如下：

```
close all;clear all;clc;
                        %关闭当前所有图形窗口，清除工作空间所有变量，清空命令行
I=imread('pears.png');          %读取图像信息
BW=im2bw(I,0.5);                %将 RGB 图像转换为二值图像
figure,
subplot(121),imshow(I);        %显示原图像
subplot(122),imshow(BW)        %显示转换后的二值图像
```

程序执行，得到如图 3.22 所示结果。程序先读取 RGB 图像 pears.png，然后利用函数 im2bw()将 RGB 图像转换为二值图像，设置的阈值为 0.5。从图 3.22（b）中可以看到，RGB 图像中的亮色部分在二值图像中基本都转换为了白色，颜色较暗的部分基本转换为了纯黑色。

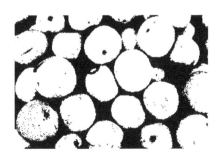

（a）原 RGB 图像　　　　　　　　　　　（b）转换后的二值图像

图 3.22　【例 3-10】运行结果

3.2.7　数值矩阵转换为灰度图像

在 MATLAB 中，一个数据矩阵就相当于一幅数字图像，只是在数字图像中对应的数组元素必须在一定的取值范围，因此，只要将对应数据矩阵中的元素按一定规律进行转换，就可以将矩阵转换为图像了。在 MATLAB 中可以利用函数 mat2gray()，将一个数据矩阵转换为一幅灰度图像，其调用格式如下。

- ❑ I=mat2gray(X,[xmin, xmax])：该函数是按照指定的取值区间[xmin,xmax]将数据矩阵 **X** 转换为灰度图像 I。xmin 对应灰度值 0，即黑色，xmax 对应灰度值 1，即白色。数据矩阵中小于 xmin 的值取为 0，大于 xmax 的值取为 1。如果不指定取值区间[xmin, xmax]，即默认情况下，将数据矩阵 **X** 中的最小值设为 xmin，最大值设为 xmax。

【例 3-11】　将矩阵转换为灰度图像，其具体实现的 MATLAB 代码如下：

```
close all;clear all;clc;     %关闭当前所有图形窗口，清除工作空间所有变量，清空命令行
X=magic(256);                %利用函数 magic()产生一个 256×256 的方阵 X
I= mat2gray(X);              %将数值矩阵 X 转换为灰度图像
figure,imshow(I);           %显示转换后的灰度图像
```

程序执行，运行结果如图 3.23 所示。程序先利用函数 magic()产生一个 256×256 的方阵 **X**。该数值矩阵中的元素按一定规律排列，矩阵中每一行元素之和、每一列元素之和与对角线元素之和三者相等，即 sum(X(n,:))=sum(X(:,n))=sum(diag(X))(n 为[1,256]，函数 diag()的功能是求方阵对角，函数 sum() 的功能是求和)。然后利用函数 mat2gray()将数值矩阵 **X** 转换为灰度图像 I，最后将转换后的灰度图像显示出来。

图 3.23 【例 3-11】运行结果

3.3　图像文件的读写

在 MATLAB 中，用户想要对一幅图像或者图像文件进行操作和处理，最首要的一个

步骤就是对需要处理的图像或者文件进行"读取"，然后再进行具体的操作和处理，最后可以将处理后的图像进行保存。MATLAB 为广大用户提供了专门的函数，可以方便地进行图像信息的读取和图像文件的保存。本节中将具体讲述图像文件读写的相关内容。

3.3.1　文件信息读取

在 MATLAB 中，对图像进行操作和处理时，经常需要知道图像文件的文件名、文件格式、图像大小、图像类型和数据类型等信息，可以直接调用 MATLAB 函数 imfinfo()来读取图像文件的信息。其调用格式如下。

- INFO=imfinfo('filename', 'fmt')或者 INFO=imfinfo('filename.fmt')：该函数是读取文件 filename.fmt 的信息。其中，filename 指的是图像文件的"文件名"，fmt 指的是该文件的"扩展名"，INFO 是一个结构数组。不同格式的文件最终得到的 INFO 所包含的结构成员不同，但基本都包含前 9 个结构成员，具体如表 3.2 所示。

表 3.2　imfinfo()返回的结构数组基本内容

结构数组成员名	所代表含义
Filename	文件名称
FileMoDate	文件最后修改日期和时间（日-月-年 时：分：秒）
FileSize	文件大小（单位是字节）
Format	文件格式或扩展名（tif、jpg 和 png 等）
FormatVersion	文件格式版本号
Width	图像文件的宽度，单位为像素
Height	图像文件的高度，单位为像素
BitDepth	图像文件中每一个像素所占位宽（真彩色图像每个像素占 24 位）
ColorType	图像类型（grayscale-灰度图像，truecolor-RGB 图像，indexed-索引图像）

在 MATLAB 命令窗口中，输入如下指令：

```
>> info=imfinfo('cameraman.tif')
```

返回结果如下所示。

```
info =
            Filename    : 'E:\MATLAB R2010a\toolbox\images\imdemos\
            cameraman.tif'
        FileModDate : '04-十二月-2000 13:57:54'
            FileSize    : 65240
            Format    : 'tif'
    FormatVersion    : []
            Width    : 256
            Height    : 256
        BitDepth    : 8
        ColorType    : 'grayscale'
    FormatSignature    : [77 77 42 0]
        ByteOrder    : 'big-endian'
    NewSubFileType    : 0
    BitsPerSample    : 8
        Compression    : 'PackBits'
PhotometricInterpretation    : 'BlackIsZero'
        StripOffsets    : [8x1 double]
```

```
       SamplesPerPixel    : 1
        RowsPerStrip      : 32
       StripByteCounts    : [8x1 double]
        XResolution       : 72
        YResolution       : 72
       ResolutionUint     : 'None'
          Colormap        : []
    PlanarConfiguration      : 'Chunky'
         TileWidth         : []
        TileLength         : []
        TileOffsets        : []
      TileByteCounts       : []
        Orientation        : 1
         FillOrder         : 1
     GrayResponseUint      : 0.0100
      MaxSampleValue       : 255
      MinSampleValue       : 0
       Thresholding        : 1
            Offset         : 64872
      ImageDescription     : [1x112 char]
```

注：如果输入文件中包含多幅图像，那么最后得到的数组是由多个结构数组组成的，例如，INFO(3)表示读取文件中第 3 幅图像的信息。

3.3.2　图像文件的读取

在 MATLAB 中，图像文件的读取最主要的是利用函数 imread()，该函数几乎支持 MATLAB 中所有的图像文件格式。根据所读取的图像格式不同及图像类型的不同，该函数的调用格式也各不相同。下面将分别通过"常见图像格式读取"和"特殊图像格式读取"两部分进行介绍。

1．常见图像格式读取

MATLAB 中常常利用函数 imread()来完成图形图像文件的读取，其调用格式主要有以下几种方式。

- I=imread('filename','fmt') 或者('filename.fmt')：该函数是用于读取字符串 filename 指定的灰度图像和真彩色图像文件。其中 filename 是文件名，fmt 是文件扩展名或文件格式。如果该文件不在当前路径下，或者在 MATLAB 路径下，那么需要写出完整的路径。如果读取的是灰度图像，则 I 是一个 $M \times N$ 的二维数组；如果读取的是彩色图像，则 I 是一个 $M \times N \times 3$ 的三维数组。数组 I 的数据类型由图像文件的数据类型决定。一般而言，彩色图像数据使用 RGB 的颜色空间类型。此外，也可以使用 CIELAB、ICCLAB 和 CMYK 等颜色空间。如果一幅彩色图像使用 CMYK 颜色空间，则返回的矩阵 I 将是一个 $M \times N \times 4$ 的数组。

- [X,map]=imread('filename', 'fmt') 或者('filename.fmt')：该函数是读取字符串 filename 指定的索引图像文件。其中 X 用于存储索引图像数据，即对应颜色映射表的"映射序号值"，map 用于存储与该索引图像相关的颜色映射表。

- [...]=imread('filename')：该函数是在执行图像读取操作时，首先需要从图像文件 filename 的内容推断其图像类型，即 imread()参数中没有给出图像文件的类型 fmt，而是需要推断得到。而该语句左边"[…]"表示根据待读取的图像数据是真实像素值，还是索引图像的相应颜色映射表的序号值，而分别采用格式 1 和格式 2 中的不同形式。

- ❏ […]=imread(URL,…)：该函数是读取 Internet URL 的图像文件，URL 要求其必须包含协议类型，例如 http://。该语句中 imread()函数的第二个参数即是所要读取的 Internet URL。语句左边的形式同格式 3。

【例 3-12】　利用函数 imread()读取灰度或 RGB 图像，其具体实现的 MATLAB 代码如下：

```
close all;clear all;clc;        %关闭当前所有图形窗口，清除工作空间所有变量，清空命令行
I1=imread('football.jpg');      %读取一幅 RGB 图像
I2=imread('cameraman','tif');   %读取一幅灰度图像
I3=imread('E:\onion.png');      %读取非当前路径下的一幅 RGB 图像
figure,
subplot(1,3,1),imshow(I1);      %显示第一幅图像
subplot(1,3,2),imshow(I2);      %显示第二幅图像
subplot(1,3,3),imshow(I3);      %显示第三幅图像
```

程序执行，结果如图 3.24 所示。程序中读取了三幅不同格式的图像，分别是.jpg、.tif 和.png，前两个图像是在当前目录下，而第三幅图像并不在当前目录下，因此，输入的文件名是其完整的路径。最后将读取的三幅图像都显示出来。

（a）图像 football.jpg　　　　　（b）图像 cameraman.tif　　　　　（c）图像 onion.png

图 3.24　【例 3-12】运行结果

2．特殊图像格式读取

函数 imread()的调用格式除了前面介绍的比较常用的 4 种方式外，还有针对某些特殊类型的图像读取格式，具体如下。

- ❏ [...]=imread('filename',idx)：该函数是只针对包含多幅图像的文件，例如 ico、tif、cur、gif 等格式的文件。该格式实现的功能是读取相应文件中的第几幅图像，或者多幅图像。其中 idx 是一个整数或者整型向量。例如 idx=3，那么 imread 将读取该文件中的第 3 幅图像；如果 idx=1：5，那么读取的将是文件中的前 5 幅图像。如果 IDX 为默认值，则只读取第 1 幅图像。
- ❏ [...]=imread(...,'frames',idx)：该函数是只适用于读取 GIF 格式图像文件。它与格式 [...]=imread('filename',idx)功能基本上相同，两者的区别是前者的 idx 的取值可以是 all，在这种情况下，该格式将读取图像文件中的所有帧图像，并且按照在文件中

的存储顺序返回。

- ❑ [...]=imread(...,'BackgroundColor',BG)：该函数是只适用于 PNG 文件的读取，其功能是将透明的像素与指定的颜色进行合成。其中 BG 的形式取决于文件是否包含一个索引、强度（灰度）或 RGB 图像。如果 BG 为 none，将不进行合成。如果输入图像是索引图像，BG 将是取值范围为[1,P]内的整数，其中 P 是颜色映射表的长度；如果输入图像是灰度图像，BG 应该是在[0,1]的范围内的整数；如果输入图像是 RGB 图像，BG 应该是一个三元素的向量，每一个元素的取值在[0,1]范围内。

- ❑ [...]=imread('filename',ref)：该函数是只用于 HDF 文件的读取，只读取 HDF 文件中多幅图像中的一幅，其中 ref 是一个整数，用来确定要读取图像的参考编号。（注意，一个 HDF 文件中的参考号不一定对应图像在文件中的顺序，你可以用 imfinfo 搭配参考编号与图像顺序相匹配。）例如，读取一幅 HDF 文件中的第 3 幅图像，对应该图像的参考编号 ref 不一定为 3，其 MATLAB 代码为：info=imfinfo('hdf_file.hdf '); [X,map]=imread('hdf_file.hdf ',info(3).Reference);该代码执行时先读取 HDF 文件中的信息，存放在 info 中，然后调用函数 imread()，设置参数为 ref 为 info(3).Reference，这样就将 HDF 中的第三幅图像读取出来并存放在[X,map]中。

- ❑ [...]=imread(..., 'Param1', value1, 'Param2', value2, ...)：该函数是使用参数/值对控制读取操作。如表 3.3 和表 3.4 列出了 TIFF 和 JPEG 图像格式文件可以使用的参数。

表 3.3　TIFF图像读取时参数表

参　数　名	取值及表示含义
'Index'	正整数，指定的图像读取。例如，如果你指定的值是 3，imread 读取文件中的第三个图像。如果省略此参数，imread 读取文件中的第一个图像
'Info'	结构数组返回 imfinfo 注：当读取图像的多图像 TIFF 文件时，imread 的"信息"参数值传递的输出 imfinfo 有助于更迅速地找到文件中的图像
'PixelRegion'	单元阵列，{行，列}，指定的区域的边界。行列数必须是两个或三个元素的向量。行列数都是两个元素的向量，表示从 1 开始的索引[START　STOP]。行列数都是三个元素的向量，表示从 1 开始的索引[START　INCREMENT　STOP]

表 3.4　JPEG图像读取时参数表

参　数　名	取值及表示含义
'ReductionLevel'	一个非负整数，指定图像的分辨率降低。对于减少水平 L，表示图像分辨率降低了一个因子 2^L。它的默认值是 0，这意味着图像分辨率没有减少。imfinfo 函数返回的结构由'WaveletDecompositionLevels'字段所指定的分解级别的总数量的减少水平是有限的
'PixelRegion'	单位阵列，imread 函数返回 ROWS 和 COLS 的边界所指定的子图像。行列数都必须是两个元素的向量，表示从 1 开始的索引[START STOP]。如果'ReductionLevel'是大于 0，则 ROWS 和 COLS 是在尺寸减小的图像的坐标

【例 3-13】 以 GIF 和 PNG 图像格式为例，利用函数 imread()读取特殊图像格式，其具体实现的 MATLAB 代码如下：

```
close all;clear all;clc;                    %关闭当前所有图形窗口，清除工作空间
所有变量，清空命令行
[X,map]=imread('beach.gif',2);              %读取 GIF 图像格式文件的第 2 帧图像
[X1,map1]=imread('beach.gif',12);           %读取 GIF 图像格式文件的第 12 帧图像
```

```
figure,
subplot(121),imshow(X,map);                    %显示 beach.gif 中第 2 帧图像
subplot(122),imshow(X1,map1);                   %显示 beach.gif 中第 12 帧图像
%读取 PNG 图像格式文件，并设置该图像的透明像素与红色合成，该图像是 RGB 图像，BG=[1 0 0]
I1=imread('pillsetc.png','BackgroundColor',[1 0 0]);
%读取 PNG 图像格式文件，并设置该图像的透明像素与白色合成，该图像是灰度图像，BG=1
I2=imread('rice.png','BackgroundColor',1);
%读取 TIF 图像格式文件，并设置该图像的透明像素与颜色 map(64,:)合成，该图像是索引图像，
BG=64
I3=imread('forest.tif','BackgroundColor',64);
```

　　程序执行，得到如图 3.25 所示结果。程序读取 GIF 图像格式文件，idx 分别取 2 和 12，即读取图像文件的第 2 帧和第 12 帧图像，然后将读取的两帧图像显示出来，如图 3.25（a）和（b）所示。最后三条语句是利用函数 imread()分别读取 PNG 和 TIF 图像格式文件，其中前 2 条语句分别读取的是 RGB 图像和灰度图像，因此设置 BG 参数时必须按照规定的格式，BG=[1 0 0]表示红色，BG=1 表示白色。由于只有 PNG 图像格式文件在函数 imread()中才能设置参数 BackgroundColor，所以读取 TIF 图像格式文件时会报错，如图 3.25（c）所示。

（a）第 2 帧图像　　　　　　　　　　　　　　（b）第 12 帧图像

（c）读取 TIF 图像报错结果

图 3.25　【例 3-13】运行结果

　　在 MATLAB 命令窗口，分别输入 whos I1 和 whos I2，将会返回如下结果。从结果中可以看到，变量 I1 和 I2 确实存在，即图像文件 pillsetc.png 和 rice.png 成功读取出来了，因此，调用函数 imread()设置参数 BackgroundColor 只适用于 PNG 图像格式文件的读取。

```
>> whos I1
```

```
    Name          Size                 Bytes  Class      Attributes
    I1          384x512x3              589824  uint8
>> whos I2
    Name          Size                 Bytes  Class      Attributes
    I2          256x256                 65536  uint8
```

注：此外，函数 imread() 还可以读取的图像文件格式有 PBM、PCX、PGM、PPM、RAS 和 XWD 等，具体使用方法请参考 Help 中的 imread.doc 文件。

3.3.3　图像文件的保存

MATLAB 中利用函数 imwrite() 来实现图像文件的写入操作，即保存，与函数 imread() 的作用相对。其调用格式通常有以下几种：

❑ imwrite(I, 'filename', 'fmt')：该函数是把图像数据 I 保存到由字符串 filename 指定的文件中，存储的文件格式由 fmt 指定。与函数 imread() 使用类似，如果所指定的保存文件 filename 不在当前目录下或 MATLAB 的目录下，则必须指明其完整路径。fmt 的取值必须是 MATLAB 所支持的图像文件格式。图像数据 I 不能为空，如果 I 为灰度图像，那么 I 应该是一个 $M \times N$ 的二维数组；如果 I 为彩色图像，那么 I 应该是一个 $M \times N \times 3$ 的三维数组。如果 fmt 指定的格式为 TIFF，那么函数 imwrite() 可以接受 $M \times N \times 4$ 的三维数组。

❑ imwrite(X,map, 'filename', 'fmt')：该函数是用于保存索引色图像，其中 X 表示索引色图像数据矩阵，map 表示与其关联的颜色映射表，filename 为保存的文件名，fmt 为文件的保存格式。如果 X 是 uint8 或 uint16 类型的数组，函数 imwrite() 将数组中的实际数据按相同的类型保存在文件 filename 中，前提是所保存的文件格式必须支持 uint8 或 uint16 的数据类型，否则会出错。在 MATLAB 中支持 16 位图像的存储的文件格式有 PNG 和 TIFF。如果 X 是 double 类型的数组，函数 imwrite() 采用 uint8(X-1) 表示数组中的值并写入到文件 filename 中。颜色映射表 map 必须是 MATLAB 所支持的颜色映射表类型。

❑ imwrite(..., 'filename')：该函数是将图像保存到文件中时，从 filename 的扩展名中推断图像的文件格式，该扩展名要求必须是 MATLAB 所支持的类型。函数 imwrite() 中在 filename 之前的参数 "..." 与前面提到的格式是相同的调用方式。

❑ imwrite(..., 'Param1',Val1, 'Param2',Val2,...)：该函数是用于在保存 HDF、JPEG、PBM、PGM、PPM、PNG、RAS、GIF 和 TIFF 等类型文件时指定某些参数值。例如，在保存 JPEG 文件时，可以存储品质（Quality）、注释（Comment）、模式（Mode）和像素位数（BitDepth）等参数；在保存 HDF 文件时，可以指定图像的压缩性（Compression）、品质（Quality）和写入模式（WriteMode）。不同的文件格式所保存的参数不同，用户可以参考帮助文档中的相关介绍。例如，imwrite(I, 'trees.png', ' BitDepth',8) 其含义是将图像 I 保存在文件 "trees.png" 中，并且给参数 BitDepth 赋值为 8。

下面利用函数 imwrite() 保存一幅索引图像，文件格式保存为 BMP，在 MATLAB 命令窗口输入如下指令：

```
>> clear all                          %清除工作空间的所有变量
```

```
>> load trees               %将文件 trees.mat 中的数据载入到工作空间
>> whos                     %显示工作空间的所有变量的属性 Name、Size、Bytes、Class
```

返回结果如下所示。

```
Name            Size            Bytes     Class       Attributes
X               258x350         722400    double
caption         1x66            132       char
map             128x3           3072      double
```

从上面的结果中知道：工作空间中出现了如图 3.26（a）中的 3 个变量 X、caption 和 map。其中，变量 X 是一个二维 double 型数组，大小为 258×350，总字节数为 722400；变量 caption 是一个字符型的向量，大小为 1×66，总字节数为 132；变量 map 是一个二维的 double 型的数组，大小为 128×3，总字节数为 3072。从这 3 个变量中可以看出，该图像是一个索引图像，X 对应数组矩阵，map 对应颜色映射表。将这个图像重新进行保存，保存的路径是当前目录，保存的文件名还是 trees，但文件格式是 bmp。

```
>> imwrite(X,map,'trees.bmp')
            %将索引图像保存在文件名为 trees，文件格式为 bmp 的位图文件中
```

该语句是写入文件操作，函数 imwrite() 将图像写入到文件 trees.bmp 中保存。在当前文件目录下，可以看到生成的位图文件 trees.bmp，如图 3.26（b）所示。

（a）工作空间中的变量　　　　　（b）生成的文件 trees.bmp

图 3.26　Workspace 中内容和保存的文件结果

3.4　图像文件的显示

在数字图像处理中，对一幅图像进行处理和操作，第一步是将该图像读取出来，然后完成后续的处理操作。但用户如何知道处理的结果怎样呢？它与原图像之间有什么差别呢？这就要求可以将图像在屏幕上显示出来，然后人眼就能最直接地对图像进行观察和分辨。在 MATLAB 中提供了丰富的函数，可以实现对图像的显示，例如显示灰度图像、显示彩色图像、显示多帧图像和显示图像像素信息等。本节将具体介绍 MATLAB 中图像显示函数及各自的功能。

3.4.1　图像显示函数

在 MATLAB 中用于显示图像的窗口有以下两种：

- ❏ 使用 MATLAB 图像工具浏览器（Image Tool Viewer），通过调用函数 imtool() 来实现。
- ❏ 使用 MATLAB 的通用图形图像视窗，通过调用函数 imshow() 来实现。

在 MATLAB 命令窗口中，输入以下指令：

```
>> I=imread('lena.bmp');        %读取图像信息
>> imtool(I);                   %用函数 imtool() 显示，使用的是图像工具浏览器
>> imshow(I);                   %用函数 imshow() 显示，使用的是通用图形图像视窗
```

将得到如图 3.27 所示结果，图（a）和图（b）分别是两种图像显示窗口界面，即图像工具浏览器界面和通用图像图像视窗界面。

（a）图像工具浏览器界面

（b）通用图像图像视窗界面

图 3.27　两种图像显示界面

通过函数 imtool() 和函数 imshow() 可以实现两种不同的窗口显示模式，但在 MATLAB 中常用的图像显示窗口是通用图形图像视窗。此外，用于显示图像的函数除了函数 imtool() 和函数 imshow() 以外，还有一些其他的函数能实现一些特殊的图像显示功能，下面具体

介绍。

1．函数imtool()

利用函数 imtool()可以将图像在图像工具浏览器中显示，下面将具体从图像工具浏览器的打开与关闭、图像工具浏览器导航功能、像素区域工具和像素信息工具 4 个方面，讲述如何使用图像工具浏览器。

（1）图像工具浏览器的打开与关闭

❑ 在图像工具浏览器中显示图像：当需要打开图像工具浏览器时，可以调用函数 imtool()，并指定想要用浏览器浏览的图像，其实现方式如下：

```
fig=imread('moon.tif');imtool(fig);
```

也可以直接指定图像名，语句格式为：imtool('moon.tif');

注：该语句执行要求图像文件必须位于 MATLAB 的当前路径。此外，imtool('moon.tif') 这种直接指定图像文件名的显示方式不同于 fig=imread('moon.tif');imtool(fig)，因为通过 imtool('moon.tif')显示的图像并没有被存储到 MATLAB 的 workspace（工作空间）中。

如果指定的图像文件包含多幅图像，用函数 imtool()只会显示文件中的第一幅图像。如果想要显示多幅图像，可以用函数 imread()将每一幅图像都读入到 workspace 中，然后多次调用函数 imtool()来显示。如果想要同时显示所有帧，可以调用函数 montage()。

函数 imtool()具体使用及设置方式如下。

❑ 指定图像的起始大小：默认情况下，函数 imtool()将 100%的显示整幅图像。其中 100%是指图像的每一个像素一一映射到屏幕窗口的每一个像素。具体实现方法为：设置函数 imtool()的 IntialMagnification 值，默认值为 100，即将原图像按照 100%的放大倍数显示；设置为 fit 表示按照图像工具浏览器窗口全屏显示，如下所示。

```
imtool(…, 'IntialMagnification', 'fit');
```

❑ 关闭图像工具浏览器：要关闭当前图像工具浏览器，可以直接单击该图像工具浏览器窗口的关闭按钮。当有多个浏览器窗口同时处于打开状态时，可以使用下面语句关闭所有的图像工具浏览器窗口：

```
imtool close all;
```

（2）图像工具浏览器的基本功能

图像工具浏览器可以显示一幅图像并提供图像的大小信息、图像像素值的范围和鼠标所在位置的像素值。除此之外，它还提供了 3 个工具，分别是全景查看窗口（实现导航功能）、像素区域工具和图像信息窗口，如图 3.28 所示。

❑ 全景查看窗口：如果一幅图像比较大或者放大倍数较大时，图像工具浏览器窗口显示时将只能显示图像的一部分，此时将会引入滚动条来拖动窗口内的图像，以达到查看全部图像的目的。然而，这种方式不能将整幅图像显示出来，满足不了用户需要，因此，图像工具浏览器提供了一个方便的工具，即全景查看窗口，如图 3.28（a）所示。在该独立小窗口中，可以看到一个"矩形框"，在图像工具浏览器的主窗口中显示的图像，就是该矩形框选中的图像区域。通过移动矩形框，可以达到在图像工具浏览器窗口中显示图像的不同部分的目的。

- 像素区域工具：该工具用于检查图像特定区域的像素值，当使用这一功能时，像素区域工具将会在一个独立的窗口内显示选定区域的像素值。可以通过拖动图像上的"像素区域矩形"来选择不同的图像区域，这个工具可以定量地认识图像中的特定元素，如图 3.28（c）所示。

- 图像信息窗口：图像信息窗口可以提供显示在图像工具浏览器中的图像信息。它提供的信息与函数 imfinfo() 提供的信息相同。如图 3.28（d）所示的是图像的宽、高、图像类型、颜色类型和最大最小值密度。

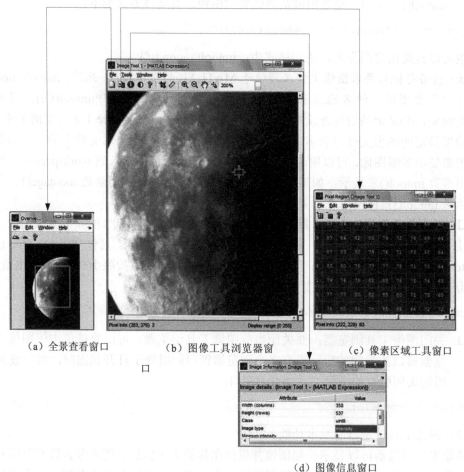

（a）全景查看窗口　　　　（b）图像工具浏览器窗口　　　　（c）像素区域工具窗口

（d）图像信息窗口

图 3.28　图像工具浏览器基本功能

另外，图像工具浏览器还提供了几个按钮实现导航功能，使用户可以很容易地实现一幅图像的导航功能。这些按钮包括窗口拖动按钮、放大缩小按钮和图像比例放大按钮，如图 3.29 所示。

注：图像工具浏览器窗口底部有一个图像信息工具，该工具的功能与函数 impixelinfo() 生成的图像信息工具功能相同（函数 impixelinfo() 将在 3.4.2 节中详细讲述）。

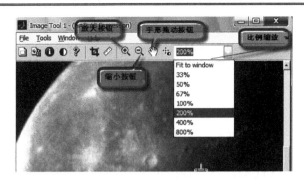

图 3.29　图像工具浏览器窗口拖动的按钮、放大缩小按钮和图像比例放大按钮

2．函数imshow()

使用函数 imshow()来显示一幅图像时，该函数将自动设置图像窗口、坐标轴和图像属性。这些自动设置的属性包括图像对象的 CData 属性和 CDataMapping 属性、坐标轴对象的 CLim 属性、图像窗口对象的 Colormap 属性。此外，在调用函数 imshow()时除了完成以上提到的属性设置外，还可以完成下面的操作：

❑ 设置其他的图像窗口对象的属性和坐标轴对象的属性以优化显示效果，如可以设置隐藏坐标轴及其标示等。

❑ 包含和隐藏图像边框。

❑ 调用 truesize 函数来设定图像到屏幕像素点的映射关系。

函数 imshow()的调用格式如下。

❑ imshow(I)：该函数是显示灰度图像，其中 *I* 是代表灰度图像矩阵。

❑ imshow('filename.fmt') 或者 imshow filename：该函数是直接显示图像文件 filename 中的图像。该调用格式要求被显示的图像必须在当前目录下或在 MATLAB 的目录下，如果不在，则'filename.fmt'必须指定该图像的完整路径。

注：使用该种显示方式并没有将图像数据存储在 MATLAB 的 workspace 中。如果想把当前显示的图像存储到 Workspace 中，必须借助函数 getimage()，该函数将返回当前句柄图形图像对象的数据，调用格式为 X=getimage;该格式将当前显示的图像赋值给变量 *X*。与函数 imtool()的使用类似，在调用函数 imshow()在图形图像视窗内显示图像时，既可以使用默认的显示设置，即一个图像像素对应一个屏幕像点，也可以通过设置函数 imshow()的参数来达到更改图像显示方式的目的，此时需要借助 truesizeu()函数来设定图像像素到屏幕像点的映射关系。

❑ imshow(I,n)：该函数是用 *n* 个离散的灰度级来显示图像 I。如果省略了 *n*，函数 imshow()将使用 24 位表示的 256 个灰度级来显示该图像。

❑ imshow(I,[low,high])：该函数是把图像 I 作为一幅灰度图像来显示，[low,high]指定了图像 I 的灰度值范围。图像中所有灰度值不超过 low 的像素显示为黑色，灰度值不低于 high 的像素显示为白色，灰度值在限定范围内的像素按照其原来的灰度级显示。如果限定范围为空，函数 imshow()默认的获取 low 和 high 的值分别为 min(I(:))和 max(I(:))，显示的规则同上。

❑ imshow(BW)：该函数是用于显示二值图像 BW，即显示 0 为黑色，1 为白色。

- ❑ imshow(X,map)：该函数是用于显示索引色图像 X，map 是与相关的颜色映射表。
- ❑ imshow(RGB)：该函数是用于显示真彩色图像 RGB。
- ❑ imshow(…,display_option)：该函数是在显示图像时，确定图像像素点与屏幕像点的映射关系。"…"表示根据显示任务的不同可以采取上面介绍的某种格式。display_option 参数是用于指定图像显示时图像像素点与屏幕像点的映射关系，它的取值有两个，即'notruesize'或'truesize'。
- ❑ imshow(x,y,A,…)：该函数是用 2 个元素的矢量 x 和 y 建立非默认的空间坐标系统，x 和 y 指定了 MATLAB 句柄图形图像对象（Handle Graphics image object）属性 XData 和 YData。
- ❑ G=imshow(…)：该函数是显示图像的同时生成图像句柄 G。

【例 3-14】　设置灰度级或者设置灰度值上下限显示图像，其具体实现的 MATLAB 代码如下：

```
close all;clear all;clc;           %关闭当前所有图形窗口，清除工作空间所有变量，清空命令行
I=imread('lena.bmp');              %读取图像信息
figure,
subplot(121),imshow(I,128);        %以128灰度级显示该灰度图像
subplot(122),imshow(I,[60,120]);   %设置灰度上下为[60,120]显示该灰度图像
```

　　程序执行，运行结果如图 3.30 所示。程序先将灰度图像'lena.bmp'读取出来，然后利用函数 imshow() 对其进行两种不同的方式显示，图（a）中显示的是第一种方式的结果，设置的灰度级为 128；图（b）中显示的是第二种方式的结果，设置了灰度值范围为[60,120]，灰度值较大的部分比较亮（白色），灰度值较小的地方比较暗（黑色）。

（a）原 lena 图像　　　　　　　　　　　　　　（b）改变灰度范围后 lena 图像

图 3.30　【例 3-14】运行结果

3. 函数image()和函数imagesc()

　　在 MATLAB 中，常用的显示图像函数除了函数 imtool() 和函数 imshow() 以外，还有函数 image() 和函数 imagesc()。这两个函数的功能基本与前者相近，可以显示一幅图像，自动设置图像的一些属性。这些自动设置的属性包括图像对象的 CData 属性、CDataMapping 属性和坐标轴对象的属性等，具体调用格式如下：

- ❑ image(C)：该函数是将一个数据矩阵显示为一幅图像，其中 C 可以是二维的 $M \times N$ 的矩阵，也可以是 $M \times N \times 3$ 的矩阵，矩阵中的元素数据类型可以是 double 型、uint8 型和 uint16 型。当 C 是 $M \times N$ 的矩阵时，数组中的元素直接作为颜色映射表的颜色值来确定为该图像的颜色；当 C 是 $M \times N \times 3$ 的矩阵时，数组中元素 C(:,:,1) 将作

为红色分量，元素 C(:,:,2)将是绿色分量，元素 C(:,:,3)将是蓝色分量，红绿蓝三色叠加后形成彩色图像。该彩色图像没有 CDataMapping 属性。如果 *C* 中的元素数据类型为 double，则颜色值变化范围为[0.0,1.0]，如果 *C* 中的元素是 uint8 型和 uint16型数据类型，则颜色值变化范围为[0,255]。

- ❑ image(X,Y,C)：该函数是利用向量 *X* 和 *Y* 来为图像在显示时进行定位。在没有向量 *X* 和 *Y* 时，即格式 image(C)，默认元素 C(1,1)在坐标轴(1,1)处，元素 *C*(*M*,*N*)在坐标轴(*M*,*N*)处。那么有了向量 *X* 和 *Y*，此时元素 C(1,1)在坐标轴(X(1),Y(1))处，元素 *C*(*M*,*N*)在坐标轴(X(end),Y(end))处。*C* 中的其他元素将会分布在这两点之间，这样在每行和每列中，每一个像素都是相同的高度和宽度。

- ❑ imagesc(…)：该函数与函数 image(…)的功能相同，只是所使用的 colormap 有区别，函数 imagesc(…) 的颜色表是经过拉伸后的，而函数 image(…) 的颜色表未经过拉伸。

- ❑ imagesc(…,CLim)：该函数是利用向量 CLim 来设置 colormap 拉伸的范围，其中，CLim=[CLow,CHigh]，它是用来确定灰度范围。灰度范围中的第一个值 CLow（通常是 0），对应于颜色映象表中的第一个值（颜色），第二个值 CHigh（通常是 1）则对应与颜色映象表中的最后一个值（颜色）。灰度范围中间的值则是线性对应颜色映象表中剩余的值（颜色）。在调用函数 imagesc()时，若只使用一个参数，数据矩阵中的最小值对应于颜色映象表中的第一个颜色值，数据矩阵中的最大值对应于颜色映象表中的最后一个颜色值。

注：在用函数 imtool()和函数 imshow()显示图像时，图像上不会出现坐标轴，而用函数 image()和函数 imagesc()显示图像时，图像上会出现坐标轴。

【例 3-15】　利用函数 imshow()、image()和 imagesc()显示图像进行比较，其具体实现的 MATLAB 代码如下：

```
close all;clear all;clc;     %关闭当前所有图形窗口，清除工作空间所有变量，清空命令行
I=imread('lena.bmp');                  %读取图像信息
figure,
subplot(221),imshow(I);                %利用函数 imshow()显示图像
subplot(222),image(I);                 %利用函数 image()显示图像
subplot(223),image([50,200],[50,300],I);
                                       %利用函数 image()显示调整坐标后的图像
subplot(224),imagesc(I,[60,150]);    %利用函数 imagesc()显示经过灰度拉伸后的图像
```

程序执行，得到如图 3.31 所示结果。本例中分别利用了函数 imshow()、函数 image()和函数 imagesc()显示图像。对比图（a）和图（b）会发现，用 image 显示图像时会比 imshow显示图像多了坐标轴，坐标轴上显示的数值对应着图像的像素坐标；对比图（b）和图（c）会发现，显示的图像基本上没有区别，只是显示的坐标轴数值不相同，图（b）中坐标轴起点是（1,1），而图（c）中坐标轴起点是（50,50）；对比图（c）和图（d）会发现，用函数 imagesc()进行灰度拉伸后，图像的对比度明显增强，如果不进行灰度拉伸,则函数 image()和函数 imagesc()的功能将相同。

4．函数colorbar()

在 MATLAB 的图像显示中，可以利用函数 colorbar()给图像添加一个彩色条，该彩色条用来指示图像中不同颜色所对应的具体数值。该函数的调用格式如下。

（a）imshow 显示的图像

（b）image 显示的图像

（c）image 调整坐标后图像

（d）imagesc 显示图像

图 3.31　【例 3-15】运行结果

- ❑ colorbar：该函数是在图像上形成一个彩色条，默认位置是在图像的右侧。
- ❑ colorbar('peer',AX)：该函数是在图像的坐标轴上形成一个彩色条，并代替 AX 指定的坐标轴。
- ❑ colorbar(…,location)：该函数是指定彩色条的位置，其中 location 的取值及表示含义如表 3.5 所示。
- ❑ colorbar(…,P/V Pairs)：该函数是给彩色条添加额外的属性/值对。
- ❑ colorbar('off ')，colorbar('hide')，colorbar('delete')：该函数是删除所有与当前轴相关的彩色条。
- ❑ colorbar(H, 'off ')，colorbar(H, 'hide')，colorbar(H, 'delete')：该函数是删除所有由 H 指定的彩色条。
- ❑ H=colorbar(…)：该函数是返回彩色条句柄 H。

表 3.5　location包含字段及其含义

字　段　名	表　示　含　义	字　段　名	表　示　含　义
'North'	在图像内顶部	'NorthOutside'	在图像外顶部
'South'	在图像内底部	'SouthOutside'	在图像外底部
'East'	在图像内右侧	'EastOutside'	在图像外右侧
'West'	在图像内左侧	'WestOutside'	在图像外左侧

【例 3-16】　用 imshow()函数显示图像并添加颜色条，其具体实现的 MATLAB 代码如下：

```
close all;clear all;clc; %关闭当前所有图形窗口，清除工作空间所有变量，清空命令行
I=imread('tire.tif');                    %读取图像信息
H=[1 2 1;0 0 0;-1 -2 -1];                %设置 sobel 算子
X=filter2(H,I);                          %对灰度图像 I 进行 2 次滤波，实现边缘检测
figure,
```

```
subplot(131),imshow(I);                    %显示原图像
subplot(132),imshow(X,[]),colorbar();
                    %显示处理后图像,并添加彩色条在图像外右侧（默认位置）
subplot(133),imshow(X,[]),colorbar('east');
                    %显示处理后图像,并添加彩色条在图像内右侧
```

程序执行,运行结果如图 3.32 所示。程序先读取图像,设置一个算子 H,该算子是 sobal 算子中的一种；然后利用该算子对图像 I 进行滤波,实现的功能是进行图像的边缘检测；最后将原图像和处理后的图像进行显示,并且在处理后的图像上添加了一个彩色条。彩色条的位置可以通过参数来设置,默认是在图像外右侧,如图 3.32（b）所示。图 3.32（c）中是将彩色条设置在图像内右侧。

 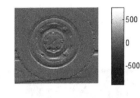 

（a）原图像　　　　（b）添加颜色条在图像外右侧（默认）　　（c）添加颜色条在图像内右侧

图 3.32　【例 3-16】运行结果

注：当通过调用函数 imshow() 在通用图形图像视窗显示图像时,也可以利用视窗上的工具按钮█直接添加彩色条,只是这种方式添加的颜色条是默认设置。

5. 函数montage()

在 MATLAB 中,要同时显示多帧图像序列,需要调用函数 montage(),其调用格式如下。

- ❑ montage(I)：该函数是显示多帧灰度图像、二值图像或者 RGB 图像。其中 I 表示图像序列数组,如果显示的是灰度图像或者二值图像,则 I 将是 $M \times N \times 1 \times K$ 的数组,如果显示的是 RGB 图像,则 I 将是 $M \times N \times 3 \times K$ 的数组。
- ❑ montage(X,map)：该函数是显示多帧索引色图像。其中 X 是一个 $M \times N \times 1 \times K$ 的数组,所有的索引图像的颜色值都用颜色映射表 map 中的颜色值。
- ❑ montage(…, 'Parameter1', value1, 'Parameter2', value2…)：该函数是在显示多帧图像的同时,对图像的某些参数进行设置。该函数所包含的参数如表 3.6 所示。

表 3.6　montage函数中的参数及含义

参　　数	表　示　含　义
'Size'	一个只有两个元素的向量,[NROWS NCOLS]其中 NROWS 表示行数,NCOLS 表示列数,即 montage 创建的显示窗有 NROWS 行和 NCOLS 列,行列中所显示的就是每帧图像。行列数之一也可以设置为 NaN,它没有确定值,但在显示时函数 montage() 会根据显示图像的总帧数和其已知的行数或者列数计算出来,最终将所有帧都能在窗口中显示出来。例如[2 NaN],总帧数为 10,那列数就是 5
'Indices'	一个数字阵列,如 $m:n$,表示显示的图像是从第 m 帧到第 n 帧,m、n 取值在[1,k],k 表示该图像序列的图像帧数
'DisplayRange'	一个 1×2 的向量,[LOW HIGH] 表示对显示的图像进行灰度调整,即灰度拉伸

【例 3-17】　利用函数 montage() 同时显示多帧图像序列，其具体实现的 MATLAB 代码如下：

```
close all;clear all;clc;          %关闭当前所有图形窗口，清除工作空间所有变量，清空命令行
I=zeros(128,128,1,27);                        %建立四维数组 I
for i=1:27
[I(:,:,:,i),map]=imread('mri.tif',i);      %读取多帧图像序列，存放在数组 I 中
end
montage(I,map);                               %将多帧图像同时显示
```

程序执行，运行结果如图 3.33 所示。程序中先建立一个四维数组 I，该数组是用来存放多帧图像序列的，显然这里是知道所要读取图像序列的信息的，每帧图像的大小是 128×128，所包含图像帧数为 27，而且每帧图像是索引图像，所以数组 I 的第三维为 1，数组元素初始值都赋为 0。在不进行数据类型转换时，默认是 double 型。然后利用 for 循环依次将图像序列中的图像读取出来存放在数组 I 中，最后调用函数 montage() 将多帧图像显示出来。

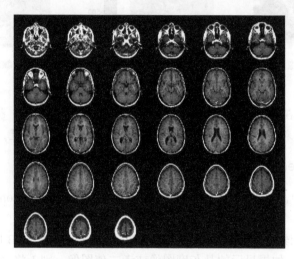

图 3.33　【例 3-17】运行结果

6. 命令 zoom

利用 zoom 命令可实现图像上任意区域的拉伸，该函数具体使用如下。

❑　zoom on：该语句执行之后，MATLAB 的图形窗口对象进入区域拉伸状态。此时，按下鼠标左键，拖动鼠标指示，则图形窗口中将出现以虚框表示的选择矩形。松开鼠标左键后，则该选中的图像区域将被放大到整个图形窗口的显示空间。如图 3.34（a）所示为例 3-17 的运行结果，图 3.34（b）是输入命令 zoom on 后放大后的图像区域。

　　❑　zoom out：在放大区域中右击将会出现图 3.34（c）的选项菜单，选择 zoom out 选项可将刚刚放大的图形恢复到原来的状态。

　　❑　zoom off：如果在命令行输入 zoom off 命令，那么将关闭图形窗口的拉伸功能。

7. 函数 warp ()

在 MATLAB 中，纹理映射是一种将二维图像映射到三维图形表面的技术。这种技术

通过转换颜色数据使二维图像与三维图形表面保持一致。在 MATLAB 中的纹理映射是利用双线性渐变算法来实现图像映射的。

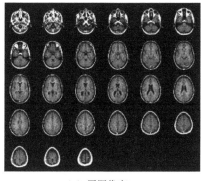
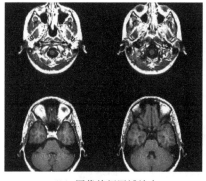

　（a）原图像窗口　　　　　　　（b）图像特征区域放大　　　　　　（c）选项窗口

图 3.34　原图像窗口和 zoom 放大后的图像窗口

MATLAB 的图像处理工具箱提供了一个专门的函数，即函数 warp()，将图像作为纹理进行映射，使该图像显示在一个特定的三维空间中。下面具体介绍该函数的调用格式。

- ❑ warp(X,map)：该函数是将索引图像映射到矩形平面上显示，其中[X,map]代表索引图像。
- ❑ warp(I,n)：该函数是将灰度图像映射到矩形平面上显示，其中 I 代表灰度图像，n 指定灰度级。
- ❑ warp(BW)：该函数是二值图像映射到矩形平面区域上显示，其中 BW 代表二值图像。
- ❑ warp(RGB)：该函数是将真彩色图像映射到矩形平面区域上显示，其中 RGB 代表真彩色图像。

注：由于矩形平面区域本身就是一个二维图形区域，所以调用这 4 种格式来显示图像与直接调用函数 imshow()的显示结果是一致的，唯一差别就是图像上是否有坐标轴。

- ❑ warp(z,…)：该函数是将图像映射到 z 图形表面上。
- ❑ warp(x,y,z,…)：该函数是将图像映射到由（x,y,z）确定的图形表面上。
- ❑ H=warp(…)：该函数是返回纹理映射后的图形句柄 H。

【例 3-18】　利用函数 warp()实现纹理映射，其具体实现的 MATLAB 代码如下：

```
close all;clear all;clc;    %关闭当前所有图形窗口，清除工作空间所有变量，清空命令行
I=imread('football.jpg');        %读取图像信息
[x,y,z]=sphere;
    %创建 3 个（N+1）×（N+1）的矩阵，使得 surf(X,Y,Z)建立一个球面，默认时 N 取 20
figure,
subplot(121),warp(I);            %显示图像映射到矩形平面
subplot(122),warp(x,y,z,I);      %将二维图像纹理映射到三维球体表面
grid;                            %建立网格
```

程序执行，得到如图 3.35 所示的结果。程序中先将二维平面图像 football.jpg 读取出来，并创建一个三维的球面[x,y,z]，然后利用函数 warp()将该二维图像进行纹理映射，分别映射到矩形平面和三维球面[x,y,z]上，最后将映射结果显示出来。图 3.35（a）中结果与函数

imshow()基本一致，只是多了坐标轴。图 3.35（b）中二维图像完全覆盖在了三维球面上，添加上网格后，更能显示出其三维效果。

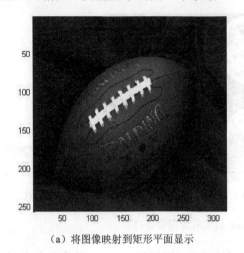

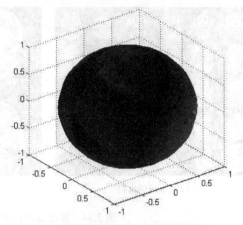

（a）将图像映射到矩形平面显示　　　　　　　　（b）将图像映射到三维图形表面显示

图 3.35　【例 3-18】运行结果

8．函数 subimage ()

为了便于在多幅图像之间进行比较，需要将这些要比较的图像显示在一个图形窗口中。MATLAB 的图像处理工具箱就是提供了这样的一个函数，即函数 subimage()，下面具体介绍这个函数的格式和用法。

❑ subimage(X,map)，subimage(I)，subimage(BW)，subimage(RGB)：该函数的这 4 种调用格式是分别将索引色图像、灰度图像、二值图像和真彩色图像进行显示。

❑ subimage(x,y,...)：该函数是将图像按指定的坐标系（x,y）显示。在具体应用时，主要是设置横轴和纵轴的坐标值范围。

❑ H=subimage(...)：该函数是显示图像并返回图像对象的句柄 H。

函数 subimage()必须与函数 subplot()一起使用，后者用于指定下一个显示的图像在整个图像显示窗口中所在的分块。例如 subplot(223),subimage(I);该语句表示将窗口划分为 2×2 共 4 块区域，将要显示的图像 I 在图像窗口的第 3 块区域进行显示。函数 subimage()显示的图像可以是 logical、uint8、uint16 或 double 类型。

【例 3-19】 利用函数 subimage()在一个图像窗口同时显示两幅图像，其具体实现的 MATLAB 代码如下：

```
close all;clear all;clc; %关闭当前所有图形窗口，清除工作空间所有变量，清空命令行
load trees;                    %载入图像文件 trees.mat，将其中的变量载入 workspace 中
[X1,map1]=imread('forest.tif');        %读取图像信息
figure,
subplot(1,2,1),subimage(X,map);
                  %将图像窗口分成 1×2 个子窗口，在左边子窗口中显示图像 X
subplot(1,2,2),subimage(X1,map1);        %在右边子窗口中显示图像 X1
```

程序执行，运行结果如图 3.36 所示。在一幅图像中显示两幅或者多幅图像，在之前的例子中已经见过了。在本例中，是利用函数 subplot()和函数 subimage()搭配使用，在同一

个窗口中显示两幅图像，其中图像窗口被分割为 1×2 共 2 个子区域，左子区域中显示图像 trees.tif，如图 3.36（a）所示；右子区域中显示图像 forest.tif，如图 3.36（b）所示。

（a）左边子区域中显示 trees.tif　　　　　　（b）右边子区域中显示 forest.tif

图 3.36 【例 3-19】运行结果

当然，这种显示方式更多的是为了方便对比，将原图像和处理后的图像在同一个窗口中显示，可以非常方便地观察和对比前后的区别和差异。

此外，除了联合使用函数 subplot() 和函数 subimage() 外，还有一种方法能实现在同一个图形窗口显示多幅图像，即联合使用函数 subplot() 和函数 imshow()。

本节主要是介绍数字图像在 MATLAB 中如何实现图像的显示功能，其中包括常用的 MATLAB 显示函数（如函数 imtool()、函数 imshow()、函数 image()、imagesc() 等）和特殊功能显示函数（如函数 wrap()、函数 montage() 等），这些 MATLAB 函数根据不同的图像类型及要实现的不同功能，其调用的格式也不同。在 MATLAB 中，图像类型常见的有 4 种，即索引图像、RGB 图像、灰度图像和二值图像，此外还包括图像序列。对于显示这几种常见格式的图像，所采用的 MATLAB 函数及调用方式，下面作一个简单概括，如表 3.7 所示。

表 3.7　常用图像类型的显示函数及格式

图像格式	显示函数及格式	说　明

索引图像	imtool(X,map);
	imshow(X,map);
	image(X),colormap(map);
	imagesc(X),colormap(map);
	subimage(X,map);
		索引图像包含两个部分，输入参数必须包含 X（数据矩阵）和 map（颜色映射表）。用 image() 或 imagesc() 显示图像时，其后需接 colormap()，否则显示的图像颜色将出错

RGB 图像	imtool(I);
	imshow(I);
	image(I);
	subimage(I);
		RGB 图像不包含颜色映射表，输入参数不需要 map，只需要一个 M×N×3 的三维数组 I 即可

灰度图像	imtool(I);
	imshow(I);
	imshow(I,n);
	imshow(I,[low,high]);
	image(I),colormap(gray);
	imagesc(I),colormap(gray);
	subimage(I);
		灰度图像是相对于彩色图像而言的，输入参数一般是一个二维 M×N 的数组 I，I 中元素表示像素的灰度值。不同灰度图像所包含的灰度级有差别，因此，显示图像时可以输入对灰度级操作的参数，例如限制灰度级范围，设置灰度级数目等

续表

图像格式	显示函数及格式	说　明

二值图像	imtool(BW);
	imshow(BW);
	imshow(~BW);
	image(BW);
	subimage(BW);
		二值图像实际上是灰度图象的特殊情况，即灰度级只有两个，0 或 1。输入参数是一个元素全部是 0 或 1 的矩阵，矩阵元素的数据类型可以是 logical 型。~BW 即将 BW 取反

多帧图像	montage(I); montage(X,map)	多帧图像即图像序列，I 指的图像类型可以 RGB 和灰度图像，[X,map]指的图像类型是索引图像，但一个序列中的图像类型必须相同

图像文件	imshow filename
	imshow('filename');
	imtool('filename');
		输入参数直接是图像文件名，没有读取直接显示。因此，在 MATLAB 工作空间中没有该图像的信息

3.4.2　像素信息的显示

在 MATLAB 图像处理工具箱中包含两个函数，可以返回用户指定的图像像素的数据值：函数 impixel()和函数 impixelinfo()。

1．函数impixel()

函数 impixel()可以返回选中像素或像素集的数据值。用户可以直接将像素坐标作为该函数的输入参数或者用鼠标选中像素。其调用格式为如下。

（1）用鼠标选中像素

❑ P=impixel(I)：该函数是显示灰度图像指定的像素的灰度值，其中 I 指的是灰度图像，P 是用来存放像素灰度值的数组。

❑ P=impixel(X,map)：该函数是显示索引图像指定像素的颜色值，其中[X,map]指的是索引图像，P 是用来存放像素颜色值的数组。

❑ P=impixel(RGB)：该函数是显示真彩色图像指定像素的颜色值，其中 RGB 指的是真彩色图像，P 是用来存放像素颜色值的数组。

在图像显示出来后，单击图像选择像素，按下【Backspace】键或者【Delete】键可以移除之前选择的像素点，双击或者右击，表示你选择的是最后一个像素点结束选择，或者按下回车，最后将在命令窗口显示所选择的像素点的颜色值或者灰度值。如果显示的是彩色图像，则 P 将会是一个 $M \times 3$ 的数组。

（2）将像素坐标作为函数输入参数，具体调用格式如下：

❑ P=impixel(I,C,R)：该函数是输出灰度图像中指定的像素灰度值，其中 I 表示灰度图像，R 和 C 是长度相同的向量，向量中的元素对应图像中像素的坐标值，R 对应横坐标，C 对应纵坐标，即 R 和 C 是用来指定图像中特定坐标的像素。P 中存放的是指定像素点的灰度值。那么数组 P 第 k 行的灰度值将是像素（R[k],C[k]）所对应的灰度值。此时 P 是一维向量。

❑ P=impixel(X,map,C,R)：该函数是输出索引图像中指定像素的颜色值，其中[X,map]表示索引图像，R 和 C 意义同上，P 中存放的是指定像素点的颜色值。那么数组 P

第 k 行的颜色值将是像素（R[k],C[k]）所对应的颜色值。此时 P 是二维数组，每行有 3 个元素，分别表示红色、绿色和蓝色颜色值。

❑ P=impixel(RGB,C,R)：该函数是输出 RGB 图像中指定的像素的颜色值，其中 RGB 表示真彩色图像，R 和 C 意义同上，P 中存放的是指定像素点的颜色值。

另外，函数 impixel()输出参数可以是多个，例如[C,R,P]=impixel(…)该语句的输出包含 3 个参数，R 和 C 对应指定像素的坐标值，P 的意义同上。

【例 3-20】　利用函数 impixel()显示图像指定像素信息，其具体实现的 MATLAB 代码如下：

```
close all;clear all;clc;           %关闭当前所有图形窗口，清除工作空间所有变量，清空命令行
RGB =imread('peppers.png');        %读取图像信息
c = [12 146 410];                  %新建一个向量 c，存放像素纵坐标
r =[104 156 129];                  %新建一个向量 r，存放像素横坐标
pixels1=impixel(RGB);              %交互式用鼠标选择像素
pixels2= impixel(RGB,c,r);         %将像素坐标作为输入参数，显示特定像素的颜色值
```

程序执行，运行结果如下：

```
pixels1 =
    73     40     72
   254    241    221
   151     38     44
   255    191      0
    82     45     81
   225     62     49
pixels2 =
    62     34     63
   166     54     60
    59     28    477
```

程序开始将 RGB 图像读取出来，建立了两个向量 R 和 C，分别指定（104，12）、（156，146）和（129，410）这 3 个像素点，然后利用交互式由鼠标在原图像上点击来指定对应的像素点，选择的像素点的位置如图 3.37 所示。可以看到总共选择了 5 个像素点，对应的颜色值如 pixels1 所示。pixels1 为一个 5×3 的数组，每一行代表一个像素点的颜色值，分别是红绿蓝三色值。最后将以向量 R 和 C 为对应坐标的像素点的颜色值在命令窗口中显示出来，结果如 pixels2 所示。

图 3.37　鼠标在原图像上选取 5 个像素点

2. 函数impixelinfo():

函数 impixelinfo 的功能是在当前显示的图像中创建一个像素信息工具。这个像素信息工具显示的是鼠标光标所在图像的像素点的信息，并且可以显示该图像窗口中的所有图像中的像素的信息。该像素信息显示工具默认在图像窗口的左下角，其内容包括两个部分，一是一个字符串 Pixel Info，二是在字符串后的像素信息。根据所显示的图像类型不同，显示像素信息的形式也不相同，具体如表 3.8 所示。如果光标处在图像区域之外，那么像素信息工具将显示默认的字符串。

表 3.8　像素信息工具根据不同图像类型的不同显示形式

图 像 类 型	对应形式的字符串	举　　例
灰度图象	(X,Y)Intensity	(13,30) 82
索引图像	(X,Y) <index> [R G B]	(2,6) <4> [0.29 0.05 0.32]
二值图像	(X,Y) BW	(12,1) 0
RGB 图像	(X,Y) [R G B]	(19,10) [15 255 10]

函数 impixelinfo()具体调用格式如下。

❑ impixelinfo：该函数是在默认情况下，创建一个图像像素信息显示工具。如果在创建该工具时，想去掉字符串 Pixel Info，则直接用函数 impixelinfoval()。

❑ impixelinfo(H)：该函数是在由句柄 H 指定的图像窗口中创建一个图像像素信息显示工具。其中句柄 H 可以是一个图像，一个轴，一个 uipanel 或者一个图形对象，它们中至少包含一幅图像对象。

❑ H=impixelinfo(…)：该函数表示创建一个像素信息工具同时返回一个工具对象句柄 H。

【例 3-21】利用函数 impixelinfo()创建图像像素信息显示工具，其具体实现的 MATLAB 代码如下。

```
close all;clear all;clc;     %关闭当前所有图形窗口，清除工作空间所有变量，清空命令行
h = imshow('hestain.png');          %显示图像
hp = impixelinfo;                   %创建图像像素信息显示工具
set(hp,'Position',[150 290 300 20]);  %设置像素信息工具显示的位置
figure,imshow('trees.tif');         %显示图像
impixelinfo                         %创建图像像素信息显示工具
```

程序执行，运行结果如图 3.38 所示。程序中先显示了一幅 RGB 图像，创建一个像素信息工具并返回一个句柄 hp，然后将像素信息工具设置在图像正上方，最后新建一个图像窗口，显示一幅索引图像，并创建像素信息工具。从图 3.38（a）中可以看到，Pixel Info 之后所显示的某个像素点的信息，该像素坐标为(124,114)，颜色值为[226 191 255]；从图 3.38（b）中可以看到，像素信息工具默认在图像窗口的左下方，Pixel Info 之后所显示的像素信息坐标为(201,105)，对应颜色映射表 map 中的序号为<10>，颜色值为[0.19 0.22 0.22]。

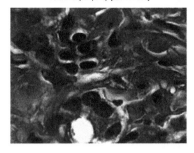

（a）像素信息工具设置在图像上方　　　　　　　（b）像素信息工具默认设置在图像左下角

图 3.38 【例 3-21】运行结果

3.5　视频文件的读写

MATLAB 除了支持各种图像文件的读写等操作，还支持视频文件的相应处理。实际上，视频文件本质上是由多帧具有一定大小、顺序、格式的图像组成的，只是一般的图像是静止的，而视频是可以将多帧静止的图像进行连续显示，从而达到动态效果。

在 MATLAB 中专门针对视频文件而集成了一些函数，以方便用户进行使用。例如，视频读取函数 aviread()、视频信息读取函数 aviinfo() 和视频的播放函数 movie() 等，本节将具体介绍 MATLAB 视频文件的处理。

3.5.1　视频文件的读取

在 MATLAB 中，读取视频文件有几种方法，所支持的函数也非常多。在 MATLAB 早期版本中，主要是利用函数 aviinfo() 和函数 aviread() 来读取视频文件信息及视频流。在比较新的版本中，主要是利用函数 mmfileinfo()、函数 mmreader() 和函数 read() 对视频文件进行读取。下面具体介绍各自的调用格式。

1．AVI格式视频的读取

在 MATLAB 早期版本中，利用函数 aviinfo() 和函数 aviread() 来进行读取视频文件，所能支持的视频文件格式只有一种——AVI 格式。而且这里所说的 AVI 格式也只是一个统称，并不是所有的 AVI 格式的视频都可以用这两个函数进行读取，对于一些采用了压缩方式生成的 AVI 格式视频就无法读取。具体介绍这两个函数的调用格式。

- ❏ Info=aviinfo('filename.avi') 或　aviinfo('filename','avi')：该函数是读取视频文件 filename 的信息，其中视频文件必须是 AVI 格式，应存放在当前目录下或在 MATLAB 目录下。Info 是一个结构数组，其中存放的是该视频的信息字段及取值。一般视频文件信息所包含的字段有 14 个，如表 3.9 所示。

表 3.9　视频文件所包含的信息

字段名（视频文件）	表 示 含 义
Filename	一个字符串，其中包含的文件名
FileSize	一个整数，指示该文件的大小（以字节为单位）
FileModDate	一个字符串，其中包含的文件的修改日期
NumFrames	一个整数，指示这部电影中的帧的总数目
FramesPerSecond	一个整数，指示在播放过程中所需的帧每秒
Width	一个整数，指示 AVI 电影的宽度，单位像素
Height	一个整数，指示 AVI 电影的高度，单位像素
Imagetype	一个字符串，显示的图像类型，truecolor 指真彩色（RGB）图像，index 指索引图像
VideoCompression	一个字符串，其中包含用于压缩 AVI 文件的压缩方式。压缩方式 Microsoft Video 1, Run-Length Encoding, Cinepak, or Intel Indeo，返回 4 个字符的代码
Quality	0 和 100 之间的一个数字，表示视频在 AVI 文件的质量。更高质量的数字表明较高的视频质量，较低质量的数字表示较低的视频质量。这值并不总是 AVI 文件，因此可能是不准确的
NumColormapEntries	在 colormap 中的颜色，对于真彩色图像，这个值是 0
字段名（视频文件中包含音频流）	表示含义
AudioFormat	一个字符串，其中包含的格式名称，使用存储的音频数据
AudioRate	一个整数，指示音频流的采样率，单位赫兹
NumAudioChannels	一个整数，指示音频流的音频信道的数目

❑ mov = aviread(filename)：该函数是读取视频文件 filename，该视频文件必须是 AVI 格式的，返回值 mov 包含 CData 和 Colormap 两部分。这两个部分根据所读取视频每帧图像的类型不同，内容也不相同，如表 3.10 所示。

❑ mov = aviread(filename, index)：该函数是读取视频文件中指定索引值的图像帧，其中 index 指定索引号，filename 指视频文件，mov 存储返回的图像帧。参数 index 可以是单一索引，也可以是一个数组索引。AVI 文件中，在第一帧具有索引值为 1，在第二帧具有索引值 2，依次类推。根据 index 取值不同，该格式有多种变化形式：mov = aviread(filename, 1)，读取第一帧图像，mov = aviread(filename, [m,n])，表示读取第 m 帧到第 n 帧的图像，其中，m、n 取值在 [1,size(mov,2)] 范围内。

注：函数 aviread() 支持图像帧为 8 位的索引和灰度图像、16 位灰度图像或 24 位真彩色图像。然而，视频播放函数 movie() 只接受 8 位图像的帧，它不接受 16 位灰度的图像帧。

表 3.10　aviread() 返回值

图片类型	CData 域	Colormap 域
RGB 图像	高度×宽度×3 的 UINT8 值的数组	空的
索引图像	高度×宽度的 UINT8 值的数组	M×3 的 double 型的阵列

2. 多媒体文件的读取

在 MATLAB 中，利用函数 aviread() 读取视频文件，会受到文件格式的限制很大，为了消除这种限制，在较新的 MATLAB 版本中，将函数 aviread() 基本上用函数 mmreader()

来代替了。新的视频读取函数不仅能支持多种视频格式的文件,而且还能克服函数 aviread()
读取较大视频时内存出错及读取速度慢的缺陷。同时, 函数 mmreader()还可以与其他函数
一起使用实现更多的功能。此外,读取视频信息,也有新的函数 mmfileinfo(),它可以读取
各种多媒体文件的信息。下面具体介绍各函数的使用方法。

- ❑ info=mmfileinfo('filename'):该函数返回一个结构的字段包含 filename 的音频和/
  或视频数据的信息。filename 是一个字符串,指定多媒体文件的名称。Info 中包含
  字段具体如表 3.11 和表 3.12 所示。

表 3.11　函数mmfileinfo()返回值的结构字段及具体含义

字 段 名	表 示 含 义
Filename	一个字符串,表示文件的文件名
Path	一个字符串,表示该文件的绝对路径
Duration	以秒为单位的文件长度
Audio	该文件包含的有关音频组件的结构字段
Video	该文件包含的有关视频分量的结构字段

表 3.12　函数mmfileinfo()返回值中的Audio字段和Video字段具体内容

Audio 结构字段		Video 结构字段	
字段名	表 示 含 义	字段名	表 示 含 义
Format	一个字符串,表示音频格式	Format	一个字符串,表示视频格式
NumberOfChannels	音频信道的数目	Height	视频帧的高度
		Width	视频帧的宽度

利用函数 mmfileinfo()读取视频文件信息, 在 MATLAB 命令窗口中输入如下指令:

```
>> info = mmfileinfo('xylophone.mpg')          %读取视频文件信息
```

返回结果如下所示。

```
info =                                          %mmfileinfo()的返回值
    Filename : 'xylophone.mpg'                  %读取的多媒体文件名
        Path : 'E:\MATLAB R2010a\toolbox\MATLAB\audiovideo'
                                                %多媒体文件所在完整目录
    Duration : 4.7020                           %多媒体文件长度
       Audio : [1x1 struct]                     %有关音频的结构体数组
       Video : [1x1 struct]                     %有关视频的结构体数组
```

为进一步了解结构体数组 Audio 和 Video 中的具体内容,可以在命令窗口中输入如下
指令:

```
>>audio = info.Audio                           %将刚读取的视频文件中的音频信息读取出来
>>video = info.Video                           %将刚读取的视频文件中的视频信息读取出来
```

返回结果如下:

```
audio =                                         %结构变量 info 中成员 Audio 的内容
        Format    : 'MPEG'                      %音频格式为 MPEG
NumberOfChannels  : 2                           %音频有两个频道
video =                                         %结构变量 info 中成员 Video 的内容
        Format    : 'MPEG1'                     %视频格式为 MPEG1
```

| Height | : 240 | %视频的高度是 240 个像素 |
| Width | : 320 | %视频的宽度是 320 个像素 |

在 MATLAB 中，使用 mmreader()读取多媒体文件时，根据所在的系统平台不同，所支持的多媒体文件格式也不同，具体如表 3.13 所示。

表 3.13　mmreader()在各平台中所支持多媒体文件格式

系统平台	所支持的文件格式
所有平台	Motion JPEG 2000 (.mj2)
Windows	AVI (.avi)
	MPEG-1 (.mpg)
	Windows Media Video (.wmv, .asf, .asx)
	任何由 Microsoft DirectShow 所支持的文件格式
Macintosh	AVI (.avi)
	MPEG-1 (.mpg)
	MPEG-4 (.mp4, .m4v)
	Apple QuickTime Movie (.mov)
	在网站 http://www.apple.com/quicktime/player/specs.html 上由 QuickTime as listed 所支持的所有格式
Linux	AVI (.avi)
	Ogg Theora (.ogg)
	由安装的 plug-ins for GStreamer 0.10 及以上版本所支持的，在网站 http://gstreamer.freedesktop.org/documentation/plugins.html 所列举的所有格式

在国内一般使用 Windows 平台的用户占大多数，在 Windows 平台所支持的视频和音频格式包括.mj2.avi 格式、.mpg 格式、.wmv 格式、.asf 格式和.asx 格式等。下面具体讲述函数 mmreader()的调用格式。

❑ obj=mmreader('filename')：该函数生成一个多媒体读取对象句柄 obj，可以用来读取多媒体文件中的视频数据。其中，'filename'是一个字符串，指定多媒体文件名；obj 是指向该多媒体文件的句柄，默认情况下，MATLAB 会在当前目录下寻找文件名为 filename 的多媒体文件。如果句柄 obj 无法生成，那么 MATLAB 将会报错。

❑ obj=mmreader('filename', 'PropertyName',PropertyValue)：该函数是生成多媒体文件句柄，并给指定的属性 PropertyName 赋值为 PropertyValue。如果属性名和属性值是无效的，那么 MATLAB 会报错，并且不会生成句柄 obj。合法的属性值可以参考函数 Set()，该函数中支持的属性值格式都是有效的。句柄 obj 实际是一个结构体数组，其结构体成员如表 3.14 所示。

表 3.14　mmreader返回结构体成员名及其含义

结构体成员名	表示含义
BitsPerPixel	视频数据中单位像素所占位数（只读）
Duration	多媒体文件总时间长度，单位为秒（只读）
FrameRate	视频的帧速率，单位为帧/秒（只读）
Height	视频帧的高度，单位为像素（只读）
Name	与对象相关的文件名（只读）
NumberOfFrames	视频流中的帧总数（只读）
Path	一个字符串，是有关文件的完整路径（只读）

结构体成员名	表 示 含 义
Tag	标签，用户定义的字符串来标识对象，默认为''
Type	mmreader 对象的类型（只读）
UserData	用户自定义的通用数据区域，默认为[]
VideoFormat	视频格式（只读）
Width	视频帧的宽度，单位为像素（只读）

在 MATLAB 中，函数 mmreader()创建一个多媒体文件对象句柄，它是一个结构体，要获取该视频流的具体信息，可以调用函数 get()，具体格式如下。

❑ get(obj)：该函数将句柄 obj 所指定的多媒体文件中的所有属性信息都显示出来。

❑ Val=get(obj,'Property')：该函数将句柄 obj 所指的多媒体对象中的视频流中，Property 指定的属性值读取出来，存在 Val 中。

利用函数 get()显示视频流的属性信息，在 MATLAB 命令窗口输入如下指令：

```
>> xyloObj = mmreader('xylophone.mpg', 'Tag', 'My reader object');
>>get(xyloObj)
```

返回结果如下所示。

```
General Settings:                    %通用属性设置
    Duration = 4.7020
    Name = xylophone.mpg
    Path = E:\MATLAB R2010a\toolbox\MATLAB\audiovideo
    Tag = My reader object
    Type = mmreader
    UserData = []
Video Settings:                      %视频属性设置
    BitsPerPixel = 24
    FrameRate = 29.9700
    Height = 240
    NumberOfFrames = 141
    VideoFormat = RGB24
Width = 320
```

从上面的结果中可以看到：函数 get()的功能是将视频流的属性名及取值都一一显示出来。但是从这些属性中，会发现没有视频流的数据 CData 及颜色映射表 Colormap。要想得到这两部分数据，就要用到函数 read()，其调用格式如下。

❑ VidFrame=read(obj)：该函数是将句柄 obj 所指的多媒体对象中的视频帧读取出来，存放在数组 VidFrame 中。

【例 3-22】利用函数 mmreader()和函数 read()读取视频流，其具体实现的 MATLAB 代码如下：

```
close all;clear all;clc; %关闭当前所有图形窗口，清除工作空间所有变量，清空命令行
obj =mmreader('xylophone.mpg','tag','myreader1');
                                %创建多媒体文件对象句柄，并设置标签
Frames = read(obj);                 %读取视频流，将每一帧图像存在数组 Frames 中
numFrames = get(obj, 'numberOfFrames');         %获取视频流中总帧数
for k = 1 : numFrames
mov(k).cdata = Frames(:,:,:,k);
            %将每一图像帧中的数据矩阵读取出来存在 mov(k).cdata 中
mov(k).colormap = [];                           %将颜色表赋值为空
```

```
end
hf = figure;                                     %创建一个图像窗口
set(hf, 'position', [150 150 obj.Width obj.Height]);
                                    %根据视频帧的宽度和高度,重新设置图像窗口大小
movie(hf, mov, 1, obj.FrameRate);   %按照视频流原来的帧速率播放该视频
```

　　程序执行后,得到如图 3.39 所示的视频播放窗口。程序先利用函数 mmreader()将多媒体文件 xylophone.mpg 读取到工作空间,并创建句柄 obj,然后利用函数 read()读取视频帧到数组 Frames 中,利用函数 get()获得该视频流的帧数存放在 numFrames 中,再用一个循环语句 for 将每一帧图像数组赋给 mov(k).cdata 中,最后创建一个图像显示窗口 figure,利用函数 set()设置窗口的位置、高度和宽度,用函数 movie()将视频帧按照原视频的帧速率进行播放,播放次数为一次。

图 3.39　【例 3-22】运行结果

3.5.2　视频文件的播放

　　对于视频文件的播放,在 MATLAB 中直接调用函数 movie()即可,其调用格式如下。
- ❑ movie(M):该函数是播放视频流 M 一次,其中 M 是一个结构体,它包含两个属性 CData 和 Colormap。
- ❑ movie(M,N):该函数是播放 N 次视频流 M,其中 M 同上,N 是一个整数。
- ❑ movie(M,N,FPS):该函数是播放 N 次视频流 M,播放时的帧速率为 FPS,默认情况下,帧速率为 12 帧/秒。
- ❑ movie(H,...):该函数是播放句柄 H 指定的多媒体文件。
- ❑ movie(H,M,N,FPS,LOC):该函数是设置视频播放时的位置,是相对于句柄对象 H 左下角而言,播放 N 次视频流 M,视频播放速率为 FPS,LOC = [X Y unused unused],4 个参数都表示定位,但只有 X、Y 使用,剩余两个不用,但在格式上必须有 4 个参数存在。

　　另外,在 MATLAB 中,可以利用 immovie()函数,从多帧图像序列中创建 MATLAB 电影动画,播放动画用函数 implay(),其调用格式分别如下所示。
- ❑ mov=immovie(X,map):该函数是将多帧图像序列 X 生成电影动画,并且该格式只针对索引图像。X 为一个 $M \times N \times 1 \times K$ 的 4 为数组,K 代表图像序列中所包含的

帧的数目。

- ❑ mov=immovie(RGB)：该调用格式是将多帧图像序列 RGB 生成电影动画，并且该格式只针对 RGB 图像。RGB 为一个 $M \times N \times 3 \times K$ 的 4 为数组，K 代表图像序列中所包含的帧的数目。
- ❑ implay(mov)：该函数是播放由 mov 指定的视频动画。该调用格式执行后，会生成一个专门的播放窗口，标题为 Movie Player [n]，n 代表第 n 个这样的窗口。该窗口比一般图像显示窗口多了一行按钮组，这些按钮分别实现以下操作：跳至第一帧、向前跳 10 帧、向前跳一帧、暂停、播放、向后跳一帧、向后跳 10 帧、跳至最后一帧、跳至任意帧、是否采取循环播放，顺序播放或者反向播放。通过这些按钮可以非常方便地进行各种操作，而且还可以重复操作。

【例 3-23】 利用函数 implay()播放视频动画，其具体实现的 MATLAB 代码如下：

```
close all;clear all;clc;     %关闭当前所有图形窗口，清除工作空间所有变量，清空命令行
load mri;                    %载入文件 mri.mat 中的数据到工作空间
mov = immovie(D,map);       %将多帧图像序列生成视频动画
implay(mov);                 %将视频动画进行播放
```

程序执行，得到一个如图 3.40（a）的窗口：Movie Player [1] –Workspace：mov。图 3.40（b）是中间暂停后的界面，显示的是第 12 帧图像。图 3.40（c）是播放结束后界面，显示的是最后一帧图像。

 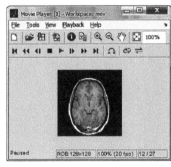 

（a）初始界面显示第一帧图像　　　（b）中间暂停界面显示第 12 帧图像　　（c）播放结束后界面显示最后一帧图像

图 3.40 【例 3-23】运行结果

3.6　本 章 小 结

本章主要介绍了 MATLAB 图像处理工具箱中的一些基础知识，如图像类型转换，图像读取、显示、保存，视频读取和播放，噪声基本类型等。通过实例的演示及结果分析，帮助用户更直接、更快地了解 MATLAB 与数字图像处理基础，掌握重要的 MATLAB 函数的使用方法和注意事项。这部分内容是属于 MATLAB 与数字图像处理结合的最基础的应用，在之后的章节中会讲到 MATLAB 与图像处理的高级应用部分。

习　题

1．在 MATLAB 中怎样读取一幅图像并显示？

2．MATLAB 中支持的图像主要类型有哪些？

3．在 MATLAB 中读入一幅 RGB 图像，并将其转换成灰度图像和索引图像。

4．在 MATLAB 中读入一幅索引图像，并将其转换成灰度图像和 RGB 图像。

5．在 MATLAB 中读入一幅灰度图像，查看图像存储的数据类型和像素范围。

6．在 MATLAB 中将索引图像转换成二值图像时，如果阈值选择不合理会出现什么问题？

7．读入一幅图像，更改其部分像素内容，并重新存储。

8．创建一个 256×256 的矩阵 A，将其转换成灰度图像 I，再将灰度图像 I 转换成索引图像 X，查看 A，I 和 X 的数据类型。

9．查看一幅图像的文件信息。

10．查看一幅图像中指定点的像素信息。

11．读取一个 AVI 视频文件，并显示其信息。

12．播放一幅多帧图像序列。

第 2 篇　基于 MATLAB 的常见图像处理技术

第4章 数字图像的运算

图像运算是数字图像处理中的重要内容之一。本章主要介绍基于图像像素的运算方法，包括点运算、代数运算、逻辑运算，图像的几何变换方法，包括平移、镜像、缩放、转置、旋转及剪切，图像的邻域操作和区域选择。

4.1 图像的像素运算

在 MATLAB 中，数字图像数据是以矩阵形式存放的，矩阵的每个元素值对应着一个像素点的像素值。本节主要介绍基于数字图像像素的一些基本运算，主要包括改变图像灰度值的点运算、图像的代数运算（加、减、乘、除等）及图像的逻辑运算（与、或、非、异或），通过举例说明这些基本的像素级运算的 MATLAB 实现方法。

4.1.1 图像点运算

点运算又称为对比度增强、对比度拉伸或灰度变换，是一种通过图像中的每一个像素值（即像素点上的灰度值）进行运算的图像处理方式。它将输入图像映射为输出图像，输出图像每个像素点的灰度值仅由对应的输入像素点的灰度值决定，运算结果不会改变图像内像素点之间的空间关系，其运算的数学关系式如下：

$$B(x,y) = f[A(x,y)]$$

其中，$A(x,y)$ 表示原图像，$B(x,y)$ 表示经过点运算处理后的图像，f 表示点运算的关系函数。按照灰度变换的数学关系，点运算可以分为线性灰度变换、分段线性灰度变换和非线性灰度变换 3 种。

1. 线性灰度变换

假定原图像 $A(x,y)$ 的灰度变换范围为 $[a,b]$，处理后的图像 $B(x,y)$ 的灰度扩展为 $[c,d]$，线性灰度变换运算的数学表达式为：

$$B(x,y)\frac{d-c}{b-a}[(x,y)-a]+a$$

在 MATLAB 图像处理工具箱中提供了一个灰度线性变换函数 imadjust()，其具体的调用格式详见第 5 章。

【例 4-1】 通过函数 imadjust()对图像进行线性灰度变换，其具体实现的 MATLAB 代码如下：

```
close all; clear all; clc;                            %关闭所有图形窗口,清除工作空间
```

```
所有变量，清空命令行
gamma=0.5;                              %设定调整线性度取值
I=imread('peppers.png');                %读入要处理的图像，并赋值给 I
R=I;                                    %将图像数据赋值给 R
R (:,:,2)=0;                            %将原图像变成单色图像，保留红色
R(:,:,3)=0;
R1=imadjust(R,[0.5 0.8],[0 1],gamma);
                                        %利用函数 imadjust()调整 R 的灰度，结果返回 R1
G=I;                                    %将图像数据赋值给 G
G(:,:,1)=0;                             %将原图像变成单色图像，保留绿色
G(:,:,3)=0;
G1=imadjust(G,[0 0.3],[0 1],gamma);     %利用函数 imadjust()调整 G 的灰度，结果返回
G1
B=I;                                    %将图像数据赋值给 B
B(:,:,1)=0;                             %将原图像变成单色图像，保留蓝色
B(:,:,2)=0;
B1=imadjust(B,[0 0.3],[0 1],gamma);
                                        %利用函数 imadjust()调整 B 的灰度，结果返回 B1
I1=R1+G1+B1;                            %求变换后的 RGB 图像
figure,
subplot(121),imshow(R);                 %绘制 R、R1、G、G1、B、B1 图像，观察线性灰度变换
subplot(122),imshow(R1);
figure,
subplot(121),imshow(G);
subplot(122),imshow(G1);
figure,
subplot(121),imshow(B);
subplot(122),imshow(B1);
figure,
subplot(121),imshow(I);
subplot(122),imshow(I1);
```

程序执行，运行结果如图 4.1 所示。程序中对同一图像 onion.png 分别获得 R 图像、G 图像和 B 图像，通过函数 imadjust()中的参数 gamma 对图像进行线性灰度变换，比较图像 RGB 的 3 个通道变化效果。

（a）原 R 图像

（b）变换后 R 图像

（c）原 G 图像

（d）变换后 G 图像

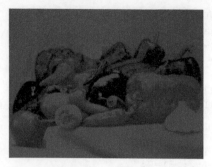

（e）原 B 图像 　　　　　　　　　　　　（f）变换后 B 图像

（g）原 B 图像 　　　　　　　　　　　　（h）变换后 B 图像

图 4.1 【例 4.1】运行结果

2. 分段线性灰度变换

为了突出图像中感兴趣的目标或者灰度区间，可采用分段线性法，将需要的图像细节
灰度拉伸、对比度增强。3 段线性变换法运算的数学表达式如下：

$$g(x,y) = \begin{cases} (c/a)f(x,y) & 0 < f(x,y) < a \\ [(d-c)/(b-a)]f(x,y)+c & a \leqslant f(x,y) \leqslant b \\ [(G_{max}-d)/(F_{max}-b)][f(x,y)-b+d] & b < f(x,y) \leqslant F_{max} \end{cases}$$

【例 4-2】 对图像进行分段式灰度变换，其具体实现的 MATLAB 代码如下：

```
close all; clear all; clc;      %关闭所有图形窗口，清除工作空间所有变量，清空命令行
R=imread('peppers.png');        %读入原图像，赋值给 R
J=rgb2gray(R);                  %将彩色图像数据 R 转换为灰度图像数据 J
[M,N]=size(J);                  %获得灰度图像数据 J 的行列数 M, N
x=1;y=1;                        %定义行索引变量 x、列索引变量 y
for x=1:M
    for y=1:N
        if (J(x,y)<=35);        %对灰度图像 J 进行分段处理，处理后的结果返回给矩阵 H
            H(x,y)=J(x,y)*10;
        elseif(J(x,y)>35&J(x,y)<=75);
            H(x,y)=(10/7)*[J(x,y)-5]+50;
        else(J(x,y)>75);
            H(x,y)=(105/180)*[J(x,y)-75]+150;
        end
    end
end
figure,                        %显示处理前后的图像
```

```
subplot(121),imshow(J)
subplot(122),imshow(H)
```

程序执行，运行结果如图 4.2 所示。程序中读入原始彩色图像 R，经过函数 rgb2gray() 转换成灰度图像 J，然后通过行列索引变量 x 和 y，分别读取原灰度图像中每个像素点的灰度值 $J(x, y)$，根据灰度值的大小进行分别处理：灰度值小于 35 则对原图像灰度值扩大 10 倍；灰度值大于 35 小于 75 则 $H(x, y) = (10/7) \cdot [J(x, y) - 5] + 50$；灰度值大于 75 则 $H(x, y) = (105/180) \cdot [J(x, y) - 75] + 150$，从而实现 3 段线性灰度变换处理。

（a）转换前的灰度图像　　　　　　　　　　　　（b）分段灰度变换后的灰度图像

图 4.2　【例 4.2】运行结果

3．非线性灰度变换

当输出图像的像素点灰度值和输入图像的像素点灰度值不满足线性关系时，这种灰度变换都称为非线性灰度变换，本书中仅介绍一种基于对数变换的非线性灰度变换，其运算的数学表达式如下：

$$g(x, y) = a + \frac{\ln[f(x, y) + 1]}{b \ln c}$$

其中 a、b、c 是为了调整曲线的位置和形状而引入的参数。图像通过对数变换可扩展低值灰度，压缩高值灰度。

【例 4-3】　对图像进行分段式灰度变换，其具体实现的 MATLAB 代码如下：

```
close all; clear all; clc;     %关闭所有图形窗口，清除工作空间所有变量，清空命令行
R=imread('peppers.png');       %读入图像，赋值给 R
G=rgb2gray(R);                 %转成灰度图像
J=double(G);                   %数据类型转换成双精度
H=(log(J+1))/10;              %进行基于常用对数的非线性灰度变换
figure,                        %显示图像
subplot(121),imshow(G);
subplot(122),imshow(H);
```

程序执行，运行结果如图 4.3 所示。程序中，首先通过函数 imread() 读入原始图像数据，并通过函数 rgb2gray() 转换成灰度图像，利用函数 double() 规定图像数据类型，然后进行基于常用对数的非线性变换，最后比较变换前后的图像。

（a）转换前的灰度图像　　　　　　　　　　　（b）非线性灰度变换的图像

图 4.3　【例 4-3】运行结果

注：【例 4-1】～【例 4-3】分别给出了三种不同类型的点运算，它们相同之处在于都能够改变图像的显示灰度，不同之处在于采用的数学方法不同。用户在需要进行图形灰度变换时，根据实际情况选择不同的运算形式，当然还有其他类型的数学运算。用户可参照实例设计自己的灰度变换。

4.1.2　图像代数运算

图像的代数运算是指将两幅或多幅图像通过对应像素之间的加、减、乘、除运算得到输出图像的方法，它们运算的数学表达式如下：

$$C(x,y) = A(x,y) + B(x,y)$$
$$C(x,y) = A(x,y) - B(x,y)$$
$$C(x,y) = A(x,y) * B(x,y)$$
$$C(x,y) = A(x,y) / B(x,y)$$

其中，$A(x,y)$ 和 $B(x,y)$ 表示进行代数运算的两幅图像，$C(x,y)$ 表示 $A(x,y)$ 和 $B(x,y)$ 运算后的结果。

在 MATLAB 中，可利用基本算术符（+、−、*、/ 等）执行上述 4 种图像的代数运算；同时 MATLAB 图像处理工具箱也提供了一个能够实现所有非稀疏数值数据的代数运算的函数集合。需要说明的是，在 MATLAB 中图像数据类型是 uint8，当进行代数运算时有可能产生属性溢出，所以应当在进行图像代数运算之前首先将数据类型转换成 double，从而保证结果的准确性。这里重点介绍采用 MATLAB 图像处理工具箱中提供的函数，进行代数运算的方法。

1．图像的加法运算

图像加法运算的一个应用是将一幅图像的内容叠加到另一幅图像上，生成叠加图像效果，或给图像中每个像素叠加常数改变图像的亮度。在 MATLAB 图像处理工具箱中提供的函数 imadd()可实现两幅图像的相加或者一幅图像和常量的相加，其具体的调用格式如下。

❑ Z=imadd(X,Y)：该函数中 **X** 和 **Y** 为大小相等图像矩阵，它们相加的结果返回给 Z。

【例 4-4】 使用加法操作将两幅图像叠加在一起，其具体实现的 MATLAB 代码如下：

```
close all; clear all; clc;                    %关闭所有图形窗口，清除工作空间
```

```
所有变量，清空命令行
I=imread('rice.png');              %读入图像 rice，赋值给 I
J=imread('cameraman.tif');         %读入图像 cameraman，赋值给 J
K=imadd(I,J);                      %进行两幅图像的加法运算
figure,                           %显示 rice, cameraman 及相加以后的图像
subplot(131),imshow(I) ;
subplot(132),imshow(J);
subplot(133),imshow(K);
```

程序执行，运行结果如图 4.4 所示。程序中首先关闭当前所有 figure 文件，清除工作空间的所有变量，清除当前命令窗口下的所有命令；然后读入 rice 和 cameraman 图像结果返回给 I 和 J，通过函数 imadd()给 I 和 J 两幅图像叠加，将加法操作的结果分别返回 K；继而利用叠加绘图函数 subplot()在一个图形窗口下进行 rice、cameraman 和叠加图像。

（a）待叠加图像 rice　　　　　（b）待叠加图像 cameraman　　　　　（c）叠加后的图像

图 4.4 【例 4-4】运行结果

【例 4-5】 给图像中每个像素加一个常数改变图像亮度，其具体实现的 MATLAB 代码如下：

```
close all; clear all; clc;         %关闭所有图形窗口，清除工作空间所有变量，清空命令
行 I=imread('flower.tif');          %读入 flower 图像
J=imadd(I,30);                     %每个像素值增加 30
figure,
subplot(121),imshow(I);            %显示原图像和加常数后的图像
subplot(122),imshow(J);
```

程序执行，运行结果如图 4.5 所示。程序中，首先读入原 flower 图像结果返回给 I，通过函数 imadd()给原 flower 图像中每个像素增加常数 30，将加法操作的结果分别返回 J；然后在两个图形窗口下显示原图像和两种加法操作后的图像。

（a）原图像 flower　　　　　　　　　　　　（b）加常数后的图像

图 4.5 【例 4-5】运行结果

图像加法运算的另一重要应用是通过同一幅图像叠加取平均，消除原图像中的附加噪声，其基本的原理：对于原图像 $f(x,y)$，有一个噪声图像集 $\{g_i(x,y)\}, i=1,2,...M$，其中

$$\underbrace{g_i(x,y)}_{\text{混入噪声的图像}} = \underbrace{f(x,y)}_{\text{原始图像}} + \underbrace{e_i(x,y)}_{\text{随机噪声}}$$

M 个图像的均值为：

$$\overline{g}(x,y) = \frac{1}{M}\sum_{i=1}^{M}\left[f_i(x,y)+e_i(x,y)\right]$$

$$= f(x,y) + \frac{1}{M}\sum_{i=1}^{M}e_i(x,y)$$

当噪声 $e_i(x,y)$ 为互不相关，且均值为 0 时，上述图像均值将降低图像的噪声。

在 MATLAB 图像处理工具箱中提供了函数 imnoise()实现在图像中加入噪声，其具体的调用格式如下。

❑ J=imnoise(I,type,parameters)：该函数是对图像 I 添加典型噪声后生成的有噪图像，结果返回给 J。其中 I 为原始图像；type 为添加的噪声类型，取值可以是高斯噪声 gaussian、零均值的高斯噪声 localvar、泊松噪声 poisson、椒盐噪声 salt & pepper 和乘性噪声 speckle；Parameters 指不同类型的噪声的参数。

【例 4-6】使用加法运算消除一幅图像的附加噪声，其具体实现的 MATLAB 代码如下：

```
close all; clear all; clc;              %关闭所有图形窗口，清除工作空间所有变量，
清空命令行 RGB=imread('eight.tif');     %读入 eight 图像，赋值给 RGB
A=imnoise(RGB,'gaussian',0,0.05);       %加入高斯白噪声
I=A;                                    %将 A 赋值给 I
M=3;                                    %设置叠加次数 M
I=im2double(I);                         %将 I 数据类型转换成双精度
RGB=im2double(RGB);
for i=1:M
   I=imadd(I,RGB);                      %对原图像与带噪声图像进行多次叠加，结果返回给 I
end
avg_A=I/(M+1);                          %求叠加的平均图像
figure,
subplot(121); imshow(A);                %显示加入椒盐噪声后的图像
subplot(122); imshow(avg_A);            %显示加入乘性噪声后的图像
```

程序执行，运行结果如图 4.6 所示。程序中，读入原始图像 eight，然后利用函数 imnoise() 添加均值为 0、方差 0.05 的高斯噪声，给叠加输出的矩阵 I 赋予初值 A；然后通过 for 循环语句完成原图像与噪声图像的叠加；最后求平均，显示叠加平均结果。需要说明的是，本例中 M=3，意味着叠加 4 次。

对【例 4-6】中叠加参数 M 分别取 7、15，叠加平均后的图像如图 4.7 所示。将上述消除噪音的过程写成 MATLAB 的函数 Denoise.m，其具体实现的 MATLAB 代码如下：

```
function [BW,runningt]=Denoise(RGB,M)
%RGB 原图像，M 表示叠加噪声的次数；BW 为消除噪声的图像，runningt 为函数运行时间
A=imnoise(RGB,'gaussian',0,0.05);       %加入高斯白噪声
I=A;                                    %将 A 赋值给 I
I=im2double(I);                         %将 I 数据类型转换成双精度
RGB=im2double(RGB);
tstart=tic; %开始计时
for i=1:M
```

```
    I=imadd(I,RGB);          %对原图像与带噪声图像进行多次叠加，结果返回给 I
end
avg_A=I/(M+1);               %求叠加的平均图像
runningt=toc(tstart);        %计时结束
BW=avg_A;
```

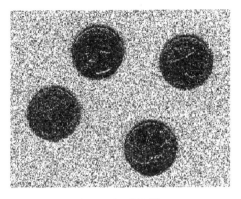

（a）加入噪声后的图像

（b）叠加平均后的图像

图 4.6　【例 4-6】运行结果

【例 4-7】　调用函数 Denoise()观察叠加次数对消除噪声及程序执行时间的影响，其具体的 MATLAB 代码如下所示。

```
close all; clear all; clc;
    %关闭所有图形窗口，清除工作空间所有变量，清空命令行 RGB=imread('eight.tif');
                              %读入 eight 图像，赋值给 RGB
M1=3;
[BW1,runningt1]=Denoise(RGB,M1);      % M=3 叠加
M2=9;
[BW2,runningt2]=Denoise(RGB,M2);      % M=9 叠加
figure,
subplot(121); imshow(BW1);            %显示处理结果
subplot(122); imshow(BW2);
disp('叠加 4 次运行时间')
runningt1
disp('叠加 10 次运行时间')
runningt2
```

程序执行，运行结果如图 4.8 所示。在 MATLAB 命令行返回的结果：

```
叠加 4 次运行时间
runningt1 =
            0.0069
叠加 10 次运行时间
runningt2 =
            0.0033
```

程序中，读入待处理图像，然后两次调用叠加去噪函数 Denoise.m。

2．图像的减法运算

图像减法也称为差分方法，是一种常用于检测图像变化及运动物体的图像处理方法。

常用来检测一系列相同场景图像的差异，其主要的应用在于检测同一场景下两幅图像之间的变化或是混合图像的分离。

（a）叠加 4 次消除噪声的图像

（b）叠加 10 次消除噪声的图像

图 4.7 【例 4-7】运行结果

在 MATLAB 图像处理工具箱中提供了函数 imsubtract()，可以将一幅图像从另一幅图像中减去，或者从一幅图像中减去一个常数，实现将一幅输入图像的像素值从另一幅输入图像相应的像素值中减去，再将这个结果作为输出图像相应的像素值，其具体的调用格式如下。

❏ Z=imsubtract(X,Y)：该函数中 X 和 Y 表示进行图像减法运算的两幅图像，Z 表示 X-Y 后的操作结果。

【例 4-8】利用图像减法运算实现 DSA 减影，其实现的 MATLAB 代码如下：

```
close all; clear all; clc;
%关闭所有图形窗口，清除工作空间所有变量，清空命令行 A=imread('cameraman.tif');
                              %读取图像 A 和 B
B=imread('testpat1.png');
C=imsubtract(A,B);            %进行图像减法
figure,                      %差异图像
subplot(121),imshow(C);
subplot(122),imshow(255-C);
```

程序执行，运行结果如图 4.8 所示。程序中读入两个不同图像 cameraman 和 testpat1，然后利用函数 imsubtract()进行图像减法，获取两幅图像差异，为了突出差异，对差异图像取反，最后显示原图像及差异图像。

（a）差异图像

（b）反色的差异图像

图 4.8 【例 4-8】运行结果

【例 4-9】　利用图像减法运算实现混合图像分离，其实现的 MATLAB 代码如下：

```
close all; clear all; clc;    %关闭所有图形窗口，清除工作空间所有变量，清空命令行
A=imread('tire.tif');          %读取图像 tire，并赋值给 A
[m,n]=size(A);                 %获取图像矩阵 A 的行列数 m，n
B=imread('eight.tif');         %读取图像 eight 的值，并赋值给 B
C=B;                           %初始化矩阵 C
A=im2double(A);                %定义 A\B\C 的数据类型为双精度
B=im2double(B);
C=im2double(C);
for i=1:m                      %将图像 B 和 A 叠加，结果赋值给 C
    for j=1:n
    C(i,j)=B(i,j)+A(i,j);
    end
end
D=imabsdiff(C,B);              %求叠加后图像 C 和 B 的差异，赋值给 D
figure,
subplot(121),imshow(A);        %显示 tire、eight 图像，叠加图像及差异图像
subplot(122),imshow(B);
figure,
subplot(121),imshow(C);
subplot(122),imshow(D);
```

程序执行，运行结果如图 4.9 所示。程序中获取两个图像 tire 和 eight，进行叠加；因两个图像大小不等，所以采用 for 循环语句进行逐点叠加，叠加的结果赋值给 C，然后利用函数 imabsdiff() 求混合图像与 eight 图像之间差异的绝对值，最后显示图像比较效果。本例中，为了避免差值产生负值，同时避免像素值运算结果之间产生差异，采用了 MATLAB 图像处理工具箱提供的函数 imabsdiff()，计算两幅图像相应像素差值的绝对值，返回结果不会产生负数，其调用形式与函数 imsubtract() 类似，用户可自行查阅 MATLAB 帮助文件。

3. 图像的乘法运算

两幅图像进行乘法运算主要实现两个功能，一是可以实现掩模操作，即屏蔽图像的某些部分；二是如果一幅图像乘以一个常数因子，如果常数因子大于 1，将增强图像的亮度，如果因子小于 1 则会使图像变暗。在 MATLAB 图像工具箱中提供了函数 immultiply() 实现两幅图像的乘法，该函数将两幅图像相应的像素值进行元素对元素的乘法操作（相当于 MATLAB 中矩阵的点乘），并将乘法的运算结果作为输出图形相应的像素值，其具体的调用格式如下。

（a）原始 tire 图像

（b）原始 eight 图像

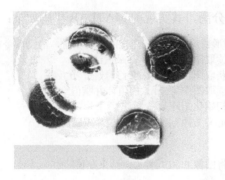

（c）混合后图像　　　　　　　　　　　　　　　（d）分离后的图像

图 4.9　【例 4-9】的运行结果

❑ Z=immulitply(X,Y)：该函数中 X 和 Y 表示进行图像乘法运算的两幅图像，Z 表示 X*Y 后的操作结果。

【例 4-10】　利用图像乘法运算实现图像局部显示，其实现的 MATLAB 代码如下：

```matlab
close all; clear all; clc; %关闭所有图形窗口，清除工作空间所有变量，清空命令行，
A=imread('ipexroundness_04.png');   %读入原始图像赋值给 A 和 B
B=imread('ipexroundness_01.png');
C=immultiply(A,B);              %计算 A 和 B 的乘法，计算结果返回给 C
A1=im2double(A);                %将 A 和 B 转换成双精度类型，存为 A1 和 B1
B1=im2double(B);
C1=immultiply(A1,B1);           %重新计算 A1 和 B1 的乘积，结果返回给 C1
figure,                         %显示原图像 A 和 B
subplot(121),imshow(A),axis on;
subplot(122),imshow(B),axis on;
figure,                         %显示 uint8 和 double 图像数据格式下，乘积 C 和 C1
subplot(121),imshow(C),axis on;
subplot(122),imshow(C1),axis on;
```

程序执行，运行结果如图 4.10 所示。程序中先读入原始图像 A 和 B，然后通过函数 immultiply()计算乘积，最后显示输出。通过乘积后的图像显示可以看到，两个图像相乘能够实现局部区域选择的作用。

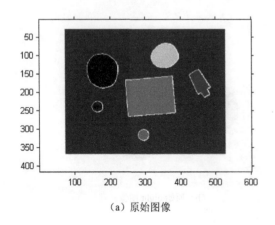

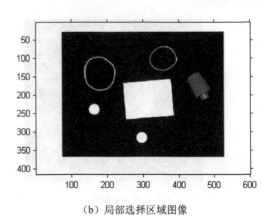

（a）原始图像　　　　　　　　　　　　　　　　　（b）局部选择区域图像

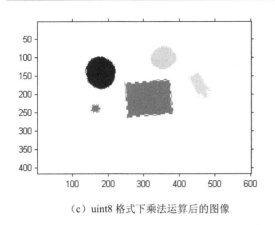
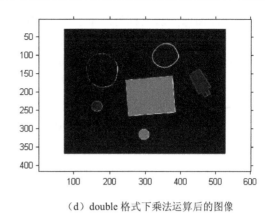

（c）uint8 格式下乘法运算后的图像　　　　　　（d）double 格式下乘法运算后的图像

图 4.10　【例 4-10】的运行结果

【例 4-11】　利用图像乘法运算实现图像亮度的控制，其具体实现的 MATLAB 代码如下：

```
close all; clear all; clc;  %关闭所有图形窗口，清除工作空间所有变量，清空命令行
A=imread('house.jpg');      %读入图像，赋值给 A
B=immultiply(A,1.5);        %分别乘以缩放因子 1.5 和 0.5，结果返回给 B 和 C
C=immultiply(A,0.5);
figure,
subplot(1,2,1),imshow(B),axis on;   %显示乘以缩放因子以后的图像
subplot(1,2,2),imshow(C),axis on;
```

　　程序执行，运行结果如图 4.11 所示。程序中读入原图像 house，赋值给 A，然后分别通过函数 immultiply()进行乘积运算，显示不同缩放因子对图像的影响。可以看到，缩放因子大于 1 起到增加亮度的作用，缩放因子小于 1 起到降低亮度的作用。由此可以知道，将一幅图像和常数相乘能够实现图像的亮度调节。

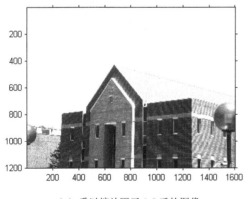
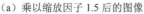
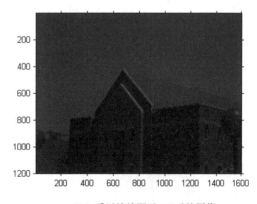

（a）乘以缩放因子 1.5 后的图像　　　　　　　　（b）乘以缩放因子 0.5 后的图像

图 4.11　【例 4-11】的运行结果

4．图像的除法运算

　　图像的除法运算给出的是两幅图像相应像素值的变化比率，而不是每个像素的绝对差

异，因而图像除法也称为比率变换，常用于校正成像设备的非线性影响。在 MATLAB 图像处理工具箱中提供了函数 imdivide()实现两幅图像的除法，该函数对两幅输入图像的所有相应像素执行元素对元素的除法操作（即 MATLAB 中矩阵的点除操作），并将得到的结果作为输出图像的相应像素值，其具体的调用格式如下。

❑ Z=imdivide(X,Y)：该函数中两幅图像 X 和 Y 进行除法，结果返回给 Z。

【例 4-12】 利用函数 imdivide()完成图像除法运算，其具体实现的 MATLAB 代码如下：

```
close all; clear all; clc;          %关闭所有图形窗口，清除工作空间所有变量，清空命令行
I=imread('office_1.jpg');           %读入图像 office_1 和 office_2，并赋值
J=imread('office_2.jpg');
Ip=imdivide(J,I);                   %两幅图像相除
K=imdivide(J,0.5);                  %图像跟一个常数相除
figure,                            %依次显示 4 幅图像
subplot(121); imshow(I);
subplot(122); imshow(J);
figure,
subplot(121); imshow(Ip);
subplot(122); imshow(K);
```

程序执行，运行结果如图 4.12 所示。程序中先读入两幅图像 I 和 J，然后利用函数 imdivide()进行除法操作，Ip 返回的两幅图像比率变换的差异图像，K 返回的是图像 J 和常数 0.5 相除的结果；处理后显示的图像结果。从结果可以看出，两幅图像相除结果反映图像的线性度，图像与常数相除也可实现亮度调节。

（a）office1 图像

（b）office2 图像

（c）office2 与 office1 相除以后的图像

（d）office2 与常数 0.5 相除以后的图像

图 4.12 【例 4-12】的运行结果

注：两幅图像的像素值代数运算时产生的结果很可能超过图像数据类型所支持的最大

值，尤其对于 uint8 类型的图像，溢出情况最为常见。当数据值发生溢出时，MATLAB 将数据截取为数据类型所支持的最大值，这种截取效果称之为饱和。为了避免出现饱和现象，在进行代数计算前最好将图像转换为一种数据范围较宽的数据类型。例如，在加法操作前将 uint8 图像转换为 double 类型。

5．其他的一些代数图像代数运算

在 MATLAB 中除了提供加、减、乘和除以外，还提供一些其他的代数运算函数，这些函数名称及其调用格式如下。

（1）绝对值差函数 imabsdiff()

❑ Z = imabsdiff(X,Y)：该函数是执行图像矩阵 *X* 和图像矩阵 *Y* 中对应位置的元素相减，并取绝对值，结果返回给 *Z*。*X* 和 *Y* 是具有相同大小和数据类型的实数或非稀疏矩阵，如果 *X* 和 *Y* 均是整数矩阵，运算结果超过范围将被截断；如果 *X* 和 *Y* 是 double 类型的矩阵，则可以使用 Z=abs(X-Y)与当前调用方式一样。

（2）图像求补函数 imcomplement()

❑ IM2 = imcomplement(IM)：该函数是求图像矩阵 IM 的所有元素求补，结果返回给 IM2。图像矩阵 IM 可以是二值图像、灰度图像或 RGB 图像。如果 IM 是二值图像矩阵，求补后相应元素中'0'变'1'，'1'变'0'；如果 IM 是灰度图像或 RGB 图像，则求补结果为 IM 矩阵数据类型的最大值与对应像素值相减的差值。结果矩阵 IM2 和输入图像矩阵 IM 是具有同样大小和数据类型的矩阵。

（3）图像运算的线性组合函数 imlincomb()

❑ Z = imlincomb(K1,A1,K2,A2,...,Kn,An):该函数是计算图像矩阵 A1,A2, ..., An 按照系数 K1,K2, ...,Kn 的加权和，计算结果 K1*A1+K2*A2,...,Kn*An 返回给 Z。其中，图像矩阵 A1,A2, ..., An 是实数、非稀疏矩阵，系数 K1,K2, ...,Kn 是实数或双精度标量；返回结果矩阵 *Z* 大小与图像 A1 大小相等。

❑ Z = imlincomb(K1,A1,K2,A2,...,Kn,An,K)：该函数是计算 K1*A1+K2*A2,...,Kn*An+K，结果返回给 Z。其中参数含义及类型与 Z = imlincomb(K1, A1,K2,A2,...,Kn,An)调用方式相同。

【例 4-13】 利用函数 imabsdiff()实现图像矩阵和数据矩阵的绝对值差，其具体实现的 MATLAB 代码如下：

```
close all; clear all; clc;              %关闭所有图形窗口，清除工作空间所有变量，清空命令行
I = imread('cameraman.tif');            %读取图像，赋值给 I
J = filter2(fspecial('prewitt'), I);    %对图像矩阵 I 进行滤波
K = imabsdiff(double(I),J);             %求滤波后的图像与原图像的绝对值差
figure,                                 %显示图像及结果
subplot(131),imshow(I);
subplot(132),imshow(J,[]);
subplot(133),imshow(K,[])
X =[ 255 10 75; 44 225 100];            %输入矩阵，数据格式 double
Y =[ 50 50 50; 50 50 50 ];
X1 =uint8([ 255 10 75; 44 225 100]);    %输入矩阵，数据格式 uint8
Y1 =uint8([ 50 50 50; 50 50 50 ]);
Z=imabsdiff(X,Y)                        %求绝对值的差
Z1=abs(X-Y)                             %利用函数 abs()计算绝对值差
Z2=abs(X1-Y1)
disp('Z 与 Z1 比较结果：'),Z_Z1=(Z==Z1)    %比较不同数据类型下的两种指令结果
```

```
disp('Z 与 Z2 比较结果：'),Z_Z2=(Z==Z2)
```

程序执行，运行结果如图 4.13 所示，在 MATLAB 命令行返回的结果为如下所示。

```
Z =
   205    40    25
     6   175    50
Z1 =
   205    40    25
     6   175    50
Z2 =
   205     0    25
     0   175    50
Z 与 Z1 比较结果：
Z_Z1 =
     1     1     1
     1     1     1
Z 与 Z2 比较结果：
Z_Z2 =
     1     0     1
     0     1     1
```

程序中实现图像矩阵和数据矩阵的绝对值差。首先读入图像 I，然后利用函数 fspecial()
产生二维滤波矩阵，通过函数 filter2()实现图像滤波，结果返回给 J，设置图像显示方式，
绘制原图像和处理的结果；对于数据矩阵的处理：首先读入 double 和 uint8 两种格式下的
数据矩阵 **X,Y** 以及 X1 和 Y1；体会不同数据类型下 imabsdiff()与 abs()的关系。其中图
4.13（a）反映的利用函数 imabsdiff()实现图像矩阵的绝对值差的结果；4.13（b）反映和数
据矩阵的绝对值差以及与函数 abs()之间的关系。

【**例 4-14**】　利用函数 imcomplement()实现图像矩阵和数据矩阵的求补运算，其具体实
现的 MATLAB 代码如下：

```
close all; clear all; clc;     %关闭所有图形窗口，清除工作空间所有变量，清空命令行
J=imread('rice.png');          %读取灰度图像，赋值给 J
J1=im2bw(J);                    %将灰度图像转换成二值图像，赋值给 J1
J2=imcomplement(J);            %求灰度图像的补，赋值给 J2
J3=imcomplement(J1);          %求二值图像的补，赋值给 J3
figure,                        %显示运算结果
subplot(131),imshow(J1)       %显示灰度图像补图像
subplot(132),imshow(J2)       %显示二值图像及其补图像
subplot(133),imshow(J3)
```

（a）图像 cameraman　　　（b）滤波后的图像 cameraman　　　（c）滤波后的图像与原图像绝对值差

图 4.13　【例 4-13】中图像矩阵的绝对值差结果

程序执行，运行结果如图 4.14 所示。程序中，读入灰度图像 J，同时利用函数 im2bw() 将其转换成二值图像 J1，然后利用函数 imcomplement() 分别求灰度图像和二值图像的补，最后显示对于同一图像数据，不同类型下函数 imcomplement() 求补的差异。

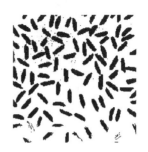

（a）图像 rice 的二值图像　　　　（b）原灰度图像 rice 的补　　　　（c）二值图像 rice 的补

图 4.14　【例 4-14】运行结果

【例 4-15】　利用函数 imlincomb () 实现图像运算的线性组合，其具体实现的 MATLAB 代码如下：

```
close all; clear all; clc;  %关闭所有图形窗口，清除工作空间所有变量，清空命令行
I=imread('cameraman.tif');           %读取图像
J=imread('rice.png');
K1=imlincomb(1.0,I,1.0,J);           %两个图像叠加
K2=imlincomb(1.0,I,-1.0,J,'double'); %两个图像相减
K3=imlincomb(2,I);                   %图像的乘法
K4=imlincomb(0.5,I);                 %图像的除法
figure,                              %显示结果
subplot(121),imshow(K1);
subplot(122),imshow(K2);
figure,
subplot(121),imshow(K3);
subplot(122),imshow(K4);
```

程序执行，运行结果如图 4.15 所示。程序中，利用函数 imlincomb() 实现图像的叠加、相减，与常数相乘、相除。对于函数 imlincomb () 它可以实现图像的代数运算。用户可以根据自己对函数的使用习惯，进行选择。

（a）两个图像叠加　　　　　　　　　　　　（b）两个图像相减

（c）图像乘常数　　　　　　　　　　　　　　（d）图像除常数

图 4.15　【例 4-15】运行结果

4.1.3　图像逻辑运算

图像的逻辑运算主要是针对二值图像，以像素对像素为基础进行的两幅或多幅图像间的操作。常用的逻辑运算有与、或、非、或非、与非和异或等。在 MATLAB 中，提供了逻辑操作符与（&）、或（|）\非（~）和异或（OR）等进行逻辑运算，复杂逻辑运算可通过基本运算推导得到。

【例 4-16】　实现图像的与、或、非及异或运算，其具体实现的 MATLAB 代码如下：

```
close all; clear all; clc; %关闭所有图形窗口，清除工作空间所有变量，清空命令行
I=imread('ipexroundness_01.png');          %读入图像，赋值给 I 和 J
J=imread('ipexroundness_04.png');
I1=im2bw(I);                               %转化为二值图像
J1=im2bw(J);
K1=I1 & J1;                                %实现图像的逻辑"与"运算
K2=I1 | J1;                                %实现图像的逻辑"或"运算
K3=~I1;                                    %实现逻辑"非"运算
K4=xor(I1,J1);                             %实现"异或"运算
figure,                                    %显示原图像及相应的二值图像
subplot(121);imshow(I1),axis on;
subplot(122);imshow(J1),axis on;
figure,                                    %显示逻辑运算图像
subplot(121);imshow(K1),axis on;
subplot(122);imshow(K2),axis on;
figure,
subplot(121);imshow(K3),axis on;
subplot(122);imshow(K4),axis on;
```

程序执行，运行结果图 4.16 所示。程序中在读入两个图像分别赋值给 I 和 J，通过函数 im2bw()转换成二值图像，然后利用基本逻辑运算符实现与、或、非以及以后操作，最后将变换后的图像显示出来。

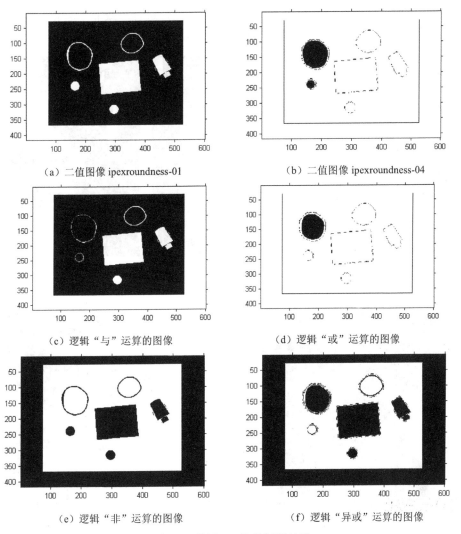

（a）二值图像 ipexroundness-01　　　　　（b）二值图像 ipexroundness-04

（c）逻辑"与"运算的图像　　　　　　（d）逻辑"或"运算的图像

（e）逻辑"非"运算的图像　　　　　　（f）逻辑"异或"运算的图像

图 4.16　【例 4-16】的运行结果

【例 4-17】　实现图像的或非和与非运算，其具体实现的 MATLAB 代码如下：

```
close all; clear all; clc;      %关闭所有图形窗口，清除工作空间所有变量，清空命令行
I=imread('girl.bmp');           %读入图像，赋值给 I 和 J
J=imread('lenna.bmp');
I1=im2bw(I);                    %转化为二值图像
J1=im2bw(J);
H=~(I1|J1);
G=~(I1&J1);
figure,                        %显示原图像及相应的二值图像
subplot(121),imshow(I1),axis on;
subplot(122),imshow(J1),axis on;
figure,                        %显示运算以后的图像
subplot(121),imshow(H),axis on;
subplot(122),imshow(G),axis on;
```

程序执行，运行结果如图 4.17 所示。程序中先读入进行逻辑运算的两幅图像，赋值给
I 和 J，通过函数 im2bw() 转换为二值图像，然后利用基本运算符实现或非运算和与非运算，

最后显示原图像的二值图像和逻辑运算图像。由图可见,进行"或非"运算后保存 girl 图像的信息较多,进行"与非"运算后保存 lenna 图像的信息比较多。

（a）二值图像 girl　　　　　　　　　　（b）二值图像 lenna

（c）逻辑"或非"运算的图像　　　　　　（d）逻辑"与非"运算的图像

图 4.17　【例 4-17】的运行结果

4.2　图像的几何变换

图像的几何变换是将一幅图像中的坐标映射到另外一幅图像中的新坐标位置,它不改变图像的像素值,只是改变像素所在的几何位置,使原始图像按照需要产生位置、形状和大小的变化。本节主要介绍图像的一些基本几何变换,包括图像的平移、镜像变换、转置和放缩等。

4.2.1　图像的平移

图像的平移是几何变换中最简单最常见的变换之一,它是将一幅图像上的所有点都按照给定的偏移量在水平方向沿 x 轴、在垂直方向上沿 y 轴移动，平移后的图像与原图像大小相同。设 (x_0, y_0) 为原图像上的一点，图像水平平移量为 Δx，垂直平移量为 Δy，则平移后点 (x_0, y_0) 坐标将变为 (x_1, y_1)，它们之间的数学关系式如下，坐标平移原理如图 4.18 所示。

$$x_1 = x_0 + \Delta x$$
$$y_1 = y_0 + \Delta y$$

在 MATLAB 中，没有提供具体图像平移函数，直接运用 MATLAB 指令编程即可实现图像的平移操作。

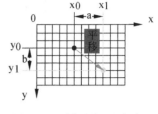

图 4.18　图像坐标平移原理

【例 4-18】 实现图像的平移，其具体的 MATLAB 实现步骤如下。

（1）编写用于图像移动的函数 move.m，其具体实现的 MATLAB 代码如下：

```
function J=move(I,a,b)
%定义一个函数名字move，I表示输入图像，a和b描述I图像沿着x轴和y轴移动的距离
%不考虑平移以后，图像溢出情况，找不到对应点的地方都赋值为1
[M,N,G]=size(I);                      %获取输入图像I的大小
I=im2double(I);                       %将图像数据类型转换成双精度
J=ones(M,N,G);                        %初始化新图像矩阵全为1，大小与输入图像相同
for i=1:M
    for j=1:N
        if((i+a)>=1&&(i+a<=M)&&(j+b>=1)&&(j+b<=N));
                                      %判断平移以后行列坐标是否超出范围
            J(i+a,j+b,:)=I(i,j,:);                       %进行图像平移
        end
    end
end
end
```

（2）调用函数 move()，实现对原图像的移动，其具体实现的 MATLAB 代码如下：

```
close all; clear all; clc;  %关闭所有图形窗口，清除工作空间所有变量，清空命令行
I=imread('lenna.bmp');                %输入图像
a=50;b=50;                            %设置平移坐标
J1=move(I,a,b);                       %移动原图像
a=-50;b=50;                           %设置平移坐标
J2=move(I,a,b);                       %移动原图像
a=50;b=-50;                           %设置平移坐标
J3=move(I,a,b);                       %移动原图像
a=-50;b=-50;                          %设置平移坐标
J4=move(I,a,b);                       %移动原图像
figure,
subplot(1,2,1),imshow(J1),axis on;    %绘制移动后的图像
subplot(1,2,2),imshow(J2),axis on;    %绘制移动后的图像
figure,
subplot(1,2,1),imshow(J3),axis on;    %绘制移动后的图像
subplot(1,2,2),imshow(J4),axis on;    %绘制移动后的图像
```

程序执行，运行结果如图 4.19 所示。程序中，先读入要移动的图像 lenna，然后调用函数 move()实现图像移动，输出的图像 J 与输入图像 I 的大小相等；其中参数 a 和 b 的取值不同，所以图像平移的结果不同。

（a）右下平移后图像　　　　　　　　（b）右上平移后图像

（c）左上平移后图像　　　　　　　　（d）左下平移后图像

图 4.19　【例 4-18】运行结果

【例 4-19】　实现图像的平移，考虑平移后超出显示区域的像素点，其具体的 MATLAB 实现步骤如下。

（1）编写图像移动的函数 move1.m，其具体实现的 MATLAB 代码如下：

```
function J=move1(I,a,b)
%定义一个函数名字move，I表示输入图像，a和b描述I图像沿着x轴和y轴移动的距离
%考虑平移以后图像溢出情况，采用扩大显示区域的方法
[M,N,G]=size(I);              %获取输入图像I的大小
I=im2double(I);              %将图像数据类型转换成双精度
for i=1:M                    %初始化新图像矩阵全为1，大小考虑x轴和y轴的平移范围
 for j=1:N
  if(a<0 && b<0);           %如果进行右下移动，对新图像矩阵进行赋值
    J(i,j,:)=I(i,j,:);
   else if(a>0 && b>0);
    J(i+a,j+b,:)=I(i,j,:);  %如果进行右上移动，对新图像矩阵进行赋值
   else if(a>0 && b<0);
    J(i+a,j,:)=I(i,j,:);    %如果进行左上移动，对新图像矩阵进行赋值
   else
    J(i,j+b,:)=I(i,j,:);    %如果进行左下移动，对新图像矩阵进行赋值
   end
  end
 end
end
end
```

（2）调用函数 move1()，实现对原图像的移动，其具体实现的 MATLAB 代码如下：

```
close all; clear all; clc;              关闭所有图形窗口，清除工作空间所有变量，清空命令行
I=imread('lenna.bmp');                  %输入图像
a=50;b=50;                              %设置平移坐标
J1=move1(I,a,b);                        %移动原图像
a=-50;b=50;                             %设置平移坐标
J2=move1(I,a,b);                        %移动原图像
a=50;b=-50;                             %设置平移坐标
J3=move1(I,a,b);                        %移动原图像
a=-50;b=-50;                            %设置平移坐标
J4=move1(I,a,b);                        %移动原图像
figure,
subplot(1,2,1),imshow(J1),axis on;      %绘制移动后图像
subplot(1,2,2),imshow(J2),axis on;      %绘制移动后图像
figure,
subplot(1,2,1),imshow(J3),axis on;      %绘制移动后图像
subplot(1,2,2),imshow(J4),axis on;      %绘制移动后图像
```

程序执行，运行结果如图 4.20 所示。程序中，考虑平移对显示区域的要求，定义新输出图像的大小，然后根据在水平和垂直方向平移的距离，确定 J 图像像素点的取值。函数 move1()输出的图像大小与输入图像大小不等。

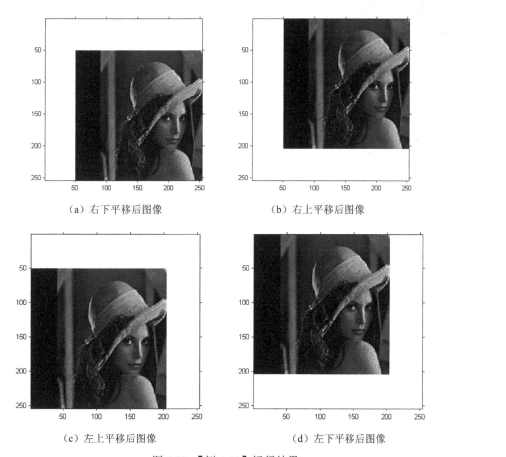

（a）右下平移后图像　　　　　　　　（b）右上平移后图像

（c）左上平移后图像　　　　　　　　（d）左下平移后图像

图 4.20　【例 4-19】运行结果

注：平移后图像上的每一点不一定都可以在原图像中找到对应的点。通常的做法是，把该点的 RGB 值统一设成(0,0,0)或者(255,255,255)，如【例 4-18】。如果不想丢失被移出的部分图像，可以选择扩大显示区域，将新生成的图像宽度扩大为水平平移量为 Δx，高度扩大为垂直平移量为 Δy，如【例 4-19】。也可以不放大，将移出的部分截断，如【例 4-18】。

4.2.2 图像的镜像

图像的镜像分为两种垂直镜像和水平镜像，其中水平镜像是指图像的左半部分和右半部分以图像竖直中轴线为中心轴进行对换。如原图像上的点坐标是(x_0, y_0)，中心轴如图 4.23（a）所示，经过水平镜像对应的新坐标点为(x_1, y_1)，它们之间的数学关系式为：

$$x_1 = M - x_0$$
$$y_1 = y_0$$

垂直镜像是指图像的上半部分和下半部分以图像水平中轴线为中心轴进行对换，如原图像上的点坐标是(x_0, y_0)，中心轴如图 4.21（b）所示，则垂直镜像对应的新坐标点为(x_1, y_1)，它们之间的数学关系式为：

$$x_1 = x_0$$
$$y_1 = N - y_0$$

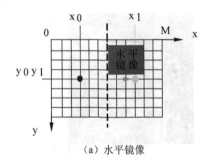
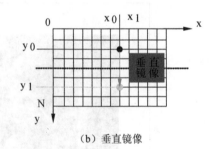

（a）水平镜像　　　　　　　　　　　　　（b）垂直镜像

图 4.21　图像镜像原理

在 MATLAB 中，没有提供具体图像平移函数，直接运用 MATLAB 指令编程即可实现图像的平移操作。

【例 4-20】 实现图像的镜像，其具体的 MATLAB 实现步骤如下。

（1）编写图像镜像的函数 mirror.m，其具体实现的 MATLAB 代码如下：

```
function OutImage=mirror(InImage,n)
%mirror 函数实现图像镜像变换功能
%参数 n 为 1 时，实现水平镜像变换
%参数 n 为 2 时，实现垂直镜像变换
%参数 n 为 3 时，实现水平垂直镜像变换
I=InImage;
[M,N,G]=size(I);                      %获取输入图像 I 的大小
J=I;                                  %初始化新图像矩阵全为 1，大小与输入图像相等
if (n==1)
    for i=1:M
        for j=1:N
            J(i,j,:)=I(M-i+1,j,:);    %n=1，水平镜像
        end
    end;
```

```
elseif (n==2)
    for i=1:M
        for j=1:N
            J(i,j,:)=I(i,N-j+1,:);              %n=2，垂直镜像
        end
    end
elseif (n==3)
    for i=1:M
        for j=1:N
            J(i,j,:)=I(M-i+1,N-j+1,:);      %n=3，水平垂直镜像
        end
    end
else
    error('参数 n 输入不正确，n 取值 1、2、3')%n 输入错误时提示
end
OutImage=J;
```

（2）调用函数 mirror()，实现对原图像的镜像变换，其具体实现的 MATLAB 代码如下：

```
close all; clear all; clc;  %关闭所有图形窗口，清除工作空间所有变量，清空命令行
I=imread('cameraman.tif');               %输入图像
J1=mirror(I,1);                          %原图像的水平镜像
J2=mirror(I,2);                          %原图像的垂直镜像
J3=mirror(I,3);                          %原图像的水平垂直镜像
figure,
subplot(1,2,1),imshow(I) ;               %绘制原图像
subplot(1,2,2),imshow(J1);               %绘制水平镜像后的图像
figure,
subplot(1,2,1),imshow(J2);               %绘制水平镜像后的图像
subplot(1,2,2),imshow(J3);               %绘制垂直镜像后的图像
```

程序执行，运行结果如图 4.22 所示。程序中，首先根据水平镜像和垂直镜像的基本定义，编写函数 mirror()，然后通过调用函数 mirror()，输入不同的参数 n，实现图像的镜像变换。

（a）原图像 cameraman   （b）水平镜像的图像

（c）垂直镜像图像　　　　　　　　　　　（d）水平垂直镜像的图像

图 4.22　【例 4-20】的运行结果

　　执行完【例 4-20】后，如果在当前命令行调用函数 mirror()中输入参数 n=4，则 MATLAB 会提示错误，具体运行提示如图 4.23 所示。

图 4.23　调用函数 mirror()时的出错提示

4.2.3　图像的缩放

　　图像缩放是指将给定的图像在 x 轴方向按比例缩放 f_x 倍，在 y 轴方向按比例缩放 f_y 倍，从而获得一幅新的图像。如果 $f_x = f_y$，即在 x 轴方向和 y 轴方向缩放的比率相同，则称这样的比例缩放为图像的全比例缩放。如果 $f_x \neq f_y$，图像比例缩放会改变原始图像像素间的相对位置，产生几何畸变。

　　MATLAB 图像处理工具箱中提供了函数 imresize()进行图像的缩放操作，其具体的调用格式如下。

❏　B=imresize(A, m)：该函数返回缩放后的图像 B；A 为要进行缩放操作的原始图像，可以是灰度图像、彩色图像或者二值图像；m 为缩放的尺寸，当 m 的取值大于 0 小于 1 时，A 图像被缩小，当 m 取值大于 1 后，A 图像被放大。

❏　B=imresize(A, [mrows ncols])：该函数返回缩放后的图像 B；A 为要进行缩放操作的原始图像，可以是灰度图像、彩色图像或者二值图像；数组[mrows ncols]说明缩放后 B 图像的行和列，mrows 或者 ncols 取值为 NaN，则函数会按照输入图像 A 的纵横比生成 ncols 或 mrows 的数。

- ❑ [B newmap]=imresize(A, map, m)：该函数对索引图像 A 进行缩放；*m* 是缩放比例，它的取值可以是一个数值，也可以是数组[mrows ncols]；默认条件下，该函数返回一个新的、最优的、缩放后图像 B 的颜色映射数组 newmap。
- ❑ [...]=imresize(..., method)：该函数返回采用 method()方法对索引图像进行缩放的结果。Method 取值可选为以下两种。
  - ➢ 说明插值方法的类型：'nearest'(默认值)最近邻插值、'bilinear'双线性插值、'bicubic'双三次插值。
  - ➢ 说明选择插值的核函数：'box'Box 型的核函数、'triangle'三角型核函数(bilinear 相同)、'Cubic'立方体核函数(bicubic 相同)、'lanczos2'Lanczos-2 核函数和'lanczos3'Lanczos-3 核函数。
- ❑ [...]=imresize(..., parameter,value,...)：该函数通过设置 paramter 的值 value，控制图像的缩放特性。parameter 和 value 取值如表 4.1 所示。

表 4.1　Parameter和Value的取值说明

Parameter	说　明	Value
'Antialiasing'	对缩放图像进行边缘柔和，取值为布尔型	取值依赖于插值方法，如果插值方法采用'nearest'，默认取值 false，对于其他插值方法，默认取值 true
'Colormap'	颜色映射，取值为字符串	取'original'，输出图像颜色映射与原图像相同；取'optimized'，输出图像颜色映射为最优
'Dither'	颜色抖动，取值为布尔型	是否执行颜色抖动处理，仅对索引图像，默认取值 'true'
'Method'	插值方法	同[...]=imresize(..., method)中的 method 取值
'OutputSize'	输出图像尺寸	是一个两元素数组[mrows ncols]，如 mrows 或 ncols 中有取值为 NaN，则根据原输入图像纵横比计算其取值
'Scale'	缩放比例	可以是数值也可以是两元素数组[mrows ncols]

【例 4-21】　利用函数 imresize()实现图像的缩放操作，其具体实现的 MATLAB 代码如下：

```
close all; clear all; clc;          %关闭所有图形窗口，清除工作空间所有变量，清空命令行
[X,map]=imread('trees.tif');               %读入图像
J1=imresize(X, 0.25);                      %设置缩放比例，实现缩放图像并显示
J2=imresize(X, 3.5);
J3=imresize(X, [64 40]);                   %设置缩放后的图像行列，实现缩放图像并显示
J4=imresize(X, [64 NaN]);
J5=imresize(X, 1.6, 'bilinear');          %设置图像插值方法，实现缩放图像并显示
J6=imresize(X, 1.6, 'triangle');
[J7, newmap]=imresize(X,'Antialiasing',true,'Method','nearest',...
                'Colormap','original','Scale', 0.15);
                                          %设置图像多个参数，实现缩放图像并显示
figure,                                   %显示各种缩放效果图
subplot(121),imshow(J1);
subplot(122),imshow(J2);
figure,
subplot(121),imshow(J3);
subplot(122),imshow(J4);
figure,
subplot(121),imshow(J5);
```

```
subplot(122),imshow(J6);
figure,
subplot(121),imshow(X);
subplot(122),imshow(J7);
```

程序执行，运行结果如图 4.24 所示。程序中，利用函数 imresize()的多种调用形式，实现图像的缩放。从输出结果看，缩小后的图像会丢失一部分原图像信息，所以显示出现模糊化。放大后的图像，增加了原图像信息，显示更清晰，如图 4.24（a）和（b）所示。指定行列的图像缩放中，建议用户采用原图像的纵横比，这样缩放后能更好地保持图像信息，如图 4.24（c）和（d）所示。不同图像插值方法，对图像缩放影响不同，如图 4.24（e）和（f）所示。上述这些对图像的缩放控制可通过一条函数调用语句来实现，如图 4.24（g）和（h）所示。

（a）缩小后的图像

（b）放大后的图像

（c）按照指定行进行缩放

（d）按照图像纵横比进行缩放

（e）按 bilinear 插值的图像缩放

（f）按 triangle 插值的图像缩放

（g）原图像　　　　　　　　　　　　　　（h）多参数设置的缩放图像

图 4.24　【例 4-21】运行结果

4.2.4　图像的转置

图像转置即为图像的行列坐标互换，如原图像上的点 (x_0, y_0)，转置后对应的新坐标点 (x_1, y_1)，它们之间的数学表达式为：

$$x_1 = y_0$$
$$y_1 = x_0$$

需要注意的是，进行图像转置后，图像的大小会发生改变。在 MATLAB 中，没有提供实现图像转置函数，直接运用 MATLAB 指令编程即可实现图像的转置操作。

【例 4-22】　实现图像的转置，其具体的 MATLAB 实现步骤如下。

（1）编写图像转置函数 transp.m，其具体实现的 MATLAB 代码如下：

```
function J=transp(I)
%I 表示输入的原始图像
%J 表示经过转置以后的图像
[M,N,G]=size(I);                    %获取输入图像 I 的大小
I=im2double(I);                     %将图像数据类型转换成双精度
J=ones(N,M,G);                      %初始化新图像矩阵全为1，大小与输入图像相同
for i=1:M
    for j=1:N
       J(j,i,:)=I(i,j,:);           %进行图像转置
    end
end
```

（2）调用函数 transp()，实现对原图像的转置变换，其具体实现的 MATLAB 代码如下：

```
close all;              %关闭当前所有图形窗口，清空工作空间变量，清除工作空间所有变量
clear allss;
clc;
I=imread('trees.tif');             %输入图像
J1=transp(I);                      %对原图像的转置
I1=imread('lenna.bmp');            %输入图像
J2=transp(I1);                     %对原图像的转置
figure,
subplot(1,2,1),imshow(J1);         %绘制移动后的图像
subplot(1,2,2),imshow(J2);         %绘制移动后的图像
```

程序执行，运行结果如图 4.25 所示。程序中，先编写图像转置函数 transp()，然后调用该函数实现两幅图像的转置，其中图像 trees 行列不同，图像 lenna 行列大小相等，trees 图像转置以后生成的图像大小发生变化。

（a）trees 转置后的图像　　　　　　　　　（b）lenna 转置后的图像

图 4.25　【例 4-22】运行结果

4.2.5　图像的旋转

图像的旋转变换属于图像的位置变换，通常是以图像的中心为原点，将图像上的所有像素都旋转一个相同的角度。旋转后，图像的大小一般会改变。

在 MATLAB 图像处理工具箱中提供了函数 imrotate()进行图像的旋转操作，其具体的调用格式如下。

❏ B=imrotate(A, angle)：该函数是将图像 A 按照 angle 角度以其原点为中心旋转。angle 取值大于 0，按照逆时针方向旋转；angle 取值小于 0，按照顺时针方向旋转。该函数利用'nearest'方法进行邻域插值，能够证生成完整旋转图像 B。

❏ B=imrotate(A, angle, method)：该函数是将图像 A 按照 angle 角度以其原点为中心旋转。旋转时采用 method 的方法进行插值，method 取值为'nearest'（默认值）最近邻插值、'bilinear'双线性插值和'bicubic'双三次插值。

❏ B=imrotate(A, angle, method, bbox)：该函数是将图像 A 按照 angle 角度以其原点为中心进行旋转，采用 method 进行插值；bbox 说明返回图像的大小，其取值可以是'crop'或者'loose'，其中'crop'表示输出图像大小和输入图像大小相等，对旋转后的图像进行裁剪；'loose'表示使输出的图像足够大包括完整的旋转图像。

【例 4-23】　利用函数 imrotate()实现图像的缩放操作，其具体实现的 MATLAB 代码如下：

```
close all; clear all; clc;  %关闭所有图形窗口，清除工作空间所有变量，清空命令行
A=imread('office_2.jpg');            %读入图像
```

```
J1=imrotate(A, 30);                         %设置旋转角度，实现旋转并显示
J2=imrotate(A, -30);
J3=imrotate(A,30,'bicubic','crop');         %设置输出图像大小，实现旋转图像并显示
J4=imrotate(A,30, 'bicubic','loose');
figure,                                     %显示旋转处理结果
subplot(121),imshow(J1);
subplot(122),imshow(J2);
figure,
subplot(121),imshow(J3);
subplot(122),imshow(J4);
```

程序执行，运行结果如图 4.26 所示。程序中，首先读入待旋转图像 office_2.jpg，然后利用函数 imrotate()的不同调用形式，实现图像旋转方向变化，旋转后输出大小的设置。

（a）逆时针旋转的图像

（b）顺时针旋转的图像

（c）裁剪后的旋转图像

（d）不裁剪后的旋转图像

图 4.26 【例 4-23】运行结果

4.2.6　图像的剪切

在进行图像处理的过程中，有时用户只对采集的图像部分区域感兴趣，这时候就需要对原始图像进行剪切。在 MATLAB 图像处理工具箱中提供了函数 imcrop()进行图像的剪切操作，其具体的调用格式如下。

❑ I2=imcrop(I,rect)：该函数是按照四元素数组 rect 剪切图像 I，rect 的具体形式为[xmin ymin width height]说明剪切矩形区域大小。

- ❑ [I2,rect]=imcrop(…)：该函数是执行后首先显示原图像，然后利用鼠标选择剪切区域，并将剪切区域图像返回给 I2，将剪切区域的范围大小返回给 rect。
- ❑ X2=imcrop(X, map)：该函数是执行后首先按照 map 的颜色映射显示图像 X，并创建剪切工具与 X 关联。
- ❑ [X,Y,I2,rect]=imcrop(…)：该函数是执行后首先显示原图像，然后利用鼠标选择剪切区域，返回当前剪切区域图像的像素点 x 和 y 坐标给 X 和 Y，并将剪切区域的范围大小返回给 rect。

【**例 4-24**】 利用函数 imcrop()，通过指令方式实现图像的剪切操作，其具体实现的 MATLAB 代码如下：

```
close all; clear all; clc; %关闭所有图形窗口，清除工作空间所有变量，清空命令行
[A,map]=imread('peppers.png');              %读入图像
rect=[75 68 130 112];                       %定义剪切区域
X1=imcrop(A,rect);                          %进行图像剪切
subplot(121),imshow(A);                     %显示原图像
rectangle('Position',rect,'LineWidth',2,'EdgeColor','r')  %显示图像剪切区域
subplot(122),imshow(X1);                    %显示剪切的图像
```

程序执行，运行结果如图 4.27 所示。程序中，先读入待剪切图像 peppers，然后定义剪切区域 rect，再利用函数 imcrop()实现图像剪切，最后显示原图像和剪切的图像。为了突出剪切区域，在显示原图像时，利用函数 rectangle()将图像的剪切区域标出。

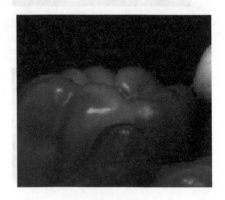

（a）原图像　　　　　　　　　　　　　　（b）剪切的图像

图 4.27　【例 4-24】运行结果

【**例 4-25**】 利用函数 imcrop()，通过鼠标操作实现图像的剪切操作，其具体实现的 MATLAB 代码如下：

```
close all; clear all; clc; %关闭所有图形窗口，清除工作空间所有变量，清空命令行
[A,map]=imread('peppers.png');              %读入图像
 [I2,rect]=imcrop(A);                       %进行图像剪切
subplot(121),imshow(A);                     %显示原图像
rectangle('Position',rect,'LineWidth',2,'EdgeColor','r')  %显示图像剪切区域
subplot(122),imshow(I2);                    %显示剪切的图像
```

程序执行，首先显示原图像 peppers，当鼠标移至图像区域后变成"+"，用户按住鼠

标左键选择剪切区域，再在选择的剪切区域内右击，弹出剪切菜单，选择 Crop Image 选项，此时运行效果如图 4.30（a）所示，然后单击，确定剪切区域，运行结果如图 4.28（b）所示。用户在执行函数 imcrop()这种调用形式时，应注意它的执行方法。

（a）如何选择剪切图像

（b）剪切后效果

图 4.28 【例 4-25】运行结果

4.2.7 图像的空间变换

在 4.2.5 节和 4.2.6 节介绍的图像变换都可归结为图像的空间变换，在 MATLAB 的图像处理工具箱中提供了一个专门的函数 intransform()，用户可以定义参数实现多种类型的空间变换，包括放射变换（如平移、缩放、旋转、剪切）、投影变换等。函数 intransform()其具体的调用格式如下。

- ❑ B=imtransform(A,TFORM)：该函数中 *A* 是待变换的图像矩阵；TFORM 表示为执行空间变换的所有参数的结构体，它是通过函数 maketform()返回的；B 为按照TFORM 参数变换后的图像矩阵。
- ❑ B=imtransform(A,TFORM,INTERP)：该函数中参数 INTERP 说明图像空间变换时的进行插值类型，它的取值可以是'nearest'最近邻插值、'bilinear'双线性插值（默认值）和'bicubic'双三次插值；其他参数与 B=imtransform(A,TFORM)调用方式相同。
- ❑ [B,XDATA,YDATA]=imtransform(...,param1,val1,param2,val2,...)：该函数中用户可

以自己制定空间变换的各个参数，param1 和 param2 表示参数名称，val1 和 val2 为对应参数的取值，这些参数的名称及其取值如表 4.2 所示。返回结果中除了变换后的图像 B，同时还返回图像 B 在 X-Y 空间中的位置 XDATA 和 YDATA。XDATA 返回图像 B 中从第一列到最后一列在 x 轴的坐标，YDATA 返回是图像 B 从第一行到最后一行在 y 轴的坐标。

表 4.2　函数 imtransform() 中的 Parameter 和 Value

Parameter	取值说明 Value
'UData'	说明图像 A 在 UV 坐标的空间位置。UData 是两元素向量，相应给出图像 A 从第一列和最后一列在水平轴（U 轴）的坐标，默认值[1 size(A,2)]
'VData'	说明图像 A 在 UV 坐标的空间位置。VData 是两元素向量，相应给出图像 A 从第一行和最后一行的在垂直轴（V 轴）的坐标，默认值[1 size(A,1)]
'XData'	说明变换后图像 B 在 XY 坐标的空间位置。XData 是两元素向量，相应给出变换后的图像 B 从第一列和最后一列在水平轴（X 轴）的坐标
'YData'	说明变换后图像 B 在 XY 坐标的空间位置。YData 是两元素向量，相应给出变换后图像 B 从第一行和最后一行在垂直轴（Y 轴）的坐标
'XYScale'	XYScale 是一个实数或两元素向量。如果是向量，那么第一个元素说明在 XY 空间里每个像素的宽度，第二个元素说明在 XY 空间中每个像素的高度；如果是一个实数，则说明在 XY 空间中每个像素的高度和宽度相等
'Size'	两元素非负整数向量。说明输出图像 B 的行和列，如果输入图像 A 是 RGB 图像即维数 k 大于 2，则输出图像 B 的高维与输入相等，即 size(B,k)=size(A,k)
'FillValues'	对一个矩阵填充 1 个或几个值。如果输入图像 A 是二维图像，'FillValues'的取值为实数，如果输入图像 A 是 RGB 图像，则'FillValues'的取值应该是三元素向量

在 MATLAB 中利用函数 intransform() 实现图像的空间变换时，都需要先定义空间变换的参数。对于空间变换参数的定义，MATLAB 也提供了相应的函数 maketform()，它的作用是创建进行空间变换的参数结构体，其具体调用方式如下。

❑ T=maketform('affine',A)：该函数中返回一个 N 维的放射性变换参数结构体 T，输入参数 A 是一个$(N+1)*(N+1)$或者$(N+1)*N$的矩阵。如果 A 是$(N+1)*(N+1)$的矩阵，A 的最后一列为[zeros(N,1);1]。

❑ T=maketform('affine',U,X)：该函数中返回的是一个二维放射性变换参数结构体 T，输入 U 的每一行映射 X 的每一行，U 和 X 都是 3×2 的矩阵，其中 U 是输入三解形三个角的空间坐标矩阵，X 是映射得到三角形的三个角的空间坐标矩阵。

❑ T=maketform('projective',A)：该函数返回一个 N 维投影变换结构体参数 T，A 是一个$(N+1)*(N+1)$的非奇异矩阵，A(N+1, $N+1$)不能为 0。

❑ T=maketform('projective',U,X)：该函数返回一个二维投影变换结构体参数 T，输入 U 的每一行映射 X 的每一行，U 和 X 都是 4×2 的矩阵，其中 U 是输入四边形顶角的空间坐标矩阵，X 是映射得到四边形四个顶点的空间坐标矩阵。

❑ T= maketform('custom', NDIMS_IN, NDIMS_OUT, FORWARD_FCN, INVERSE_FCN, TDATA)：该调用格式中返回一个用户自定义变换的参数结构体 T。NDIMS_IN 和 NDIMS_OUT 说明的是输入和输出的维数，FORWARD_FCN 和 INVERSE_FCN 分别表示正向变换函数和逆向变换函数的句柄。

用户结合使用函数 maketform() 和函数 intransform()，就可以灵活实现图像的线性变换，而变换的结果和变换参数结构体密切相关。以放射性变换为例，原图像 $f(x,y)$ 和变换后图

像 $g(x', y')$，放射性变换中原图像中某个像素点坐标 (x, y) 和变换后该像素点坐标 (x', y') 满足关系式：

$$(x', y') = T(x, y)$$

具体数学表达式：

$$x' = a_0 x + a_1 y + a_2$$
$$y' = b_0 x + b_1 y + b_2$$

写成矩阵形式：

$$\begin{bmatrix} x' \\ y' \\ 1 \end{bmatrix} = \begin{bmatrix} a_0 & a_1 & a_2 \\ b_0 & b_1 & b_2 \\ 1 & 1 & 1 \end{bmatrix} \begin{bmatrix} x \\ y \\ 1 \end{bmatrix}$$

实现放射性变换（即平移、缩放、旋转和剪切）的变换矩阵，如表 4.3 所列。

表 4.3　放射性变换中变换矩阵T取值表

放射性变换类型	a_0	a_1	a_2	b_0	b_1	b_2
平移 Δ_x, Δ_y	1	0	Δ_x	0	1	Δ_y
缩放 $[s_x, s_y]$	s_x	0	0	0	s_y	0
逆时针旋转 θ 角度	$\cos\theta$	$\sin\theta$	0	$-\sin\theta$	$\cos\theta$	0
水平切变 sh_x	1	0	0	sh_x	1	0
垂直切变 sh_y	1	sh_y	0	0	1	0
整体切变 $[sh_x, sh_y]$	1	sh_y	0	sh_x	1	0

【例 4-26】 利用函数 imtransform()，实现图像的平移、缩放、旋转和剪切，其具体实现的 MATLAB 代码如下：

```
close all; clear all; clc;     %关闭所有图形窗口，清除工作空间所有变量，清空命令行
[I,map]=imread('peppers.png');                 %读入图像
Ta = maketform('affine', ...
[cosd(30) -sind(30) 0; sind(30) cosd(30) 0; 0 0 1]');  %创建旋转参数结构体
Ia = imtransform(I,Ta);                        %实现图像旋转
Tb = maketform('affine',[5 0 0; 0 10.5 0; 0 0 1]');%创建缩放参数结构体
Ib = imtransform(I,Tb);                        %实现图像缩放
xform = [1 0 55; 0 1 115; 0 0 1]';             %创建图像平移参数结构体
Tc = maketform('affine',xform);
Ic = imtransform(I,Tc, 'XData', ...            %进行图像平移
[1 (size(I,2)+xform(3,1))], 'YData', ...
[1 (size(I,1)+xform(3,2))],'FillValues', 255 );
Td = maketform('affine',[1 4 0; 2 1 0; 0 0 1]');
                                   %创建图像整体切变的参数结构体
Id = imtransform(I,Td,'FillValues', 255);    %实现图像整体切变
figure,                                        %显示结果
subplot(121),imshow(Ia),axis on;
subplot(122),imshow(Ib),axis on;
figure,
subplot(121),imshow(Ic),axis on;
subplot(122),imshow(Id),axis on;
```

程序执行，运行结果如图 4.29 所示。程序中，首先读入图像，然后结合函数 maketform() 和 imtransform()，按照表 4.3 给的参数对图像进行放射性变换，从而完成图像

的旋转、缩放、平移和切变。用户可仔细体会两个函数的用法，执行函数的其他调用形式实现图像的其他变换。

（a）图像的旋转　　　　　　　　　　　　（b）图像的缩放

（c）图像的平移　　　　　　　　　　　　（d）图像的切变

图 4.29　【例 4-26】运行结果

4.3　图像的邻域和块操作

图像的邻域操作和选取是 MATLAB 图像处理中常用的技术之一。本节主要介绍邻域操作和区域选取的相关函数及其 MATLAB 实现方法。

4.3.1　图像的邻域操作

图像的邻域操作是指输出图像的像素点取值决定于输入图像的某个像素点及其邻域

内的像素，通常像素点的邻域是一个远小于图像自身尺寸、形状规则的像素块，如 2×2 正方形、2×3 矩形，或近似圆形的多边形。邻域操作根据邻域的类型又可分为滑动邻域操作和分离邻域操作。

在 MATLAB 中，提供了几个实现邻域操作的函数，用户可直接调用这些函数实现各种操作。

1. 通用滑动邻域操作函数nlfilter()

❑ B=nlfilter(A,[m n],fun)：该函数中返回图像 B，它是输入灰度图像 A，按照尺寸为 $m×n$ 滑动领域，利用运算函数 fun 处理以后的结果。其中 fun 可以是向量平均值 mean、矩阵的平均值 mean2、方差向量 std、矩阵方差 std2、向量最小值 min、最大值 max、方差 var，也可以是用 inline 自定义函数。

❑ B = nlfilter(A, 'indexed',...)：该函数中返回图像 B，它是输入的索引图像 A 填充后的结果。如图像 A 的数据类型是浮点型，则用"1"填充；如果是逻辑型或者无符号整型，则用"0"填充。

2. 列方向邻域操作函数colfilt()

❑ B=colfilt(A,[m n],block_type,fun)：该函数中将输入图像 A，按照尺寸为 $m×n$ 块重新组合成一个临时列矩阵，利用函数 fun 对这个临时列矩阵进行处理，如果需要填充则用"0"对图像 A 进行填充。其中 block_type 是字符串，可以取'distinct'或'sliding'，取'distinct'按照分离邻域方式重新组合临时矩阵，处理后返回的矩阵大小必须和临时矩阵相同；取'sliding'表示按照滑动邻域方式重新组合临时矩阵，处理后返回一个行向量，向量中包含临时矩阵中每个行一个单一值。

❑ B=colfilt(A,[m n],[mblock nblock],block_type,fun)：该函数中的处理与上一种调用方式相同，其中[mblock nblock]说明块的存储方式不改变返回操作结果。

❑ B=colfilt(A,'indexed',...)：该函数中对索引图像 A 进行填充，如果是无符号整数则用"0"填充；如果是浮点数则用"1"填充。

3. 分离邻域操作函数blockproc()

❑ B=blockproc(A,[M N],fun)：该函数中对输入图像 A，采用尺寸 $m×n$ 分离块，利用运算函数 fun 处理，处理后的结果连接成输出图像 B。其中 fun 是函数句柄，该函数输入为结构体、返回矩阵、向量或变量。

❑ B=blockproc(src_filename,[M N],fun)：该函数中利用运算函数 fun 按照尺寸为 $m×n$ 块，同时读取和处理名为 src_filename 的图像。这个调用方式特别适合处理大图像，如果输出的矩阵 **B** 也很大，则该函数将处理后的结果直接写入名为 Destination 的文件中。

❑ blockproc(...,param,val,...)：该函数中按照参数 param 取值 val 对图像进行分离块处理。Param 及 var 取值可查阅 MATLAB 的 help 帮助文件。

【例 4-27】　利用函数 nlfilter()实现图像的邻域操作，其具体实现的 MATLAB 代码如下：

```
close all; clear all; clc;    %关闭所有图形窗口，清除工作空间所有变量，清空命令行
A=imread('cameraman.tif');    %读取图像
A1=im2double(A);              %数值类型转换
B1=nlfilter(A1,[4 4],'std2');       %对图像 A 利用滑动邻域操作函数进行处理
fun=@(x) max(x(:));               %对图像 A 利用滑动邻域操作函数进行处理
B2=nlfilter(A1,[3 3],fun);
B3=nlfilter(A1,[6 6],fun);
figure,                          %显示处理后的图像
subplot(131),imshow(B1) ;
subplot(132),imshow(B2);
subplot(133),imshow(B3);
```

程序执行，运行结果如图 4.30 所示。程序中，首先读入待处理图像，然后将无符号图像数据转换成浮点型数据，之后采用两种方式调用函数 nlfilter()，一种利用字符串'std2'，实现对图像 A 的方差运算，进行滑动的邻域块大小 4×4；另一种通过获取求向量最大值函数的句柄 max()，实现对图像 A 的滑动邻域最大值操作，同时比较邻域块大小不同对图像邻域操作产生的影响。

（a）方差运算的图像　　　（b）尺寸 3×3 的最大值运算图像　　　（c）尺寸 6×6 的最大值运算图像

图 4.30 【例 4-27】运行结果

【例 4-28】 利用函数 colfilt()实现图像的邻域操作，其具体实现的 MATLAB 代码如下：

```
close all; clear all; clc;   %关闭所有图形窗口，清除工作空间所有变量，清空命令行
I=imread('tire.tif');                        %输入图像
I1=im2double(I);                             %数值类型转换
f=@(x) min(x);
I2=colfilt(I1,[4 4],'sliding',f);   %按照滑动邻域方式对图像进行最小值邻域操作
m=2;n=2;
f=@(x) ones(m*n,1)*min(x);
I3=colfilt(I1,[m n],'distinct',f);
m=4;n=4;
f=@(x) ones(m*n,1)*min(x);
I4=colfilt(I1,[4 4],'distinct',f);
figure,                                     %显示原图像和处理后的图像
subplot(131),imshow(I2) ;
subplot(132),imshow(I3);
subplot(133),imshow(I4);
```

程序执行，运行结果如图 4.31 所示。程序中，首先读入图像，进行数值转换后，利用函数 colfilt()的一种调用方式 B=colfilt(A,[m n],block_type,fun)实现列方向的邻域操作。列举了 block_type 不同取值下，如何通过获取函数句柄方式实现邻域操作，在块尺寸相同情况

下，如 block_type 取值不同，邻域操作后的效果就不同；在 block_type 取值相同的情况下，如块尺寸不同，处理后的效果也不同，ones(m*n,1)*min(x)是求最小值函数，使用 ones(m*n,1)是把每个[m n]的图像变成一个列。用户应了解这些邻域操作的基本原理，然后根据需求选择合适的调用方式和参数。

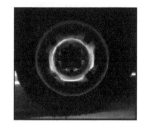 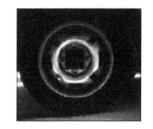 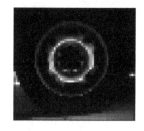

（a）最小值的邻域列处理图像　（b）尺寸 2×2 的最小值邻域列处理图像　（c）尺寸 4×4 的最小值邻域列处理图像

图 4.31　【例 4-28】运行结果

【例 4-29】　利用函数 blockproc()实现图像的分离块操作，其具体实现的 MATLAB 代码如下：

```
close all; clear all; clc;                    %关闭所有图形窗口，清除工作空间
                                                所有变量，清空命令行
I = imread('peppers.png');                    %输入图像
fun = @(block_struct) imrotate(block_struct.data,30);
                                              %获取分离块操作的函数句柄
I1 = blockproc(I,[64 64],fun);                %进行分离块操作
fun = @(block_struct) std2(block_struct.data); %获取分离块操作的函数句柄
I2 = blockproc(I,[32 32],fun);                %进行分离块操作
fun = @(block_struct) block_struct.data(:,:,[3 1 2]);
                                              %获取分离块操作的函数句柄
blockproc(I,[100 100],fun,'Destination','brg_peppers.tif');
                                              %进行分离块操作
figure,                                       %显示处理后的结果
subplot(131),imshow(I1);
subplot(132),imshow(I2,[]);
subplot(133),imshow('brg_peppers.tif');
```

程序执行，运行结果如图 4.32 所示。程序中，首先读入要进行块操作的图像 peppers，然后获取对图像进行旋转函数 imrotate()的句柄，然后对图像进行旋转的分离块操作，并显示结果；按同样的方法，对原图像进行方差的分离块操作及颜色 RGB 交换。

在【例 4-29】中涉及 MATLAB 中图像数据的 block 结构，这种 block 块结构体中的变量名有以下几个。

- ❑ block_struct.border：是一个两元素向量[V H]说明块数据的垂直和水平结构。
- ❑ block_struct.blockSize：是一个两元素向量[rows cols]说明块的尺寸。
- ❑ block_struct.data：是一个 $M×N$ 或者是 $M×N×P$ 的矩阵。
- ❑ block_struct.imageSize：是一个两元素向量[rows cols]说明输入图像大小。
- ❑ block_struct.location：是一个两元素向量[row col]说明输入图像的块数据中第一像素的位置。用户在对图像数据做块处理时可能会涉及这些变量名。【例 4-29】中对图像数据的调用采用的就是 block_struct.data。

（a）分离块操作的旋转图像　　　　（b）分离块操作的方差图像　　　（c）分离块操作的 RGB 交换后的图像

图 4.32　【例 4-29】运行结果

4.3.2　图像的区域选取

在进行图像处理过程中，用户通常选择感兴趣的区域进行相关操作，MATLAB 也提供了一些图像区域选择和操作的函数。

1. 多边形区域选择函数roipoly()

❑ BW=roipoly(I)：该函数中显示当前输入图像 I，并创建交互式多边形 ROI 区域选择工具与当前图像 I 相关。

❑ BW=roipoly(I,c,r)：该函数中根据 c 和 r 返回感兴趣的区域 ROI。其中，c 和 r 说明感兴趣的多边形每个顶点行列序号，c 和 r 两个向量大小相同。

❑ BW=roipoly(x,y,I,xi,yi)：该函数中根据向量 x 和 y 建立一个空间坐标系，根据 xi 和 yi 在 x 和 y 坐标系下定义的多边形顶点选择输入图像 I 的 ROI 区域。

❑ [BW,xi,yi]=roipoly(...)：该函数中返回 x 和 y 坐标系下感兴趣区域的顶点坐标 xi 和 yi。

2. 灰度ROI区域选择函数roicolor()

❑ BW=roicolor(A,low,high)：该函数中返回 ROI 区域，ROI 区域中像素颜色映射范围 [low high]，返回 BW 是一个二值图像，ROI 区域内为 1，ROI 区域外为 0。

❑ BW=roicolor(A,v)：该函数中返回 ROI 区域，ROI 区域中像素和向量 v 匹配，返回 BW 是一个二值图像，与向量 v 匹配的区域内值为 1，不匹配区域内值为 0。

3. 区域填充函数roifill()

❑ J=roifill(I)：该函数中显示输入图像 I，并创建交互式多边形区域填充工具与当前图像关联。

❑ J=roifill(I,c,r)：该函数中对向量 c 和 r 确定多边形区域进行填充，c 和 r 两个向量大小相同，其中第 k 个 ROI 区域顶点坐标为(r(k),c(k))。

❑ J=roifill(I,BW)：该函数中利用 BW 作为掩膜图像，填充输入图像 I 中对于掩膜图像非零位置。如果是多个区域的话，则分别处理。

❑ [J,BW]=roifill(...)：该函数中返回二进制掩膜图像确定 I 中哪些像素被填充。BW 是一个大小与输入图像 I 相同的二进制掩膜图像。

❑ J=roifill(x,y,I,xi,yi)：该函数中对 *x* 和 *y* 建立的坐标系下输入图像 I，在 xi 和 yi 描述顶点确定 ROI 区域进行填充。

4. 区域滤波函数roifilt2()

❑ J=roifilt2(h,I,BW)：该函数中对输入图像 I 利用二维线性滤波器 h 进行滤波，BW 为二值图像，大小与输入图像 I 相同，作为掩膜图像用于滤波。

❑ J=roifilt2(I,BW,fun)：该函数中利用函数 fun 处理输入图像 I 的数据，结果返回给 J，其中 BW 中对应像素为"1"的位置返回的是计算值，BW 中对应位置为"0"的返回输入图像 I 的相应位置值。

【例 4-30】　实现图像的区域选取和操作，其具体实现的 MATLAB 代码如下：

```
close all; clear all; clc;       %关闭所有图形窗口，清除工作空间所有变量，清空命令行
I=imread('pout.tif');            %输入原图像
BW1=roicolor(I,55,100);          %基于灰度图像 ROI 区域选取
c=[87 171 201 165 79 32 87];
r=[133 133 205 259 259 209 133]; %定义 ROI 顶点位置
BW=roipoly(I,c,r);               %根据 c 和 r 选择 ROI 区域
I1=roifill(I,BW);                %根据生成 BW 掩膜图像进行区域填充
h=fspecial('motion',20,45);      %创建 motion 滤波器并说明参数
I2=roifilt2(h,I,BW);             %进行区域滤波
figure,
subplot(121),imshow(BW1);        %显示处理结果
subplot(122),imshow(BW);         %显示 ROI 区域
figure,
subplot(121),imshow(I1);         %显示填充效果
subplot(122),imshow(I2);         %显示区域滤波效果
```

程序执行，运行结果如图 4.33 所示。程序中，先读入原始图像，然后调用函数 roicolor() 进行灰度区域选取，灰度范围为 55~100，用户可以自行调整根据需求；然后定义 ROI 区域的顶点坐标 *c* 和 *r*，利用函数 roipoly 选取多边形 ROI 区域，并返回二值的掩膜图像 BW，利用生成的掩膜图像 BW 对原输入图像进行灰度填充并显示结果；最后利用函数 roifilt2() 对 BW 掩膜图像提供的区域进行滤波。本例中用户除了体会 MATLAB 中对图像区域选取和操作的函数的基本调用格式外，还应该掌握它们的联合使用技巧。

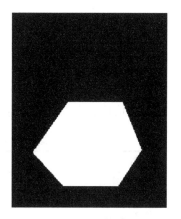

（a）ROI 处理结果　　　　　　　　　　　　（b）ROI 位置

（a）基于 ROI 的填充效果　　　　　　　　（b）基于 ROI 的滤波效果

图 4.33　【例 4-30】运行结果

4.4　本 章 小 结

本章详细地讲解了数字图像运算的 MATLAB 实现。首先介绍了以图像像素为操作单元的点运算、代数运算及逻辑运算；然后介绍了图像几何变换的 MATLAB 实现：先从 MATLAB 指令的方式介绍图像平移、镜像、缩放和转置，再介绍 MATLAB 中利用函数实现图像旋转、剪切及空间变换，最后介绍了图像邻域操作和区域选取。章节中都是以图像处理的目的为主题，先介绍实现原理，再介绍相关函数，最后辅以实例，从而达到帮助用户熟悉掌握的目的。

习　　题

1. 对图像的线性点变换，可以根据线性变换式（1）来实现：

$$y = c \cdot x + b$$

其中，x 表示原图像灰度值，y 表示变换后图像的灰度值，c 表示对输出图像的对比度控制系数，常数 b 表示对输出图像灰度的影响。对图 4.34 按照表格 4.4 进行灰度变换，分析不同常数 c 和 b 取值情况下的线性图像点变换对图像产生的影响。

表 4.4　习题 1 的参数取值

参 数 取 值	c	b
第 1 种组合	2	32
第 2 种组合	1	−56
第 3 种组合	0.3	0

图 4.34　习题 1 输入图像

2．用 MATLAB 编程实现分别将图像 eight.tif 逆时针旋转 35°及顺时针旋转 35°，其 MATLAB 如何实现？

3．读取任意一灰度图像，比较 X 和 Z 是否相同？并说明为什么？

X=imread('cameraman.tif');

Y=imresize(X, 0.5, 'nearest');

Z=imresize(Y,0.2, 'nearest');

4．运行下面 MATLAB 程序代码，说明程序作用：

```
I = imread('klcc_gray.png');
I2 = double(I);
tic
J = 5*sqrt(I2);
toc
O = uint8(J);
subplot(1,2,1), imshow(I),
subplot(1,2,2), imshow(O)
```

5．在 MATLAB 中编写一个图像的像素运算函数，实现的功能为：将输入图像的像素点 uint8 用原像素值的平方得到，说明

（1）如果为了实现原图像数据类型仍为 uint8 是否需要对其进行强制定义？为什么？

（2）通过该像素运算后图像是变亮了还是变暗了？为什么？

第 5 章　图像增强技术

本章所讲解的图像处理基本目的之一是改善图像质量，而改善图像最常用的技术是图像增强，图像增强的目的是为了改善图像的视觉效果，使图像更加清晰，便于人和计算机对图像进一步的分析和处理。图像增强按作用域可分为空域内处理和频域内处理，空域内处理是直接对图像进行处理；频域内处理是在图像的某个变换域内，对图像的变换系数进行运算，然后通过逆变换获得图像增强效果。本章将详细地介绍通过 MATLAB 如何进行图像的增强操作。

5.1　图像增强技术介绍

图像增强的主要目的是提高图像的质量和可辨识度，使图像更有利于观察或进一步分析处理。图像增强技术一般通过对图像的某些特征，例如边缘信息、轮廓信息和对比度等进行突出或增强，从而更好地显示图像的有用信息，提高图像的使用价值。图像增强技术是在一定标准下，处理后的图像比原图像效果更好。

传统的图像增强技术大多是基在空间域中对图像进行处理。空域处理方法非常简单，比较容易理解。空间域内的图像增强技术主要有灰度变换方法和直方图方法等。通过调节灰度图像的明暗对比度，灰度图像就变得更加清晰。灰度变换方法也是基于灰度图像的直方图的一种图像增强方法。直方图均衡化和规定化对于改善图像的质量有非常好的效果。此外，还可以对图像进行滤波，主要包括线性滤波和非线性滤波，其中非线性滤波又包括中值滤波、顺序统计滤波和自适应滤波等。

通过傅立叶变换可以将图像从空间域转换到频域，在频域进行滤波，然后再通过傅立叶反变换转换到空间域。频域滤波主要包括低频滤波、高频滤波、带阻滤波器和同态滤波等。

随着图像处理技术的发展，各种新方法不断出现。例如采用模糊技术和小波变换等进行图像的增强。每种方法都有各自的优缺点，没有一个方法可以完全取代其他方法。一个图像增强算法要做到对所有图像都有很好的增强效果非常的困难。

5.2　图像质量评价介绍

图像质量的基本含义是指人们对一幅图像视觉感受的评价。图像增强的目的就是为了改善图像显示的主观视觉质量。图像质量包含两方面的内容，一是图像的逼真度，即被评价图像与原标准图像的偏离程度；二是图像的可懂度，指图像能向人或机器提供信息的能力。目前为止，还没有找到一种和人的主观感受一致的客观、定量的图像质量评价方法。

图像质量评价方法分为两类，即主观评价和客观评价。主观评价方法就是直接利用人们自身的观察来对图像做出判断，其最具代表性的方法就是主观质量评分法，通过对测试者的评分来判断图像质量。它有两类度量尺度，绝对性尺度和比较性尺度。测试者根据规定的评价尺度，对测试图像按视觉效果给出图像等级，最后将所有测试者给出的等级进行归一化平均，得到评价结果。主观评价方法是最准确的表示人们视觉感受的方法。但主观评价方法缺乏稳定性，经常受实验条件，测试者的情绪、动机及疲劳程度等多种因素的影响。此外，主观评价方法费时费力，很难在实际工程应用中采用。

客观评价方法是用处理图像与原始图像的误差来衡量处理图像的质量。传统的质量评价基于一个思想，就是与标准图像的灰度差异越大测图像质量退化越严重。具有代表性的方法评价指标有均方误差（MSE），和峰值信噪比（PSNE）等。传统的质量评价计算简单，运算速度快，但不能很好地反应人的视觉特性。为了更好地逼近人的主观感受，一些新的图像质量评价方法开始参考人的视觉特性模型，例如，重视观察者感兴趣部位的质量评价方法等。

5.3　空域内的图像增强

空域内的图像增强就是调整灰度图像的明暗对比度，是对图像中各个像素的灰度值直接进行处理。常用的方法包括灰度变换增强和直方图增强。下面分别进行介绍。

5.3.1　灰度变换增强

灰度变换增强是在空间域内对图像进行增强的一种简单而有效的方法。灰度变换增强不改变原图像中像素的位置，只改变像素点的灰度值，并逐点进行，和周围的其他像素点无关。为了进行灰度变换，首先需要获取图像的直方图。在 MATLAB 中，可以通过编写程序获取灰度图像的直方图，也可以通过函数 imhist()获取灰度图像的直方图。函数 imhist()将会在本章的 5.3.2 节进行介绍。

【例 5-1】　通过程序获取灰度图像的直方图，其具体实现的 MATLAB 代码如下：

```
close all; clear all; clc;    %关闭所有图形窗口，清除工作空间所有变量，清空命令行
I=imread('pout.tif');         %读入图像
row=size(I,1);                %图像的行
column=size(I,2);             %图像的列
N=zeros(1, 256);
for i=1:row
    for j=1:column
        k=I(i, j);
        N(k+1)=N(k+1)+1;      %统计各个灰度值的像素数
    end
end
figure;
subplot(121); imshow(I);      %显示图像
```

```
subplot(122); bar(N);              %绘制直方图
axis tight;                        %设置坐标轴
```

在程序中计算灰度图像每个灰度值出现的次数，灰度值大小的范围是 0～255。程序运行后，输出结果如图 5.1 所示。图 5.1 的左图为灰度图像（pout.tif），右图为该灰度图像的直方图。通过直方图可以看出，该灰度图像的灰度值主要集中在 80～150 之间。

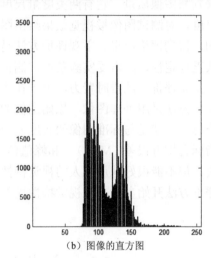

（a）原始图像　　　　　　　　　　　　　　（b）图像的直方图

图 5.1　编程获取图像的灰度直方图

由于图像 pout.tif 的灰度值主要集中在 80～150 之间，因此该图像比较模糊。如果将位于 80～150 之间的灰度值均匀的分布在 0～255 之间，图像会变得更加清晰。同时，需要将小于 80 的灰度值赋值为 0，大于 150 的灰度值赋值为 255。设位于 80～150 之间的灰度值为 x，0～255 之间的灰度值为 y，则 x 和 y 满足如下公式：

$$\frac{x-80}{150-x}=\frac{y-0}{255-y}$$

将该公式进行化简，得到 y 和 x 的关系如下：

$$y=\frac{255(x-80)}{150-80}=\frac{255(x-80)}{70}$$

【例 5-2】　通过程序调整灰度图像的灰度范围，其具体实现的 MATLAB 代码如下：

```
close all; clear all; clc;   %关闭所有图形窗口，清除工作空间所有变量，清空命令行
I=imread('pout.tif');        %读入图像
I=double(I);
J=(I-80)*255/70;             %灰度调整
row=size(I,1);               %图像的行
column=size(I,2);            %图像的列
for i=1:row
    for j=1:column
        if J(i, j)<0         %小于 0 的像素值赋值为 0
            J(i, j)=0;
        end
        if J(i, j)>255;      %大于 255 的像素值赋值为 255
            J(i, j)=255;
        end
    end
end
```

```
figure;
subplot(121); imshow(uint8(I));          %显示原始图像
subplot(122); imshow(uint8(J));          %显示结果
```

在程序中，对灰度图像 pout.tif 的灰度值进行了调整，将 80～150 的灰度值调整为 0～255。程序运行后，输出结果如图 5.2 所示。在图 5.2 中，左图为原始图像，右图为灰度调整后的图像，增强了该图像的明暗对比度，使图像变得更加清晰。在进行图像显示时，将图像的数据格式修改为 uint8 类型。

（a）原始图像　　　　　　　　　　　（b）图像的灰度调整

图 5.2　调整灰度图像的灰度范围

在 MATLAB 中，通过函数 imadjust()进行图像的灰度调整。该函数的调用格式如下。

❑ J=imadjust(I)：该函数对图像 I 进行灰度调整。

❑ J=imadjust(I, [low_in; high_in], [low_out; high_out])：该函数中[low_in; high_in]为原图像中要变换的灰度范围，[low_out; high_out]为变换后的灰度范围。

❑ J=imadjust(I, [low_in; high_in], [low_out; high_out], gamma)：该函数中参数 gamma 为映射的方式，默认值为 1，即线性映射。当 gamma 不等于 1 时为非线性映射。

❑ RGB2=imadjust(RGB1, …)：该函数对彩色图像的 RGB1 进行调整。

【例 5-3】　通过函数 imadjust()调整灰度范围，其具体实现的 MATLAB 代码如下：

```
close all; clear all; clc; %关闭所有图形窗口，清除工作空间所有变量，清空命令行
I=imread('pout.tif');        %读入图像
J=imadjust(I, [0.2 0.5], [0 1]);        %调整灰度值
figure;                      %显示结果
subplot(121); imshow(uint8(I));          %显示原始图像
subplot(122); imshow(uint8(J));          %显示结果图像
```

在程序中，通过函数 imadjust()调整灰度图像的灰度范围。灰度图像 pout.tif 的灰度范围为 0～255，将小于 255×0.2 的灰度值设置为 0，将大于 255×0.5 的灰度值设置为 255。程序运行后，输出结果如图 5.3 所示。在图 5.3 中，左图为原始图像，右图为进行灰度调整后的图像。函数 imadjust()中第三个参数[0, 1]可以省略，即默认为映射到 0～255。

（a）原始图像　　　　　　　　　　　　　（b）调整图像的灰度

图 5.3　通过函数 imadjust() 调整灰度值

【例 5-4】　通过函数 imadjust() 调整图像的亮度，其具体实现的 MATLAB 代码如下：

```matlab
close all; clear all; clc;    %关闭所有图形窗口，清除工作空间所有变量，清空命令行
I=imread('pout.tif');         %读入图像
J=imadjust(I, [0.1 0.5], [0, 1], 0.4);  %调整灰度和亮度
K=imadjust(I, [0.1, 0.5], [0, 1], 4);   %调整灰度和亮度
figure;
subplot(121); imshow(uint8(J));   %图像变亮
subplot(122); imshow(uint8(K));   %图像变暗
```

在程序中，通过函数 imadjust() 调整灰度图像的范围，将灰度值为 255×0.1 到 255×0.5 的灰度值调整为 0～255。程序运行后，输出结果如图 5.4 所示。通过参数 gamma 调整图像的亮度，如果 gamma 小于 1，会加强亮色值的输出，如图 5.4 左图所示。如果 gamma 大于 1，将会加强暗色值的输出，如图 5.4 右图所示。

（a）图像变亮　　　　　　　　　　　　　（b）图像变暗

图 5.4　通过函数 imadjust() 调整图像的亮度

函数 imadjust()不仅能够对灰度图像进行增强操作，还可以对彩色图像进行增强。利用函数 imadjust()进行彩色图像增强时，是对彩色图像的 RGB 值分别进行操作。

【例 5-5】 通过函数 imadjust()对彩色图像进行增强，其具体实现的 MATLAB 代码如下：

```
close all; clear all; clc;      %关闭所有图形窗口，清除工作空间所有变量，清空命令行
I=imread('football.jpg');      %读入图像
J=imadjust(I, [0.2 0.3 0; 0.6 0.7 1], []);      %对彩色图像进行增强
figure;
subplot(121); imshow(uint8(I));      %显示原始图像
subplot(122); imshow(uint8(J));      %显示结果图像
```

在程序中，首先读入灰度图像 football.jpg，然后通过函数 imadjust()对彩色图像的 RGB 值分别进行处理，如图 5.5 所示。在图 5.5 中，左图为原始图像，右图为进行色彩增强后的图像。

（a）原彩色图像　　　　　　　　　　　　　　（b）彩色图像的增强

图 5.5　对彩色图像进行增强

在 MATLAB 中还可以通过函数 brighten()改变灰度图像的亮度。在使用函数 brighten()改变图像的亮度时，通常放到图像函数 imshow()的后面。该函数的调用格式如下。

□　brighten(beta)：该函数改变图像的亮度，如果 beta 大于 0 小于 1，则图像变亮；如果 beta 小于 0 大于-1，则图像变暗。

□　brighten(h, beta)：该函数对句柄为 h 的图像进行操作。

【例 5-6】 通过函数 brighten()调整图像的亮度，其具体实现的 MATLAB 代码如下：

```
close all; clear all; clc;      %关闭所有图形窗口，清除工作空间所有变量，清空命令行
I=imread('cameraman.tif');      %读入图像
figure;
imshow(I);      %显示图像
brighten(0.6);      %图像变亮
figure;
imshow(I);      %显示图像
brighten(-0.6);      %图像变暗
```

在程序中，首先读入灰度图像 cameraman.tif，然后通过函数 brighten()改变该图像的亮度，如图 5.6 所示。在图 5.6 的左图中，图像变亮，图 5.6 的右图中，图像变暗。函数 brighten()只是改变了图像的显示效果，并没有实际改变图像的像素值。

（a）图像变亮

（b）图像变暗

图 5.6　通过函数 brighten() 改变图像的亮度

在利用函数 imadjust() 进行灰度图像增强时，可以采用函数 stretchlim() 计算灰度图像的最佳输入区间，即函数 imadjust(I, [low_in; high_in], [low_out; high_out]) 中的第 2 个参数。如果第 2 个参数为最佳输入区间，则图像的灰度对比度最大。函数 stretchlim() 的详细使用情况，读者可以查询 MATLAB 的帮助系统。

【例 5-7】通过函数 stretchlim() 和函数 imadjust() 进行图像增强，其具体实现的 MATLAB 代码如下：

```
close all; clear all; clc;    %关闭所有图形窗口，清除工作空间所有变量，清空命令行
I=imread('pout.tif');         %读入图像
M=stretchlim(I);              %获取最佳区间
J=imadjust(I, M, [ ]);        %调整灰度范围
figure;
subplot(121); imshow(uint8(I));        %显示原始图像
subplot(122); imshow(uint8(J));        %显示结果图像
```

在程序中，通过函数 stretchlim() 获取最佳的输入区间，然后通过函数 imadjust() 调整灰度范围，从而进行灰度图像的增强。程序运行后，输出结果如图 5.7 所示。在图 5.7 中，左图为原始图像，右图为增强后的图像。在进行灰度调整时，最佳的输入区间即变量 M 为 [0.3059, 0.6314]。

（a）原始图像

（b）调整图像的灰度范围

图 5.7　通过函数 stretchlim() 和函数 imadjust() 进行图像增强

在 MATLAB 中，可以通过函数 imcomplement()进行灰度图像的反转变换，将灰度值为 0 的像素值转换为 255，将灰度值为 255 的像素值转换为 0，将灰度值为 x 的像素值转换为 255-x。通过灰度反转，能够增强暗色背景下的白色或灰色细节信息。函数 imcomplement()的调用非常简单，读者可以查询 MATLAB 的帮助系统。

【例 5-8】通过函数 imcomplement()进行灰度图像的反转变换，其具体实现的 MATLAB 代码如下：

```
close all; clear all; clc;     %关闭所有图形窗口，清除工作空间所有变量，清空命令行
I=imread('glass.png');         %读入图像
J=imcomplement(I);             %灰度反转
figure;
subplot(121); imshow(uint8(I));              %显示原始图像
subplot(122); imshow(uint8(J));              %显示结果图像
```

在程序中，通过函数 imcomplement()进行灰度的反转变换。程序运行后，输出结果如图 5.8 所示。在图 5.8 中，左图为原始图像，右图为进行灰度反转后得到的图像。

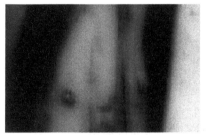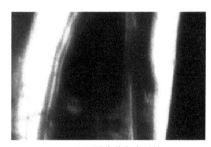

（a）原始图像　　　　　　　　　　　（b）图像的灰度反转

图 5.8　图像的反转操作

对于灰度图像，不仅可以进行线性变换，还可以进行非线性变换，例如对数变换和指数变换等。这里不再进行详细介绍。

5.3.2　直方图增强

图像的灰度直方图表示灰度图像中具有每种灰度像素的个数，反映了图像中每种灰度级出现的频率，是图像的基本统计特征之一。直方图均衡方法因为其有效性和简单性已成为图像对比度增强的最常用方法，其基本思想是根据输入图像的灰度概率分布来确定其对应的输出灰度值，通过扩展图像的动态范围达到提升图像对比度的目的。

直方图增强是以概率论为基础，常用的直方图调整方法包括直方图均衡化和直方图规定化两方面。

1. 直方图

数字图像处理中的直方图，也称为灰度级直方图，即一幅图像的灰度分布图，表示数字图像中每一灰度与该灰度级出现的频数之间的统计关系。直方图定义为：

$$P(r_k) = \frac{n_k}{N} \quad (k = 0, 1, 2, ..., L-1)$$

其中，n_k 为第 k 级灰度的像素数，N 为该图像的总像素数，r_k 为第 k 个灰度级，L 为灰度级数，$P(r_k)$ 为 r_k 灰度级出现的相对频数（归一化）。直方图中用横坐标表示各个灰度值，纵坐标表示该灰度值的像素数对整个图像的像素数的比率，对像素灰度值进行归一化处理，范围在 0 与 1 之间，直方图的形状和图像的视觉效果有着对应关系，所以可以通过变换直方图来增强图像。

在 MATLAB 的图像处理工具箱中，采用函数 imhist()计算和显示图象的直方图，该函数的调用非常简单，如下所示。

❏ imhist(I)：该函数绘制灰度图像 I 的直方图。

❏ imhist(I, n)：该函数指定灰度级的数目为 n，n 的默认值为 256。

❏ imhist(X, map)：该函数绘制索引图像 X 的直方图。

❏ [counts, x]=imhist(…)：该函数返回直方图的数据，通过函数 stem(x, counts)可以绘制直方图。

【例 5-9】　通过函数 imhist()计算和显示灰度图象的直方图，其具体实现的 MATLAB代码如下：

```
close all; clear all; clc;      %关闭所有图形窗口，清除工作空间所有变量，清空命令行
I=imread('pout.tif');           %读入图像
figure;
subplot(121); imshow(uint8(I));          %显示图像
subplot(122); imhist(I);                 %显示直方图
```

在程序中，通过函数 imhist()计算和显示灰度图像的直方图。程序执行后，输出结果如图 5.9 所示。在图 5.9 中，左图为原始灰度图像，右图为该灰度图像的直方图。由直方图可以看出，该灰度图像的灰度集中在一个较窄的范围内，因此该图像比较模糊，对比度不高。

（a）原始图像

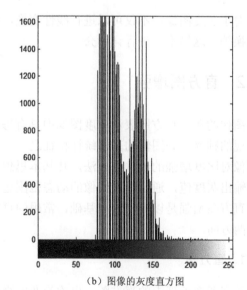

（b）图像的灰度直方图

图 5.9　灰度图像的直方图

对于 RGB 彩色图像，如果把图像分解为 R、G 和 B 这 3 个分量，每个分解后的二维

图像都可以看作为一个灰度图像。因此可以通过函数 imhist() 求解每个分量的直方图。

【例 5-10】 通过函数 imhist() 计算 RGB 彩色图像的颜色直方图, 其具体实现的 MATLAB 代码如下:

```
close all; clear all; clc;    %关闭所有图形窗口，清除工作空间所有变量，清空命令行
I=imread('onion.png');        %读入 RGB 彩色图像
figure;
subplot(141); imshow(uint8(I));       %显示图像
subplot(142); imhist(I(:,:,1));       %计算 R 分量的直方图
title('R');
subplot(143); imhist(I(:,:,2));       %计算 G 分量的直方图
title('G');
subplot(144); imhist(I(:,:,3));       %计算 B 分量的直方图
title('B');
```

在程序中, 通过函数 imread() 读入 RGB 彩色图像, 然后通过函数 imhist() 计算每个颜色分量的直方图。程序执行后, 输出结果如图 5.10 所示。在图 5.10 中, 最左侧的图为原始彩色图像, 然后依次是 R、G 和 B 这 3 个颜色分量的直方图。

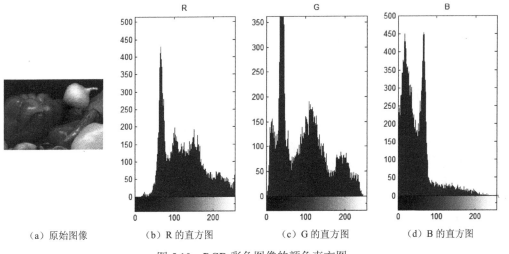

（a）原始图像　　　　（b）R 的直方图　　　　（c）G 的直方图　　　　（d）B 的直方图

图 5.10　RGB 彩色图像的颜色直方图

HSV 是另外一种非常重要的彩色图像表示形式, 也是由 3 个矩阵表示的彩色图像, 分别是图像的色调、饱和度和颜色值。下面通过函数 imhist() 计算彩色图像的 HSV 分量直方图。

【例 5-11】通过函数 imhist() 计算彩色图像的 HSV 分量直方图, 其具体实现的 MATLAB 代码如下:

```
close all; clear all; clc;    %关闭所有图形窗口，清除工作空间所有变量，清空命令行
I=imread('football.jpg');     %读入图像
J=rgb2hsv(I);                 %RGB 图像转换为 HSV 图像
figure;
subplot(141); imshow(uint8(I));       %显示图像
subplot(142); imhist(J(:,:,1));       %计算 H 分量的直方图
title('H');
subplot(143); imhist(J(:,:,2));       %计算 S 分量的直方图
title('S');
subplot(144); imhist(J(:,:,3));       %计算 V 分量的直方图
title('V');
```

在程序中，通过函数 imread() 读入 RGB 彩色图像，然后通过函数 rgb2hsv() 将 RGB 图像转换为 HSV 图像，并通过函数 imhist() 计算 HSV 分量的直方图。程序执行后，输出结果如图 5.11 所示。在图 5.11 中，最左侧的图为原始彩色图像，然后依次是 H、S 和 V 这 3 个分量的直方图。

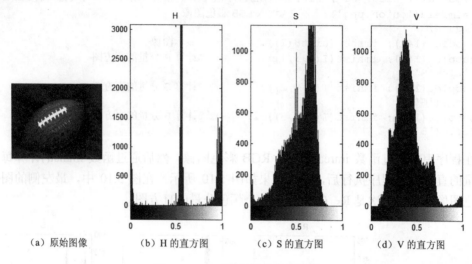

（a）原始图像　　（b）H 的直方图　　（c）S 的直方图　　（d）V 的直方图

图 5.11　HSV 彩色图像的直方图

2. 直方图均衡化

直方图均衡化是一种利用灰度变换自动调节图像对比度质量的方法，基本思想是通过灰度级的概率密度函数求出灰度变换函数，它是一种以累计分布函数变换法为基础的直方图修正法。变换函数 $T(r)$ 与原图像概率密度函数 $p_r(r)$ 之间的关系为：

$$s = T(r) = \int_0^r p_r(r)dr \qquad (0 \leqslant r \leqslant 1)$$

其中 $T(r)$ 要满足 $0 \leqslant T(r) \leqslant 1$。

以上是以连续随机变量为基础的，应用于数字图像处理中的离散形式为：

$$s_k = T(r_k) = \sum_{i=0}^{k} \frac{n_i}{N} = \sum_{i=0}^{k} p_r(r_j) \qquad (0 \leqslant r_j \leqslant 1 \quad k = 0,1,2,...,L-1)$$

直方图均衡化处理的步骤如下：

（1）求出给定待处理图像的直方图 $p_r(r)$。

（2）利用累计分布函数对原图像的统计直方图做变换，得到新的图像灰度。

（3）进行近似处理，将新灰度代替旧灰度，同时将灰度值相等或近似的每个灰度直方图合并在一起，得到 $p_s(s)$。

在 MATLAB 图像处理工具箱中提供了函数 histeq() 进行直方图均衡化处理，其具体的调用方如下。

❑ J=histeq(I,n)：该函数中 I 为输入的原图像，J 为直方图均衡化后得到的图像，n 为均衡化后的灰度级数，默认值为 64。

直方图均衡化操作是对图像直方图进行处理，使得处理后的直方图为平坦形状。函数 histeq() 不仅能够对灰度图像进行直方图均衡化，还可以对索引图像进行直方图均衡化。

【例 5-12】　通过函数 histeq()对图像进行直方图均衡化处理，其具体实现的 MATLAB
代码如下：

```
close all; clear all; clc;  %关闭所有图形窗口，清除工作空间所有变量，清空命令行
I=imread('tire.tif');        %读入图像
J=histeq(I);                 %直方图均衡化
figure;
subplot(121); imshow(uint8(I));     %显示原始图像
subplot(122); imshow(uint8(J));     %显示结果图像
figure;
subplot(121); imhist(I, 64);        %原图像的直方图
subplot(122); imhist(J, 64);        %均衡化后的直方图
```

在程序中，通过函数 histeq()对灰度图像进行直方图均衡化处理，通过函数 imhist()显
示图像的直方图。程序执行后，运行结果如图 5.12 和图 5.13 所示。在图 5.12 中，左图为
原始灰度图像，右图为直方图均衡化后的灰度图像，可以看到图像变得更加清晰，能够看
到更多的细节信息。在图 5.13 中，左图为原始灰度图像的直方图，右图为直方图均衡化后
的直方图，经过处理后直方图的分布更加均匀。在计算直方图时，灰度级设置为 64。

（a）原始图像　　　　　　　　　　　　　（b）图像的直方图均衡化

图 5.12　直方图均衡化

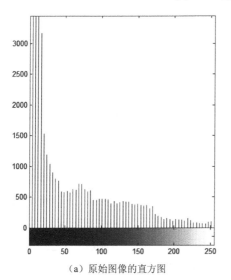 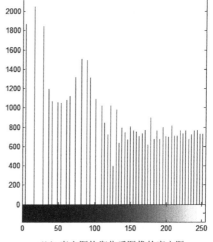

（a）原始图像的直方图　　　　　　　　　（b）直方图均衡化后图像的直方图

图 5.13　图像的直方图

3．直方图规定化

直方图均衡化所产生的直方图是近似均匀的，但有时为了对图像中某些灰度级加以增强，从而得到具有特定的直方图图像，由此产生了直方图规定化处理。直方图规定化是对图像的直方图进行处理，使得处理后的图像直方图的形状逼近用户希望的直方图。通过一个指定的函数或用交互方式产生一个特定的直方图，根据这个直方图确定一个灰度级变换 $T(r)$，使由 T 产生的新图像的直方图符合指定的直方图。基本思路是：设 $\{r_k\}$ 是原图像的灰度，$\{z_k\}$ 是符合指定直方图结果图像的灰度，直方图规定化的目的是找到一个灰度级变换 H，有 $z = H(r)$。直方图规定化的基本步骤如下。

（1）对 $\{r_k\}$ 和 $\{z_k\}$ 分别做直方图均衡化：$s = T(r)$，$v = G(z)$。

（2）求 G 变换的逆变换：$z = G^{-1}(v)$。

（3）因 s 和 v 的直方图都是常量，用 s 替代 v 进行上述逆变换：$z = G^{-1}(s)$。

（4）通过 T 和 G^{-1} 求出符合变换 H。

（5）用 H 对图像做灰度级变换。

在 MATLAB 软件中函数 histeq() 还可以进行直方图规定化处理，其具体的调用方法如下。

❑ J=histeq(I,hgram)：该函数中 I 为输入的原始图像，hgram 为一个整数向量，表示用户希望的直方图形状，该向量的长度与最后规定的效果有密切关系，向量越短，最后得到的直方图越接近用户希望的直方图。J 为进行直方图规定化后得到的灰度图像。

【例 5-13】　通过函数 histeq() 对图像进行直方图规定化，其具体实现的 MATLAB 代码如下：

```
close all; clear all; clc;    %关闭所有图形窗口，清除工作空间所有变量，清空命令行
I=imread('tire.tif');         %读入图像
hgram=ones(1, 256);
J=histeq(I, hgram);           %直方图规定化
figure;
subplot(121); imshow(uint8(J));    %显示图像
subplot(122); imhist(J);           %显示直方图
```

在程序中，通过函数 histeq() 进行直方图规定化处理，程序运行后，输出结果如图 5.14 所示。在图 5.14 中，左图为直方图规定化后得到的灰度图像，右图为直方图规定化后图像的直方图。

通过直方图进行灰度图像的增强有两点不足：一是处理后的图像灰度级有所减少，致使某些细节消失；二是某些图像，如直方图有高峰等，经处理后其对比度易产生不自然的过分增强。例如，有些卫星图像或医学图像因灰度分布过度集中，在对此类图像进行直方图均衡化处理时，其结果往往会出现过亮或过暗现象，达不到增强视觉效果的目的。此外，对于图像的有限灰度级，量化误差也经常引起信息丢失，导致一些敏感的边缘因与相邻像素点的合并而消失，这是直方图修正增强无法避免的问题。

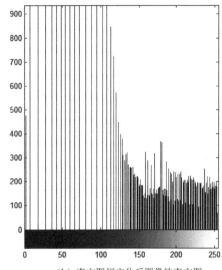

（a）图像的直方图规定化　　　　　　　　　（b）直方图规定化后图像的直方图

图 5.14　图像的直方图规定化

5.4　图像的统计特性

在 MATLAB 中，灰度图像是一个二维矩阵，RGB 彩色图像是三维矩阵。图像作为矩阵，可以计算其平均值、方差和相关系数等统计特征。

5.4.1　图像均值

在 MATLAB 中，采用函数 mean2() 计算矩阵的均值。对于灰度图像，图像数据是二维矩阵，可以通过函数 mean2() 计算图像的平均灰度值。对于 RGB 彩色图像数据 I，mean2(I) 得到所有颜色值的平均值。如果要计算 RGB 彩色图像每种颜色的平均值，例如红色的平均值，可以采用 mean2(I(:, :, 1))。

【例 5-14】　通过函数 mean2() 计算灰度和彩色图像的平均值，其具体实现的 MATLAB 代码如下：

```
close all; clear all; clc;      %关闭所有图形窗口，清除工作空间所有变量，清空命令行
I=imread('onion.png');          %读入图像
J=rgb2gray(I);                  %RGB 转换为灰度图像
gray=mean2(J)                   %灰度图像的均值
rgb=mean2(I)                    %RGB 图像的均值
r=mean2(I(:, :, 1))            %红色
g=mean2(I(:, :, 2))            %绿色
b=mean2(I(:, :, 3))            %蓝色
figure;
subplot(121); imshow(uint8(I));     %显示原图像
subplot(122); imshow(uint8(J));     %显示结果图像
```

在程序中，通过函数 rgb2gray() 将 RGB 彩色图像转换为灰度图像。然后通过函数 mean2() 计算灰度图像和彩色图像的平均值。程序运行后，在命令行窗口的输出结果如下所示。

```
gray =
  100.6817
rgb =
   91.7928
r =
  137.3282
g =
   92.7850
b =
   45.2651
```

程序运行后，输出结果如图 5.15 所示。在图 5.15 中，左图为 RGB 彩色图像，右图为转换成的灰度图像。在彩色图像中，红色的平均值为 137.3282，绿色的平均值为 92.7850，蓝色的平均值为 45.2651，这些数据和实际的图像完全相符，红色和绿色成分比较多，蓝色成分比较少。

（a）彩色图像　　　　　　　　　　　　　　　　　（b）灰度图像

图 5.15　RGB 彩色图像和灰度图像的平均值

5.4.2　图像的标准差

对于向量 x_i，其中 $i = 1, 2, \cdots, n$，其标准差为：

$$s = \sqrt{\frac{1}{n-1} \sum_{i=1}^{n} (x_i - x)^2}$$

其中 $x = \dfrac{1}{n} \sum_{i=1}^{n} x_i$，该向量的长度为 n。

在 MATLAB 软件中，采用函数 std() 计算向量的标准差，通过函数 std2() 计算矩阵的标准差。灰度图像的像素为二维矩阵 A，则该图像的标准差为 std2(A)。关于函数 std() 和函数 std2() 的详细使用情况，读者可以查阅 MATLAB 的帮助系统。

【例 5-15】　计算灰度图像的标准差，其具体实现的 MATLAB 代码如下：

```
close all; clear all; clc;    %关闭所有图形窗口，清除工作空间所有变量，清空命令行
I=imread('pout.tif');          %读入图像
s1=std2(I)                      %计算标准差
```

```
J=histeq(I);                %直方图均衡化
s2=std2(J)                  %计算标准差
```

程序运行后，输出结果如下所示。

```
s1 =
   23.1811
s2 =
   74.7572
```

在程序中，读入灰度图像 pout.tif，通过函数 std2()计算该灰度图像的标准差，然后对该灰度图像进行直方图均衡化处理，再计算处理后的图像的标准差。该灰度图像经过直方图均衡化处理后，明暗对比度增加，图像变得更加清晰，其标准差也变大了。

5.4.3　图像的相关系数

灰度图像的像素为二维矩阵。两个大小相等的二维矩阵，可以计算其相关系数，其公式如下：

$$r = \frac{\sum_m \sum_n (A_{mn} - \overline{A})(B_{mn} - \overline{B})}{\sqrt{\left(\sum_m \sum_n (A_{mn} - \overline{A})^2\right)\left(\sum_m \sum_n (B_{mn} - \overline{B})^2\right)}}$$

其中 A_{mn} 和 B_{mn} 为大小为 m 行 n 列的灰度图像，$\overline{A}$ 为 mean2(A)，$\overline{B}$ 为 mean2(B)。

在 MATLAB 软件中，采用函数 corr2()计算两个灰度图像的相关系数，该函数的调用格式如下。

❑ r=corr2(A, B)：其中 A 和 B 为大小相等的二维矩阵，r 为两个矩阵的相关系数。

【例 5-16】　计算两个灰度图像的相关系数，其具体实现的 MATLAB 代码如下：

```
close all; clear all; clc;   %关闭所有图形窗口，清除工作空间所有变量，清空命令行
I=imread('pout.tif');        %读入图像
J=medfilt2(I);               %中值滤波
r=corr2(I, J)                %计算相关系数
figure;
subplot(121); imshow(I);     %显示原图像
subplot(122); imshow(J);     %显示结果图像
```

程序运行后，在命令行窗口的输出结果为：

```
r =
    0.9959
```

在程序中，读入灰度图像 pout.tif，然后通过函数 medfilt2()对该灰度图像进行二维中值滤波，通过函数 corr2()计算滤波前和滤波后两幅图像的相关系数。程序运行后，输出结果如图 5.16 所示。在图 5.16 中，左图为原始图像，右图为二维中值滤波后得到的图像。这两幅图像的相关系数为 0.9959，相似度非常高。

（a）原始图像　　　　　　　　　　　　　　（b）图像的中值滤波

图 5.16　通过函数 corr2()计算两幅图像的相关系数

5.4.4　图像的等高线

在 MATLAB 软件中，通过函数 imcontour()可以绘制灰度图像的等高线。该函数的简单调用格式如下。

❑ imcontour(I)：该函数中 I 为灰度图像的二维数据矩阵，绘制灰度图像的等高线。

❑ imcontour(I, n)：该函数设置等高线的条数为 n，如果不指定 n，该函数会自动选取 n。

【例 5-17】 通过函数 imcontour()计算灰度图像的等高线，其具体实现的 MATLAB 代码如下：

```
close all; clear all; clc;  %关闭所有图形窗口，清除工作空间所有变量，清空命令行
I=imread('peppers.png');    %读入 RGB 彩色图像
J=rgb2gray(I);              %转换为灰度图像
figure;
subplot(121); imshow(J);    %显示原图像
subplot(122); imcontour(J,3);  %显示等高线
```

在程序中，读入 RGB 彩色图像，然后通过函数 rgb2gray()转换为灰度图像，通过函数 imcontour()绘制该灰度图像的等高线。程序运行后，如图 5.17 所示。在图 5.17 中，左图为灰度图像，右图为该灰度图像的等高线。

 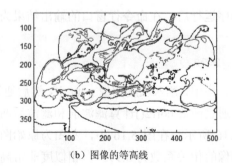

（a）原始图像　　　　　　　　　　　　　（b）图像的等高线

图 5.17　灰度图像的等高线

5.5　空　域　滤　波

空域滤波是空域图像增强的常用方法。空域滤波是对图像中每个像素为中心的邻域进行一系列的运算，然后将得到的结果代替原来的像素值。空域滤波分为线性空域滤波和非线性空域滤波。下面分别进行介绍。

5.5.1　线性空域滤波

线性平均滤波是一种最常用的线性空域滤波。线性平均滤波实际是一种低通滤波，信号的低频部分通过，阻止高频部分通过。由于图像的边缘处于高频部分，因此线性平均滤波后，会造成图像边缘的模糊。

在进行线性平均滤波时，常用的模板大小为 3×3，如下所示。

$$T = \frac{1}{5} \begin{bmatrix} 0 & 1 & 0 \\ 1 & 1 & 1 \\ 0 & 1 & 0 \end{bmatrix}$$

对应的函数表达式为：

$$f'(x,y) = \frac{1}{5} \big[f(x, y-1) + f(x-1, y) + f(x, y) + f(x+1, y) + f(x, y+1) \big]$$

在进行图像的滤波时，可以采用模板和图像的邻域相卷积的方法，采用函数 imfilter() 进行。关于函数 imfilter() 的详细调用情况，读者可以查询 MATLAB 的帮助系统。

【例 5-18】　通过函数 imfilter() 对图像进行平滑，其具体实现的 MATLAB 代码如下：

```
close all; clear all; clc;        %关闭所有图形窗口，清除工作空间所有变量，清空命令行
I=imread('coins.png');            %读入图像
J=imnoise(I, 'salt & pepper', 0.02);   %添加噪声
h=ones(3,3)/5;                    %建立模板
h(1,1)=0;   h(1,3)=0;
h(3,1)=0;   h(1,3)=0;
K=imfilter(J, h);                 %图像的滤波
figure;
subplot(131); imshow(I);          %显示原始图像
subplot(132); imshow(J);          %显示添加噪声后的图像
subplot(133); imshow(K);          %显示滤波结果
```

在程序中，读入灰度图像，然后通过函数 imnoise() 给图像添加椒盐噪声，然后建立线性滤波模板，最后通过函数 imfilter() 对添加噪声后的图像进行平滑滤波。程序运行后，输出结果如图 5.18 所示。在图 5.18 中，左图为原始图像，中间的图为添加椒盐噪声后的图像，右图为滤波后得到的图像。

在进行图像滤波时，还可以采用如下 3×3 的模板：

$$T = \frac{1}{9} \begin{bmatrix} 1 & 1 & 1 \\ 1 & 1 & 1 \\ 1 & 1 & 1 \end{bmatrix}$$

（a）原始图像　　　　　　　　（b）添加椒盐噪声后的图像　　　　　（c）图像的滤波

图 5.18　通过函数 imfilter() 对图像进行滤波

点 (m,n) 位于 3×3 的模板中心，则该点像素值的公式为：

$$\overline{f}(m,n) = \frac{1}{9}\sum_{i=-1}^{1}\sum_{j=-1}^{1}f(m+i,n+j)$$

在进行图像滤波时，实际上是进行卷积计算。在 MATLAB 软件中，可以采用函数 conv2() 进行二维卷积计算。该函数的详细调用情况，读者可以查询 MATLAB 的帮助系统。

【例 5-19】　通过函数 conv2() 对图像进行平滑，其具体实现的 MATLAB 代码如下：

```
close all; clear all; clc;    %关闭所有图形窗口，清除工作空间所有变量，清空命令行
I=imread('rice.png');                   %读入图像
I=im2double(I);
J=imnoise(I, 'gaussian', 0, 0.01);      %添加噪声
h=ones(3,3)/9;                          %产生模板
K=conv2(J, h);                          %通过卷积进行滤波
figure;
subplot(131); imshow(I);                %显示原始图像
subplot(132); imshow(J);                %显示添加噪声后的图像
subplot(133); imshow(K);                %显示滤波结果图像
```

在程序中，读入灰度图像，接着通过函数 imnoise() 给图像添加高斯噪声，并建立滤波模板，最后通过函数 conv2() 对添加噪声后的图像进行平滑滤波。程序运行后，输出结果如图 5.19 所示。在图 5.19 中，左图为原始图像，中间的图为添加椒盐噪声后的图像，右图为滤波后得到的图像。

（a）原始图像　　　　　　　　（b）添加高斯噪声后的图像　　　　　（c）图像的平滑滤波

图 5.19　通过函数 conv2() 进行平滑滤波

在 MATLAB 软件中，还可以通过函数 filter2() 进行二维线性数字滤波，采用函数 fspecial() 产生滤波器模板。下面通过一个例子程序介绍采用不同的滤波模板进行图像的平滑滤波。

【例 5-20】 通过函数 conv2() 对图像进行平滑滤波，其具体实现的 MATLAB 代码如下：

```
close all; clear all; clc;      %关闭所有图形窗口，清除工作空间所有变量，清空命令行
I=imread('coins.png');          %读入图像
I=im2double(I);
J=imnoise(I, 'salt & pepper', 0.02);   %添加噪声
h1=fspecial('average', 3);      %3×3 模板
h2=fspecial('average', 5);      %5×5 模板
K1=filter2(h1, J);              %滤波
K2=filter2(h2, J);              %滤波
figure;
subplot(131); imshow(J);        %显示图像
subplot(132); imshow(K1);       %滤波结果
subplot(133); imshow(K2);       %滤波结果
```

在程序中，读入灰度图像，接着通过函数 imnoise() 给图像添加椒盐噪声，通过函数 fspecial() 建立大小为 3×3 和 5×5 的模板，最后通过函数 filter2() 对图像进行平滑滤波。程序运行后，输出结果如图 5.20 所示。在图 5.20 中，左图为添加噪声后的图像，中间的图为采用 3×3 的模板进行滤波后的结果，右图为采用 5×5 的模板进行滤波后得到的图像。

  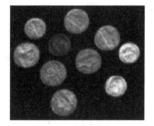

（a）带有椒盐噪声的图像　　　　　（b）3×3 模板滤波　　　　　（c）5×5 模板滤波

图 5.20　采用不同大小的模板进行滤波

5.5.2　非线性空域滤波

非线性空域滤波主要包括中值滤波、顺序统计滤波和自适应滤波等。中值滤波是一种保护边缘的非线性图像平滑方法，在图像增强中应用非常广泛。下面首先介绍一维中值滤波。对于一维数据 $x_1, x_2, \cdots, x_n$，按照从大到小的顺序进行排列，$x_1' < x_2' < \cdots < x_n'$，则：

$$y = \mathrm{Med}(x_1, x_2, \cdots, x_n) = \begin{cases} x_n', & \text{n is odd} \\ \dfrac{1}{2}\left[x_{\frac{n}{2}}' + x_{\frac{n}{2}+1}' \right] & \text{n is even} \end{cases}$$

二维中值滤波用于图像的增强。中值滤波可以去除图像中的椒盐噪声，平滑效果优于均值滤波，在抑制噪声的同时还能够保持图像的边缘清晰。在 MATLAB 软件中，采用函数 medfilt2() 进行图像的二维中值滤波。

【例 5-21】 通过函数 medfilt2() 对图像进行中值滤波，其具体实现的 MATLAB 代码如下：

```
close all; clear all; clc;   %关闭所有图形窗口，清除工作空间所有变量，清空命令行
I=imread('coins.png');       %读入图像
I=im2double(I);
J=imnoise(I, 'salt & pepper', 0.03);   %添加噪声
K=medfilt2(J);                         %中值滤波
```

```
figure;
subplot(131); imshow(I);                    %显示原始图像
subplot(132); imshow(J);                    %显示添加噪声后的图像
subplot(133); imshow(K);                    %显示滤波后的图像
```

在程序中，首先读入灰度图像，接着通过函数 imnoise()给图像添加椒盐噪声，通过函数 medfilt2()进行中值滤波。程序运行后，输出结果如图 5.21 所示。在图 5.21 中，左图为原始图像，中间的图为添加噪声后的图像，右图为采用中值滤波进行滤波后得到的图像。由实验结果可知，中值滤波非常适合去除椒盐噪声，取得了非常好的滤波效果。

　　（a）原始图像　　　　　　　（b）添加椒盐噪声后的图像　　　　　　（c）图像的中值滤波

图 5.21　图像的中值滤波

在 MATLAB 软件中，采用函数 ordfilt2()进行排序滤波。函数 medfilt2()进行滤波时，选取的是排序后的中值。函数 ordfilt2()进行滤波时，可以通过模板来选择排序后的某个值作为输出。当函数 ordfilt2()的调用形式为 J=ordfilt2(I, median(1:m*n), [m, n])时，相当于中值滤波。

【例 5-22】 通过函数 ordfilt2()对图像进行排序滤波，其具体实现的 MATLAB 代码如下：

```
close all; clear all; clc; %关闭所有图形窗口，清除工作空间所有变量，清空命令行
I=imread('coins.png');        %读入图像
I=im2double(I);
J1=ordfilt2(I, 1, true(5));    %排序滤波
J2=ordfilt2(I, 25, true(5));   %排序滤波
figure;
subplot(131); imshow(I);       %显示原始图像
subplot(132); imshow(J1);      %显示排序后第 1 个作为输出的结果
subplot(133); imshow(J2);      %显示排序后第 25 个作为输出的结果
```

在程序中，读入灰度图像，通过函数 ordfilt2()进行排序滤波，采用的模板大小是 5×5。程序运行后，输出结果如图 5.22 所示。在图 5.22 中，左图为原始图像，中间的图为排序时选择最小的值作为输出得到的图像，右图为排序后选择最大值作为输出得到的图像。

 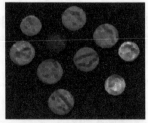 

　　（a）原始图像　　　　　　　　（b）排序滤波时取最小值　　　　　　（c）排序滤波时取最大值

图 5.22　图像的排序滤波

在 MATLAB 软件中，函数 wiener2() 根据图像的噪声进行自适应滤波。该函数根据图像的局部方差来调整滤波器的输出。当局部方差大时，滤波器的平滑效果较弱；当局部方差小时，滤波器的平滑效果强。

【例 5-23】　通过函数 wiener2() 对图像进行自适应滤波，其具体实现的 MATLAB 代码如下：

```
close all; clear all; clc;   %关闭所有图形窗口，清除工作空间所有变量，清空命令行
I=imread('coins.png');        %读入图像
I=im2double(I);
J=imnoise(I, 'gaussian', 0, 0.01);      %添加高斯噪声
K=wiener2(J, [5 5]);          %自适应滤波
figure;
subplot(131); imshow(I);      %显示原始图像
subplot(132); imshow(J);      %显示噪声图像
subplot(133); imshow(K);      %显示滤波后的图像
```

在程序中，读入灰度图像，通过函数 imnoise() 给图像添加高斯噪声，通过函数 wiener2() 对噪声图像进行自适应滤波。程序运行后，输出结果如图 5.23 所示。在图 5.23 中，左图为原始图像，中间的图为添加高斯噪声后得到的图像，右图为对图像进行自适应滤波后得到的图像。

(a) 原始图像　　　　　　　(b) 添加高斯噪声后的图像　　　　　(c) 图像的自适应滤波

图 5.23　图像的自适应滤波

对于模糊的图像，通过锐化滤波器能够补偿图像的轮廓，让图像变得清晰。锐化滤波器常用拉普拉斯算子。拉普拉斯算子比较适合用于改善因为光线的漫反射造成的图像模糊。离散函数的拉普拉斯算子公式为：

$$\nabla^2 f(i,j) = f(i+1,j) + f(i-1,j) + f(i,j+1) + f(i,j-1) + -4f(i,j)$$

对应的滤波模板如下。

$$H = \begin{bmatrix} 0 & 1 & 0 \\ 1 & -4 & 1 \\ 0 & 1 & 0 \end{bmatrix}$$

【例 5-24】　通过拉普拉斯算子对图像进行锐化滤波，其具体实现的 MATLAB 代码如下：

```
close all; clear all; clc;   %关闭所有图形窗口，清除工作空间所有变量，清空命令行
I=imread('rice.png');         %读入图像
I=im2double(I);
h=[0,1,0; 1, -4, 1; 0, 1, 0];      %拉普拉斯算子
J=conv2(I, h, 'same');        %卷积
```

```
K=I-J;
figure;
subplot(121); imshow(I);              %显示原图像
subplot(122); imshow(K);              %显示结果图像
```

在程序中，读入灰度图像，建立拉普拉斯算子，然后利用函数 conv2()通过卷积对图像进行锐化滤波。程序运行后，输出结果如图 5.24 所示。在图 5.24 中，左图为原始图像，比较模糊，右图为进行锐化滤波后得到的图像，图像的边缘部分得到了增强，使边缘更加清晰。

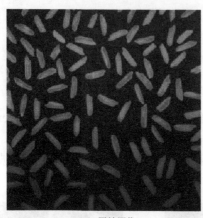 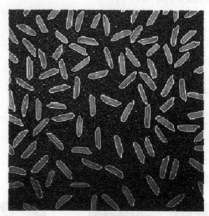

（a）原始图像　　　　　　　　　　　　　　　　　　（b）图像的锐化滤波

图 5.24　通过拉普拉斯算子进行锐化滤波

5.6　频　域　滤　波

频率域图像增强首先通过傅立叶变换将图像从空间域转换为频率域，然后在频率域内对图像进行处理，最后通过傅立叶反变换转换到空间域。频率域内的图像增强通常包括低通滤波、高通滤波和同态滤波等。

设 $f(x,y)$ 为原始图像函数，$h(x,y)$ 为滤波器脉冲响应函数，则空域内的滤波是基于卷积运算的，如下所示。

$$g(x,y) = f(x,y) * h(x,y)$$

其中 $h(x,y)$ 可以是低通或高通滤波，$g(x,y)$ 为空域滤波的输出图像函数。根据卷积定理，上式的傅立叶变换如下：

$$G(u,v) = F(u,v)H(u,v)$$

其中 $G(u,v)$、$F(u,v)$ 和 $H(u,v)$ 分别是 $g(x,y)$、$f(x,y)$ 和 $h(x,y)$ 的傅立叶变换。$H(u,v)$ 为滤波系统的传递函数，根据具体的要求进行设计，再与 $F(u,v)$ 相乘，即可获得频谱改善的 $G(u,v)$，从而实现低通或高通等滤波。最后求 $G(u,v)$ 的傅立叶反变换，可以获得滤波后的图像 $g(x,y)$。频域滤波的关键是 $G(u,v)$ 的设计。

5.6.1　低通滤波

低通滤波器的功能是让低频率通过而滤掉或衰减高频，其作用是过滤掉包含在高频中的噪声。所以低通滤波的效果是图像去噪声平滑增强，但同时也抑制了图像的边界，造成图像不同程度上的模糊。对于大小为 $M \times N$ 的图像，频率点 (u,v) 与频域中心的距离为 $D(u,v)$，其表达式为：

$$D(u,v) = \left[\left(u - M/2 \right)^2 + \left(v - N/2 \right)^2 \right]^{1/2}$$

1．理想低通滤波器

理想低通滤波器的产生公式为：

$$H(u,v) = \begin{cases} 1, & D(u,v) \leqslant D_0 \\ 0, & D(u,v) > D_0 \end{cases}$$

其中 D_0 为理想低通滤波器的截止频率。理想低通滤波器的形状如图 5.25 所示。理想低通滤波器在半径为 D_0 的范围内，所有频率都可以没有衰减地通过滤波器，该半径之外的所有频率都完全被衰减掉。理想低通滤波器具有平滑图像的作用，但是有很严重的振铃现象。

2．巴特沃斯低通滤波器

巴特沃斯低通滤波器的产生公式为：

$$H(u,v) = \frac{1}{1 + \left[D(u,v)/D_0 \right]^{2n}}$$

其中 D_0 为巴特沃斯低通滤波器的截止频率，参数 n 为巴特沃斯滤波器的阶数，n 越大则滤波器的形状越陡峭。截止频率为 40，阶数为 6 的巴特沃斯低通滤波器的形状如图 5.26 所示。

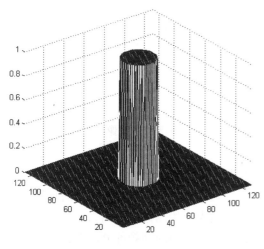

图 5.25　理想低通滤波器

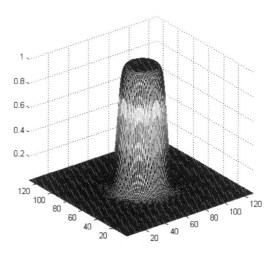

图 5.26　巴特沃斯低通滤波器

3. 高斯低通滤波器

高斯低通滤波器的产生公式为：

$$H(u,v) = e^{-D^2(u,v)/2D_0^2}$$

其中 D_0 为高斯低通滤波器的截止频率。截止频率为 30 的高斯低通滤波器的形状如图 5.27 所示。

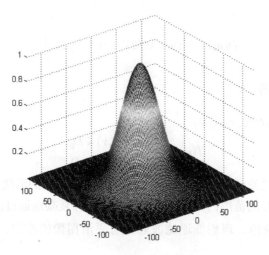

图 5.27　高斯低通滤波器

【例 5-25】 利用理想低通滤波器对图像进行滤波，其具体实现的 MATLAB 代码如下：

```matlab
close all; clear all; clc;    %关闭所有图形窗口，清除工作空间所有变量，清空命令行
I=imread('coins.png');                          %读入图像
I=im2double(I);
M=2*size(I,1);                                  %滤波器的行数
N=2*size(I,2);                                  %滤波器的列数
u=-M/2:(M/2-1);
v=-N/2:(N/2-1);
[U,V]=meshgrid(u, v);
D=sqrt(U.^2+V.^2);
D0=80;                                          %截止频率
H=double(D<=D0);                                %理想低通滤波器
J=fftshift(fft2(I, size(H, 1), size(H, 2)));    %时域图像转换到频域
K=J.*H;                                         %滤波处理
L=ifft2(ifftshift(K));                          %傅立叶反变换
L=L(1:size(I,1), 1:size(I, 2));
figure;
subplot(121); imshow(I);                        %显示原始图像
subplot(122); imshow(L);                        %显示滤波后的图像
```

在程序中，设计了理想低通滤波器，截止频率为 80。通过二维离散傅立叶变换将图像转换为频域，频域图像乘以滤波器的系数，然后进行二维傅立叶反变换转换到时域图像。程序运行后，结果如图 5.28 所示。在图 5.28 中，左图为原始图像，右图为采用理想低通滤波器进行滤波后得到的图像，通过低通滤波器去掉了图像中的高频部分，图像的边缘变得模糊。

 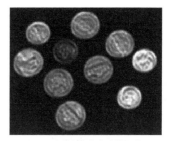

（a）原始图像   （b）理想低通滤波后的图像

图 5.28 利用理想低通滤波器进行滤波

【例 5-26】 利用巴特沃斯低通滤波器对图像进行滤波，其具体实现的 MATLAB 代码如下：

```
close all; clear all; clc; %关闭所有图形窗口，清除工作空间所有变量，清空命令行
I=imread('liftingbody.png');                %读入图像
I=im2double(I);
M=2*size(I,1);                              %滤波器的行数
N=2*size(I,2);                              %滤波器的列数
u=-M/2:(M/2-1);
v=-N/2:(N/2-1);
[U,V]=meshgrid(u, v);
D=sqrt(U.^2+V.^2);
D0=50;                                     %截止频率
n=6;                                       %滤波器的阶数
H=1./(1+(D./D0).^(2*n));                    %设计巴特沃斯滤波器
J=fftshift(fft2(I, size(H, 1), size(H, 2))); %转换到频域
K=J.*H;                                     %滤波处理
L=ifft2(ifftshift(K));                      %傅立叶反变换
L=L(1:size(I,1), 1:size(I, 2));             %改变图像大小
figure;
subplot(121); imshow(I);                    %显示原始图像
subplot(122); imshow(L);                    %显示滤波后的图像
```

在程序中，设计了巴特沃斯低通滤波器，截止频率为 50，阶数为 6。通过傅立叶变换将图像变换到频域，然后将频域图像和低通滤波器的系数相乘，最后通过傅立叶反变换转换到时域图像。程序运行后，输出结果如图 5.29 所示。在图 5.29 中，左图为原始图像，右图为采用巴特沃斯低通滤波器进行滤波后得到的图像，通过低通滤波后，去除了图像的高频部分，图像的边缘变得模糊。

（a）原始图像   （b）巴特沃斯低通滤波后的图像

图 5.29 利用巴特沃斯低通滤波器进行滤波

5.6.2　高通滤波

衰减或抑制低频分量，让高频分量通过称为高通滤波，其作用是使图像得到锐化处理，突出图像的边界。经理想高频滤波后的图像把信息丰富的低频去掉了，丢失了许多必要的信息。一般情况下，高通滤波对噪声没有任何抑制作用，若简单的使用高通滤波，图像质量可能由于噪声严重而难以达到满意的改善效果。为了既加强图像的细节又抑制噪声，可采用高频加强滤波。这种滤波器实际上是由一个高通滤波器和一个全通滤波器构成的，这样便能在高通滤波的基础上保留低频信息。

1. 理想高通滤波器

理想高通滤波器的产生公式为：

$$H(u,v) = \begin{cases} 0, & D(u,v) \leqslant D_0 \\ 1, & D(u,v) > D_0 \end{cases}$$

其中 D_0 为理想高通滤波器的截止频率。理想低通滤波器的形状如图 5.30 所示。

2. 巴特沃斯高通滤波器

巴特沃斯高通滤波器的产生公式为：

$$H(u,v) = \frac{1}{1 + \left[D_0 / D(u,v)\right]^{2n}}$$

其中 D_0 为巴特沃斯高通滤波器的截止频率，n 为巴特沃斯滤波器的阶数，用来控制滤波器的陡峭程度。截止频率为 40，阶数为 6 的巴特沃斯高通滤波器的形状如图 5.31 所示。

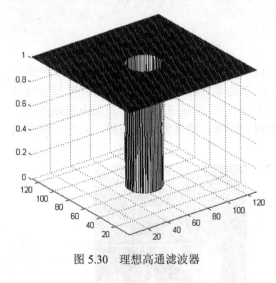

图 5.30　理想高通滤波器　　　　　图 5.31　巴特沃斯高通滤波器

3. 高斯高通滤波器

高斯低通滤波器的产生公式为：

$$H(u,v) = 1 - e^{-D^2(u,v)/2D_0^2}$$

其中 D_0 为高斯高通滤波器的截止频率。截止频率为 30 的高斯高通滤波器的形状如图 5.32 所示。

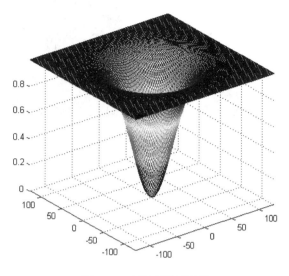

图 5.32 高斯高通滤波器

【例 5-27】 利用巴特沃斯高通滤波器对图像进行滤波，其具体实现的 MATLAB 代码如下：

```
close all; clear all; clc;  %关闭所有图形窗口，清除工作空间所有变量，清空命令行
I=imread('rice.png');                            %读入图像
I=im2double(I);
M=2*size(I,1);                                   %滤波器的行数
N=2*size(I,2);                                   %滤波器的列数
u=-M/2:(M/2-1);
v=-N/2:(N/2-1);
[U,V]=meshgrid(u, v);
D=sqrt(U.^2+V.^2);
D0=30;                                           %截止频率
n=6;                                             %巴特沃斯滤波器的阶数
H=1./(1+(D0./D).^(2*n));                         %设计滤波器
J=fftshift(fft2(I, size(H, 1), size(H, 2)));     %时域图像转换为频域
K=J.*H;                                          %滤波
L=ifft2(ifftshift(K));                           %频域图像转换为时域
L=L(1:size(I,1), 1:size(I, 2));                  %调整大小
figure;
subplot(121); imshow(I);                         %显示原始图像
subplot(122); imshow(L);                         %显示巴特沃斯高通滤波后的图像
```

在程序中，设计了巴特沃斯高通滤波器，截止频率为 30，阶数为 6。通过傅立叶变换将图像变换到频域，然后将频域图像和高通滤波器的系数相乘，最后通过傅立叶反变换转换到时域图像。程序运行后，输出结果如图 5.33 所示。在图 5.33 中，左图为原始图像，右图为采用巴特沃斯高通滤波器进行滤波后得到的图像，通过高通滤波后，抑制了图像中的低频信息，很好地保留了图像的边缘信息。

（a）原始图像　　　　　　　　　　　（b）巴特沃斯高通滤波后的图像

图 5.33　利用巴特沃斯高通滤波器进行滤波

【例 5-28】 利用高斯高通滤波器对图像进行滤波，其具体实现的 MATLAB 代码如下：

```matlab
close all; clear all; clc;    %关闭所有图形窗口，清除工作空间所有变量，清空命令行
I=imread('coins.png');                      %读入图像
I=im2double(I);
M=2*size(I,1);                              %滤波器的行数
N=2*size(I,2);                              %滤波器的列数
u=-M/2:(M/2-1);
v=-N/2:(N/2-1);
[U,V]=meshgrid(u, v);
D=sqrt(U.^2+V.^2);
D0=20;                                      %截止频率
H=1-exp(-(D.^2)./(2*(D0^2)));               %设计高斯高通滤波器
J=fftshift(fft2(I, size(H, 1), size(H, 2)));  %时域图像转换到频域
K=J.*H;                                     %滤波
L=ifft2(ifftshift(K));                      %频域转换到时域图像
L=L(1:size(I,1), 1:size(I, 2));             %改变图像大小
figure;
subplot(121); imshow(I);                    %显示原始图像
subplot(122); imshow(L);                    %显示高斯高通滤波后的图像
```

在程序中，设计了高斯高通滤波器，截止频率为 20。通过傅立叶变换将图像变换到频域，然后将频域图像和高斯高通滤波器的系数相乘，最后通过傅立叶反变换转换到时域图像。程序运行后，输出结果如图 5.34 所示。在图 5.34 中，左图为原始图像，右图为采用高斯高通滤波器进行滤波后得到的图像。图像经过高通滤波后，去除了图像的低频信息，突出了图像的边缘。

 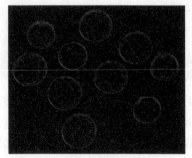

（a）原始图像　　　　　　　　　　　（b）高斯高通滤波后的图像

图 5.34　利用高斯高通滤波器进行滤波

5.6.3　带阻滤波器

带阻滤波器是用来抑制距离频域中心一定距离的一个圆环区域的频率，可以用来消除一定频率范围的周期噪声。带阻滤波器包括理想带阻滤波器、巴特沃斯带阻滤波器和高斯带阻滤波器。

1．理想带阻滤波器

理想带阻滤波器的公式为：

$$H(u,v) = \begin{cases} 1, & D(u,v) < D_0 - \dfrac{W}{2} \\ 0, & D_0 - \dfrac{W}{2} \leqslant D(u,v) \leqslant D_0 + \dfrac{W}{2} \\ 1, & D(u,v) > D_0 + \dfrac{W}{2} \end{cases}$$

其中 D_0 为需要阻止的频率点与频率中心的距离，W 为带阻滤波器的带宽。理想带阻滤波器的形状如图 5.35 所示，其中 D_0 为 50，W 为 30。

2．巴特沃斯带阻滤波器

巴特沃斯带阻滤波器的公式为：

$$H(u,v) = \dfrac{1}{1 + \left[\dfrac{D(u,v)W}{D^2(u,v) - D_0{}^2}\right]^{2n}}$$

其中，D_0 为需要阻止的频率点与频率中心的距离，W 为带阻滤波器的带宽，n 为巴特沃斯滤波器的阶数。巴特沃斯带阻滤波器的形状如图 5.36 所示，其中 D_0 为 50，W 为 30，阶数为 5。

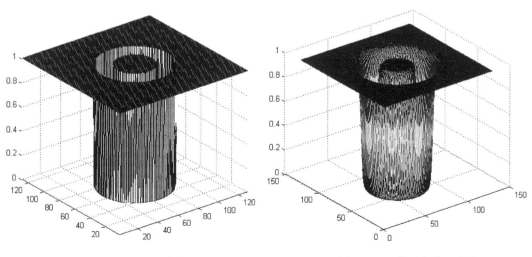

图 5.35　理想带阻滤波器　　　　　图 5.36　巴特沃斯带阻滤波器

3. 高斯带阻滤波器

高斯带阻滤波器的公式为：

$$H(u,v)=1-e^{-\frac{1}{2}\left[\frac{D^2(u,v)-D_0^2}{D(u,v)W}\right]^2}$$

其中，D_0 为需要阻止的频率点与频率中心的距离，W 为带阻滤波器的带宽。巴特沃斯带阻滤波器的形状如图 5.37 所示。

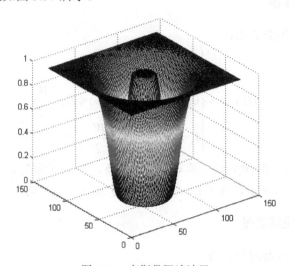

图 5.37　高斯带阻滤波器

【例 5-29】利用理想带阻滤波器对图像进行滤波，其具体实现的 MATLAB 代码如下：

```
close all; clear all; clc;   %关闭所有图形窗口，清除工作空间所有变量，清空命令行
I=imread('coins.png');                         %读入灰度图像
I=imnoise(I, 'gaussian', 0, 0.01);             %添加噪声
I=im2double(I);
M=2*size(I,1);                                 %滤波器的行数
N=2*size(I,2);                                 %滤波器的列数
u=-M/2:(M/2-1);
v=-N/2:(N/2-1);
[U,V]=meshgrid(u, v);
D=sqrt(U.^2+V.^2);
D0=50;                                         %滤波器的 D0
W=30;                                          %滤波器的带宽
H=double(or(D<(D0-W/2), D>D0+W/2));
J=fftshift(fft2(I, size(H, 1), size(H, 2)));   %变换到频域
K=J.*H;                                        %滤波
L=ifft2(ifftshift(K));                         %反变换到时域
L=L(1:size(I,1), 1:size(I, 2));                %调整大小
figure;
subplot(121); imshow(I);                       %显示添加噪声后的图像
subplot(122); imshow(L);                       %显示滤波后的图像
```

在程序中，首先读入灰度图像，然后给图像添加高斯噪声。接着设计了理想带阻滤波器，D_0 为 50，带阻滤波器的带宽为 30。通过傅立叶变换将图像变换到频域，然后将频域

图像和理想带阻滤波器的系数相乘，最后通过傅立叶反变换转换到时域图像。程序运行后，输出结果如图 5.38 所示。在图 5.38 中，左图为添加高斯噪声后的图像，右图为采用理想带阻滤波器进行滤波后得到的图像。

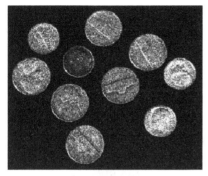 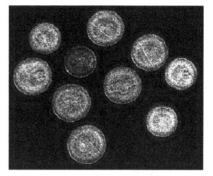

（a）带有高斯噪声的图像　　　　　　　（b）理想带阻滤波后的图像

图 5.38　利用理想带阻滤波器进行滤波

5.6.4　同态滤波

同态滤波是一种特殊的滤波技术，可用于压缩图像灰度的动态范围，且增强对比度。这种处理方法与其说是一种数学技巧，倒不如说是因为人眼视觉系统对图像亮度具有类似于对数运算的非线性特性。

图像 $f(x,y)$ 由照射分量 $i(x,y)$ 和反射分量 $r(x,y)$ 表示，其关系如下所示。

$$f(x,y) = i(x,y) \cdot r(x,y)$$

照射分量 $i(x,y)$ 和光源有关，通常用来表示慢的动态变化，决定一幅图像中像素能达到的动态范围。反射分量 $r(x,y)$ 由物体本身特性决定，表示灰度的急剧变化部分，例如物体的边缘部分等。照射分量和傅立叶变换后的低频分量相关，反射分量和高频分量相关。两个函数乘积的傅立叶变换是不可分的，所以不能对图像直接进行傅立叶变换，即：

$$F\big[f(x,y)\big] \neq F\big[i(x,y)\big] \cdot F\big[r(x,y)\big]$$

因此，首先需要对图像 $f(x,y)$ 取对数，即：

$$z(x,y) = \ln\big[f(x,y)\big] = \ln\big[i(x,y)\big] + \ln\big[r(x,y)\big]$$

然后再进行傅立叶变换，如下所示。

$$F\{z(x,y)\} = F\{\ln\big[f(x,y)\big]\} = F\{\ln\big[i(x,y)\big]\} + F\{\ln\big[r(x,y)\big]\}$$

即：

$$Z(u,v) = I(u,v) + R(u,v)$$

其中 $I(u,v)$ 和 $R(u,v)$ 分别为 $\ln\big[i(x,y)\big]$ 和 $\ln\big[r(x,y)\big]$ 的傅立叶变换。下面设计滤波器的传递函数为 $H(u,v)$ 和 $Z(u,v)$ 相乘，则：

$$S(u,v) = Z(u,v)H(u,v) = I(u,v)H(u,v) + R(u,v)H(u,v)$$

下面进行傅立叶反变换，如下所示。

$$s(x,y) = F^{-1}\{S(u,v)\}$$
$$= F^{-1}\{I(u,v)H(u,v)\} + F^{-1}\{R(u,v)H(u,v)\}$$

最后对 $s(x,y)$ 取指数就得到了最终处理结果：

$$g(x,y) = \exp(s(x,y))$$

在进行同态滤波时，关键是选择合适的 $H(u,v)$。$H(u,v)$ 对图像中的低频分量和高频分量有不同的影响，因此，被称为同态滤波。同态滤波的处理流程如图 5.39 所示。

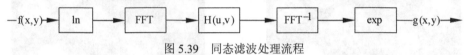

—f(x,y)→ 　ln　 → 　FFT　 → 　H(u,v)　 → 　FFT^{-1}　 → 　exp　 —g(x,y)→

图 5.39　同态滤波处理流程

【例 5-30】 对图像进行同态滤波，其具体实现的 MATLAB 代码如下：

```matlab
close all; clear all; clc;  %关闭所有图形窗口，清除工作空间所有变量，清空命令行
I=imread('pout.tif');                       %读入图像
J=log(im2double(I)+1);                      %取对数
K=fft2(J);                                  %傅立叶变换
n=5;                                        %同态滤波的参数
D0=0.1*pi;
rh=0.7;
rl=0.4;
[row, column]=size(J);
for i=1:row                                 %设计滤波器矩阵
    for j=1:column
        D1(i,j)=sqrt(i^2+j^2);
        H(i,j)=rl+(rh/(1+(D0/D1(i,j))^(2*n)));
    end
end
L=K.*H;                                     %滤波
M=ifft2(L);                                 %傅立叶反变换
N=exp(M)-1;                                 %取指数
figure;
subplot(121); imshow(I);                    %显示原始图像
subplot(122); imshow(real(N));              %显示同态滤波后的图像
```

在程序中，首先读入灰度图像，然后设计同态滤波器，对图像进行同态滤波。程序运行后，输出结果如图 5.40 所示。在图 5.40 中，左图为原始灰度图像，右图为采用同态滤波后得到的图像。

（a）原始图像　　　　　　　　　　　　　（b）同态滤波后的图像

图 5.40　利用同态滤波进行图像增强

5.7　本　章　小　结

本章详细地介绍了如何利用 MATLAB 软件进行图像增强，主要包括时域增强和频域增强。其中时域图像增强，包括灰度变换增强和直方图增强等，以及图像的线性和非线性滤波增强。频域增强是将图像进行傅立叶变换，变换到频域，然后在频域内进行处理，最后再反变换到时域。频域增强主要包括低通滤波、高通滤波、带阻滤波及同态滤波等。

习　　题

1．任意选择一幅彩色图像，通过 MATLAB 编程将其转换为灰度图像，并对灰度图像进直方图均衡化处理。

2．任意选择一幅灰度图像，试编程计算该图像的像素均值和标准差。

3．对于巴特沃斯高通滤波器（截止频率为 50，阶数为 5），试编程绘制该滤波器的形状。

4．对于一幅灰度图像，如果进行多次直方图均衡化处理，试分析灰度图像的变化情况。

5．任意选择一幅灰度图像，在进行图像的中值滤波时，试分析不同的窗口大小（例如 3×3 和 4×4）对滤波结果的影响。

第6章 图像复原技术

在图像的采集、传送和转换过程中，会加入一些噪声，表现为图像模糊、失真和有噪声等。在实际应用中需要清晰、高质量的图像。图像复原就是要尽可能恢复退化图像的本来面目，它是沿图像退化的逆过程进行处理。典型的图像复原技术是根据图像退化的先验知识建立一个退化模型，以此模型为基础，采用各种逆退化处理方法进行恢复，得到质量改善的图像。本章将详细地介绍图像复原技术，主要包括图像的噪声模型、图像的滤波及常用的图像复原方法等。

6.1 图像复原技术介绍

图像复原在数字图像处理中有非常重要的研究意义。图像复原最基本的任务是在去除图像中的噪声的同时，不丢失图像中的细节信息。然而抑制噪声和保持细节往往是一对矛盾，也是图像处理中至今尚未很好解决的一个问题。图像复原的目的就是为了抑制噪声，改善图像的质量。

图像复原和图像增强都是为了改善图像的质量，但是两者是有区别的。图像复原和图像增强的区别在于：图像增强不考虑图像是如何退化的，而是试图采用各种技术来增强图像的视觉效果。而图像复原不同，需要知道图像退化的机制和过程等先验知识，据此找到一种相应的逆处理方法，从而得到恢复的图像。

假定成像系统是线性位移不变系统，则获取的图像 $g(x,y)$ 表示为：

$$g(x,y) = f(x,y)h(x,y) + n(x,y)$$

$f(x,y)$ 表示理想的、没有退化的图像，$g(x,y)$ 是退化后观察得到的图像，$n(x,y)$ 为加性噪声。图像复原是在已知 $g(x,y)$、$h(x,y)$ 和 $n(x,y)$ 的一些先验知识的条件下，来求解 $f(x,y)$ 的过程。图像退化线性模型如图 6.1 所示。

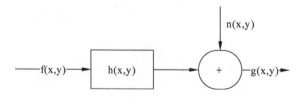

图 6.1 图像的线性退化模型

图像复原是根据图像退化的原因，建立相应的数学模型，从退化的图像中提取所需要的信息，沿着图像退化的逆过程来恢复图像的本来面目。实际的图像复原过程是设计一个滤波器，从降质图像 $g(x,y)$ 中计算得到真实图像的估计值，最大程度的接近真实图像

$f(x,y)$。图像复原是一个求逆问题，其流程如图 6.2 所示。

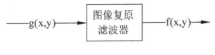

图 6.2　图像复原流程

6.2　图像噪声模型

数字图像的噪声主要来自图像的采集和传输过程。图像传感器的工作受到各种因素的影响。例如，在使用 CCD 摄像机获取图像时，光照强度和传感器的温度是产生噪声的主要原因。图像在传输过程中也会受到噪声的干扰。

图像噪声按照噪声和信号之间的关系可以分为加性噪声和乘性噪声两种。假设图像的像素值为 $F(x,y)$，噪声信号为 $N(x,y)$。如果混合叠加信号为 $F(x,y)+N(x,y)$ 的形式，则这种噪声为加性噪声。如果叠加后信号为 $F(x,y)\times[1+N(x,y)]$ 的形式，则这种噪声为乘性噪声。

6.2.1　噪声介绍

噪声是不可预测的、只能用概率统计方法来认识的随机误差。下面介绍常见的噪声及其概率密度函数。

1．高斯噪声

高斯噪声是一种源于电子电路噪声和由低照明度或高温带来的传感器噪声。高斯噪声也称为正态噪声，是自然界中最常见的噪声。高斯噪声可以通过空域滤波的平滑或图像复原技术来消除。高斯噪声的曲线如图 6.3 所示。它的概率密度函数为：

$$P(z) = \frac{1}{\sqrt{2\pi}\sigma} e^{-(z-\mu)^2/2\sigma^2}$$

其中，随机变量 z 表示灰度值，μ 为该噪声的期望，σ 为噪声的标准差，即 σ^2 为噪声的方差。

2．椒盐噪声

椒盐噪声又称为双极脉冲噪声，其概率密度函数为：

$$P(z) = \begin{cases} P_a, & z=a \\ P_b, & z=b \\ 0, & other \end{cases}$$

椒盐噪声是指图像中出现的噪声只有两种灰度值，分别是 a 和 b，这两种灰度值出现的概率分别是 P_a 和 P_b。该噪声的均值和方差分别为：

$$m = aP_a + bP_b$$

$$\sigma^2 = (a-m)^2 P_a + (b-m)^2 P_b$$

通常情况下，脉冲噪声总是数字化为允许的最大值或最小值。所以，负脉冲以黑点（胡椒点）出现在图像中，正脉冲以白点（盐点）出现在图像中。因此，该噪声称为椒盐噪声。去除椒盐噪声的较好方法是中值滤波。

3．均匀分布噪声

均匀分布噪声的概率密度函数为：

$$P(z) = \begin{cases} \dfrac{1}{b-a}, & a \leqslant z \leqslant b \\ 0, & other \end{cases}$$

均匀分布噪声的期望和方差分别为：

$$m = \frac{a+b}{2}$$

$$\sigma^2 = \frac{(b-a)^2}{12}$$

4．指数分布噪声

指数分布噪声的概率密度函数为：

$$P(z) = \begin{cases} ae^{-az}, & z \geqslant 0 \\ 0, & z < 0 \end{cases}$$

指数分布噪声的期望和方差分别为：

$$m = \frac{1}{a}$$

$$\sigma^2 = \frac{1}{a^2}$$

5．伽玛分布噪声

伽玛分布噪声的概率密度函数为：

$$P(z) = \frac{a^b z^{b-1}}{(b-a)!} e^{-az}$$

伽玛分布噪声的期望和方差为：

$$m = \frac{b}{a}$$

$$\sigma^2 = \frac{b}{a^2}$$

6.2.2　噪声的 MATLAB 实现

在 MATLAB 中，可以通过函数 imnoise() 给图像添加噪声，该函数可以得到高斯分布噪声、椒盐噪声、泊松分布噪声和乘性噪声。该函数的调用格式如下。

❑ J=imnoise(I, type, parameters)：该函数对图像 I 添加类型为 type 的噪声。参数 type 对应的噪声类型为：'gaussian'为高斯噪声；'localvar'为 0 均值白噪声；'poisson'为泊松噪声；'salt & pepper'为椒盐噪声；'speckle'为乘性噪声。参数 parameters 为对应噪声的参数，如果不设置 parameters 则采用系统的默认值。

通过函数 imnoise()可以以 3 种方式来产生高斯噪声。首先假设图像的高斯噪声的均值和方差已知，其调用格式为 J=imnoise(I, 'gaussian', m, v)。其中 m 为高斯噪声的均值，默认值为 0，v 为高斯噪声的方差，默认值为 0.01。如果希望得到纯粹的噪声矩阵，可以让输入的图像矩阵 I 为 0。

【例 6-1】　通过均值和方差来产生高斯噪声，其具体实现的 MATLAB 代码如下：

```
close all; clear all; clc;        %关闭所有图形窗口，清除工作空间所有变量，清空命令行
I=uint8(100*ones(256, 256));      %均值为 100 的图像
J=imnoise(I, 'gaussian', 0, 0.01);  %高斯噪声，方差为 0.01
K=imnoise(I, 'gaussian', 0, 0.03);  %高斯噪声，方差为 0.03
figure;
subplot(121);  imshow(J);         %显示图像
subplot(122);  imhist(J);         %显示直方图
figure;
subplot(121);  imshow(K);         %显示图像
subplot(122);  imhist(K);         %显示直方图
```

在程序中，通过函数 imnoise()建立均值为 100，方差分别为 0.01 和 0.03 的高斯噪声图像。程序运行后，输出结果如图 6.3 和 6.4 所示。图 6.3 为均值为 100、方差为 0.01 的高斯噪声及其对应的直方图。图 6.4 为方差为 0.03 的高斯噪声及其对应的直方图。

（a）方差为 0.01 的高斯噪声图像

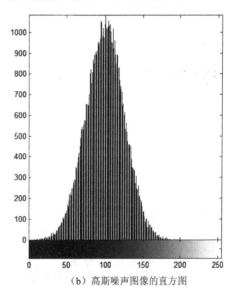

（b）高斯噪声图像的直方图

图 6.3　方差为 0.01 的高斯噪声图像和直方图

第 2 种产生高斯噪声的方式和图像像素的位置有关，调用格式为：J=imnoise(I, 'localvar', V)。其中 V 为与 I 大小相同的数组，数组每个元素都对应了相应位置像素叠加的高斯噪声的方差，所添加的高斯噪声的均值为 0。

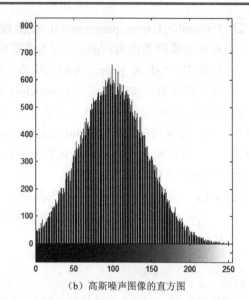

（a）方差为 0.03 的高斯噪声图像　　　　　　　（b）高斯噪声图像的直方图

图 6.4　方差为 0.03 的高斯噪声图像和直方图

【例 6-2】　通过位置信息来产生高斯噪声，其具体实现的 MATLAB 代码如下：

```
close all; clear all; clc;  %关闭所有图形窗口，清除工作空间所有变量，清空命令行
I=imread('coins.png');             %读入图像
I=im2double(I);
V=zeros(size(I));                  %建立矩阵 V
for i=1:size(V, 1)
    V(i,:)=0.02*i/size(V,1);
end
J=imnoise(I, 'localvar', V);       %添加高斯噪声
figure;
subplot(121);  imshow(I);          %显示原图像
subplot(122);  imshow(J);          %显示添加噪声后的图像
```

　　在程序中，读取灰度图像，然后建立和图像大小相同的矩阵 V，并通过函数 imnoise()
添加高斯噪声。程序运行后，输出结果如图 6.5 所示。图 6.5 中，左图为原始图像，右图
为添加高斯噪声后的图像，从上到下，噪声的方差越来越大，图像也越来越模糊。

（a）原始图像　　　　　　　　　　　（b）不同位置添加高斯噪声后的图像

图 6.5　在不同位置添加高斯噪声

第 3 种产生高斯噪声的方式和图像像素的亮度有关，其调用格式为：J=imnoise(I, 'localvar', h, v)。其中 *h* 为一个元素值在[0, 1]之间的向量，表示图像的亮度值。*v* 为一个长度和 *h* 相同，表示与 *h* 中亮度值相对应的高斯噪声的方差。该函数在图像的不同亮度值上叠加不同方差的高斯噪声，向量 *h* 中没有的亮度值将自动插值得到。

【例 6-3】　根据亮度值来产生高斯噪声，其具体实现的 MATLAB 代码如下：

```
close all; clear all; clc;      %关闭所有图形窗口，清除工作空间所有变量，清空命令行
I=imread('cameraman.tif');                %读入图像
I=im2double(I);
h=0:0.1:1;
v=0.01:-0.001:0;
J=imnoise(I, 'localvar', h, v);           %添加噪声
figure;
subplot(121);  imshow(I);                 %显示原图像
subplot(122);  imshow(J);                 %显示添加噪声后的图像
```

在程序中，读取灰度图像，然后建立向量 *h* 和 *v*，并通过函数 imnoise()添加高斯噪声。程序运行后，输出结果如图 6.6 所示。图 6.6 中，左图为原始图像，右图为根据亮度值添加高斯噪声后的图像。

（a）原始图像　　　　　　　　　　　　　　（b）根据亮度添加高斯噪声后的图像

图 6.6　根据亮度值添加高斯噪声

利用函数 imnoise()可以产生椒盐噪声，其调用格式为 J=imnoise(I, 'salt & pepper', d)。在图像中添加椒盐噪声，噪声的密度为 d，即噪声占整个像素总数的百分比。系统默认的噪声密度是 0.05。在添加类型为 Salt & Pepper 的噪声时，符号&的前面和后面必须有空格，否则系统会出错。

【例 6-4】　给图像添加椒盐噪声，其具体实现的 MATLAB 代码如下：

```
close all; clear all; clc;    %关闭所有图形窗口，清除工作空间所有变量，清空命令行
I=imread('cameraman.tif');                  %读入图像
I=im2double(I);
J=imnoise(I, 'salt & pepper', 0.01);        %添加椒盐噪声
K=imnoise(I, 'salt & pepper', 0.03);
figure;
subplot(121);  imshow(J);                   %显示含有椒盐噪声的图像
subplot(122);  imshow(K);
```

在程序中，首先读取灰度图像，然后通过函数 imnoise() 添加椒盐噪声。程序运行后，输出结果如图 6.7 所示。图 6.7 中，左图添加的椒盐噪声的密度为 0.01，右图添加的椒盐噪声的密度为 0.03。图像中黑色的像素点为椒盐噪声，白色的像素点为盐噪声。

（a）添加密度为 0.01 的椒盐噪声　　　　　（b）添加密度为 0.03 的椒盐噪声

图 6.7　给图像添加椒盐噪声

【例 6-5】　给图像添加椒噪声和盐噪声，其具体实现的 MATLAB 代码如下：

```
close all; clear all; clc;      %关闭所有图形窗口，清除工作空间所有变量，清空命令行
I=imread('cameraman.tif');      %读入图像
I=im2double(I);
R=rand(size(I));
J=I;
J(R<=0.02)=0;                   %添加椒噪声
K=I;
K(R<=0.03)=1;                   %添加盐噪声
figure;
subplot(121);  imshow(J);       %显示含有椒噪声的图像
subplot(122);  imshow(K);       %显示含有盐噪声的图像
```

在程序中，首先读取灰度图像，通过函数 im2double() 将类型为 uint8 的图像数据转换为 double 类型，图像大小的范围为[0, 1]，然后在图像中添加椒噪声和盐噪声。程序运行后，输出结果如图 6.8 所示。图 6.8 中，左图添加了椒噪声，噪声的密度为 0.02，右图添加了盐噪声，噪声的密度为 0.03。

（a）添加椒噪声　　　　　　　　　　（b）添加盐噪声

图 6.8　图像中添加椒噪声和盐噪声

在 MATLAB 软件中，函数 imnoise()还可以产生泊松噪声，其调用格式为 J=imnoise(I, 'possion')。从数据中产生泊松噪声，而不是将人工的噪声添加到图像数据中。

【例 6-6】　给图像添加泊松噪声，其具体实现的 MATLAB 代码如下：

```
close all; clear all; clc; %关闭所有图形窗口，清除工作空间所有变量，清空命令行
I=imread('cameraman.tif'); %读入图像
J=imnoise(I, 'poisson'); %添加泊松噪声
figure;
subplot(121); imshow(I); %显示原图像
subplot(122); imshow(J); %显示结果图像
```

在程序中，首先读取灰度图像，图像数据的类型为 uint8，然后通过函数 imnoise()在图像中添加泊松噪声。程序运行后，输出结果如图 6.9 所示。图 6.9 中，左图为原始图像，右图为添加了泊松噪声后得到的图像。

（a）原始图像　　　　　　　　　　　　（b）添加泊松噪声后的图像

图 6.9　给图像添加泊松噪声

此外，利用函数 imnoise()还可以产生乘性噪声，其调用格式为 J=imnoise(I, 'speckle', v)。该函数通过公式 J=I×n×I，将乘性噪声添加到图像 I 中，其中 n 是均值为 0、方差为 v 的均匀分布的随机噪声。函数中参数 v 的默认值为 0.04。

【例 6-7】给图像添加乘性噪声，其具体实现的 MATLAB 代码如下：

```
close all; clear all; clc; %关闭所有图形窗口，清除工作空间所有变量，清空命令行
I=imread('cameraman.tif'); %读入图像
J=imnoise(I, 'speckle'); %添加乘性噪声
K=imnoise(I, 'speckle', 0.2);
figure;
subplot(121); imshow(J); %显示噪声图像
subplot(122); imshow(K);
```

在程序中，首先读取灰度图像，然后通过函数 imnoise()在原图像中添加乘性噪声。程序运行后，输出结果如图 6.10 所示。图 6.10 中，左图添加的乘性噪声的方差为默认值，即 0.04，右图添加的乘性噪声的方差为 0.2。

（a）添加 v=0.04 的乘性噪声后的图像　　　　　　（b）添加 v=0.2 的乘性噪声后的图像

图 6.10　给图像添加乘性噪声

【例 6-8】　产生均匀分布的噪声，其具体实现的 MATLAB 代码如下：

```
close all; clear all; clc;    %关闭所有图形窗口，清除工作空间所有变量，清空命令行
m=256; n=256;                 %图像大小
a=50;
b=180;
I=a+(b-a)*rand(m,n);          %均匀分布噪声
figure;
subplot(121);  imshow(uint8(I));    %显示噪声图像
subplot(122);  imhist(uint8(I));    %显示直方图
```

在程序中，建立噪声图像，大小为 256×256。噪声的类型为均匀噪声，参数 a 为 50，参数 b 为 180。程序运行后，输出结果如图 6.11 所示。图 6.11 中，左图为产生的均匀噪声，右图为该噪声对应的灰度直方图，通过直方图可知该噪声服从均匀分布。

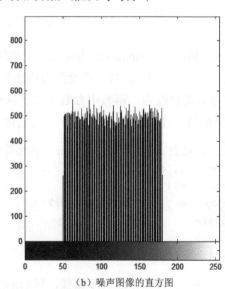

（a）均匀分布的噪声图像　　　　　　　　（b）噪声图像的直方图

图 6.11　产生均匀分布的噪声

【例 6-9】　产生指数分布的噪声，其具体实现的 MATLAB 代码如下：

```
close all; clear all; clc;      %关闭所有图形窗口，清除工作空间所有变量，清空命令行
m=256; n=256;                    %图像大小
a=0.04;
k=-1/a;
I=k*log(1-rand(m, n));          %指数分布噪声
figure;
subplot(121);  imshow(uint8(I));   %显示噪声图像
subplot(122);  imhist(uint8(I));   %显示直方图
```

在程序中，首先建立噪声图像，大小为 256×256。噪声的类型为指数分布，参数为 0.04。程序运行后，输出结果如图 6.12 所示。图 6.12 中，左图为产生的指数分布噪声，右图为该噪声对应的灰度直方图，通过直方图可知该噪声付出指数分布。

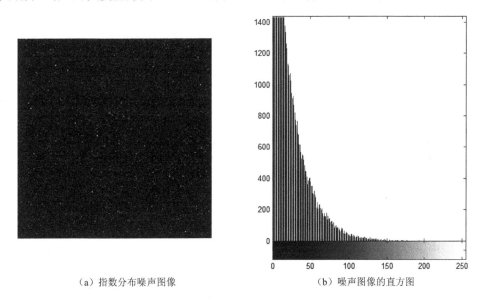

（a）指数分布噪声图像　　　　　　　　　　（b）噪声图像的直方图

图 6.12　产生指数分布的噪声

6.3　空域内的滤波复原

本节主要介绍空域内的滤波复原方法，主要包括均值滤波复原、顺序统计滤波复原和自适应滤波复原。这些复原方法非常直观和简单，下面分别进行介绍。

6.3.1　均值滤波

均值滤波复原包括算术均值滤波器和几何均值滤波器。在坐标点 (x, y)，大小为 $m×n$ 的矩形窗口表示为 S_{xy}，算术平均值是窗口 S_{xy} 中被干扰图像 $g(x, y)$ 的平均值，即

$$f(x,y) = \frac{1}{mn} \sum_{(s,t) \in S_{xy}} g(s,t)$$

几何均值滤波器复原图像时，表达式为：

$$f(x,y) = \left[\prod_{(s,t) \in S_{xy}} g(s,t) \right]^{\frac{1}{mn}}$$

逆谐波均值滤波器的表达式为：

$$f(x,y) = \frac{\sum\limits_{(s,t) \in S_{xy}} g(s,t)^{Q+1}}{\sum\limits_{(s,t) \in S_{xy}} g(s,t)^{Q}}$$

其中，Q 为滤波器的阶数。当 Q 为正数时，该滤波器可以去除椒噪声；当 Q 为负数时，该滤波器可以去除盐噪声。但是，该滤波器不能同时消除椒噪声和盐噪声。当 $Q=-1$ 时，该滤波器为谐波均值滤波器。

【例 6-10】 对图像进行算术均值和几何均值滤波，其具体实现的 MATLAB 代码如下：

```
close all; clear all; clc;  %关闭所有图形窗口，清除工作空间所有变量，清空命令行
I=imread('cameraman.tif');             %读入图像
I=im2double(I);
I=imnoise(I, 'gaussian', 0.05);        %添加高斯噪声
PSF=fspecial('average', 3);            %产生 PSF
J=imfilter(I, PSF);                    %算术均值滤波
K=exp(imfilter(log(I), PSF));          %几何均值滤波
figure;
subplot(131);  imshow(I);              %显示含有噪声的图像
subplot(132);  imshow(J);              %显示算术均值滤波后的结果
subplot(133);  imshow(K);              %显示几何均值滤波后的结果
```

在程序中，首先读入灰度图像，然后给图像添加高斯噪声。通过算术均值和几何均值对图像进行滤波复原。程序运行后，输出结果如图 6.13 所示。图 6.13 中，左图为受到高斯噪声污染的灰度图像，中间的图为采用 3×3 的算术均值进行滤波后得到的图像，右图为采用 3×3 的几何均值进行滤波后得到的图像。

（a）含有高斯噪声的图像　　　　　（b）算术均值滤波后的图像　　　　　（c）几何均值滤波后的图像

图 6.13　采用算术均值和几何均值滤波

【例 6-11】 采用逆谐波均值滤波器对图像进行滤波，其具体实现的 MATLAB 代码如下：

```
close all; clear all; clc;  %关闭所有图形窗口，清除工作空间所有变量，清空命令行
I=imread('cameraman.tif');             %读入图像
I=im2double(I);
I=imnoise(I, 'salt & pepper', 0.01);   %添加椒盐噪声
PSF=fspecial('average', 3);            %产生 PSF
```

```
Q1=1.6;
Q2=-1.6;
j1=imfilter(I.^(Q1+1), PSF);
j2=imfilter(I.^Q1, PSF);
J=j1./j2;                              %逆谐波滤波，Q 为正
k1=imfilter(I.^(Q2+1), PSF);
k2=imfilter(I.^Q2, PSF);
K=k1./k2;                             %逆谐波滤波，Q 为负
figure;
subplot(131);  imshow(I);             %显示含有噪声图像
subplot(132);  imshow(J);             %显示结果，Q 为正
subplot(133);  imshow(K);             %显示结果，Q 为负
```

在程序中，首先读入灰度图像，然后给图像添加椒盐噪声。通过逆谐波滤波器对图像进行滤波复原。程序运行后，输出结果如图 6.14 所示。图 6.14 中，左图为受到椒盐噪声污染的灰度图像，中间的图为 $Q=1.6$ 时采用逆谐波均值滤波器进行滤波后得到的图像，右图为当 $Q=-1.6$ 时采用逆谐波均值滤波器进行滤波后得到的图像。

（a）含有椒盐噪声的图像　　　　（b）逆谐波均值滤波（$Q=1.6$）　　　　（c）逆谐波均值滤波（$Q=-1.6$）

图 6.14　采用逆谐波均值滤波器进行滤波

6.3.2　顺序统计滤波

顺序统计滤波包括中值滤波、最大值滤波和最小值滤波。中值滤波能够很好地保留图像的边缘，非常适合去除椒盐噪声，效果优于均值滤波。

下面首先介绍中值滤波。在坐标点 (x,y)，大小为 $m \times n$ 的窗口表示为 S_{xy}，中值滤波是选取窗口 S_{xy} 中被干扰图像 $g(x,y)$ 的中值，作为坐标点 (x,y) 的输出，公式为：

$$f(x,y) = \underset{(s,t) \in S_{xy}}{\text{Median}}\big[g(s,t)\big]$$

最大值滤波器也能够去除椒盐噪声，但会从黑色物体的边缘去除一些黑色像素。最大值滤波器的公式为：

$$f(x,y) = \underset{(s,t) \in S_{xy}}{\text{Max}}\big[g(s,t)\big]$$

最小值滤波器和最大值滤波器类似，但是会从白色物体的边缘去除一些白色像素。最小值滤波器的公式如下。

$$f(x,y) = \underset{(s,t) \in S_{xy}}{\text{Min}}\big[g(s,t)\big]$$

在 MATLAB 软件中，采用函数 medfilt2()进行图像的二维中值滤波。该函数的调用格式如下。

- ❑ J=medfilt2(I)：该函数对图像 I 进行二维中值滤波，窗口大小为默认值，即 3×3。
- ❑ J=medfilt2(I, [m, n])：该函数在进行中值滤波时，采用的窗口大小为 $m×n$。
- ❑ J=medfilt2(I, 'index', …)：该函数对索引图像进行二维中值滤波。

【例 6-12】　采用二维中值滤波对图像进行复原，其具体实现的 MATLAB 代码如下：

```
close all; clear all; clc; %关闭所有图形窗口，清除工作空间所有变量，清空命令行
I=imread('cameraman.tif');                    %读入图像
I=im2double(I);
I=imnoise(I, 'salt & pepper', 0.05);          %添加椒盐噪声
J=medfilt2(I, [3, 3]);                        %二维中值滤波
figure;
subplot(121);  imshow(I);                     %显示含有噪声图像
subplot(122);  imshow(J);                     %显示滤波后的结果
```

在程序中，读入灰度图像，然后给图像添加椒盐噪声，噪声的密度为 0.05。通过函数 medfilt2()对图像进行二维中值滤波。程序运行后，输出结果如图 6.15 所示。图 6.15 中，左图为受到椒盐噪声污染的灰度图像,右图为采用大小为 3×3 的窗口对图像进行二维中值滤波后得到的图像，取得了很好的效果。如果窗口太大，会使图像的边缘变得模糊。

　　（a）含有椒盐噪声的图像　　　　　　　　　　（b）中值滤波后的图像

图 6.15　采用二维中值滤波对图像进行复原

在 MATLAB 软件中，可以通过函数 ordfilt2()进行二维排序滤波。函数 medfilt2()在进行滤波时，选取的是排序后的中值。函数 ordfilt2()在进行滤波时，可以选择排序后的任意一个值作为输出。该函数的调用格式如下。

- ❑ J=ordfilt2(I, order, domain)：该函数对图像 I 进行二维排序滤波，将矩阵 domain 中的非 0 值对应的元素进行排序，order 为选择的像素位置。返回值 J 为排序滤波后得到的图像。

【例 6-13】　采用二维排序滤波对图像进行复原，其具体实现的 MATLAB 代码如下：

```
close all; clear all; clc; %关闭所有图形窗口，清除工作空间所有变量，清空命令行
I=imread('cameraman.tif');                    %读入图像
I=im2double(I);
I=imnoise(I, 'salt & pepper', 0.1);           %添加椒盐噪声
domain=[0 1 1 0; 1 1 1 1; 1 1 1 1; 0 1 1 0];  %窗口模板
J=ordfilt2(I, 6, domain);                     %顺序滤波
```

```
figure;
subplot(121);  imshow(I);                        %显示含有噪声图像
subplot(122);  imshow(J);                        %显示滤波后的结果
```

在程序中，首先读入灰度图像，然后给图像添加椒盐噪声，噪声的密度为 0.1。通过函数 ordfilt2()对图像进行二维排序滤波。程序运行后，输出结果如图 6.16 所示。图 6.16 中，左图为受到椒盐噪声污染的灰度图像，右图为进行二维排序滤波后得到的图像，取得了非常好的滤波效果。在进行排序滤波时，可以任意选择窗口的形状及排序后输出的像素位置，非常灵活。

（a）含有椒盐噪声的图像　　　　　　　　　　（b）排序滤波后的图像

图 6.16　采用二维排序滤波对图像进行复原

【例 6-14】 采用最大值和最小值进行滤波复原，其具体实现的 MATLAB 代码如下：

```
close all; clear all; clc;  %关闭所有图形窗口，清除工作空间所有变量，清空命令行
I=imread('cameraman.tif');                       %读入图像
I=im2double(I);
I=imnoise(I, 'salt & pepper', 0.01);             %添加椒盐噪声
J=ordfilt2(I, 1, ones(4,4));                     %最大值滤波
K=ordfilt2(I, 9, ones(3));                       %最小值滤波
figure;
subplot(121);  imshow(I);                        %显示最大值滤波结果
subplot(122);  imshow(J);                        %显示最小值滤波结果
```

在程序中，首先读入灰度图像，然后给图像添加椒盐噪声，噪声的密度为 0.01。通过函数 ordfilt2()对图像进行最大值和最小值滤波。程序运行后，输出结果如图 6.17 所示。图 6.17 中，左图为采用排序后的最大值作为输出，窗口大小为 4×4。右图为采用排序后的最小值作为输出，窗口大小为 3×3。

6.3.3　自适应滤波

在 MATLAB 软件中，函数 wiener2()可以根据图像中的噪声进行自适应维纳滤波，还可以对噪声进行估计。该函数根据图像的局部方差来调整滤波器的输出。该函数的调用格式如下。

- ❑ J=wiener2(I, [m, n], noise)：该函数对图像 I 进行自适应维纳滤波，采用的窗口大小为 m×n，如果不指定窗口大小，默认值为 3×3。输入参数 noise 为噪声的能量，返回值 J 为滤波后得到的图像。

（a）排序滤波时以最大值作为输出的结果　　　　　（b）排序滤波时以最小值作为输出的结果

图 6.17　采用二维排序滤波对图像进行复原

❑ [J, noise]=wiener2(I, [m, n])：该函数对图像中的噪声进行估计，返回值 noise 为噪声的能量。

【例 6-15】 对图像进行自适应滤波复原，其具体实现的 MATLAB 代码如下：

```
close all; clear all; clc; %关闭所有图形窗口，清除工作空间所有变量，清空命令行
RGB=imread('saturn.png');                %读入图像
I=rgb2gray(RGB);                          %RGB 转换为灰度图像
I=imcrop(I, [100, 100, 1024, 1024]);     %图像剪切
J=imnoise(I, 'gaussian', 0, 0.03);       %添加噪声
[K, noise]=wiener2(J, [5, 5]);           %自适应滤波
figure;
subplot(121);  imshow(J);                %显示含有噪声图像
subplot(122);  imshow(K);                %显示滤波后的结果
```

在程序中，首先读入 RGB 彩色图像，然后转换为灰度图像，并对图像进行剪切。图像中添加高斯噪声，并采用函数 wiener2()对图像进行自适应滤波。程序运行后，输出结果如图 6.18 所示。图 6.18 中，左图为含有高斯噪声的图像，右图为采用自适应滤波后得到的图像，窗口大小为 5×5。

（a）含有高斯噪声的图像　　　　　　　　　　（b）采用自适应滤波后得到的图像

图 6.18　采用自适应滤波对图像进行复原

6.4 图像复原方法

下面对图像复原的常用方法进行介绍，主要包括逆滤波复原、维纳滤波复原、约束最小二乘法复原、Lucy-Richardson 复原和盲解卷积复原等。下面分别进行介绍。

6.4.1 逆滤波复原

$f(x,y)$ 表示输入图像，即理想的、没有退化的图像，$g(x,y)$ 是退化后观察得到的图像，$n(x,y)$ 为加性噪声。通过傅立叶变换到频域后为：

$$G(u,v) = F(u,v)H(u,v) + N(u,v)$$

图像复原的目的是给定 $G(u,v)$ 和退化函数 $H(u,v)$，以及关于加性噪声的相关知识，得到原图像 $F(u,v)$ 的估计图像 $\widehat{F}(u,v)$，使该图像尽可能地逼近原图像 $F(u,v)$。用于复原一幅图像的最简单的方法是构造如下的公式：

$$\widehat{F}(u,v) = \frac{G(u,v)}{H(u,v)}$$

然后通过 $\widehat{F}(u,v)$ 的傅立叶反变换得到图像的估计值，称为逆滤波。逆滤波是一种非约束复原方法。非约束复原是指在已知退化图像 $G(u,v)$ 的情况下，根据对退化模型 $H(u,v)$ 和噪声 $N(u,v)$ 的一些知识，做出对原图像的估计 $\widehat{F}(u,v)$，使得某种事先确定的误差准则为最小。在得到误差最小的解的过程中，没有任何约束条件。

对于直接逆滤波，由于存在噪声的影响，退化图像的估计公式为：

$$\widehat{F}(u,v) = G(u,v) + \frac{N(u,v)}{H(u,v)}$$

在进行逆滤波时，如果某个区域 $H(u,v)$ 为 0 或非常小，而 $N(u,v)$ 不为 0 且不是很小，则上式中的第 2 项往往比第 1 项大得多，从而使噪声放大，产生较大的误差。为了避免 $H(u,v)$ 的值太小，可以在逆滤波时加一些限制，只在原点附近的有限邻域内进行复原，称为伪逆滤波。

【例 6-16】 通过逆滤波器对图像进行复原，其具体实现的 MATLAB 代码如下：

```
close all; clear all; clc;                  %关闭所有图形窗口，清除工作空间所有变量，清空命令行
I=imread('cameraman.tif');                  %读入图像
I=im2double(I);
[m, n]=size(I);
M=2*m; n=2*n;
u=-m/2:m/2-1;
v=-n/2:n/2-1;
[U, V]=meshgrid(u, v);
D=sqrt(U.^2+V.^2);
D0=130;                                     %截止频率
H=exp(-(D.^2)./(2*(D0^2)));                 %高斯低通滤波器
N=0.01*ones(size(I,1), size(I,2));
N=imnoise(N, 'gaussian', 0, 0.001);         %添加噪声
```

```
J=fftfilter(I, H)+N;                    %频域滤波并加入噪声
figure;
subplot(121);  imshow(I);               %显示原始图像
subplot(122);  imshow(J, [ ]);          %显示退化后的图像
HC=zeros(m, n);
M1=H>0.1;                               %频率范围
HC(M1)=1./H(M1);
K=fftfilter(J, HC);                     %逆滤波
HC=zeros(m, n);
M2=H>0.01;
HC(M2)=1./H(M2);
L=fftfilter(J, HC);                     %进行逆滤波
figure;
subplot(121);  imshow(K, [ ]);          %显示结果
subplot(122);  imshow(L, [ ]);          %显示结果
```

在程序中，首先读入灰度图像，然后采用高斯低通滤波器对图像进行退化，并添加均值为 0，方差为 0.001 的高斯噪声进一步对图像进行退化。在程序中，建立了函数 fftfilter() 进行图像的频域滤波，该函数的程序如下所示。

```
function Z=fftfilter(X, H)
F=fft2(X, size(H,1), size(H, 2));       %傅立叶变换
Z=H.*F;                                 %滤波
Z=ifftshift(Z);
Z=abs(ifft2(Z));                        %傅立叶反变换
Z=Z(1:size(X, 1), 1:size(X, 2));
end
```

该程序采用逆滤波对图像进行复原。程序运行后，如图 6.19 所示。在图 6.19 中左图为原始图像，右图为退化后的图像，图像非常模糊。

（a）原始图像　　　　　　　　　　　　　　　　（b）退化后的模糊图像

图 6.19　图像的退化

在程序中，采用逆滤波对退化后的图像进行复原，在复原时限制了频率。复原后的图像如图 6.20 所示。如果逆滤波器的频率范围较大，则会放大噪声的影响；如果频率范围较小，则达不到去除模糊的效果。

（a）逆滤波时频率范围比较大得到的图像　　　　　　（b）逆滤波时频率范围比较小得到的图像

图 6.20　对图像进行逆滤波复原

6.4.2　维纳滤波复原

维纳（wiener）滤波最早是由 Wiener 首先提出的，并应用于一维信号，取得了很好的效果。后来该算法又被引入二维信号处理，也取得相当满意的效果，尤其是在图像复原领域。由于维纳滤波器的复原效果好，计算量较低，并且抗噪性能优良，因而在图像复原领域得到了广泛的应用。许多高效的图像复原算法都是以维纳滤波为基础形成的。

在 MATLAB 软件中，采用函数 deconvwnr()进行图像的维纳滤波复原。该函数的调用格式如下。

❑ J=deconvwnr(I, PSF, NSR)：该函数中对输入图像 I 进行维纳滤波复原，PSF 为点扩展函数，NSR 为信噪比。该函数的返回值 J 为采用维纳滤波复原后得到的图像。

❑ J=deconvwnr(I, PSF, NCORR, ICORR)：该函数中参数 NCORR 为噪声的自相关函数，ICORR 为原始图像的自相关函数。

【例 6-17】通过维纳滤波对运动模糊图像进行复原，其具体实现的 MATLAB 代码如下：

```
close all; clear all; clc;    %关闭所有图形窗口，清除工作空间所有变量，清空命令行
I=imread('onion.png');               %读入图像
I=rgb2gray(I);
I=im2double(I);
LEN=25;                              %参数设置
THETA=20;
PSF=fspecial('motion', LEN, THETA);  %产生 PSF
J=imfilter(I, PSF, 'conv', 'circular'); %运动模糊
NSR=0;
K=deconvwnr(J, PSF, NSR);            %维纳滤波复原
figure;
subplot(131);  imshow(I);           %显示原图像
subplot(132);  imshow(J);           %显示退化图像
subplot(133);  imshow(K);           %显示复原图像
```

在程序中，首先读入 RGB 彩色图像，然后转换为灰度图像。采用函数 fspecial()产生

PSF，运动位移为 25 个像素，角度为 20 度，并调用函数 imfilter()通过卷积对图像进行滤波，产生运动模糊图像。最后通过函数 deconvwnr()对运动模糊图像进行复原。程序运行后，输出结果如图 6.21 所示。在图 6.21 中，左图为原始图像，中间的图为退化后得到的运动模糊图像，右图为采用维纳滤波进行复原后得到的图像。

　　（a）原始图像　　　　　　　　　（b）图像的运动模糊　　　　　　（c）采用维纳滤波复原后的图像

图 6.21　对运动模糊图像进行复原

【例 6-18】通过维纳滤波对含有噪声的运动模糊图像进行复原，其具体实现的 MATLAB 代码如下：

```
close all; clear all; clc;          %关闭图形窗口，清除工作空间所有变量，清空命令行
I=imread('cameraman.tif');                                %读入图像
I=im2double(I);
LEN=21;                                                   %参数设置
THETA=11;
PSF=fspecial('motion', LEN, THETA);                       %产生 PSF
J=imfilter(I, PSF, 'conv', 'circular');                   %运动模糊
noise_mean=0;
noise_var=0.0001;
K=imnoise(J, 'gaussian', noise_mean, noise_var);          %添加高斯噪声
figure;
subplot(121);  imshow(I);                                 %显示原始图像
subplot(122);  imshow(K);                                 %显示退化图像
NSR1=0;
L1=deconvwnr(K, PSF, NSR1);                               %维纳滤波复原
NSR2=noise_var/var(I(:));
L2=deconvwnr(K, PSF, NSR2);                               %图像复原
figure;
subplot(121);  imshow(L1);                                %显示结果
subplot(122);  imshow(L2);                                %显示结果
```

　　在程序中，首先读入灰度图像，然后通过函数 fspecial()创建 PSF，运动位移为 21 像素，运动角度为 11°，并调用函数 imfilter()通过卷积进行图像的滤波，得到运动模糊的图像。然后给运动模糊图像添加均值为 0、方差为 0.0001 的高斯噪声。在图 6.22 中，左图为原始图像，右图为运动模糊和添加高斯噪声后得到的图像。

　　在程序中，通过函数 deconvwnr()对运动模糊图像进行复原，如图 6.23 所示。在图 6.23 中，左图为 NSR 为 0 时得到的复原图像，右图为采用真实的 NSR 时得到的复原图像，从恢复的图像来看，效果非常好，这是因为采用了图像真实的 NSR。在实际图像复原时，需要对 NSR 进行估计。

（a）原始图像　　　　　　　　　　　　　（b）运动模糊和添加噪声后得到的图像

图 6.22　对图像进行运动模糊和添加噪声

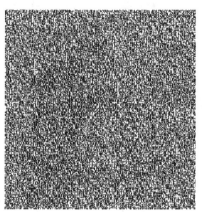

（a）NSR 为 0 时的复原图像　　　　　　　　（b）NSR 为真实值时的复原图像

图 6.23　通过维纳滤波对运动模糊并含有噪声的图像进行复原

【例 6-19】　通过图像的自相关信息进行复原，其具体实现的 MATLAB 代码如下：

```
close all; clear all; clc;  %关闭所有图形窗口，清除工作空间所有变量，清空命令行
I=imread('rice.png');                     %读入图像
I=im2double(I);
LEN=20;                                   %参数设置
THETA=10;
PSF=fspecial('motion', LEN, THETA);       %产生 PSF
J=imfilter(I, PSF, 'conv', 'circular');   %运动模糊
figure;
subplot(121);  imshow(I);                 %显示原图像
subplot(122);  imshow(J);                 %显示退化图像
noise=0.03*randn(size(I));
K=imadd(J, noise);                        %添加噪声
NP=abs(fft2(noise)).^2;
NPower=sum(NP(:))/prod(size(noise));
NCORR=fftshift(real(ifft2(NP)));          %噪声的自相关函数
IP=abs(fft2(I)).^2;
IPower=sum(IP(:))/prod(size(I));
ICORR=fftshift(real(ifft2(IP)));          %图像的自相关函数
```

```
L=deconvwnr(K, PSF, NCORR, ICORR);        %图像复原
figure;
subplot(121);  imshow(K);                 %显示结果
subplot(122);  imshow(L);                 %显示结果
```

在程序中，首先读入灰度图像，然后通过函数 fspecial()创建 PSF，运动位移为 20 像素，运动角度为 10°，并调用函数 imfilter()通过卷积进行图像的滤波，得到运动模糊的图像。然后通过函数 imadd()给运动模糊图像添加噪声。在图 6.24 中，左图为原始图像，右图为运动模糊后得到的图像。

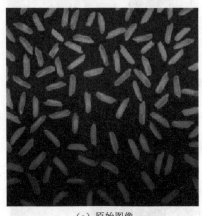 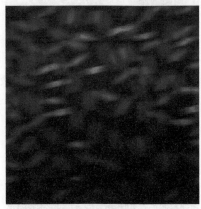

（a）原始图像　　　　　　　　　　　　　（b）运动模糊后的图像

图 6.24　对原始图像进行运动模糊和添加噪声

在程序中，对含有噪声的运动模糊图像通过函数 deconvwnr()进行复原，如图 6.25 所示。在图 6.25 中，左图为添加噪声的运动模糊图像，右图为采用噪声的自相关函数和图像的自相关函数作为参数，进行复原后得到的图像，图像的质量明显进行了改善。

 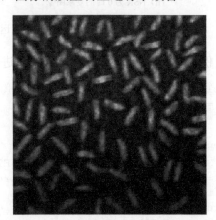

（a）运动模糊后再添加噪声得到的图像　　　　　　（b）复原后得到的图像

图 6.25　通过图像的自相关信息进行复原

6.4.3　约束最小二乘法复原

在 MATLAB 软件中，采用函数 deconvreg()进行图像的约束最小二乘法复原。该函数

的详细调用格式如下。

- ❑ J=deconvreg(I, PSF)：该函数中对输入图像 I 进行约束最小二乘法复原，PSF 为点扩展函数，返回值 J 为复原后得到的图像。
- ❑ J=deconvreg(I, PSF, NOISEPOWER)：该函数中对参数 NOISEPOWER 进行设置，该参数为噪声的强度，默认值为 0。
- ❑ J=deconvreg(I, PSF, NOISEPOWER, LRANGE)：该函数中对参数 LRANGE 进行设置，该参数为拉格朗日算子的搜索范围，默认值为 $[10^{-9}, 10^{9}]$。
- ❑ J=deconvreg(I, PSF, NOISEPOWER, LRANGE, REGOP)：该函数中参数 REGOP 为约束算子。
- ❑ [J, LAGRA]=deconvreg(I, PSF, …)：该函数总返回值 LAGRA 为最终采用的拉格朗日算子。

【例 6-20】 通过约束最小二乘法进行图像复原，其具体实现的 MATLAB 代码如下：

```
close all; clear all; clc;   %关闭所有图形窗口，清除工作空间所有变量，清空命令行
I=imread('rice.png');          %读入图像
I=im2double(I);
PSF=fspecial('gaussian', 8, 4);   %产生 PSF
J=imfilter(I, PSF, 'conv');    %图像退化
figure;
subplot(121);  imshow(I);      %显示原图像
subplot(122);  imshow(J);      %显示退化后图像
v=0.02;
K=imnoise(J, 'gaussian', 0, v);   %添加噪声
NP=v*prod(size(I));
L=deconvreg(K, PSF, NP);       %图像复原
figure;
subplot(121);  imshow(K);      %显示结果
subplot(122);  imshow(L);      %显示结果
```

在程序中，首先读入灰度图像，然后通过函数 fspecial()创建点扩展函数 PSF，并调用函数 imfilter()对图像进行滤波，得到模糊的图像。在图 6.26 中，左图为原始图像，右图为对图像进行模糊后的结果。

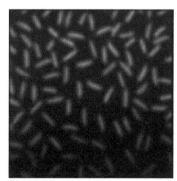

（a）原始图像　　　　　　　　　　（b）通过滤波进行模糊后得到的图像

图 6.26　对原始图像进行模糊处理

通过函数 imnoise()给模糊图像添加高斯噪声，并计算噪声的能量。最后通过函数 deconvreg()对添加高斯噪声的模糊图像进行复原。程序运行后，输出结果如图 6.27 所示。在图 6.27 中，左图为添加噪声后的模糊图像，右图为采用约束最小二乘法复原后得到的

图像。

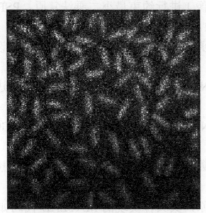 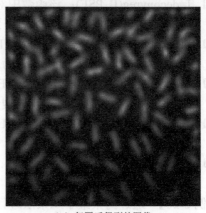

（a）给模糊后的图像添加噪声得到的图像　　　　　　　（b）复原后得到的图像

图 6.27　采用约束最小二乘法进行复原

【例 6-21】　通过拉格朗日算子进行图像复原，其具体实现的 MATLAB 代码如下：

```
close all; clear all; clc;              %关闭所有图形窗口，清除工作空间所有变量，清空命令行
I=imread('rice.png');                   %读入图像
I=im2double(I);
PSF=fspecial('gaussian', 10, 5);        %产生 PSF
J=imfilter(I, PSF, 'conv');             %图像退化
v=0.02;
K=imnoise(J, 'gaussian', 0, v);         %添加噪声
NP=v*prod(size(I));
[L, LAGRA]=deconvreg(K, PSF, NP);       %图像复原
edged=edgetaper(K, PSF);                %提取边缘
figure;
subplot(131);  imshow(I);               %显示原图像
subplot(132);  imshow(K);               %显示退化图像
subplot(133);  imshow(edged);           %显示边缘
M1=deconvreg(edged, PSF, [], LAGRA);    %图像复原
M2=deconvreg(edged, PSF, [], LAGRA*30); %增大拉格朗日算子
M3=deconvreg(edged, PSF, [], LAGRA/30); %减小拉格朗日算子
figure;
subplot(131);  imshow(M1);              %显示结果
subplot(132);  imshow(M2);              %显示结果
subplot(133);  imshow(M3);              %显示结果
```

在程序中，首先读入灰度图像，然后通过函数 fspecial() 创建点扩展函数 PSF，并调用函数 imfilter() 对图像进行滤波，得到退化后的图像，并通过函数 edgetaper() 对图像的边缘进行了提取。在图 6.28 中，左图为原始图像，中间的图为退化后的模糊图像，右图为对图像进行边缘提取后得到的图像。

在程序中，对边缘提取后的退化图像进行复原，输出结果如图 6.29 所示。在图 6.29 中，左图为采用拉格朗日算子进行复原，中间的图为增大拉格朗日算子后复原的结果，右图为减小拉格朗日算子后复原的结果。

  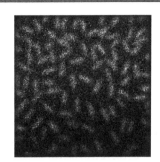

（a）原始图像　　　　　　　　　　　　（b）图像的退化　　　　　　　　　　　　（c）获取图像的边缘

图 6.28　对图像进行退化

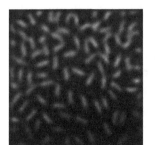  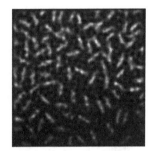

（a）采用拉格朗日算子复原后的图　　　（b）增大拉格朗日算子得到的图像　　　（c）缩小拉格朗日算子得到的图像

图 6.29　使用不同的拉格朗日算子进行复原

6.4.4　Lucy-Richardson 复原

在 MATLAB 软件中，函数 deconvlucy() 采用加速收敛的 Lucy-Richardson 算法对图像进行复原。该函数的详细调用格式如下。

- ❑ J=deconvlucy(I, PSF)：该函数中对输入图像 I 采用 Lucy-Richardson 算法进行图像复原，PSF 为点扩展函数，返回值 J 为复原后得到的图像。
- ❑ J=deconvlucy(I, PSF, NUMIT)：该函数中参数 NUMIT 为算法的重复次数，默认值为 10。
- ❑ J=deconvlucy(I, PSF, NUMIT, DAMPAR)：该函数中参数 DAMPAR 为偏差阈值，默认值为 0。
- ❑ J=deconvlucy(I, PSF, NUMIT, DAMPAR, WEIGHT)：该函数中参数 WEIGHT 为像素的加权值，默认为原始图像的数值。
- ❑ J=deconvlucy(I, PSF, NUMIT, DAMPAR, WEIGHT, READOUT)：该函数中参数 READOUT 为噪声矩阵，默认值为 0。
- ❑ J=deconvlucy(I, PSF, NUMIT, DAMPAR, WEIGHT, READOUT, SUBSMPL)：该函数中参数 SUBSMPL 为子采样时间，默认值为 1。

【例 6-22】对运动模糊图像采用 Lucy-Richardson 算法进行复原，其具体实现的 MATLAB 代码如下：

```
close all; clear all; clc; %关闭所有图形窗口，清除工作空间所有变量，清空命令行
I=imread('rice.png');                    %读入图像
```

```
I=im2double(I);
LEN=30;                                        %参数设置
THETA=20;
PSF=fspecial('motion', LEN, THETA);            %产生 PSF
J=imfilter(I, PSF, 'circular', 'conv');        %图像退化
figure;
subplot(121);  imshow(I);                      %显示原图像
subplot(122);  imshow(J);                      %显示退化图像
K=deconvlucy(J, PSF, 5);                        %复原，5 次迭代
L=deconvlucy(J, PSF, 15);                       %复原，15 次迭代
figure;
subplot(121);  imshow(K);                      %显示结果
subplot(122);  imshow(L);                      %显示结果
```

在程序中，首先读入灰度图像，然后通过函数 fspecial()创建点扩展函数 PSF，并调用函数 imfilter()对图像进行运动模糊，得到退化后的图像。程序运行后，输出结果如图 6.30 所示。在图 6.30 中，左图为原始图像，右图为对图像进行运动模糊后得到的退化图像。

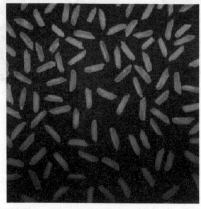 

（a）原始图像　　　　　　　　　　　　　　（b）运动模糊后的图像

图 6.30　通过运动模糊对图像进行退化

在程序中，通过函数 deconvlucy()采用 Lucy-Richardson 算法运动模糊图像进行复原，输出结果如图 6.31 所示。在图 6.31 中，左图为采用 5 次迭代后得到的复原结果，右图为采用 15 次迭代后得到的复原结果，增加迭代次数后图像变得更加清晰。

 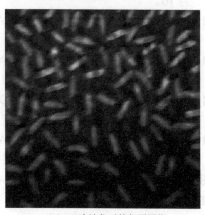

（a）5 次迭代后的复原图像　　　　　　　　　（b）15 次迭代后的复原图像

图 6.31　采用 Lucy-Richardson 算法对图像进行复原

【例6-23】 对高斯噪声采用 Lucy-Richardson 算法进行图像复原，其具体实现的 MATLAB 代码如下：

```
close all; clear all; clc; %关闭所有图形窗口，清除工作空间所有变量，清空命令行
I=imread('cameraman.tif');                    %读入图像
I=im2double(I);
PSF=fspecial('gaussian', 7, 10);              %产生 PSF
v=0.0001;
J=imnoise(imfilter(I, PSF), 'gaussian',0, v); %图像退化
figure;
subplot(121); imshow(I);                      %显示原图像
subplot(122); imshow(J);                      %显示退化图像
WT=zeros(size(I));
WT(5:end-4, 5:end-4)=1;
K=deconvlucy(J, PSF, 20, sqrt(v));            %图像复原
L=deconvlucy(J, PSF, 20, sqrt(v), WT);        %图像复原
figure;
subplot(121); imshow(K);                      %显示结果
subplot(122); imshow(L);                      %显示结果
```

在程序中，读入灰度图像，通过调用函数 imfilter() 对图像进行退化，并添加高斯噪声。程序运行后，输出结果如图 6.32 所示。在图 6.32 中，左图为原始图像，右图为退化后的图像，图像变得非常模糊。最后对退化图像进行复原。

（a）原始图像　　　　　　　　　　　　　　　　（b）退化后得到的图像

图 6.32　对图像进行退化处理

在程序中，对退化后得到的模糊图像采用 Lucy-Richardson 算法进行复原，算法的迭代次数为 20。对算法中的参数进行设置，复原后的图像如图 6.33 所示。在图 6.33 中，左图没有对像素加权值参数 WEIGHT 进行设置，采用了默认值，右图对参数 WEIGHT 进行了设置，复原的效果更好。

（a）WEIGHT 为默认值时复原得到的图像　　　　　（b）对 WEIGHT 设置后复原得到的图像

图 6.33　对图像采用 Lucy-Richardson 算法复原

6.4.5　盲解卷积复原

前面介绍的图像复原方法，需要预先知道退化图像的 PSF。在实际应用中，经常在不知道 PSF 的情况下对图像进行复原。盲解卷积复原方法，不需要预先知道 PSF，而且可以对 PSF 进行估计。盲解卷积复原算法的优点是在对退化图像无先验知识的情况下，仍然能够进行复原。

在 MATLAB 软件中，采用函数 deconvblind()度退化的模糊图像进行盲解卷积复原。该函数的详细调用格式如下。

- ❑ [J, PSF]=deconvblind(I, INITPSF)：该函数中对输入图像 I 采用盲卷积复原算法进行复原，PSF 输入参数 INITPSF 为 PSF 的估计值，返回值 J 为复原后得到的图像，返回值 PSF 为算法实际采用的 PSF 值。
- ❑ [J, PSF]=deconvblind(I, INITPSF, NUMIT)：该函数中参数 NUMIT 为算法的重复次数，默认值为 10。
- ❑ [J, PSF]=deconvblind(I, INITPSF, NUMIT, DAMPAR)：该函数中参数 DAMPAR 为偏移阈值，默认值为 0，没有偏移。
- ❑ [J, PSF]=deconvblind(I, INITPSF, NUMIT, DAMPAR, WEIGHT)：该函数中参数 WEIGHT 为像素的加权值，默认为原始图像的数值。
- ❑ [J, PSF]=deconvblind(I, INITPSF, NUMIT, DAMPAR, WEIGHT, READOUT)：该函数中参数 READOUT 为噪声矩阵。

【例 6-24】　对运动模糊图像采用盲解卷积算法进行复原，其具体实现的 MATLAB 代码如下：

```
close all; clear all; clc;              %关闭所有图形窗口，清除工作空间所有变量，清空命令行
I=imread('cameraman.tif');              %读入图像
I=im2double(I);
LEN=20;                                 %设置参数
THETA=20;
PSF=fspecial('motion', LEN, THETA);     %产生 PSF
J=imfilter(I, PSF, 'circular', 'conv'); %运动模糊
```

```
INITPSF=ones(size(PSF));
[K, PSF2]=deconvblind(J, INITPSF, 30);              %图像复原
figure;
subplot(121);  imshow(PSF, []);                     %显示原 PSF
subplot(122);  imshow(PSF2, []);                     %显示估计的 PSF
axis auto;
figure;
subplot(121);  imshow(J);                            %显示退化图像
subplot(122);  imshow(K);                            %显示复原图像
```

在程序中，读入灰度图像，然后通过函数 fspecial() 创建点扩展函数 PSF，并调用函数 imfilter() 对图像进行运动模糊，得到退化后的图像。程序运行后，输出结果如图 6.34 和图 6.35 所示。在图 6.34 中，左图为原 PSF，右图为估计得到的 PSF，即图像复原时采用的 PSF。

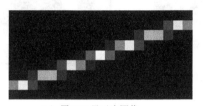

（a）原 PSF 显示为图像　　　　　　　　　　（b）估计得到的 PSF 显示为图像

图 6.34　初始 PSF 和复原时采用的 PSF

在程序中，采用盲解卷积算法对运动模糊图像进行复原。在图 6.35 中，左图为运动模糊图像，右图为复原后得到的图像。

（a）退化后的图像　　　　　　　　　　（b）复原后得到的图像

图 6.35　对运动模糊图像采用盲解卷积算法进行复原

【例 6-25】对退化图像采用盲解卷积算法进行复原，其具体实现的 MATLAB 代码如下：

```
close all; clear all; clc;  %关闭图形窗口，清除工作空间所有变量，清空命令行
I=checkerboard(8);                                   %产生图像
PSF=fspecial('gaussian', 7, 10);                     %建立 PSF
v=0.001;
J=imnoise(imfilter(I, PSF), 'gaussian', 0, v);       %图像退化
INITPSF=ones(size(PSF));                             %初始 PSF 大小
WT=zeros(size(I));
WT(5:end-4, 5:end-4)=1;
[K,PSF2]=deconvblind(J, INITPSF, 20, 10*sqrt(v), WT); %图像复原
figure;
```

```
subplot(131);  imshow(I);                                    %显示原图像
subplot(132);  imshow(J);                                    %显示退化图像
subplot(133);  imshow(K);                                    %显示复原图像
```

在程序中，通过函数 checkerboard() 产生图像，然后通过函数 fspecial() 创建点扩展函数 PSF，并对图像进行退化和添加高斯噪声。程序运行后，输出结果如图 6.36 所示。在图 6.36 中，左图为原始图像，中间的图为退化后的图像，右图为采用盲解卷积算法进行复原后得到的图像，该算法复原的图像非常清晰，效果非常好。

（a）原始图像　　　　　　　（b）退化后的图像　　　　　　　（c）复原后的图像

图 6.36　采用盲解卷积进行图像复原

6.5　本章小结

本章详细地介绍了利用 MATLAB 进行图像的复原。首先介绍了图像的噪声模型，主要包括高斯噪声、椒盐噪声、均匀噪声和指数噪声等，以及这些噪声的 MATLAB 实现。然后详细地介绍了空域内的图像滤波复原，主要包括均值滤波复原、顺序统计滤波复原和自适应滤波复原等。最后重点介绍了常用的复原方法，主要包括逆滤波复原、维纳滤波复原、约束最小二乘法复原、Lucy-Richardson 复原和盲解卷积复原等。在本章的最后结合例子详细地介绍了如何通过 MATLAB 编程实现各个复原方法。

习　　题

1．任意选择一幅灰度图像，试编程给该图像添加高斯噪声，噪声的均值为 0，方差为 0.05。

2．建立参数 $\lambda = 0.05$ 的指数分布噪声，并绘制该噪声图像的直方图。

3．任意选择一幅灰度图像，在图像中添加密度为 0.01 的椒盐噪声，最后采用窗口为 4×4 的中值滤波器进行滤波，试编程实现并分析滤波的效果。

4．选择一幅灰度图像并进行运动模糊，最后采用维纳滤波进行复原，试编程实现。

5．读取一幅灰度图像，然后添加高斯噪声，最后采用约束最小二乘法进行复原，试编程实现。

第7章　图像分割技术

图像分割，简单地说就是将一幅数字图像分割成不同的区域，在同一区域内具有在一定的准则下可认为是相同的性质，如灰度、颜色、纹理等，而任何相邻区域之间其性质具有明显的区别。图像分割在很多领域都有着非常广泛的应用，并涉及各种不同类型的图像。本章将详细介绍图像分割技术，主要包括边缘分割技术、阈值分割技术和区域分割技术等。

7.1　图像分割技术介绍

图像分割的研究最早可以追溯到 20 世纪 60 年代，目前国内外学者已经提出上千种图像分割算法，但目前还没有一种适合于所有图像的通用分割算法，绝大多数算法都是针对具体问题而提出的。由于缺少通用的理论指导，常常需要反复地进行实验。在已提出的这些算法中，较为经典的算法有边缘检测方法、阈值分割法和区域分割技术。随着近十年来一些特殊理论的出现及其成熟，如数学形态学、小波分析和模糊数学等，大量学者致力于将新的理论和方法用于图像分割，有效地改善了分割效果。

图像分割是图像处理、模式识别和人工智能等多个领域中一个十分重要且又十分困难的问题，是计算机视觉技术中首要的、重要的关键步骤。图像分割结果的好坏直接影响对计算机视觉中的图像理解。

阈值分割技术是最经典和流行的图像分割方法之一，也是最简单的一种图像分割方法。这种方法的关键在于寻找适当的灰度阈值，通常是根据图像的灰度直方图来选取。它是用一个或几个阈值将图像的灰度级分为几个部分，认为属于同一个部分的像素是同一个物体。它不仅可以极大的压缩数据量，而且也大大简化了图像信息的分析和处理步骤。阈值分割技术特别适用于目标和背景处于不同灰度级范围的图像。该方法的最大特点是计算简单，在重视运算效率的应用场合中，它得到了广泛的应用。

边缘检测是检测图像特性发生变化的位置。不同的图像灰度不同，边界处会有明显的边缘，利用此特征可以分割图像。边缘检测分割法是通过检测出不同区域边界来进行分割的。边缘总是以强度突变的形式出现，可以定义为图像局部特性的不连续性，如灰度的突变和纹理结构的突变等。图像的边缘包含了物体形状的重要信息，它不仅在分析图像时大幅度地减少了要处理的信息量，而且还保护了目标的边界结构。边缘提取和分割是图像分割的经典研究课题之一，直到现在仍然在不断改进和发展。

7.2　边缘分割技术

边缘检测是利用物体和背景在某种图像特性上的差异来实现的。常见的边缘检测方法有微分算子、Canny 算子和 LOG 算子等。常用的微分算子有 Sobel 算子、Roberts 算子和 Prewit 算子等。下面分别进行介绍。

7.2.1　图像中的线段

将图像点 (x, y) 某个邻域中每个像素值都与模板中对应的系数相乘，然后将结果进行累加，从而得到该点的新像素值。如果邻域的大小为 $m \times n$，则总共有 mn 个系数。这些系数组成的矩阵，称为模板或算子。通常采用的最小模板是 3×3。

对于图像中的间断点，常用的检测模板为：

$$\begin{bmatrix} -1 & -1 & -1 \\ -1 & 8 & -1 \\ -1 & -1 & -1 \end{bmatrix}$$

对于图像中的线段，常用的检测模板为：

$$\begin{bmatrix} -1 & -1 & -1 \\ 2 & 2 & 2 \\ -1 & -1 & -1 \end{bmatrix} \quad \begin{bmatrix} -1 & -1 & 2 \\ -1 & 2 & -1 \\ 2 & -1 & -1 \end{bmatrix} \quad \begin{bmatrix} -1 & 2 & -1 \\ -1 & 2 & -1 \\ -1 & 2 & -1 \end{bmatrix} \quad \begin{bmatrix} 2 & -1 & -1 \\ -1 & 2 & -1 \\ -1 & -1 & 2 \end{bmatrix}$$

这些模板分别对应的线段为水平线段、+45°线段、垂直线段和–45°线段。在 MATLAB 中，可以利用模板，然后通过函数 imfilter() 来实现对图像中间断点和线段的检测。下面通过示例程序来详细介绍。

【例 7-1】　检测图像中的线段，其具体实现的 MATLAB 代码如下：

```
close all; clear all; clc;  %关闭所有图形窗口，清除工作空间所有变量，清空命令行
I=imread('gantrycrane.png');             %读入图像
I=rgb2gray(I);                           %转换为灰度图像
h1=[-1, -1. -1; 2, 2, 2; -1, -1, -1];    %模板
h2=[-1, -1, 2; -1, 2, -1; 2, -1, -1];
h3=[-1, 2, -1; -1, 2, -1; -1, 2, -1];
h4=[2, -1, -1; -1, 2, -1; -1, -1, 2];
J1=imfilter(I, h1);                      %线段检测
J2=imfilter(I, h2);
J3=imfilter(I, h3);
J4=imfilter(I, h4);
J=J1+J2+J3+J4;                           %4 条线段叠加
figure;
subplot(121);  imshow(I);                %显示灰度图像
subplot(122);  imshow(J);                %显示检测到的线段
```

在程序中，首先读入真彩色图像，然后转换为灰度图像，通过模板对 4 个方向的线段进行检测。程序运行后，输出结果如图 7.1 所示。在图 7.1 中，左图为灰度图像，右图为采用模板检测到的所有线段。

7.2.2　微分算子

常用的微分算子有 Sobel 算子、Prewitt 算子和 Roberts 算子。通过这些算子对图像进行滤波，就可以得到图像的边缘。下面分别进行介绍。

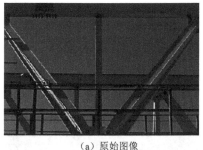 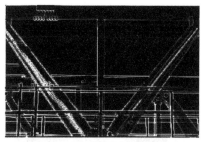

| （a）原始图像 | （b）检测到的直线 |

图 7.1 图像中线段的检测

1．Roberts算子

首先介绍 Roberts 算子。对于离散的图像 $f(x,y)$，边缘检测算子就是用图像的垂直和水平差分来逼近梯度算子，即：

$$\nabla f = \left(f(x,y) - f(x-1,y),\ f(x,y) - f(x,y-1) \right)$$

在进行边缘检测时，对于图像中的每个像素计算 ∇f，然后求绝对值，最后进行阈值操作就可以实现。Roberts 算子的计算公式为：

$$R(i,j) = \sqrt{\left[f(i,j) - f(i+1,j+1) \right]^2 + \left[f(i,j+1) - f(i+1,j) \right]^2}$$

Roberts 算子由下面的两个模板组成：

$$\begin{bmatrix} 1 & 0 \\ 0 & -1 \end{bmatrix} \quad \begin{bmatrix} 0 & 1 \\ -1 & 0 \end{bmatrix}$$

在 MATLAB 软件中，采用函数 edge()进行图像的边缘检测，该函数的返回值为二值图像，和输入图像大小相同，数据类型为逻辑型（logical）。该函数可以通过 Roberts 算子进行边缘检测。该函数的调用格式如下。

❑ BW=edge(I, 'roberts')：该函数采用 Roberts 算子对图像 I 进行边缘检测，采用系统自动计算的阈值对图像进行分割，返回值 BW 为二值图像。

❑ BW=edge(I, 'roberts', thresh)：该函数中对分割阈值 thresh 进行设置，该函数会忽略所有小于 thresh 的像素值。

❑ [BW, thresh]=edge(I, 'roberts', …)：该函数返回采用的分割阈值。

【例 7-2】采用 Roberts 算子进行图像的边缘检测，其具体实现的 MATLAB 代码如下：

```
close all; clear all; clc;            %关闭所有图形窗口，清除工作空间所有变量，清空命令行
I=imread('rice.png');                 %读入图像
I=im2double(I);
[J, thresh]=edge(I, 'roberts', 35/255);    %Roberts算子进行边缘检测
figure;
subplot(121);  imshow(I);             %显示原始图像
subplot(122);  imshow(J);             %显示边缘图像
```

在程序中，首先读入灰度图像，然后采用 Roberts 算子进行边缘检测，阈值设置为 35/255。阈值需要进行归一化，即变换到[0, 1]之间。程序运行后，输出结果如图 7.2 所示。在图 7.2 中，左图为原始的灰度图像，右图为采用 Roberts 算子检测到的边缘。采用函数 edge()进行边缘提取后得到的图像为二值图像，只有黑白两种颜色值。

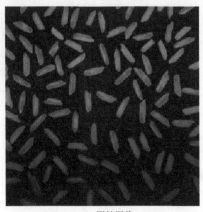
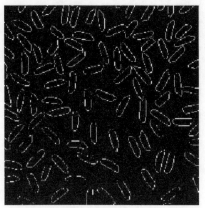

（a）原始图像　　　　　　　　　　　（b）采用 Roberts 算子提取的边缘

图 7.2　采用 Roberts 算子进行边缘提取

2．Prewitt算子

对于复杂的图像，采用 Roberts 算子不能较好地得到图像的边缘，而需要采用更加复杂的 3×3 的算子。下面介绍 Prewitt 算子。

Prewitt 算子的大小为 3×3，如下所示。

$$\begin{bmatrix} -1 & -1 & -1 \\ 0 & 0 & 0 \\ 1 & 1 & 1 \end{bmatrix} \qquad \begin{bmatrix} -1 & 0 & 1 \\ -1 & 0 & 1 \\ -1 & 0 & 1 \end{bmatrix}$$

这两个算子分别代表图像的水平梯度和垂直梯度。在 MATLAB 中，函数 edge()可以采用 Prewitt 算子进行边缘检测。该函数的调用格式如下。

- ❑ BW=edge(I, 'prewitt')：该函数采用 Prewitt 算子对图像 I 进行边缘检测，采用系统自动计算的阈值对图像进行分割，返回值 BW 为二值图像。
- ❑ BW=edge(I, 'prewitt', thresh)：该函数中对分割阈值 thresh 进行设置。如果不设置 thresh 或为空矩阵（[ ]），则采用系统自动计算的 thresh 进行二值化。
- ❑ BW=edge(I, 'prewitt', thresh, direction)：该函数中通过参数 direction 对方向进行设置，可以取值为 horizontal、vertical 和 both，系统的默认值为 both。
- ❑ [BW, thresh]=edge(I, 'prewitt', …)：该函数返回所采用的分割阈值 thresh。

【例 7-3】采用 Prewitt 算子进行图像的边缘检测，其具体实现的 MATLAB 代码如下：

```
close all; clear all; clc;              %关闭所有图形窗口，清除工作空间所有变量，清空命令行
I=imread('cameraman.tif');                              %读入图像
I=im2double(I);
[J, thresh]=edge(I, 'prewitt', [], 'both');             %采用 prewitt 算子边缘检测
figure;
subplot(121);  imshow(I);                               %显示原图像
subplot(122);  imshow(J);                               %显示边缘图像
```

在程序中，首先读入灰度图像，然后采用 Prewitt 算子进行边缘检测，采用函数自动计算的阈值。方向参数为 both，即采用水平方向和垂直方向。程序运行后，输出结果如图 7.3 所示。在图 7.3 中，左图为原始的灰度图像，右图为采用 Prewitt 算子检测到的边缘。

（a）原始图像

（b）采用 Prewitt 算子提取的边缘

图 7.3　采用 Prewitt 算子进行边缘提取

3．Sobel算子

Sobel 算子的大小和 Prewitt 算子的大小相同，都是 3×3。Soble 算子的模板如下所示。

$$\begin{bmatrix} -1 & 0 & 1 \\ -2 & 0 & 2 \\ -1 & 0 & 1 \end{bmatrix} \qquad \begin{bmatrix} -1 & -2 & -1 \\ 0 & 0 & 0 \\ 1 & 2 & 1 \end{bmatrix}$$

在 MATLAB 中，函数 edge()可以采用 Sobel 算子进行边缘检测。该函数的调用格式如下。

- ❑ BW=edge(I, 'sobel')：该函数采用 Sobel 算子对图像 I 进行边缘检测，并采用自动计算的阈值进行分割，函数的返回值 BW 为二值图像。
- ❑ BW=edge(I, 'sobel', thresh)：该函数中对分割阈值 thresh 进行设置，该阈值为归一化后的值。如果不设置 thresh 或为空矩阵（[ ]），则采用系统自动计算 thresh 的值。
- ❑ BW=edge(I, 'sobel', thresh, direction)：该函数中对边缘检测的方向参数 direction 进行设置，可以取值为 horizontal、vertical 和 both，系统的默认值为 both。
- ❑ [BW, thresh]=edge(I, 'sobel', …)：该函数返回分割时所采用的阈值 thresh。

【例 7-4】采用 Sobel 算子进行图像的水平边缘检测，其具体实现的 MATLAB 代码如下：

```
close all; clear all; clc;              %关闭所有图形窗口，清除工作空间所有变量，清空命令行
I=imread('gantrycrane.png');            %读入图像
I=rgb2gray(I);                          %转换为灰度图像
I=im2double(I);
[J, thresh]=edge(I, 'sobel', [], 'horizontal');   %采用 sobel 算子检测边缘
figure;
subplot(121);  imshow(I);               %显示灰度图像
subplot(122);  imshow(J);               %显示水平边缘图像
```

在程序中，首先读入 RGB 彩色图像，然后转换为灰度图像，采用 Sobel 算子进行边缘检测，采用函数自动计算阈值。边缘检测的方向设置为 horizontal，只检测水平方向的边缘。程序运行后，输出结果如图 7.4 所示。在图 7.4 中，左图为灰度图像，右图为采用 Sobel 算子检测到的水平边缘图像。

（a）原始图像

（b）采用 Sobel 算子提取的水平边缘

图 7.4　采用 Sobel 算子进行水平边缘提取

在 MATLAB 软件中，可以通过函数 fspecial()产生预定义的模板，例如 h=fspecial('prewitt')，将会产生 Prewitt 算子水平方向上的模板。如果想得到垂直方向上的模板，对矩阵 h 进行转置即可。关于函数 fspecial()的详细调用格式，读者可以查询 MATLAB 的帮助系统。

【例 7-5】　采用函数 fspecial()产生预定义模板，其具体实现的 MATLAB 代码如下：

```
close all; clear all; clc; %关闭所有图形窗口，清除工作空间所有变量，清空命令行
format rat;                         %设置为有理输出
hsobel=fspecial('sobel')            %Sobel 算子
hprewitt=fspecial('prewitt')        %Prewitt 算子
hlaplacian=fspecial('laplacian')    %Laplacian 算子
hlog=fspecial('log', 3)             %LOG 算子
format short;                       %设置输出数据的格式
```

程序运行后，在命令行窗口的输出结果为：

```
hsobel =
    1            2            1
    0            0            0
   -1           -2           -1
hprewitt =
    1            1            1
    0            0            0
   -1           -1           -1
hlaplacian =
    1/6          2/3          1/6
    2/3         -10/3         2/3
    1/6          2/3          1/6
hlog =
    86/213       389/485      86/213
    389/485     -3275/679     389/485
    86/213       389/485      86/213
```

在程序中，首先通过函数 fspecial()获取了水平方向的 Sobel 算子和 Prewitt 算子，可以通过转置得到垂直方向的算子。此外，还获取了 Laplacian 算子和 LOG 算子。

在获取算子的模板后，可以利用函数 imfilter()通过模板和图像的二维卷积，来获取图像的边缘信息。下面通过例子程序进行介绍。

【例 7-6】　采用函数 fspecial()和 imfilter()提取图像的边缘，其具体实现的 MATLAB 代码如下：

```
close all; clear all; clc; %关闭所有图形窗口，清除工作空间所有变量，清空命令行
```

```
I=imread('cameraman.tif');              %读入图像
I=im2double(I);
h=fspecial('laplacian');                %Laplacian 算子
J=imfilter(I, h, 'replicate');          %图像滤波
K=im2bw(J, 80/255);                     %变为二值图像
figure;
subplot(121);  imshow(J);               %显示灰度图像
subplot(122);  imshow(K);               %显示二值图像
```

在程序中，读入灰度图像，然后通过函数 fspecial()产生 Laplacian 算子，并利用函数 imfilter()获取图像的边缘，最后通过函数 im2bw()将灰度图像转换为二值图像。程序运行后，输出结果如图 7.5 所示。在图 7.5 中，左图为提取的边缘图像，右图为进行二值化后得到的二值图像。

（a）边缘的灰度图像　　　　　　　　　　　　（b）边缘的二值图像

图 7.5　通过函数 fspecial()和 imfilter()提取图像边缘

7.2.3　Canny 算子

Canny 算子具有低误码率、高定位精度和抑制虚假边缘等优点。

在 MATLAB 中，函数 edge()可以采用 Canny 算子进行边缘检测。该函数的调用格式如下。

- ❑ BW=edge(I, 'canny')：该函数采用 Canny 算子对图像 I 进行边缘检测，并采用自动计算的低阈值和高阈值进行图像分割，函数的返回值 BW 为二值图像。
- ❑ BW=edge(I, 'canny', thresh)：该函数中对分割阈值 thresh 进行设置，thresh 为包含 2 个元素的向量，分别是低阈值和高阈值。如果 thresh 为单个数值的标量，则 thresh 为高阈值，0.4×thresh 作为低阈值。
- ❑ BW=edge(I, 'canny', thresh, sigma)：该函数中对高斯滤波器的标准差 sigma 进行设置，默认值为 1。
- ❑ [BW, thresh]=edge(I, 'canny', …)：该函数返回分割时所采用的阈值 thresh。

【例 7-7】　采用 Canny 算子对含有噪声的图像进行边缘检测，其具体实现的 MATLAB 代码如下：

```
close all; clear all; clc;        %关闭所有图形窗口，清除工作空间所有变量，清空命令行
I=imread('rice.png');             %读入图像
I=im2double(I);
J=imnoise(I, 'gaussian', 0, 0.01); %添加高斯噪声
[K, thresh]=edge(J, 'canny');      %Canny 算子检测边缘
figure;
subplot(121); imshow(J);          %显示图像
subplot(122); imshow(K);          %显示边缘
```

在程序中，首先读入灰度图像，然后给图像添加高斯噪声，并采用 Canny 算子进行边缘检测。在进行边缘检测时，采用函数自动计算的阈值，并返回该阈值。函数返回的阈值 thresh 为[0.1375, 0.3438]，该阈值为归一化后的阈值。程序运行后，输出结果如图 7.6 所示。在图 7.6 中，左图为含有高斯噪声的灰度图像，右图为采用 Canny 算子得到的边缘图像，对含有噪声的图像取得了非常好的效果。

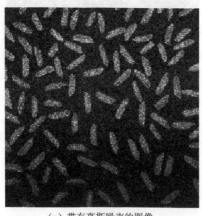
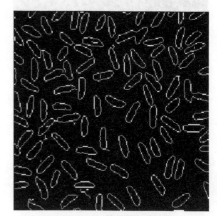

　　　　（a）带有高斯噪声的图像　　　　　　　　　　　（b）Canny 算子获取的边缘

图 7.6　采用 Canny 算子对含有噪声的图像进行边缘提取

7.2.4　LOG 算子

拉普拉斯（Laplacian）算子是一种不依赖于边缘方向的二阶微分算子，它是标量而不是矢量，而且具有旋转不变的性质，在图像处理中经常被用来提取图像的边缘，表达式为：

$$\nabla^2 f = \frac{\partial^2 f}{\partial x^2} + \frac{\partial^2 f}{\partial y^2}$$

数字图像的近似公式为：

$$\nabla^2 f(x,y) = f(x+1,y) + f(x-1,y) + f(x,y+1) + f(x,y-1) - 4f(x,y)$$

由于 Laplacian 算子是二阶微分算子，对图像中的噪声非常敏感。LOG 算子是在经典算子的基础上发展起来的边缘检测算子，根据信噪比求得检测边缘的最优滤波器。首先采用 Gaussian 函数对图像进行平滑，然后采用 Laplacian 算子根据二阶导数过零点来检测图像边缘，称为 LOG 算子。LOG 算子有很多的优点，如边界定位精度高，抗干扰能力强，连续性好等。

在 MATLAB 软件中，函数 edge()可以采用 LOG 算子进行边缘检测。该函数的调用格

式如下。

- ❑ BW=edge(I, 'log')：该函数采用 LOG 算子对图像 I 进行边缘检测，并采用自动计算的阈值，函数的返回值 BW 为二值图像。
- ❑ BW=edge(I, 'log', thresh)：该函数中对阈值 thresh 进行设置，如果不设置 thresh 或 thresh 为空，则系统会自动计算 thresh 值。
- ❑ BW=edge(I, 'log', thresh, sigma)：该函数中对 LOG 滤波器的标准差 sigma 进行设置，默认值为 2，滤波器的大小为 $n \times n$，其中 n 的值为 ceil(sigma×3)×2+1。
- ❑ [BW, thresh]=edge(I, 'log', …)：该函数返回分割时所采用的阈值 thresh。

【例 7-8】　采用 LOG 算子对含有噪声的图像进行边缘检测，其具体实现的 MATLAB 代码如下：

```
close all; clear all; clc;              %关闭所有图形窗口，清除工作空间所有变量，清空命令行
I=imread('cameraman.tif');              %读入图像
I=im2double(I);
J=imnoise(I, 'gaussian', 0, 0.005);     %添加噪声
[K, thresh]=edge(J, 'log', [], 2.3);    %采用 LOG 算子提取边缘
figure;
subplot(121);  imshow(J);               %显示图像
subplot(122);  imshow(K);               %显示边缘
```

在程序中，首先读入灰度图像，然后给图像添加高斯噪声，并采用 LOG 算子进行边缘检测。在进行边缘检测时，采用自动计算的阈值，sigma 设置为 2.3。程序运行后，输出结果如图 7.7 所示。在图 7.7 中，左图为含有高斯噪声的灰度图像，右图为采用 LOG 算子得到的边缘图像。

（a）含有高斯噪声的图像　　　　　　　（b）采用 LOG 算子提取的边缘

图 7.7　采用 LOG 算子对含有噪声图像提取边缘

7.3　阈值分割技术

阈值分割技术是最简单的一种图像分割方法，关键在于寻找合适的阈值，通常根据图像的直方图来选取。下面对阈值分割技术进行详细的介绍。

7.3.1　全局阈值

可以通过全局的信息，例如整个图像的灰度直方图。如果在整个图像中只使用一个阈值，则这种方法叫做全局阈值法，整个图像分成两个区域，即目标对象（黑色）和背景对象（白色）。全局阈值将整个图像的灰度阈值设置为常数。

对于物体和背景对比较明显的图像，其灰度直方图为双峰形状，可以选择两峰之间的波谷对应的像素值作为全局阈值，将图像分割为目标对象和背景。其公式如下：

$$g(x,y) = \begin{cases} 1 & , \quad f(x,y) > T \\ 0 & , \quad f(x,y) \leqslant T \end{cases}$$

其中 $f(x,y)$ 为点 (x,y) 的像素值，$g(x,y)$ 为分割后的图像，T 为全局阈值，通常通过直方图来获取全局阈值。

【例 7-9】 获取灰度图像的直方图，其具体实现的 MATLAB 代码如下：

```
close all; clear all; clc;  %关闭所有图形窗口，清除工作空间所有变量，清空命令行
I=imread('rice.png');        %读入图像
figure;
subplot(121);  imshow(I);    %显示图像
subplot(122);  imhist(I, 200); %显示直方图
```

在程序中，首先读入灰度图像，然后计算灰度图像的直方图。程序运行后，输出结果如图 7.8 所示。在图 7.8 中，左图为灰度图像，右图为该灰度图像的直方图。

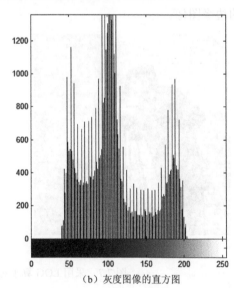

（a）原始灰度图像　　　　　　　　　　　　　（b）灰度图像的直方图

图 7.8　灰度图像的直方图

选取直方图中波谷点的灰度值作为全局阈值，对图像进行阈值分割，能够将图像中的物体和背景分割开。下面通过例子程序进行介绍。

【例 7-10】 采用全局阈值对图像进行分割，其具体实现的 MATLAB 代码如下：

```
close all; clear all; clc;  %关闭所有图形窗口，清除工作空间所有变量，清空命令行
```

```
I=imread('rice.png');                    %读入图像
J=I>120;                                 %图像分割，阈值为120
[width, height]=size(I);                 %图像的行和列
for i=1:width
    for j=1:height
        if (I(i, j)>130)                 %图像分割，阈值为130
            K(i, j)=1;
        else
            K(i, j)=0;
        end
    end
end
figure;
subplot(121);  imshow(J);                %显示结果
subplot(122);  imshow(K);
```

在程序中，读入灰度图像，然后采用全局阈值对图像进行分割。程序运行后，输出结果如图 7.9 所示。在图 7.9 中，左图采用的全局阈值为 120，右图采用的全局阈值为 130。

（a）全局阈值为 120 分割后的图像　　　　　　　　（b）全局阈值为 130 分割后的图像

图 7.9　灰度图像的全局阈值分割

在 MATLAB 软件中，函数 im2bw()可以通过全局阈值将灰度图像和彩色图像转换为二值图像。对于彩色图像，首先将其转换为灰度图像，然后再转换为二值图像。该函数的调用格式如下。

❑ BW=im2bw(I, level)：该函数将灰度图像 I 转换为二值图像，采用的阈值为 level，level 的大小介于[0, 1]之间。函数的返回值 BW 为二值图像。

❑ BW=im2bw(X, map, level)：该函数将彩色的索引图像 X 转换为二值图像，其中 map 为颜色表，level 为阈值，函数的返回值 BW 为二值图像。

❑ BW=im2bw(RGB, level)：该函数将 RGB 真彩色图像转换为二值图像，level 为阈值，函数的返回值 BW 为二值图像。

【例 7-11】　采用函数 im2bw()进行彩色图像分割，其具体实现的 MATLAB 代码如下：

```
close all; clear all; clc; %关闭所有图形窗口，清除工作空间所有变量，清空命令行
[X, map]=imread('trees.tif');            %读入图像
J=ind2gray(X, map);                      %索引图像转换为灰度图像
K=im2bw(X, map, 0.4);                    %图像分割
figure;
```

```
subplot(121);   imshow(J);           %显示灰度图像
subplot(122);   imshow(K);           %显示二值图像
```

在程序中，首先读入彩色的索引图像，然后通过函数 im2bw()对图像进行分割，采用的全局阈值为 0.4。程序运行后，输出结果如图 7.10 所示。在图 7.10 中，左图该彩色图像转换成的灰度图像，右图为采用全局阈值分割后得到的二值图像。

（a）彩色图像转换为灰度图像　　　　　　　（b）灰度图像采用全局阈值进行分割

图 7.10　通过函数 im2bw()进行彩色图像分割

7.3.2　Otsu 阈值分割

最大类间方差法，又称为 Otsu 算法，该算法是在灰度直方图的基础上采用最小二乘法原理推导出来的，具有统计意义上的最佳分割。它的基本原理是以最佳阈值将图像的灰度值分割成两部分，使两部分之间的方差最大，即具有最大的分离性。

设 $f(x,y)$ 为图像 $I_{M \times N}$ 的位置 (x,y) 处的灰度值，灰度级为 L，则 $f(x,y) \in [0, L-1]$。若灰度级 i 的所有像素个数为 f_i，则第 i 级灰度出现的概率为：

$$p(i) = \frac{f_i}{M \times N}$$

其中 $i = 0,1,\cdots,L-1$，并且 $\sum_{i=0}^{L-1} p(i) = 1$。

将图像中的像素按灰度级用阈值 t 划分为两类，即背景 $C0$ 和目标 $C1$。背景 $C0$ 的灰度级为 $0 \sim t-1$，目标 $C1$ 的灰度级为 $t \sim L-1$。背景 $C0$ 和目标 $C1$ 对应的像素分别为：$\{f(x,y) < t\}$ 和 $\{f(x,y) \geqslant t\}$。

背景 $C0$ 部分出现的概率为：

$$\omega_0 = \sum_{i=0}^{t-1} p(i)$$

目标 $C1$ 部分出现的概率为：

$$\omega_1 = \sum_{i=t}^{L-1} p(i)$$

其中 $\omega_0 + \omega_1 = 1$。背景 $C0$ 部分的平均灰度值为：

$$\mu_0(t) = \sum_{i=0}^{t-1} i * \frac{p(i)}{\omega_0}$$

目标 C1 部分的平均灰度值为：

$$\mu_1(t) = \sum_{i=t}^{L-1} i * \frac{p(i)}{\omega_1}$$

图像的总平均灰度值为：

$$\mu = \sum_{i=0}^{L-1} ip(i)$$

图像中背景和目标的类间方差为：

$$\delta^2(k) = \varpi_0(\mu - \mu_0)^2 + \varpi_1(\mu - \mu_1)^2$$

令 k 的取值从 $0 \sim L-1$ 变化，计算不同 k 值下的类间方差 $\delta^2(k)$，使得 $\delta^2(k)$ 最大时的那个 k 值就是所要求的最优阈值。

在 MATLAB 软件中，函数 graythresh()采用 Otsu 算法获取全局阈值，获取全局阈值后，可以采用函数 im2bw()进行图像分割。函数 graythresh()的调用格式如下。

❑ level=graythresh(I)：该函数采用 Otsu 算法获取灰度图像 I 的最优阈值，函数的返回值 level 为获取的阈值，大小介于[0, 1]之间。

【例 7-12】　采用 Otsu 算法进行图像分割，其具体实现的 MATLAB 代码如下：

```
close all; clear all; clc;   %关闭所有图形窗口，清除工作空间所有变量，清空命令行
I=imread('coins.png');       %读入图像
I=im2double(I);
T=graythresh(I);             %获取阈值
J=im2bw(I, T);               %图像分割
figure;
subplot(121);  imshow(I);    %显示原图像
subplot(122);  imshow(J);    %显示结果
```

在程序中，首先读入灰度图像，通过函数 graythresh()获取该图像的最优阈值，并通过函数 im2bw()对图像进行分割。程序运行后，输出结果如图 7.11 所示。在图 7.11 中，左图为原始的灰度图像，右图为采用 Otsu 算法获取阈值后分割得到的二值图像。

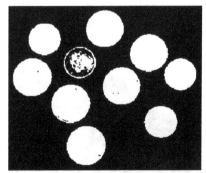

（a）原始图像　　　　　　　　　　（b）采用 Otsu 算法进行分割后的图像

图 7.11　通过 Otsu 算法进行图像分割

7.3.3　迭代式阈值分割

迭代阈值法是阈值法图像分割中比较有效的方法，通过迭代的方法来求出分割的最佳

阈值，具有一定的自适应性。迭代法阈值分割的步骤如下：

（1）设定参数 T_0，并选择一个初始的估计阈值 T_1。

（2）用阈值 T_1 分割图像。将图像分成两部分：G_1 是由灰度值大于 T_1 的像素组成，G_2 是由灰度值小于或等于 T_1 的像素组成。

（3）计算 G_1 和 G_2 中所有像素的平均灰度值 μ_1 和 μ_2，以及新的阈值 $T_2 = (\mu_1 + \mu_2)/2$。

（4）如果 $|T_2 - T_1| < T_0$，则推出，T_2 即为最优阈值；否则，将 T_2 赋值给 T_1，并重复步骤（2）～（4），直到获取最优阈值。

【例 7-13】 采用迭代式阈值进行图像分割，其具体实现的 MATLAB 代码如下：

```
close all; clear all; clc;        %关闭所有图形窗口，清除工作空间所有变量，清空命令行
I=imread('cameraman.tif');                    %读入图像
I=im2double(I);
T0=0.01;                                       %参数 T0
T1=(min(I(:))+max(I(:)))/2;
r1=find(I>T1);
r2=find(I<=T1);
T2=(mean(I(r1))+mean(I(r2)))/2;
while abs(T2-T1)<T0                            %迭代求阈值
    T1=T2;
    r1=find(I>T1);
    r2=find(I<=T1);
    T2=(mean(I(r1))+mean(I(r2)))/2;
end
J=im2bw(I, T2);                                %图像分割
figure;
subplot(121);  imshow(I);                     %显示原图像
subplot(122);  imshow(J);                     %显示结果
```

在程序中，首先读入灰度图像，通过 while 循环语句来求最优阈值。获得最优阈值后，通过函数 im2bw()进行图像分割。程序运行后，输出结果如图 7.12 所示。在图 7.12 中，左图为原始的灰度图像，右图为采用迭代法获取最优阈值后分割得到的二值图像。

（a）原始图像　　　　　　　　　　　　（b）采用迭代法求阈值分割后的图像

图 7.12　通过迭代法求阈值进行图像分割

7.4　区域分割技术

图像分割的方法很多，除了边缘分割和阈值分割等方法以外，还可以采用区域分割。区域分割主要包括区域生长法和分水岭分割法，下面分别进行介绍。

7.4.1　区域生长法

区域生长是一种串行区域分割的图像分割方法。区域生长的基本思想是将具有相似性质的像素集合起来构成区域。区域增长方法根据同一物体区域内像素的相似性质来聚集像素点的方法，从初始区域（如小邻域或单个像素）开始，将相邻的具有同样性质的像素或其他区域归并到目前的区域中从而逐步增长区域，直至没有可以归并的点或其他小区域为止。区域内像素的相似性度量可以包括平均灰度值、纹理和颜色等信息。

区域增长方法是一种比较普遍的方法，在没有先验知识可以利用时，可以取得最佳的性能，可以用来分割比较复杂的图像，如自然景物。但是，区域增长方法是一种迭代的方法，空间和时间开销都比较大。此外，区域生长法的缺点是往往会造成过度分割，即将图像分割成过多的区域。区域生长的好坏决定于三类，第一类为初始种子点的选取，第两类为生长规则，第三类为终止条件。

7.4.2　分水岭分割

分水岭算法借鉴了形态学理论，是一种较新的基于区域的图像分割算法。在该方法中，将一幅图像看成一个地形图，灰度值对应地形的高度值，高灰度值对应着山峰，低灰度值对应着山谷。水总是朝地势低的地方流动，直到某个局部低洼处，这个低洼处就是盆地。最终所有的水都会处于不同的盆地，盆地之间的山脊称为分水岭。

分水岭分割相当于是一个自适应的多阈值分割算法。在 MATLAB 软件中，函数 watershed() 可以进行图像的分水岭分割。该函数的调用格式如下。

❑ L=watershed(I)：该函数采用分水岭算法对图像 I 进行分割，返回值 **L** 为标记矩阵，其元素为整数值。第 1 个水盆被标记为 1，第 2 个水盆标记为 2。分水岭被标记为 0。

❑ L=watershed(I, conn)：该函数中通过参数 conn 设置连通区域。对于二维图像，参数 conn 可取值为 4 和 8，默认值为 8。对于三维图像，conn 可取值为 6、18 和 26，默认值为 26。

【例 7-14】　采用分水岭算法分割图像，其具体实现的 MATLAB 代码如下：

```
close all; clear all; clc;    %关闭所有图形窗口，清除工作空间所有变量，清空命令行
I=imread('circbw.tif');       %读入图像
J=watershed(I, 8);            %分水岭分割
figure;
subplot(121);  imshow(I);     %显示原图像
subplot(122);  imshow(J);     %显示分割结果
```

在程序中，首先读入图像，然后采用函数 watershed()对图像采用分水岭算法进行分割。程序运行后，输出结果如图 7.13 所示。在图 7.13 中，左图为原始图像，右图为采用分水岭算法分割后得到的图像。

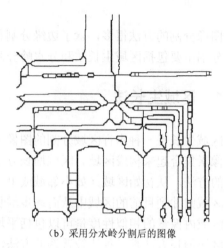

(a) 原始图像　　　　　　　　　　　(b) 采用分水岭分割后的图像

图 7.13　图像的分水岭分割

7.5　本章小结

本章详细地介绍了如何利用 MATLAB 进行图像的分割。首先介绍了边缘分割技术，主要包括图像中的线段、微分算子、Canny 算子和 LOG 算子等。接着介绍了阈值分割技术，通过阈值来进行图像的分割，主要包括全局阈值、Otsu 阈值和迭代法求最优阈值。最后介绍了区域分割技术，主要包括区域增长法和分水岭算法。

习　　题

1. 任意选择一幅灰度图像，采用 Roberts 算子进行分割，阈值为图像灰度的均值，试编程实现。

2. 建立 Sobel 算子的模板，然后采用图像滤波的方法对本章【例 7-3】中的 a 图进行分割。

3. 采用 LoG 算子对本章【例 7-1】中的 a 图进行分割，试编程实现。

4. 采用 Otsu 算法获取本章【例 7-1】中 a 图的阈值，并进行图像的分割。

5. 任意选择一幅灰度图像，采用分水岭算法进行图像的分割，采用的连通域为 4 连通，试编程实现。

第8章　图像变换技术

图像变换是将图像从空间域变换到变换域。图像变换的目的是根据图像在变换域的某些性质对其进行处理。通常，这些性质在空间域内很难获取。在变换域内处理结束后，将处理结果进行反变换到空间域。本章将详细介绍图像变换技术，主要包括 Radon 变换和反变换、傅立叶变换和反变换、离散余弦变换和反变换等。图像变换是图像研究领域的重要方法，可以应用于图像滤波、图像压缩和图像识别等很多领域。

8.1　图像变换技术介绍

人类视觉所看到的图像是在空域上的，其信息具有很强的相关性，所以经常将图像信号通过某种数学方法变换到其他正交矢量空间上。一般称原始图像为空间域图像，称变换后的图像为变换域图像，变换域图像可反变换为空间域图像。

经过图像变换后，一方面能够更有效地反映图像自身的特征，另一方面也可使能量集中在少量数据上，更有利于图像的存储、传输及处理。从数学角度来说，图像变换是把图像中的像素表达成"另外一种形式"满足实际需求，大多数情况下需要对变换处理后的图像进行逆变换，从而获取处理以后的图像。这种变换同样可以应用于其他有关物理或数学的各种问题中，并可以采用其他形式的变量。

8.2　图像 Radon 变换

在进行二维或三维投影数据重建时，图像重建方法虽然很多，但是通常采用 Radon 变换和 Radon 反变换作为基础。下面对 Radon 变换及 MATLAB 编程实现进行详细的介绍。

8.2.1　Radon 变换介绍

在 X-CT 成像系统中，需要对人体内器官或组织的体层平面进行数据采集，X 线束围绕着体层平面的中心点进行平移和旋转，检测器可获得不同方向下的 X 线束穿过体层平面后的衰减数据，此数据即为 X 线束经过人体断层的投影，根据这些投影数据利用图像重建算法可重建人体断层图像，实现人体断层信息的无损检测。这个从检测器获取投影数据的过程，就是图像中 Radon 变换。例如，对于人体内器官或组织的断层平面 $f(x,y)$，它在给定坐标系 XOY 中，沿着某一个投影方向，对每一条投影线计算断层平面 $f(x,y)$ 的线积分，就得到该射线上的投影值 $g(R,\theta)$，其数学表达式如下：

$$g(R,\theta) = \int_{-\infty}^{+\infty} \int_{-\infty}^{+\infty} f(x,y)\delta(x\cos\theta + y\sin\theta - R)\mathrm{d}x\mathrm{d}y$$

在 MATLAB 软件中，采用函数 radon() 进行 Radon 正变换，采用函数 iradon() 进行 Radon 反变换。下面分别进行介绍。

8.2.2　Radon 正变换

在 MATLAB 软件中，采用函数 radon() 进行图像的 Radon 变换，该函数的调用格式如下。

❑ R=radon(I, theta)：该函数对图像 I 进行 Radon 变换，theta 为角度，函数的返回值 R 为图像 I 在 theta 方向上的变换值。

❑ [R, xp]=radon(…)：该函数的返回值 xp 为对应的坐标值。

【例 8-1】 对图像进行 0°和 45°方向上的 Radon 变换，其具体实现的 MATLAB 代码如下：

```
close all; clear all; clc;      %关闭所有图形窗口，清除工作空间所有变量，清空命令行
I=zeros(200, 200);              %建立图像
I(50:150, 50:150)=1;
[R, xp]=radon(I, [0, 45]);      %Radon 变换
figure;
subplot(131); imshow(I);        %显示图像
subplot(132); plot(xp, R(:, 1)); %0° Radon 变换结果
subplot(133); plot(xp, R(:, 2)); %45° Radon 变换结果
```

在程序中，首先建立灰度图像，然后通过函数 radon() 对该图像在 0°和 45°方向上进行 Radon 变换。程序运行后，输出结果如图 8.1 所示。在图 8.1 中，左图为原始图像，中间的图为 0°方向上的 Radon 变换结果，右图为 45°方向上 Radon 变换的结果。

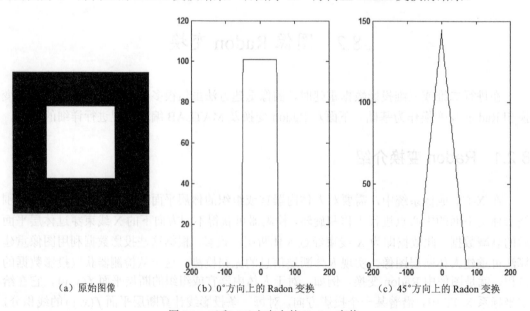

　　（a）原始图像　　　　　　（b）0°方向上的 Radon 变换　　　　　（c）45°方向上的 Radon 变换

图 8.1　0°和 45°方向上的 Radon 变换

通过函数 radon() 可以计算多个角度的 Radon 变换，并将这些曲线绘制在一个坐标轴中，表示为一幅图像。例如沿 0°到 180°每隔 10°做 Radon 变换。

【例 8-2】　对图像从 0°到 180°每隔 10 度做 Radon 变换，其具体实现的 MATLAB 代码如下：

```
close all; clear all; clc;   %关闭所有图形窗口，清除工作空间所有变量，清空命令行
I=zeros(200, 200);                      %建立图像
I(50:150, 50:150)=1;
theta=0:10:180;                         %角度值
[R, xp]=radon(I, theta);                %Radon 变换
figure;
subplot(121); imshow(I);                %显示图像
subplot(122); imagesc(theta, xp, R);    %绘制各个角度的 Radon 变换结果
colormap(hot);                          %设置调色板
colorbar;                               %添加颜色条
```

在程序中，首先建立灰度图像，然后通过函数 radon() 对该图像从 0°到 180°每隔 10°做 Radon 变换。程序运行后，输出结果如图 8.2 所示。在图 8.2 中，左图为原始图像，右图为在各个角度上 Radon 变换的结果，其中横坐标为从 0°到 180°的角度值。

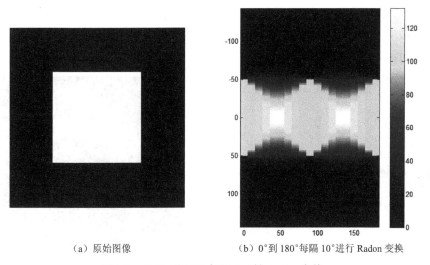

（a）原始图像　　　　　　　　（b）0°到 180°每隔 10°进行 Radon 变换

图 8.2　从 0°到 180°每隔 10°做 Radon 变换

在 MATLAB 软件中，可以通过 Radon 变换来检测直线。首先采用函数 edge() 获取图像的边缘，然后进行 Radon 变换，变换结果中最大的值对应原图像中最明显的直线。下面通过一个例子进行详细的说明。

【例 8-3】　通过 Radon 变换来检测直线，其具体实现的 MATLAB 代码如下：

```
close all; clear all; clc; %关闭所有图形窗口，清除工作空间所有变量，清空命令行
I=fitsread('solarspectra.fts');         %读入图像数据
J=mat2gray(I);                          %转换为灰度图像
BW=edge(J);                             %获取边缘
figure;
subplot(121); imshow(J);                %显示图像
subplot(122); imshow(BW);               %显示边缘
theta=0:179;                            %角度
```

```
[R, xp]=radon(BW, theta);          %Radon 变换
figure;
imagesc(theta, xp, R);             %显示变换结果
colormap(hot);                     %添加调色板
colorbar;                          %添加颜色条
Rmax=max(max(R))                   %获取最大值
[row, column]=find(R>=Rmax)        %获取行和列值
x=xp(row)                          %获取位置
angel=theta(column)                %获取角度
```

程序运行后，在命令行窗口中的输出结果如下所示。

```
Rmax =
   94.3295
row =
    49
column =
     2
x =
   -80
angel =
     1
```

在程序中，读取图像数据，然后通过函数 mat2gray()转换为灰度图像。通过函数 edge()
获取灰度图像的边缘信息，如图 8.3 所示。在图 8.3 中，左图为原始灰度图像，右图为该
灰度图像的边缘信息，即候选的边缘线条。

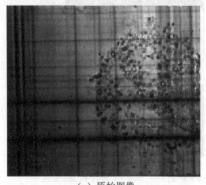
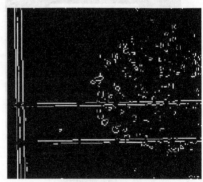

（a）原始图像　　　　　　　　　　　　　　　　　　（b）获取图像的边缘信息

图 8.3　图像进行边缘检测

接着通过函数 radon()对边缘图像进行 Radon 变换，角度从 0°到 179°每隔 1°做 Radon
变换。Radon 变换的结果如图 8.4 所示。在图 8.4 中，颜色值越亮，表示系数越大，该点对
应的直线是原图像中最明显的直线。Radon 变换结果的最大值为 Rmax=94.3295，该点对应
的角度为 angel=1°，x'=-80。原图像中最明显的直线如图 8.5 中最长的竖直线所示。此外，
还可以获取 Radon 变换结果中其他较大的值，对应原图像中的其他直线。

8.2.3　Radon 反变换

在 MATLAB 软件中，采用函数 iradon()计算 Radon 反变换，该函数的调用格式如下。
- □ I=iradon(R, theta)：该函数进行 Radon 反变换，R 为 Radon 变换矩阵，theta 为角度，

函数的返回值 I 为反变换后得到的图像。

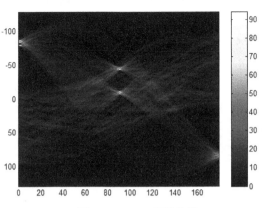

图 8.4　Radon 变换结果　　　　　　　　　　　　图 8.5　直线检测结果

【例 8-4】　通过 Radon 反变换来恢复图像，其具体实现的 MATLAB 代码如下：

```
close all; clear all; clc;  %关闭所有图形窗口，清除工作空间所有变量，清空命令行
I=imread('circuit.tif');              %读入图像
theta=0:2:179;                        %角度
[R, xp]=radon(I, theta);             %Radon 变换
J=iradon(R, theta);                  %Radon 反变换
figure;
subplot(131); imshow(uint8(I));      %显示图像
subplot(132); imagesc(theta, xp, R); %变换结果
axis normal;
subplot(133); imshow(uint8(J));      %显示图像
```

在程序中，首先读入灰度图像，然后通过函数 radon()进行 Radon 变换，再通过函数 iradon()进行 Radon 反变换。程序运行后，输出结果如图 8.6 所示。在图 8.6 中，左图为原始图像，中间的图为 Radon 变换矩阵，右图为经过 Radon 反变换后得到的图像。由于 Radon 变换的间隔角度为 2°，因此 Radon 反变换后得到的图像有些模糊。

 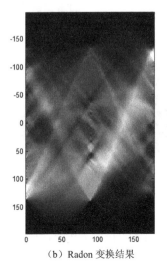 

（a）原始图像　　　　　　　　　（b）Radon 变换结果　　　　　　　（c）Radon 反变换后的图像

图 8.6　Radon 反变换

函数 iradon() 利用 R 矩阵各列中的投影来构造图像 I 的近似值。投影数越多，重建后的图像越接近原始的图像。为了获取准确的图像，尽量使用较多的投影值，即选择较多的投影角度。下面通过一个例子程序介绍投影角度的多少对 Radon 变换和反变换的影响。

【例 8-5】 投影角度的多少对 Radon 变换和反变换的影响，其具体实现的 MATLAB 代码如下：

```
close all; clear all; clc;   %关闭所有图形窗口，清除工作空间所有变量，清空命令行
I=phantom(256);              %读入图像
figure;
imshow(I);                   %显示图像
theta1=0:10:170;
theta2=0:5:175;
theta3=0:2:178;
[R1, xp]=radon(I, theta1);   %Radon 变换
[R2, xp]=radon(I, theta2);
[R3, xp]=radon(I, theta3);
figure;
imagesc(theta3, xp, R3);     %显示结果
colormap hot;                %设置调色板
colorbar;                    %添加颜色条
J1=iradon(R1, 10);           %Radon 反变换
J2=iradon(R2, 5);
J3=iradon(R3, 2);
figure;
subplot(131); imshow(J1);    %显示结果图像
subplot(132); imshow(J2);
subplot(133); imshow(J3);
```

在程序中，读入大脑的灰度图像，如图 8.7 所示。图像中外部的椭圆形是头骨，内部的椭圆形是人脑的内部特征。接着通过函数 radon() 进行 Radon 变换，采用 3 组角度，R1 有 18 个角度，R2 有 36 个角度，R3 有 90 个角度。90 个角度（间隔为 2°）的 Radon 变换结果如图 8.8 所示。

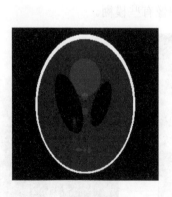

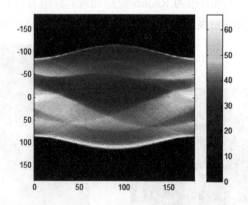

图 8.7　原始图像　　　　　图 8.8　投影角度间隔为 2°（90 个角度）

然后通过函数 iradon() 进行 Radon 反变换，观察投影角度的多少对图像的影响。Radon 反变换后得到的灰度图像如图 8.9 所示。在图 8.9 中，左图采用了 18 个角度，图像最模糊，中间采用了 36 个角度，图像清晰一些，右图采用 90 个角度，图像最为清晰。图像在进行 Radon 反变换时，采用的角度数越多（角度间隔越小），图像越清晰。

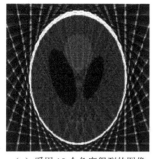 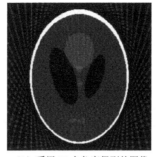 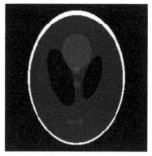

（a）采用 18 个角度得到的图像　　　　（b）采用 36 个角度得到的图像　　　　（c）采用 90 个角度得到的图像

图 8.9　不同角度间隔的 Radon 反变换结果

8.3　图像傅立叶变换

傅立叶变换是一种常用的正交变换，它的理论完善，应用范围非常广泛。在数字图像处理领域，傅立叶变换起着非常重要的作用，可以进行图像分析、图像增强和图像压缩等。本节将详细介绍图像的傅立叶变换和反变换。

8.3.1　傅立叶变换的物理意义

从纯粹的数学意义上看，傅立叶变换是将一个图像函数转换为一系列周期函数来处理的；从物理效果看，傅立叶变换是将图像从空间域转换到频率域，其逆变换是将图像从频率域转换到空间域。换句话说，傅立叶变换的物理意义是将图像的灰度分布函数变换为图像的频率分布函数，傅立叶逆变换是将图像的频率分布函数变换为灰度分布函数。实际上对图像进行二维傅立叶变换得到频谱图，就是图像梯度的分布图，傅立叶频谱图上看到的明暗不一的亮点，实际上图像上某一点与邻域点差异的强弱，即梯度的大小，也即该点的频率大小。如果频谱图中暗的点数更多，那么实际图像是比较柔和的；反之，如果频谱图中亮的点数多，那么实际图像一定是尖锐的，边界分明且边界两边像素差异较大。

8.3.2　傅立叶变换的定义及性质

傅立叶变换是在以时间为自变量的"信号"与频率为自变量的"频谱"函数之间的某种变换关系。通过傅立叶变换，可在一个全新的频率空间上来认识信号：一方面可使在时域研究中较复杂的问题在频域中变得简单起来，从而简化其分析过程；另一方面使信号与系统的物理本质在频域中能更好地被揭示出来。当自变量"时间"或"频率"为连续形式和离散形式的不同组合时，就可以形成各种不同的傅立叶变换对，即"信号"与"频谱"的对应关系。傅立叶变换包含连续傅立叶变换、离散傅立叶变换、快速傅立叶变换和短时傅立叶变换等，在数字图像处理中使用的是二维离散傅立叶变换。

1. 连续傅立叶变换的定义

函数 $f(x)$ 的一维连续傅立叶变换定义为：

$$F(u) = \int_{-\infty}^{+\infty} f(x)e^{-j2\pi ux} dx$$

$F(u)$ 的傅立叶反变换定义为:

$$f(x) = \int_{-\infty}^{+\infty} F(u)e^{j2\pi ux} du$$

😀说明:正反傅立叶变换的区别是幂的符号。对于任一函数 $f(x)$,其傅立叶变换 $F(u)$ 是唯一的,反之也是。函数 $f(x)$ 是实数,傅立叶变换 $F(u)$ 通常是复数。

$F(u)$ 的实部定义为:

$$R(u) = \int_{-\infty}^{+\infty} f(x)\cos(2\pi ux) dx$$

$F(u)$ 的虚部定义为:

$$I(u) = \int_{-\infty}^{+\infty} f(x)\sin(2\pi ux) dx$$

$F(u)$ 的振幅定义为:

$$|F(u)| = \left[R^2(u) + I^2(u) \right]^{\frac{1}{2}}$$

$F(u)$ 的能量定义为:

$$E(u) = |F(u)|^2 = R^2(u) + I^2(u)$$

$F(u)$ 的相位定义为:

$$\phi(u) = \arctan\frac{I(u)}{R(u)}$$

对于一维傅立叶变换可以非常容易地推广到二维。设函数 $f(x,y)$ 是连续可积的,且 $F(u,v)$ 可积,则二维傅立叶变换的定义为:

$$F(u,v) = \int_{-\infty}^{+\infty} \int_{-\infty}^{+\infty} f(x,y)e^{-j2\pi(ux+vy)} dxdy$$

二维傅立叶反变换定义为:

$$f(x,y) = \int_{-\infty}^{+\infty} \int_{-\infty}^{+\infty} F(u,v)e^{j2\pi(ux+vy)} dudv$$

2. 离散傅立叶变换的定义

离散傅立叶变换是傅立叶变换在时间和频率域上都是离散的形式。对于离散序列 $f(x)$,其一维离散傅立叶变换定义为:

$$F(u) = \sum_{x=0}^{N-1} f(x)e^{-j2\pi(\frac{ux}{N})}$$

其中 N 为离散序列 $f(x)$ 的长度, $u = 0,1,\cdots,N-1$。$F(u)$ 的一维离散傅立叶反变换定义为:

$$f(x) = \sum_{u=0}^{N-1} F(u)e^{j2\pi(\frac{ux}{N})}$$

同连续傅立叶变换一样,离散傅立叶变换也可以推广到二维。对于离散函数 $f(x,y)$,其 $x = 0,1,\cdots,M-1$; $y = 0,1,\cdots,N-1$,二维离散傅立叶变换定义为:

$$F(u,v) = \sum_{x=0}^{M-1} \sum_{y=0}^{N-1} f(x,y)e^{-j2\pi(\frac{ux}{M}+\frac{vy}{N})}$$

其中 $u = 0,1,\cdots,M-1$；$v = 0,1,\cdots,N-1$。$F(u,v)$ 的二维离散傅立叶反变换定义为：

$$f(x,y) = \frac{1}{MN}\sum_{u=0}^{M-1}\sum_{v=0}^{N-1}F(u,v)e^{j2\pi(\frac{ux}{M}+\frac{vy}{N})}$$

其中 $x = 0,1,\cdots,M-1$；$y = 0,1,\cdots,N-1$，u 和 v 是频率变量。

🔖 **说明**：在有些相关书籍中，二维离散傅立叶变换的逆变换数学表达式中的系数 $1/MN$ 放在二维离散傅立叶变换的表达式中，而不是逆变换的表达式。这里根据 MATLAB 中傅立叶变换的表达式，统一将系数 $1/MN$ 都放在傅立叶变换的逆变换表达式中。另外，在 MATLAB 中矩阵的下标都是从 1 开始，而不是从 0 开始，所以在 MATLAB 中的 $f(1,1)$ 和 $F(1,1)$，对应 DFT 数学定义表达式中的 $f(0,0)$ 和 $F(0,0)$。

根据二维傅立叶变换的定义，即使原图像函数 $f(x,y)$ 是实数矩阵，它的二维离散傅立叶变换的结果通常也是复数形式。因此，一般是以计算图像函数 $f(x,y)$ 的傅立叶变换谱的方法来观察傅立叶变换结果。令 $R(u,v)$ 和 $I(u,v)$ 表示傅立叶变换 $F(u,v)$ 的实部和虚部，则原图像函数 $f(x,y)$ 傅立叶变换的幅度谱定义：

$$|F(u,v)| = [R^2(u,v) + I^2(u,v)]^{1/2}$$

原图像函数 $f(x,y)$ 傅立叶变换的相位谱定义：

$$\phi(u,v) = \arctan\frac{I(u,v)}{R(u,v)}$$

根据幅度谱和相位谱，原图像函数 $f(x,y)$ 的傅立叶变换又可以表示为：

$$F(u,v) = |F(u,v)|e^{-j\phi(u,v)}$$

原图像函数 $f(x,y)$ 的能量谱定义为：

$$E(u,v) = |F(u,v)|^2 = R^2(u,v) + I^2(u,v)$$

3．二维离散傅立叶变换的性质

（1）可分离性

如果图像函数 $f(x,y)$ 的傅立叶变换为 $F(u,v)$，图像函数 $g(x,y)$ 的傅立叶变换为 $G(u,v)$，则图像函数 $h(x,y) = f(x,y) \cdot g(x,y)$，它的傅立叶变换 $H(u,v) = F(u,v) \cdot G(u,v)$。

（2）线性

如果图像函数 $f_1(x,y)$ 的傅立叶变换为 $F_1(u,v)$，图像函数 $f_2(x,y)$ 的傅立叶变换函数为 $F_2(u,v)$，则 $af_1(x,y) + bf_2(x,y)$ 的傅立叶变换为 $aF_1(u,v) + bF_2(u,v)$。

（3）共轭对称性

如果图像函数 $f(x,y)$ 的傅立叶变换为 $F(u,v)$，x 和 y 的取值周期为 M 和 N，它的共轭函数 $f^*(x,y)$，则它共轭函数的傅立叶变换为 $F^*(-u+pM,-v+qN)$，p 和 q 是任意整数。

（4）位移性

如果图像函数 $f(x,y)$ 的傅立叶变换为 $F(u,v)$，则 $f(x-x_0,y-y_0)$ 的傅立叶变换为 $F(u,v)e^{-j2\pi(ux_0+vy_0)/N}$，$f(x,y)e^{j2\pi(u_0x+v_0y)/N}$ 的傅立叶变换为 $F(u-u_0,v-v_0)$。

（5）尺度变换性

如果图像函数 $f(x,y)$ 的傅立叶变换为 $F(u,v)$，则图像函数 $f(\text{ax,by})$ 的傅立叶变换为

$\dfrac{1}{|ab|}F(\dfrac{u}{a},\dfrac{v}{b})$。

（6）旋转不变性

如果图像函数 $f(r,\theta)$ 的傅立叶变换为 $F(w,\varphi)$，则 $f(r,\theta+\theta_0)$ 的傅立叶变换为 $F(w,\varphi+\theta_0)$。

（7）卷积性

如果图像函数 $f(x,y)$ 的傅立叶变换为 $F(u,v)$，图像函数 $g(x,y)$ 的傅立叶变换为 $G(u,v)$，则图像函数 $h_1(x,y)=f(x,y)*g(x,y)$，它的傅立叶变换 $H_1(u,v)=F(u,v)\cdot G(u,v)$；图像函数 $h_2(x,y)=f(x,y)\cdot g(x,y)$，它的傅立叶变换 $H_2(u,v)=F(u,v)*G(u,v)$。

（8）DC 系数

对于图像函数 $f(x,y)$ 的傅立叶变换为 $F(u,v)$，$F(0,0)$ 是傅立叶换的 DC 系数，则 $F(0,0)$ 为：

$$F(0,0)=\sum_{x=0}^{M-1}\sum_{y=0}^{N-1}f(x,y)\exp(0)=\sum_{x=0}^{M-1}\sum_{y=0}^{N-1}f(x,y)$$

8.3.3　傅立叶变换的 MATLAB 实现

在 MATLAB 软件中，通过函数 fft()进行一维离散傅立叶变换，通过函数 ifft()进行一维离散傅立叶反变换。函数 fft()和 ifft()的详细使用情况，读者可以查询 MATLAB 的帮助系统。在 MATLAB 中，采用函数 fft2()进行二维离散傅立叶变换，函数 fft()和 fft2()的关系为 fft2(X)=fft(fft(X).').'。函数 fft2()的详细调用情况如下所示。

❑ Y=fft2(X)：该函数采用快速 FFT 算法，计算矩阵 X 的二维离散傅立叶变换，结果返回给 Y，Y 的大小与 X 相同。

❑ Y=fft2(X, m, n)：该函数采用快速 FFT 算法，计算矩阵大小为 $m\times n$ 的二维离散傅立叶变换，返回结果 Y 的大小为 $m\times n$。如果矩阵 X 小于 $m\times n$，则用 0 补齐。

【例 8-6】 矩阵的二维离散傅立叶变换，其具体实现的 MATLAB 代码如下：

```
close all; clear all; clc; %关闭所有图形窗口，清除工作空间所有变量，清空命令行
I1=ones(4)                                  %建立矩阵
I2=[2 2 2 2;1 1 1 1; 3 3 0 0; 0 0 0 0]      %建立矩阵
J1=fft2(I1)                                 %傅立叶变换
J2=fft2(I2)                                 %傅立叶变换
```

程序运行后，输出结果如下所示。

```
I1 =
    1    1    1    1
    1    1    1    1
    1    1    1    1
    1    1    1    1
I2 =
    2    2    2    2
    1    1    1    1
    3    3    0    0
    0    0    0    0
```

```
J1 =
   16     0     0     0
    0     0     0     0
    0     0     0     0
    0     0     0     0
J2 =
  18.0000              3.0000 - 3.0000i          0          3.0000 + 3.0000i
   2.0000 - 4.0000i   -3.0000 + 3.0000i          0         -3.0000 - 3.0000i
  10.0000              3.0000 - 3.0000i          0          3.0000 + 3.0000i
   2.0000 + 4.0000i   -3.0000 + 3.0000i          0         -3.0000 - 3.0000i
```

在程序中，建立矩阵 I1 和 I2，然后利用函数 fft2() 对矩阵进行二维离散傅立叶变换，变换后得到的矩阵和原矩阵大小相等。

【例 8-7】 图像的二维离散傅立叶变换，其具体实现的 MATLAB 代码如下：

```
close all; clear all; clc;      %关闭所有图形窗口，清除工作空间所有变量，清空命令行
I=imread('cameraman.tif');              %读入图像
J=fft2(I);                              %傅立叶变换
K=abs(J/256);
figure;
subplot(121); imshow(I);                %显示图像
subplot(122); imshow(uint8(K));         %显示频谱图
```

在程序中，首先读入灰度图像，然后通过函数 fft2() 进行二维离散傅立叶变换。程序运行后，输出结果如图 8.10 所示。在图 8.10 的左图为原始灰度图像，右图为经过傅立叶变换后得到的频谱图。在频谱图中，坐标原点在窗口的左上角，窗口的四角分布低频部分。

（a）原始图像

（b）灰度图像的傅立叶频谱

图 8.10 图像的二维离散傅立叶变换

通过函数 fft2() 得到的频谱，坐标原点位于左上角。在 MATLAB 软件中，可以通过函数 fftshift() 将变换后的坐标原点移到频谱图窗口中央，坐标原点是低频，向外是高频。函数 fftshift() 的详细调用情况如下所示。

❑ Y=fftshift(X)：该函数将傅立叶变换得到的结果中零频率成分移到矩阵中心，便于观察频谱，X 为傅立叶变换后的结果，Y 为纠正零频后的图像频谱分布。

函数 fftshift() 能够进行傅立叶平移。和其相对，函数 ifftshift() 能够进行傅立叶反平移。函数 ifftshift() 的详细调用情况，读者可以查询 MATLAB 的帮助系统，这里不再详细介绍。

【例 8-8】　通过函数 fftshift() 进行平移，其具体实现的 MATLAB 代码如下：

```
close all; clear all; clc;    %关闭所有图形窗口，清除工作空间所有变量，清空命令行
N=0:4
X=fftshift(N)                 %平移
Y=fftshift(fftshift(N))       %平移后再进行平移
Z=ifftshift(fftshift(N))      %平移后再进行反平移
```

程序运行后，输出结果如下所示。

```
N =
     0    1    2    3    4
X =
     3    4    0    1    2
Y =
     1    2    3    4    0
Z =
     0    1    2    3    4
```

在程序中，通过函数 fftshift() 进行傅立叶平移，通过函数 ifftshift() 进行傅立叶反平移。通过程序的运行结果可知，Z 为原来的数列。

【例 8-9】　图像进行傅立叶变换和平移，其具体实现的 MATLAB 代码如下：

```
close all; clear all; clc;    %关闭所有图形窗口，清除工作空间所有变量，清空命令行
I=imread('peppers.png');      %读入图像
J=rgb2gray(I);                %转换为灰度图像
K=fft2(J);                    %傅立叶变换
K=fftshift(K);                %平移
L=abs(K/256);
figure;
subplot(121); imshow(J);      %显示图像
subplot(122); imshow(uint8(L));   %显示频谱图
```

在程序中，读入 RGB 彩色图像，通过函数 rgb2gray() 转换为灰度图像，通过函数 fft2() 进行傅立叶变换，通过函数 fftshift() 进行平移。程序运行后，输出结果如图 8.11 所示。图 8.11 的左图为灰度图像，右图为经过平移后的傅立叶频谱图。图像的能量主要集中在低频部分，即频谱图的中央，四个角的高频部分幅值非常小。在以后进行的傅立叶变换都进行平移，将不再重复描述。

（a）原始图像

（b）平移后得到的频谱

图 8.11　图像进行傅立叶变换和平移

【例 8-10】 图像变亮后进行傅立叶变换，其具体实现的 MATLAB 代码如下：

```
close all; clear all; clc;    %关闭所有图形窗口，清除工作空间所有变量，清空命令行
I=imread('peppers.png');          %读入 RGB 彩色图像
J=rgb2gray(I);                    %转换为灰度图像
J=J*exp(1);                       %变亮
J(find(J>255))=255;
K=fft2(J);                        %傅立叶变换
K=fftshift(K);                    %平移
L=abs(K/256);
figure;
subplot(121); imshow(J);          %显示图像
subplot(122); imshow(uint8(L));   %显示频谱图
```

在程序中，将灰度图像的数据矩阵乘以 e，使灰度图像变亮，然后进行傅立叶变换和平移。程序运行后，输出结果如图 8.12 所示。在图 8.12 中，左图为变亮后的灰度图像，右图为变亮后进行傅立叶变换得到的频谱图。对比图 8.11 和 8.12 中的频谱图，图像变亮后，中央低频部分变大了。因此，频谱图的中央低频部分代表了灰度图像的平均亮度。

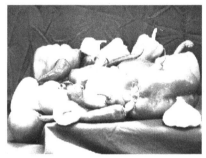

（a）变亮后的图像　　　　　　　　　　　　　　（b）图像的傅立叶频谱

图 8.12　灰度图像变亮后进行傅立叶变换

【例 8-11】 图像旋转后进行傅立叶变换，其具体实现的 MATLAB 代码如下：

```
close all; clear all; clc;    %关闭所有图形窗口，清除工作空间所有变量，清空命令行
I=imread('peppers.png');          %读入 RGB 彩色图像
J=rgb2gray(I);                    %转换为灰度图像
J=imrotate(J,45,'bilinear');      %图像旋转
K=fft2(J);                        %傅立叶变换
K=fftshift(K);                    %平移
L=abs(K/256);
figure;
subplot(121); imshow(J);          %显示图像
subplot(122); imshow(uint8(L));   %显示频谱图
```

在程序中，通过函数 imrotate() 对灰度图像进行旋转，逆时针旋转了 45°，然后进行傅立叶变换。程序运行后，输出结果如图 8.13 所示。在图 8.13 中，左图为旋转后的灰度图像，右图为旋转后得到的图像的频谱图。

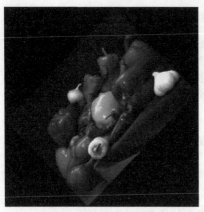 

（a）旋转后得到的图像　　　　　　　　　　　（b）旋转后图像的傅立叶频谱

图 8.13　图像旋转后进行傅立叶变换

【**例 8-12**】　图像中添加高斯噪声后进行傅立叶变换，其具体实现的 MATLAB 代码如下：

```
close all; clear all; clc;   %关闭所有图形窗口，清除工作空间所有变量，清空命令行
I=imread('peppers.png');        %读入 RGB 彩色图像
J=rgb2gray(I);                  %变为灰度图像
J=imnoise(J, 'gaussian', 0, 0.01);   %添加高斯噪声
K=fft2(J);                      %傅立叶变换
K=fftshift(K);                  %平移
L=abs(K/256);
figure;
subplot(121); imshow(J);        %显示图像
subplot(122); imshow(uint8(L)); %显示频谱图
```

在程序中，通过函数 imnoise()给图像添加高斯噪声，然后进行傅立叶变换。程序运行后，输出结果如图 8.14 所示。在图 8.14 中，左图为添加噪声后的灰度图像，右图为其对应的傅立叶频谱图。

（a）添加高斯噪声后的图像　　　　　　　　　　（b）噪声图像的傅立叶频谱

图 8.14　添加高斯噪声后进行傅立叶变换

在 MATLAB 软件中，通过函数 ifft2()进行二维快速傅立叶反变换，该函数和函数 fft2()互为反函数。函数 ifft2()的调用格式如下。

❑ Y=ifft2(X)：该函数计算傅立叶变换结果 X 所对应的图像 Y。

❑ Y=ifft2(X,m,n)：该函数计算傅立叶变换结果 X 所对应的图像 Y，并规定返回图像 Y 的大小为 $m \times n$，即 m 行 n 列。

【例 8-13】 灰度图像的傅立叶变换和反变换，其具体实现的 MATLAB 代码如下：

```
close all; clear all; clc; %关闭所有图形窗口，清除工作空间所有变量，清空命令行
I=imread('onion.png');              %读入 RGB 彩色图像
J=rgb2gray(I);                      %转换为灰度图像
K=fft2(J);                          %傅立叶变换
L=fftshift(K);                      %平移
M=ifft2(K);                         %傅立叶反变换
figure;
subplot(121); imshow(uint8(abs(L)/198));   %显示频谱图
subplot(122); imshow(uint8(M));            %显示反变换后得到的图像
```

在程序中，读入真彩色图像，然后转换为灰度图像。通过函数 fft2()进行傅立叶变换，通过函数 fftshift()进行傅立叶平移，通过函数 ifft2()进行傅立叶反变换。程序运行后，输出结果如图 8.15 所示。在图 8.15 中，左图为经过傅立叶变换后得到的频谱图，右图为对傅立叶变换系数进行傅立叶反变换后得到的灰度图像。

（a）傅立叶频谱 　　　　　　　　　　　　　　（b）傅立叶反变换后得到的图像

图 8.15　图像的傅立叶反变换

【例 8-14】 灰度图像的幅值谱和相位谱，其具体实现的 MATLAB 代码如下：

```
close all; clear all; clc; %关闭所有图形窗口，清除工作空间所有变量，清空命令行
I=imread('peppers.png');            %读入 RGB 彩色图像
J=rgb2gray(I);                      %转换为灰度图像
K=fft2(J);                          %傅立叶变换
L=fftshift(K);                      %平移
fftr=real(L);
ffti=imag(L);
A=sqrt(fftr.^2+ffti.^2);            %幅值谱
A=(A-min(min(A)))/(max(max(A))-min(min(A)))*255;   %归一化
B=angle(K);                         %相位谱
figure;
subplot(121); imshow(A);            %显示幅值谱
subplot(122); imshow(real(B));      %显示相位谱
```

在程序中，首先读入真彩色图像，然后转换为灰度图像。通过函数 fft2()进行傅立叶变换，通过函数 fftshift()进行傅立叶平移。计算图像的幅值谱，并归一化到 0～255。通过函数 angle()计算图像的相位谱。程序运行后，输出结果如图 8.16 所示。在图 8.16 中，左图为灰度图像傅立叶变换后的幅值谱，右图为灰度图像经过傅立叶变换后得到的相位谱。

(a) 傅立叶变换后的幅值谱   (b) 傅立叶变换后的相位谱

图 8.16 图像傅立叶变换后的幅值谱和相位谱

【例 8-15】 编程实现二维离散傅立叶变换，其具体实现的 MATLAB 代码如下：

```matlab
close all; clear all; clc;
I=imread('onion.png');                          %读取 RGB 彩色图像
J=rgb2gray(I);                                   %转换为灰度图像
J=double(J);
s=size(J);
M=s(1); N=s(2);                                  %获取图像的行数和列数
for u=0:M-1
    for v=0:N-1
        k=0;
        for x=0:M-1
            for y=0:N-1
                k=J(x+1, y+1)*exp(-j*2*pi*(u*x/M+v*y/N))+k;
                                                 %二维离散傅立叶变换公式
            end
        end
        F(u+1, v+1)=k;                           %傅立叶变换结果
    end
end
K=fft2(J);                                       %采用函数 fft2()
figure;
subplot(121); imshow(K);                         %显示结果
subplot(122); imshow(F);                         %显示结果
```

在程序中，根据二维离散傅立叶变换的公式，编程实现了二维离散傅立叶变换。程序运行后，输出结果如图 8.17 所示。在图 8.17 中，左图为采用函数 fft2()实现的二维离散傅立叶变换，右图为通过公式编程实现的二维离散傅立叶变换，左图和右图的结果基本相同。在函数 fft2()中采用了快速傅立叶变换算法，运算速度比较快。

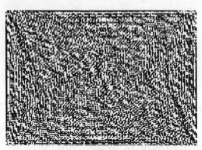 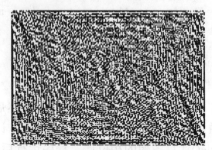

(a) 采用函数 fft2()得到的频谱   (b) 编程实现的傅立叶频谱

图 8.17 编程进行二维离散傅立叶变换

8.3.4　傅立叶变换的应用

通过傅立叶变换将图像从时域转换到频域，然后进行相应的处理，例如滤波和增强等，然后再通过傅立叶反变换将图像从频域转换到时域。下面通过两个实例来介绍傅立叶变换在图像处理中的应用。

【例 8-16】通过傅立叶变换识别图像中的字符，其具体实现的 MATLAB 代码如下：

```
close all; clear all; clc; %关闭所有图形窗口，清除工作空间所有变量，清空命令行
I=imread('text.png');                        %读入图像
a=I(32:45, 88:98);                           %模板
figure;
imshow(I);                                   %显示原图像
figure;
imshow(a);                                   %显示模板
c=real(ifft2(fft2(I).*fft2(rot90(a, 2), 256, 256)));  %傅立叶变换
figure;
imshow(c, []);                               %显示卷积后的结果
max(c(:))                                    %取最大值
thresh=60;                                   %设置阈值
figure;
imshow(c>thresh)                             %显示识别结果
```

在程序中读入含有文字的图像，如图 8.18 所示。然后，选取字母 a 的模板，如图 8.19 所示。将图像和含有字符的模板做傅立叶变换，然后进行卷积，并选取卷积的最大值（程序中 max(c(:))为 68）。图 8.20 为卷积后的结果，图 8.21 中的亮点为字母 a 的识别结果。

图 8.18　含有文字的图像　　　　　　图 8.19　字母 a 的模板

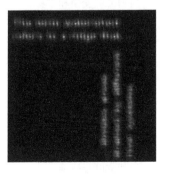

图 8.20　卷积后的结果　　　　　　图 8.21　字符 a 的识别结果

巴特沃斯低通滤波器的公式为：

$$H(u,v) = \frac{1}{1+\left[D(u,v)/D_0\right]^{2n}}$$

其中 D_0 为截止频率，$D(u,v) = \sqrt{(u^2+v^2)}$。由于进行了中心化，频率的中心为 $(M/2,N/2)$，因此 $D(u,v) = \left[(u-M/2)^2 + (v-N/2)^2\right]^{1/2}$。参数 n 为巴特沃斯滤波器的阶数，n 越大滤波器的形状越陡峭。

巴特沃斯高通滤波器的公式为：

$$H(u,v) = \frac{1}{1+\left[D_0/D(u,v)\right]^{2n}}$$

其参数的意义和巴特沃斯低通滤波器相同。巴特沃斯低通滤波器的形状如图 8.22 所示，D_0 为 20，阶数为 6。巴特沃斯高通滤波器的形状如图 8.23 所示，D_0 为 20，阶数为 6。

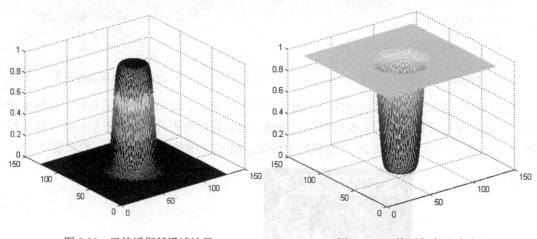

图 8.22　巴特沃斯低通滤波器　　　　　　　图 8.23　巴特沃斯高通滤波器

【例 8-17】　对图像进行巴特沃斯低通滤波，其具体实现的 MATLAB 代码如下：

```
close all; clear all; clc;    %关闭所有图形窗口，清除工作空间所有变量，清空命令行
I=imread('cameraman.tif');             %读入灰度图像
I=im2double(I);
J=fftshift(fft2(I));                   %傅立叶变换和平移
[x, y]=meshgrid(-128:127, -128:127);   %产生离散数据
z=sqrt(x.^2+y.^2);
D1=10;  D2=30;                         %滤波器的截止频率
n=6;                                   %滤波器的阶数
H1=1./(1+(z/D1).^(2*n));               %滤波器
H2=1./(1+(z/D2).^(2*n));               %滤波器
K1=J.*H1;                              %滤波
K2=J.*H2;                              %滤波
L1=ifft2(ifftshift(K1));               %傅立叶反变换
L2=ifft2(ifftshift(K2));               %傅立叶反变换
figure;
```

```
subplot(131); imshow(I);                      %显示原图像
subplot(132); imshow(real(L1));               %显示结果图像
subplot(133); imshow(real(L2))                %显示结果图像
```

　　在程序中读入灰度图像，接着对图像进行二维离散傅立叶变换和平移，然后设计巴特沃斯低通滤波器，在频域对图像进行滤波，最后进行二维离散傅立叶反变换。程序运行后，输出结果如图 8.24 所示。在图 8.24 中，左图为原始图像，中间的图为巴特沃斯低通滤波后得到的图像，滤波器的截止频率为 10，阶数为 6，右图也是低通滤波后得到的图像，截止频率为 30，阶数为 6。在进行巴特沃斯低通滤波时，截止频率越低，图像变得越模糊，因为图像中的高频部分（图像的边缘）都被过滤掉了。

　　（a）原始图像　　　　（b）巴特沃斯低通滤波（截止频率 10Hz）　　（c）巴特沃斯低通滤波（截止频率 30Hz）

图 8.24　对图像进行巴特沃斯低通滤波

【例 8-18】　对图像进行巴特沃斯高通滤波，其具体实现的 MATLAB 代码如下：

```
close all; clear all; clc;    %关闭所有图形窗口，清除工作空间所有变量，清空命令行
I=imread('cameraman.tif');                    %读入灰度图像
I=im2double(I);
J=fftshift(fft2(I));                          %傅立叶变换和平移
[x, y]=meshgrid(-128:127, -128:127);
z=sqrt(x.^2+y.^2);
D1=10;  D2=40;                                %截止频率
n1=4;  n2=8;                                  %滤波器的阶数
H1=1./(1+(D1./z).^(2*n1));
H2=1./(1+(D2./z).^(2*n2));
K1=J.*H1;                                     %滤波
K2=J.*H2;                                     %滤波
L1=ifft2(ifftshift(K1));                      %傅立叶反变换
L2=ifft2(ifftshift(K2));                      %傅立叶反变换
figure;
subplot(131); imshow(I);                      %显示原图像
subplot(132); imshow(real(L1));               %显示结果图像
subplot(133); imshow(real(L2))                %显示结果图像
```

　　在程序中读入灰度图像，接着对图像进行二维离散傅立叶变换和平移，然后设计巴特沃斯高通滤波器，通过频域的相乘进行滤波，最后进行二维离散傅立叶反变换。程序运行后，输出结果如图 8.25 所示。在图 8.25 中，左图为原始图像，中间的图为高通滤波后得到的图像，截止频率为 10，阶数为 4，右图也为高通滤波后的图像，截止频率为 40，阶数为 8。灰度图像经过高通滤波后，很好地保持了图像的边缘信息。

（a）原始图像　　　　（b）巴特沃斯高通滤波（截止频率 10Hz）　（c）巴特沃斯高通滤波（截止频率 40Hz）

图 8.25　对图像进行巴特沃斯高通滤波

8.4　图像离散余弦变换

离散余弦变换（Discrete Cosine Transform，DCT）是以一组不同频率和幅值的余弦函数和来近似一幅图像，实际上是傅立叶变换的实数部分。离散余弦变换有一个重要的性质，即对于一幅图像，其大部分可视化信息都集中在少数的变换系数上。因此，离散余弦变换经常用于图像压缩，例如国际压缩标准的 JPEG 格式中就采用了离散余弦变换。本节将详细介绍离散余弦变换及其在图像处理中的应用。

8.4.1　离散余弦变换的定义

在傅立叶变换过程中，如果被展开的函数是实偶函数，那么其傅立叶变换中只包含余弦项，基于傅立叶变换的这一特点，人们提出了离散余弦变换。DCT 变换先将图像函数变换成偶函数形式，再对其进行二维离散傅立叶变换，因此 DCT 变换可以看成是一种简化的傅立叶变换。

对于时间序列 $f(x)$，其中，$x = 0,1,\cdots,N-1$，其一维离散余弦变换的定义如下：

$$F(u) = \alpha_0 c(u) \sum_{x=0}^{N-1} f(x) \cos \frac{(2x+1)u\pi}{2N}$$

其中，$u = 0,1,\cdots,N-1$，$\alpha_0 = \dfrac{2}{\sqrt{N}}$，$c(u) = \begin{cases} \dfrac{1}{\sqrt{2}} & u = 0 \\ 1 & u \neq 0 \end{cases}$

一维离散余弦反变换的定义如下：

$$f(x) = \alpha_1 \sum_{u=0}^{N-1} c(u) F(u) \cos \frac{(2x+1)u\pi}{2N}$$

其中，$x = 0,1,\cdots,N-1$，$\alpha_1 = \dfrac{2}{\sqrt{N}}$，$c(u) = \begin{cases} \dfrac{1}{\sqrt{2}} & u = 0 \\ 1 & u \neq 0 \end{cases}$

一维离散余弦变换可以非常容易地推广到二维离散余弦变换，二维离散余弦变换定义为：

$$F(u,v) = \alpha_0 c(u,v) \sum_{x=0}^{N-1} \sum_{y=0}^{N-1} f(x,y) \cos\frac{(2x+1)\mathrm{u}\pi}{2N} \cos\frac{(2y+1)\mathrm{v}\pi}{2N}$$

其中，$u,v = 0,1,\cdots,N-1$，$\alpha_0 = \dfrac{2}{N}$，$c(u,v) = \begin{cases} 1/2 & u=v=0 \\ 1/\sqrt{2} & uv=0\text{且}u \neq v \\ 1 & uv > 0 \end{cases}$

二维离散余弦的反变换定义为：

$$f(x,y) = \alpha_1 \sum_{u=0}^{N-1} \sum_{v=0}^{N-1} c(u,v) F(u,v) \cos\frac{(2x+1)\mathrm{u}\pi}{2N} \cos\frac{(2y+1)\mathrm{v}\pi}{2N}$$

其中，$x,y = 0,1,\cdots,N-1$，$\alpha_1 = \dfrac{2}{N}$，$c(u,v) = \begin{cases} 1/2 & u=v=0 \\ 1/\sqrt{2} & uv=0\text{且}u \neq v \\ 1 & uv > 0 \end{cases}$

8.4.2　离散余弦变换的 MATLAB 实现

在 MATLAB 软件中，采用函数 dct()进行一维离散余弦变换，采用函数 idct()进行一维离散余弦反变换，这两个函数的详细使用情况，读者可以查询 MATLAB 的帮助系统。通过函数 dct2()进行二维离散余弦变换，该函数的详细使用情况如下所示。

- ❑ B=dct2(A)：该函数计算图像矩阵 A 的二维离散余弦变换，返回值为 B，A 和 B 的大小相同。
- ❑ B=dct2(A, m, n)或 B=dct2(A, [m, n])：该函数计算图像矩阵 A 的二维离散余弦变换，返回值为 B，通过对 A 补 0 或剪裁，使得 B 的大小为 *m* 行 *n* 列。

【例 8-19】　对图像进行二维离散余弦变换，其具体实现的 MATLAB 代码如下：

```
close all; clear all; clc;      %关闭所有图形窗口，清除工作空间所有变量，清空命令行
I=imread('coins.png');          %读入图像
I=im2double(I);
J=dct2(I);                      %二维离散余弦变换
figure;
subplot(121); imshow(I);        %显示原图像
subplot(122); imshow(log(abs(J)), []);   %显示变换系数
```

在程序中，首先读入图像，然后采用函数 dct2()对图像进行二维离散余弦变换。程序运行后，输出结果如图 8.26 所示。在图 8.26 中，左图为原始图像，右图为二维离散余弦变换的系数，系数中的能量主要集中在左上角，其余大部分系数接近于 0。

（a）原始图像　　　　　　　　　　　（b）离散余弦变换系数的图像

图 8.26　图像的二维离散余弦变换

在 MATLAB 中，采用函数 dctmtx()生成离散余弦变换矩阵。函数 dctmtx()的详细使用情况如下。

❑ B=dctmtx(n)：该函数建立 $n \times n$ 的离散余弦变换矩阵 D，其中 n 是一个正整数。

【例 8-20】　通过函数 dctmtx()生成离散余弦变换矩阵，其具体实现的 MATLAB 代码如下：

```
close all; clear all; clc; %关闭所有图形窗口，清除工作空间所有变量，清空命令行
A=[1 1 1 1; 2 2 2 2; 3 3 3 3]        %建立矩阵
s=size(A);
M=s(1);                              %矩阵的行数
N=s(2);                              %矩阵的列数
P=dctmtx(M)                          %离散余弦变换矩阵
Q=dctmtx(N)                          %离散余弦变换矩阵
B=P*A*Q'                             %离散余弦变换
```

程序运行后，在 MATLAB 的命令行窗口中的输出结果如下：

```
A =
    1     1     1     1
    2     2     2     2
    3     3     3     3
P =
   0.5774    0.5774    0.5774
   0.7071    0.0000   -0.7071
   0.4082   -0.8165    0.4082
Q =
   0.5000    0.5000    0.5000    0.5000
   0.6533    0.2706   -0.2706   -0.6533
   0.5000   -0.5000   -0.5000    0.5000
   0.2706   -0.6533    0.6533   -0.2706
B =
   6.9282         0   -0.0000   -0.0000
  -2.8284   -0.0000    0.0000    0.0000
   0.0000         0   -0.0000   -0.0000
```

在程序中，建立矩阵 A，然后利用函数 dctmtx()生成两个离散余弦变换矩阵 P 和 Q，P 和 Q 均为方阵，P 的大小为矩阵 A 的行数，Q 的大小为矩阵 A 的列数。然后通过离散余弦变换的矩阵定义 $B = P * A * Q'$ 计算矩阵 A 的离散余弦变换。

【例 8-21】　利用函数 dctmtx()进行图像的离散余弦变换，其具体实现的 MATLAB 代码如下：

```
close all; clear all; clc; %关闭所有图形窗口，清除工作空间所有变量，清空命令行
I=imread('cameraman.tif');           %读入图像
I=im2double(I);
s=size(I);                           %图像的行数和列数
M=s(1);
N=s(2);
P=dctmtx(M);                         %离散余弦变换矩阵
Q=dctmtx(N);                         %离散余弦变换矩阵
J=P*I*Q';                            %离散余弦变换
K=dct2(I);                           %离散余弦变换
E=J-K;                               %变换系数的差
find(abs(E)>0.000001)                %查找系数差的绝对值大于 0.000001
figure;
```

```
subplot(121); imshow(J);                    %显示离散余弦系数
subplot(122); imshow(K);                    %显示离散余弦系数
```

程序运行后，在 MATLAB 的命令行窗口中的输出结果为：

```
ans =
  Empty matrix: 0-by-1
```

在程序中，首先读入灰度图像，接着通过函数 dctmtx()生成离散余弦变换矩阵 P 和 Q，然后通过离散余弦变换的矩阵定义 $B = P*A*Q'$ 来计算离散余弦变换。和采用函数 dct2()计算余弦变换相比较，所得到的离散余弦系数 J 和 K 的差值没有大于 0.000001 的，即 J 和 K 基本相同。程序运行后，输出结果如图 8.27 所示，左图为采用离散余弦变换矩阵计算的离散余弦系数，右图为采用函数 dct2()计算得到的离散余弦系数。

（a）采用离散余弦变换矩阵得到的系数图像　　　　　（b）采用函数 dct2()得到的系数图像

图 8.27　灰度图像的离散余弦变换

在 MATLAB 软件中，采用函数 idct2()进行二维离散余弦反变换，该函数的调用情况如下。

❑ B=idct2(A)：该函数计算矩阵 A 的二维离散余弦反变换，返回值为 B，A 和 B 的大小相同。

❑ B=idct2(A, m, n)或 B=idct2(A, [m, n])：该函数计算 A 的二维离散余弦反变换，返回值为 B，通过对 A 补 0 或剪裁，使得 B 的大小为 m 行 n 列。

【例 8-22】　图像的二维离散余弦反变换，其具体实现的 MATLAB 代码如下：

```
close all; clear all; clc;  %关闭所有图形窗口，清除工作空间所有变量，清空命令行
I=imread('cameraman.tif');  %读入图像
I=im2double(I);
J=dct2(I);                   %二维离散余弦变换
J(abs(J)<0.1)=0;            %绝对值小于 0.1 的系数设置为 0
K=idct2(J);                  %二维离散余弦反变换
figure;
subplot(131); imshow(I);    %显示原图像
subplot(132); imshow(J);    %变换系数
subplot(133); imshow(K);    %显示结果图像
```

在程序中，首先读入灰度图像，采用函数 dct2()进行二维离散余弦变换，然后将变换

系数中绝对值小于 0.1 的系数设置为 0, 最后采用函数 idct2()进行离散余弦反变换。程序运行后, 输出结果如图 8.28 所示。在图 8.28 中, 左图为原始灰度图像, 中间的图为绝对值大于 0.1 的变换系数, 右图为经过离散余弦反变换后得到的图像, 和原始灰度图像的视觉差别非常小。

　　(a) 原始图像　　　　　　　(b) 离散余弦变换系数图像　　　　(c) 离散余弦反变换得到的图像

图 8.28　图像的离散余弦反变换

8.4.3　离散余弦变换的应用

在介绍离散余弦变换进行图像数据压缩之前, 首先介绍图像的块操作函数 blkproc()。在 MATLAB 软件中, 采用函数 blkproc()进行图像的块操作, 该函数的详细使用情况如下。

❑ B=blkproc(A, [m n], fun): 该函数对矩阵 A 进行块操作, 块的大小为 $m×n$, 对块的操作函数为 fun。返回值 B 为进行块操作后得到的矩阵, A 和 B 的大小相同。

❑ B=blkproc(A, [m n], [mborder nborder], fun): 该函数对矩阵 A 进行块操作, 块的大小为 $m×n$, 在移动块是具有 mborder×nborder 的重叠。

【例 8-23】 通过函数 blkproc()对图像进行块操作, 其具体实现的 MATLAB 代码如下:

```
close all; clear all; clc; %关闭所有图形窗口, 清除工作空间所有变量, 清空命令行
I=imread('cameraman.tif');              %读入图像
fun1=@dct2;                             %函数句柄
J1=blkproc(I, [8 8], fun1);            %块操作
fun2=@(x) std2(x)*ones(size(x));       %函数句柄
J2=blkproc(I, [8 8], fun2);            %块操作
figure;
subplot(121); imagesc(J1);             %显示结果图像
subplot(122); imagesc(J2);             %显示结果图像
colormap gray;                         %设置调色板
```

程序运行后, 输出结果如图 8.29 所示。在程序中, 读入灰度图像, 然后采用函数 blkproc()进行图像块操作, 块的大小为 8×8, 采用的函数为 fun1, 函数 fun1 为函数 dct2()的函数句柄, 块操作后的结果如图 8.29 的左图所示。采用函数 fun2 对块进行操作, 函数 fun2 为匿名函数, 用块的方差作为该块的元素值, 块操作后的结果, 如图 8.29 的右图所示。

离散余弦变换主要应用于图像数据压缩方面: 在 JPEG 图像压缩算法中, 首先将输入图像划分为 8×8 或者是 16×16 的方块, 然后对每一个方块执行二维离散余弦变换, 最后将变换得到的量化的变换系数进行编码和传送, 形成压缩后的图像格式。在接收端, 将量化的离散余弦系数进行解码, 并对每个 8×8 或 16×16 方块进行二维离散余弦反变换, 最后将

操作完成后的块组合成一幅完整的图像。8×8 方块经正变换后得到的系数矩阵的左上角代表图像的低频分量，右下角代表图像的高频分量。

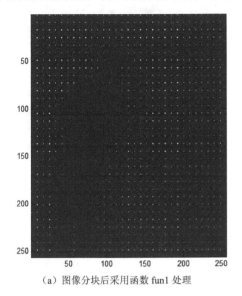 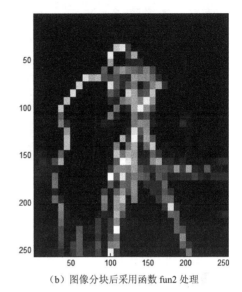

（a）图像分块后采用函数 fun1 处理　　　　　　（b）图像分块后采用函数 fun2 处理

图 8.29　图像的块操作

【例 8-24】　通过离散余弦变换进行图像压缩，其具体实现的 MATLAB 代码如下：

```
close all; clear all; clc;   %关闭所有图形窗口，清除工作空间所有变量，清空命令行
I=imread('rice.png');                       %读入图像
J=im2double(I);
T=dctmtx(8);                                %计算离散余弦变换矩阵
K=blkproc(J, [8 8], 'P1*x*P2', T, T');      %对每个小方块进行离散余弦变换
mask=[ 1 1 1 1 1 0 0 0                       %只选择左上角的 10 个系数
       1 1 1 0 0 0 0 0
       1 1 0 0 0 0 0 0
       1 0 0 0 0 0 0 0
       0 0 0 0 0 0 0 0
       0 0 0 0 0 0 0 0
       0 0 0 0 0 0 0 0
       0 0 0 0 0 0 0 0 ];
K2=blkproc(K, [8 8], 'P1.*x', mask);        %系数选择
L=blkproc(K2, [8 8], 'P1*x*P2', T', T);%对每个小方块进行离散余弦反变换
figure;
subplot(121); imshow(J);                    %显示原图像
subplot(122); imshow(L);                    %显示结果图像
```

在程序中，读入图像后，通过函数 dctmtx() 产生离散余弦变换矩阵，通过函数 blcproc() 将图像划分为 8×8 的方块，并进行离散余弦变换，只保留 64 个系数中左上角的 10 个系数，其余设置为 0。最后，通过这 10 个系数对每个小方块进行离散余弦反变换，重构原图像。程序运行后，输出结果如图 8.30 所示，左图为原始图像，右图为只保留了 10/64 的离散余弦系数进行反变换后得到的图像，压缩后的图像仍具有很好的视觉效果。

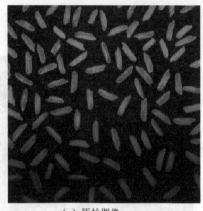

（a）原始图像　　　　　　　　　　　　　　（b）离散余弦压缩后反变换得到的图像

图 8.30　离散余弦变换用于图像压缩

🔊说明：图像经离散余弦变换后，得到的离散余弦变换系数有 3 个特点，一是系数值全部
集中到 0 值附近（从直方图统计的意义上），动态范围很小，这说明用较小的量
化比特数即可表示离散余弦变换系数；二是离散余弦变换后图像能量集中在图像
的低频部分，即系数中不为 0 的系数大部分集中在一起（左上角），因此编码效
率很高；三是没有保留原图像块的精细结构，从中反映不了原图像块的边缘、轮
廓等信息，这一特点是由离散余弦变换缺乏时局域性造成的。

8.5　其他图像变换

除了前面介绍的图像变换以外，还有很多其他的图像变换技术，例如图像的 Hadamard
变换、Hough 变换以及图像的小波变换等。图像的小波变换将会在本书的第 13 章详细介绍。
下面简单介绍图像的 Hadamard 变换和 Hough 变换。

8.5.1　Hadamard 变换

$f(x)$ 的一维离散 Hadamard 变换公式为：

$$B(u) = \frac{1}{N} \sum_{x=0}^{N-1} f(x)(-1)^{\sum_{i=0}^{n-1} b_i(x) b_i(u)}$$

其中 $u = 0, 1, \cdots, N-1$。

一维离散 Hadamard 变换的反变换公式为：

$$f(x) = \sum_{u=0}^{N-1} B(u)(-1)^{\sum_{i=0}^{n-1} b_i(x) b_i(u)}$$

其中 $x = 0, 1, \cdots, N-1$。

将一维 Hadamard 变换扩展到二维，二维 Hadamard 变换公式为：

$$B(x,u) = \frac{1}{N^2} \sum_{x=0}^{N-1} \sum_{y=0}^{N-1} f(x,y)(-1)^{\sum_{i=0}^{n-1}[b_i(x)b_i(u)+b_j(y)b_j(v)]}$$

二维 Hadamard 变换的变换公式为：

$$f(x,y) = \sum_{u=0}^{N-1} \sum_{v=0}^{N-1} B(x,u)(-1)^{\sum_{i=0}^{n-1}[b_i(x)b_i(u)+b_j(y)b_j(v)]}$$

Hadamard 变换相当于在原来的图像矩阵左右分别乘以一个矩阵，这两个矩阵都是正交矩阵，称为 Hadamard 变换矩阵。Hadamard 变换矩阵中所有的元素都是+1 或-1。在 MATLAB 软件中，可以通过函数 hadamard()产生 Hadamard 变换矩阵。该函数的详细调用情况如下。

❑ H=hadamard(n)：该函数产生阶数为 n 的 Hadamard 变换矩阵 $\boldsymbol{H}$。Hadamard 变换矩阵 $\boldsymbol{H}$ 满足 $H'*H = n*I$，其中 I 为 n 阶单位矩阵。

【例 8-25】 通过函数 hadamard()产生 Hadamard 变换矩阵，其具体实现的 MATLAB 代码如下：

```
close all; clear all; clc; %关闭所有图形窗口，清除工作空间所有变量，清空命令行
H1=hadamard(2)              %产生 2 阶 Hadamard 交换矩阵
H2=hadamard(4)              %产生 4 阶 Hadamard 交换矩阵
H3=H2'*H2                   %验证
```

程序运行后，在 MATLAB 软件的命令行窗口中输出结果如下：

```
H1 =
    1    1
    1   -1
H2 =
    1    1    1    1
    1   -1    1   -1
    1    1   -1   -1
    1   -1   -1    1
H3 =
    4    0    0    0
    0    4    0    0
    0    0    4    0
    0    0    0    4
```

在程序中，通过函数 hadamard()产生 2 阶和 4 阶的 Hadamard 变换矩阵。同时，对公式 $H'*H = n*I$ 进行了验证。

【例 8-26】 对图像进行 Hadamard 变换，其具体实现的 MATLAB 代码如下：

```
close all; clear all; clc; %关闭所有图形窗口，清除工作空间所有变量，清空命令行
I=imread('peppers.png');            %读入 RGB 图像
I=rgb2gray(I);                      %转换为灰度图像
I=im2double(I);
h1=size(I, 1);                      %图像的行
h2=size(I, 2);                      %图像的列
H1=hadamard(h1);                    %Hadamard 变换矩阵
H2=hadamard(h2);                    %Hadamard 变换矩阵
J=H1*I*H2/sqrt(h1*h2);              %Hadamard 变换
figure;
set(0,'defaultFigurePosition',[100,100,1000,500]);
```

```
set(0,'defaultFigureColor',[1 1 1])
subplot(121); imshow(I);                          %显示原图像
subplot(122); imshow(J);                          %显示 Hadamard 变换结果
```

在程序中，首先读入 RGB 真彩色图像，然后转换为灰度图像，获取图像的行数和列数。然后通过函数 hadamard()建立 Hadamard 交换矩阵，并对图像进行 Hadamard 变换。程序运行后，输出结果如图 8.31 所示，左图为原来的灰度图像，右图为 Hadamard 变换的结果。

（a）原始图像　　　　　　　　　　　　　　（b）图像的 Hadamard 变换结果

图 8.31　图像的 Hadamard 变换

8.5.2　Hough 变换

Hough 变换是图像处理中从图像中识别几何形状的基本方法之一。由 Paul Hough 于 1962 年提出，最初只用于二值图像直线检测，后来扩展到任意形状的检测。Hough 变换的基本原理在于利用点与线的对偶性，将原始图像空间给定的曲线通过曲线表达形式变为参数空间的一个点。这样就把原始图像中给定曲线的检测问题转化为寻找参数空间中的峰值问题。

Hough 变换根据如下公式：

$$x\cos(\theta) + y\sin(\theta) = \rho$$

把 $x-y$ 平面的图像转换为 $\theta-\rho$ 参数平面上的图像矩阵。在 MATLAB 中，Hough 变换的函数包括函数 hough()、函数 houghpeaks()和函数 houghlines()。函数 hough()用来进行 Hough 变换，该函数的详细调用格式如下。

❑ [H, theta, rho]=hough(BW)：该函数对二值图像 BW 进行 Hough 变换，返回值 H 为 Hough 变换矩阵，theta 为变换角度 θ，rho 为变换半径 r。

❑ [H, theta, rho]=hough(BW, ParameterName, ParameterValue)：该函数中将参数 ParameterName 设置为 ParameterValue。ThetaResolution 为[0, 90]之间的实值标量，Hough 为变换的 theta 轴间隔，默认值为 1。RhoResolution 为 0 到图像像素个数之间的标量，rho 的间隔默认值为 1。

【例 8-27】对图像进行 Hough 变换，其具体实现的 MATLAB 代码如下：

```
close all; clear all; clc;
I=imread('circuit.tif');                          %读入图像
I=im2double(I);
BW=edge(I, 'canny');                              %边缘检测
```

```
[H, Theta, Rho]=hough(BW, 'RhoResolution', 0.5, 'ThetaResolution', 0.5);
                                                    %Hough 变换
figure;
set(0,'defaultFigurePosition',[100,100,1000,500]);
set(0,'defaultFigureColor',[1 1 1])
subplot(121); imshow(BW);                           %显示二值图像
subplot(122); imshow(imadjust(mat2gray(H)));        %显示 Hough 变换结果
axis normal;                                        %设置坐标轴
hold on;
colormap hot;                                       %设置调色板
```

在程序中，首先读入灰度图像，然后通过函数 edge() 获取图像的边缘，并转换为二值图像。通过函数 hough() 对图像进行 Hough 变换。程序运行后，输出结果如图 8.32 所示。在图 8.32 中，左图为二值图像，右图为 Hough 变换的结果。

　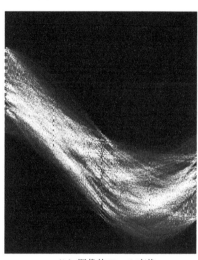

（a）图像的边缘信息　　　　　　　　　　　　　（b）图像的 Hough 变换

图 8.32　图像的 Hough 变换

函数 houghpeaks() 用于在 Hough 变换后的矩阵中寻找最值，该最值可以用于定位直线段。函数 houghlines() 用于绘制找到的直线段。这两个函数的详细调用情况，读者可以查询 MATLAB 的帮助系统。

【例 8-28】　通过图像的 Hough 变换检测直线，其具体实现的 MATLAB 代码如下：

```
close all; clear all; clc;
I=imread('gantrycrane.png');                        %获取图像
I=rgb2gray(I);
BW=edge(I, 'canny');                                %获取图像的边缘
[H, Theta, Rho]=hough(BW, 'RhoResolution', 0.5, 'Theta', -90:0.5:89.5);
                                                    %Hough 变换
P=houghpeaks(H, 5, 'threshold', ceil(0.3*max(H(:)))); %获取 5 个最值点
x=Theta(P(:, 2));                                   %横坐标
y=Rho(P(:, 1));                                     %纵坐标
figure;
set(0,'defaultFigurePosition',[100,100,1000,500]);
set(0,'defaultFigureColor',[1 1 1])
subplot(121);
imshow(imadjust(mat2gray(H)), 'XData', Theta, 'YData', Rho,...
```

```
                                               %绘制 Hough 变换结果
   'InitialMagnification', 'fit');
axis on;                                        %设置坐标轴
axis normal;
hold on;
plot(x, y, 's', 'color', 'white');
lines=houghlines(BW, Theta, Rho, P, 'FillGap', 5, 'MinLength',7);%检测直线
subplot(122);
imshow(I);                                      %显示图像
hold on;
maxlen=0;
for k=1:length(lines)                           %绘制多条直线
   xy=[lines(k).point1; lines(k).point2];
   plot(xy(:,1), xy(:, 2), 'linewidth', 2, 'color', 'green');
   plot(xy(1,1), xy(1, 2), 'linewidth', 2, 'color', 'yellow');
   plot(xy(2,1), xy(2, 2), 'linewidth', 2, 'color', 'red');
   len=norm(lines(k).point1-lines(k).point2);
   if (len>maxlen)                              %获取最长直线坐标
      maxlen=len;
      xylong=xy;
   end
end
hold on;
plot(xylong(:, 1), xylong(:, 2), 'color', 'blue');     %绘制最长的直线
```

在程序中，首先采用函数 hough()对图像进行 Hough 变换，然后采用函数 houghpeaks()
获取矩阵中较大的 5 个点，通过函数 houghlines()获取线段的端点。通过循环语句，绘制多
条直线，同时将最长的直线设置为蓝色。程序运行后，如图 8.33 所示。在图 8.33 中，左
图为 Hough 变换结果，用白色的小方块表示 5 个较大点，右图为在原图上绘制的检测到的
直线。

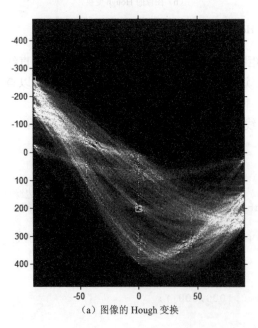

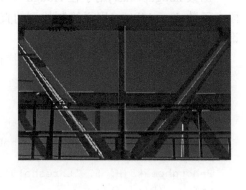

（a）图像的 Hough 变换　　　　　　　　　　　　　　　（b）检测得到的直线

图 8.33　Hough 变换用于检测直线

8.6　本　章　小　结

本章详细地介绍了通过 MATLAB 如何进行图像的变换，主要包括图像的 Radon 变换、傅立叶变换和离散余弦变换。傅立叶变换经常用于图像处理和分析，例如图像的增强和滤波等。离散余弦变换经常用于图像的压缩。最后简单介绍了图像的 Hadamard 变换和 Hough 变换。

习　　题

1．对本章【例 8-3】中的 a 图，在 0° 和 90° 方向上进行 Radon 变换，并对变换的结果进行分析。

2．对本章【例 8-17】中的 a 图，采用傅立叶变换进行高通滤波，获取图像的边缘，试编程实现。

3．任意选择一幅灰度图像，编程实现对该图像的离散余弦变换和反变换。

4．图像矩阵为 $I = \begin{bmatrix} 10 & 20 & 30 & 40 \\ 0 & 1 & 8 & 9 \\ 10 & 2 & 8 & 9 \\ 10 & 20 & 8 & 4 \end{bmatrix}$，通过编程对该图像进行二维 Hadamard 变换。

5．任意选择一幅灰度图像，然后采用 LoG 算子得到该图像的二值边缘图像，最后进行 Hough 变换，通过编程实现，并对结果进行分析。

第9章 彩色图像处理

随着计算机技术和微电子技术的发展，彩色图像成像设备性能不断提高，价格也随之下降，使得彩色图像的应用范围越来越广泛，图像处理技术也在逐步提高。与灰度图像相比，彩色图像除了包含有大量信息以外，表示方法、数据结构和存储方式都与灰度图像不同。本章将介绍彩色图像处理内容，包括彩色图像的基础、彩色图像的坐标变换。

9.1 彩色图像基础

彩色图像处理和人的视觉系统有着非常密切的关系。一个彩色的光源能够发射400~700nm(纳米)的电磁波，一部分被物体吸收，一部分反射至人眼，引起了人眼对物体颜色的感知。大部分电磁波都被吸收物体时，人眼感知物体为黑色，大部分电磁波都被物体反射时，人眼感知物体为白色，某一波段的电磁波被物体反射回人眼，人眼感知的物体就是彩色的。例如，569~590nm 电磁波反射回人眼，人的视觉系统感知的就是黄色。本节主要介绍三原色概念，色调、饱和度和亮度的概念。

9.1.1 三原色

人的视觉系统中有两种细胞，一种为杆状细胞，另一种为锥状细胞，杆状细胞为亮度感知细胞，锥状细胞为颜色感知细胞，在亮度足够的条件下，锥状细胞对红、绿、蓝这 3 种颜色波段的电磁波最为敏感，因此这 3 种颜色被称为三原色，人类视觉系统锥状细胞对可见光敏感曲线如图 9.1 所示。根据人眼的视觉特性，自然界中的任何颜色都可以由三原色按照不同比例组合而成。

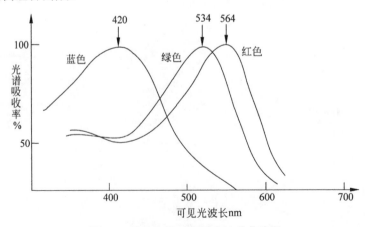

图 9.1 锥状细胞对可见光敏感曲线图

三原色必须是相互独立的，任何一种颜色都不能由其他两种组合而成。三原色的选择也并不是唯一的，不一定必须是红、绿、蓝 3 种颜色，只要满足相互独立的 3 种颜色，并且能合成任意一种颜色，都可以作为三原色。国际照明委员会（CIE）在 1931 年规定了三原色的波长为红 700nm，绿 546.1nm，蓝 435.8。实际上光谱是连续的，并不是只有这 3 种波长能产生红、绿、蓝这 3 种颜色的感觉，CIE 只是给出一个标准。

9.1.2 色调、饱和度和亮度

对于单色光，颜色和电磁波波长是一一对应关系，但是对于两种或两种以上颜色的合成光，波长和颜色这种对应关系就不成立了。因此，颜色就不足以描述视觉系统所感知的物体的色彩，还必须有其他的属性，如色调、饱和度和亮度。

1. 色调

色调是一种描述颜色的一种属性，是人眼感知的彩色中，波长占优势的电磁波表达的颜色。自然界中大多数色彩都可以用一单颜色光和白光按一定比例合成，这种单一颜色光的波长在混合色彩中起主要作用，称为主波长。非单色光和白光按一定比例合成的色彩可用非单色光的补色光表示。

2. 饱和度

饱和度是一种描述颜色纯净度的属性，单一颜色光的饱和度最高，掺入白光越多，饱和度越低。饱和度的表达式为：

$$饱和度 = \frac{单色光强度}{单色光强度 + 白光强度}$$

3. 亮度

亮度是一种描述颜色明亮程度的属性，用合成颜色的所有电磁波的总强度表示，单位为流明数。

色调和饱和度合称为色品，是颜色的色度学属性，亮度使眼色的光度学属性，色调、饱和度和亮度可以共同决定颜色特征。

9.2 彩色图像的坐标变换

目前常用的彩色图像模型主要有两种，一种是面向硬件设备的彩色图像模型例如 RGB 模型，另一种是面向视觉感知的彩色图像模型例如 HSV 模型。RGB 模型是由红、绿、蓝三原色混合成各种色彩来描述彩色图像，HSV 模型是通过色调、饱和度和亮度来描述彩色图像。本节主要介绍在 MATLAB 中的 RGB 彩色图像模型和 HSV 彩色图像模型之间的坐标变换。

9.2.1　MATLAB 中的颜色模型

1. RGB模型

RGB 模型采用 CIE 规定的三原色红（Red）、绿（Green）、蓝（Blue）构成，任何一种颜色都可以通过这 3 种颜色以不同比例混合而成，用三原色英文头字母大写表示这种颜色模型。图像中的每个像素都以（R, G, B）表示，每种颜色用 8 位表示，每种颜色分量的灰度级为[0, 255]，共 256 级。因此，RGB 模型可以表示 $2^8 \times 2^8 \times 2^8 = 256 \times 256 \times 256 = 16\ 777\ 216 \approx 16770$ 万种颜色。

彩色图像的每个像素表示为一个 RGB 值，这些像素形成一副彩色图像。例如，（255, 0, 0）表示红色，（0, 255, 0）表示绿色，（0, 0, 255）表示蓝色，（255, 255, 255）表示白色，（0, 0, 0）表示黑色，三原色等比例混合表示灰色等。

RGB 模型基于笛卡尔坐标，构成了一个彩色立方体，如图 9.2 所示，图中对所有数据进行了归一化，取值范围为[0, 1]。原点为黑色，对角顶点(1, 1, 1)为白色，原点和对角顶点的连接线为灰度级。位于坐标轴 3 个顶点分别为(1, 0, 0)为红色、(0, 1, 0)为绿色，(0, 0, 1)为蓝色，剩下的 3 个顶点为三原色的补色，(1, 1, 0)为黄色，(1, 0, 1)为紫色，(0, 1, 1)为青色。

2. HSV模型

HSV 是指色调（Hue）、饱和度（Saturation）和亮度（Value）。HSV 模型是一种主观模型，三维表示从 RGB 立方体演化而来。设想从 RGB 沿立方体对角线的白色顶点向黑色顶点观察，就可以看到立方体的六边形外形。六边形边界表示色调，水平轴表示饱和度，亮度沿垂直轴测量，如图 9.3 所示。色调 H 表示所处的光谱颜色的位置，该参数用一角度量来表示，红、绿、蓝分别相隔 120°。互补色分别相差 180°。饱和度 S 范围从 0 到 1 纯色饱和度最高 S=1，S=0 时，只有灰度。亮度 V 范围从 0 到 1，和光强度之间并没有直接的联系。

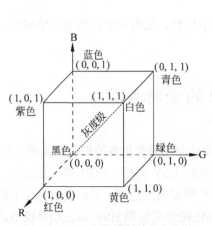

图 9.2　RGB 颜色模型单位立方体

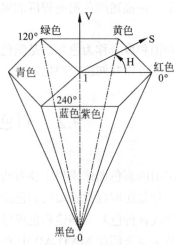

图 9.3　HSV 模型图

从一种纯色彩开始，即指定 H，并让 V=S=1，然后通过向其中加入黑色和白色来得到需要的颜色。增加黑色可以减小 V 而 S 不变，同样增加白色可以减小 S 而 V 不变。例如，要得到深红色，H=0°，V=0.5，　S=1。要得到浅红色，H=0°，V=1，　S=0.4。

一般说来，人眼最大能区分 128 种不同的色彩，130 种色饱和度，23 种明暗度。如果用 16 位表示 HSV 的话，可以用 7 位存放 H，4 位存放 S，5 位存放 V，即 745 或者是 655 就可以满足需要。

3．CMYK模型

CMYK 模型也称为减色模型，颜色来源于青、紫、黄三原色，这 3 种原色从照射纸上的白光中吸收一些颜色，从而改变光波产生颜色，即从白光中减去一些颜色而产生颜色，故称为减色模型。CMYK 模型主要适用于印刷油墨和调色剂等实体物质产生颜色的场合，如彩色印刷领域。模型中，彩色图像的每个像素值用青、紫、黄、和黑油墨的百分比来度量颜色，浅颜色像素的油墨百分比较低，深颜色像素油墨的百分比较高，没有油墨的情况为白色，因此 CMYK 又称为四色印刷。

4．YUV模型

YUV 模型是一种欧洲电视系统所采用的颜色编码方法，在现代彩色电视系统中，通常采用三管彩色摄影机或彩色 CCD 摄影机进行取像，然后把取得的彩色图像信号经分色、分别放大校正得到RGB，再经过矩阵变换电路得到亮度信号 Y 和两个色差信号 R-Y（即 U）、B-Y（即 V），最后发送端将亮度和色差三个信号分别进行编码，用同一信道发送出去。这种色彩的表示方法就是所谓的 YUV 模型。YUV 模型将亮度信号 Y 和色度信号 U、V 是分离开来。如果只有 Y 分量而没有 U、V 分量，那么这样表示的图像就是黑白灰度图像。与 RGB 模型相比，YUV 模型最大的优点在于信号传输时只需占用极少的频宽。

5．YCbCr模型

YCbCr 模型是在世界数字组织视频标准研制过程中作为 ITU-RBT1601 建议的一部分，其实是 YUV 模型经过缩放和偏移的翻版。其中 Y 与 YUV 中的 Y 含义一致，Cb 表示蓝色色度分量，Cr 表示红色色度分量。YCbCr 是在计算机系统中应用最多的成员，其应用领域很广泛，JPEG、MPEG 均采用此模型编码，一般讲的 YUV 大多是指 YCbCr 模型。

9.2.2　MATLAB 中颜色模型转换

颜色模式就是建立的一个 3-D 坐标系统，表示一个彩色空间，采用不同的基本量来表示颜色，就得到不同的颜色模型（彩色空间），不同的颜色模型都能表示同一种颜色，因此，它们之间是可以相互转换的。

1．RGB空间与HSV空间转换

归一化的 RGB 模型中，R，G，B 这 3 个分量值在[0, 1]之间，对应的 HSV 模型中的 H、S、V 分量可以由 R、G、B 表示为：

$$V = \frac{1}{3}(R + G + B)$$

$$S = 1 - \frac{3}{(R+G+B)}\big[\min(R,G,B)\big]$$

$$H = \cos^{-1}\left\{ \frac{[(R-G)+(R-B)]/2}{\left[(R-G)^2+(R-B)(R-G)^{\frac{1}{2}}\right]} \right\} \Big/ 360$$

MATLAB 提供函数 rgb2hsv()将 RGB 模型转换为 HSV 模型，其具体调用格式如下。

❑ cmap = rgb2hsv(M)：该函数将 RGB 空间的颜色映射转换为 HSV 空间的颜色映射。
两个颜色映射均为 $m \times 3$ 阶矩阵，元素取值都在[0, 1]之间。输入矩阵 *M* 的列分别
表示红色、绿色和蓝色的强度，输出矩阵 cmap 的列分别表示色调、饱和度和亮度。

❑ hsv_image = rgb2hsv(rgb_image)：该函数将 RGB 图像转换为等价的 HSV 图像。RGB
图像是一个 $m \times n \times 3$ 的图像阵列，包含红色、绿色和蓝色成分；HSV 是返回的一
个 $m \times n \times 3$ 图像阵列，包含色调、饱和度和亮度。

【例 9-1】 拆分一个 HSV 图像的图像阵列，具体实现的 MATLAB 代码如下：

```
close all; clear all; clc;  %关闭所有图形窗口，清除工作空间所有变量，清空命令行
RGB=reshape(ones(64,1)*reshape(jet(64),1,192),[64,64,3]);
                                       %调整颜色条尺寸为正方形
HSV=rgb2hsv(RGB);                       %将 RGB 图像转换为 HSV 图像
H=HSV(:,:,1);                           %提取 H 矩阵
S=HSV(:,:,2);                           %提取 S 矩阵
V=HSV(:,:,3);                           %提取 V 矩阵
figure(1)
subplot(121), imshow(H)                 %显示 H 图像
subplot(122), imshow(S)                 %显示 S 图像
figure(2)
subplot(121), imshow(V)                 %显示 V 图像
subplot(122), imshow(RGB)               %显示 RGB 图像
```

程序执行，运行结果如图 9.4 所示。

MATLAB 提供将 HSV 模型转换为 RGB 模型函数 hsv 2 rgb()，其具体调用格式如下。

❑ M = hsv2rgb(H)：该函数将一个 HSV 空间颜色映射转换为 RGB 空间颜色映射。两
个颜色映射均为 $m \times 3$ 阶矩阵，元素取值都在[0, 1]之间。输入矩阵 *H* 的列分别表
示色调、饱和度和亮度，输出矩阵 *M* 的列分别表示红色、绿色和蓝色的强度。

(a) H 图像　　　　　　　　　　　　　　　　(b) S 图像

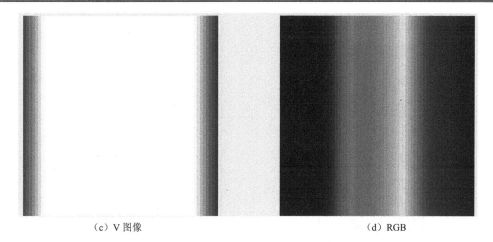

（c）V 图像　　　　　　　　　　　　　　　（d）RGB

图 9.4　HSV 图像 H、S、V 分离图

❑ rgb_image = hsv2rgb(hsv_image)：该函数将 HSV 图像转换为等价的 RGB 图像。
HSV 图像一个 m×n×3 图像阵列，包含色调、饱和度和亮度。RGB 图像是一个返
回值为 m×n×3 的图像阵列，包含红色、绿色和蓝色成分。

2．RGB空间与YCbCr空间转换

RGB 与 YCbCr 的转换关系式为：

$$Y = 0.299R + 0.587G + 0.114B$$
$$Cr = 0.713(R - Y) + 128$$
$$Cb = 0.564(B - Y) + 128$$

MATLAB 提供函数 rgb2ycbcr()将 RGB 模型转换成 YCbCr 模型，其具体调用格式
如下。

❑ ycbcrmap = rgb2ycbcr(map)：该函数将 RGB 空间颜色映射到 YCbCr 空间中。map
是一个 m×3 的矩阵，ycbcrmap 也为一个 m×3 的矩阵，矩阵的列分别表示亮度 Y
和两种色度差 Cb、Cr。ycbcfmap 每一行代表了等效颜色对应的行 RGB 空间颜色
映射。

❑ YCBCR = rgb2ycbcr(RGB)：该函数将 RGB 真彩色空间图像转换成对应的 YCbCr
空间图像，RGB 图像必须是 m×n×3 矩阵。

如果输入数据类型是一个 8 位无符号数，那么 YCbCr 数据类型也是一个 8 位无符号数，
则 Y 的范围是[16, 235]，Cb 和 Cr 的范围是[16, 240]。如果输入数据类型是双精度型，则 Y
的范围是[16/255 235/255]，Cb 和 Cr 的范围是[16/255 240/255]。如果输入数据类型为 16
位无符号数，则 Y 的范围是[4112 60395]，Cb 和 Cr 的范围是[4112 61680]。

【例 9-2】　将 RGB 模型转换为 YCbCr 模型，具体实现的 MATLAB 代码如下：

```
close all; clear all; clc;      %关闭所有图形窗口，清除工作空间所有变量，清空命令行
RGB = imread('board.tif');              %读入 RGB 图像
YCBCR = rgb2ycbcr(RGB);                 %将 RGB 图像转换为 YCBCR 图像
figure;
subplot(121), imshow(RGB)               %显示 RGB 图像
subplot(122), imshow(YCBCR)             %显示 YCBCR 图像
```

程序执行，运行结果如图 9.5 所示。

（a）RGB 模型图像

（b）YCbCr 模型图像

图 9.5　RGB 模型转换 YCbCr 模型

MATLAB 提供函数 ycbcr2rgb() 将 YCbCr 模型转换成 RGB 模型，其具体调用格式如下。

❑ rgbmap = ycbcr2rgb(ycbcrmap)：该函数将 RGB 空间颜色映射到 YCbCr 空间中。ycbcrmap 为一个 m×3 的矩阵，矩阵的列分别表示亮度 Y 和两种色度差 Cb、Cr，则 rgbmap 也为一个 m×3 的矩阵，矩阵的列表示 R、G 和 B 的强度值。

❑ RGB = rgb2ycbcr(YCBCR)：该函数将 YCbCr 空间图像转换成对应的 RGB 空间图像。

如果输入图像为 YCbCr 模型，则数据类型可以是 8 位无符号数、16 位无符号数或双精度浮点数，那么输出与输入数据类型相同。如果输入时一个空间颜色映射，那么只能是双精度浮点数，输出也为双精度浮点数。

9.3　本章小结

本章主要介绍了彩色图像处理的一些基本知识。首先介绍了彩色图像的基础，彩色图像的基本概念。其次介绍了彩色图像的坐标变换，其中包括 MATLAB 中支持的几种彩色模型和基本彩色模型之间的转换。

习　题

1. 列举两组除红绿蓝以外的其他三原色。
2. RGB 模型的应用特点是什么？
3. HSV 模型的应用特点是什么？
4. 读入一幅 HSV 图像，将其转换成 RGB 图像。
5. 读入一幅 YCbCr 图像，将其转换成 RGB 图像。

第3篇　基于 MATLAB 的高级图像处理技术及应用

第 10 章　图像压缩编码

图像压缩编码是专门研究图像数据压缩的技术，就是尽量减少表示数据图像所需要的数据量。随着当今信息社会的飞速发展，图像数据的存储和传输技术扮演着越来越重要的角色。特别是网络及通信技术的发展使得图像的存储、处理和传输问题更加突出，从而促进数据压缩技术成为数字图像处理中的一项关键技术。本章主要介绍图像压缩编码的基础知识，重点讲解常用的图像压缩编码方法，如霍夫曼编码、香农编码、算术编码、行程编码和预测编码及编码方法的 MATLAB 实现，最后介绍静态图像压缩标准 JPEG 标准。

10.1　图像压缩编码基础

数字图像通常需要很大的比特数，这给图像的传输和存储带来相当大的困难。例如用 8b 存储一幅 512×512 的灰度图像的比特数为 256K。而一部 60 分钟的彩色电影，如果每秒放映 24 帧，数字化后每帧包含 512×512 像素，每像素的 R、G、B 分量分别占 8b，则这样一部电影的总比特数为 64800M，若用一张 600M 的 CD 存储则需要 100 多张 CD 光盘来存储。由此可见，对图像数据进行压缩显得非常必要。减少存储空间、缩短传输时间，成为促进图像压缩编码技术发展的主导因素。图像压缩是通过编码来实现的，所以通常将压缩与编码统称为图像的压缩编码。图像压缩编码从本质上来说就是对要处理的图像数据按照一定的规则进行变换和组合，从而达到以尽可能少的数据来表示尽可能多的数据信息。

由于图像数据本身存在固有的冗余性和相关性，使得通过去除这些冗余信息，将一幅大的图像数据文件转换为较小的图像数据文件成为可能。图像压缩编码就是要通过编码技术去除这些冗余信息量以减少图像数据量。而图像的编码必须在保持信息源内容不变或者损失不大的前提下才有意义。这其中涉及信息论中两个概念信息量与信息熵。

1. 信息量

设信息源 X 可发出的信息符号集合表示为 $A = \{a_i | i = 1, 2, ..., m\}$，X 发出的符号 a_i 出现的概率为 $p(a_i)$，则定义符号 a_i 出现的自信息量为：

$$I(a_i) = -\log_2 p(a_i)$$

上式中信息量的单位为比特（b）。

2. 信息熵

对信息源 X 的各符号的自信息量取统计平均，可得每个符号的平均自信息量 $H(X)$，称为信息源 X 的熵，定义为：

$$H(X) = -\sum_{i=1}^{m} p(a_i)\log_2 p(a_i)$$

上式信息源的熵单位为比特/符号。若信息源为图像，图像的灰度级为【1，M】，通过直方图获得各灰度级出现的概率为 $p_s(s_i), i = 1, 2, ..., M$，可以得到图像的熵定义：

$$H = -\sum_{i=1}^{M} p(s_i)\log_2 p_s(s_i)$$

图像数据中存在的基本数据冗余包括编码冗余，也称为信息熵冗余，即所用的代码大于最佳编码长度（即最小长度）时出现的编码冗余；像素间冗余也称为空间冗余或几何冗余，即在同一幅图像像素间的相关性造成的冗余；心理视觉冗余，即人类的视觉系统对数据忽略的冗余。此外，冗余信息还包括时间冗余、知识冗余和结构冗余等。

通用的图像压缩编码和解码模型包括信源编码器、信道编码器、用于存储和传输的信道、信道解码器以及信源解码器。信源解码器用于消除或减少输入图像中的冗余信息；信道编码器用于提高信源编码器输出的抗干扰能力，若信道是无噪的，则信道编码器和解码器可以忽略；在输出这一边，信道解码器和信源解码器执行相反的功能，实现图像信息解码，最终输出原始图像的重构图像。系统框图如图 10.1 所示，输入的图像数据 $f(x, y)$ 进入信源编码器，最终重构的输出图像 $\hat{f}(x, y)$ 由信源解码器实现。

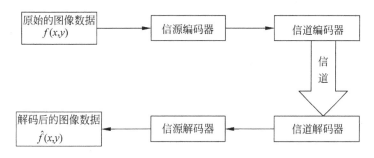

图 10.1　通用的图像压缩编码系统框图

根据重建后的图像 $\hat{f}(x, y)$ 与原始图像 $f(x, y)$ 之间是否存在误差，图像压缩编码可以分为无损编码（无失真编码）和有损编码（有失真编码）。若根据图像编码原理又可分为熵编码、预测编码、变换编码和混合编码等。图像编码的分类有很多种方法，根据实际需要选择不同的编码方法。

各种图像编码方法的优异程度由编码质量来衡量。对图像编码质量的评价主要通过编码参数、保真度、编码方法适用范围及编码方法复杂度来考察。

1. 编码参数

设一幅大小为 $m \times n$ 的图像灰度级为 K，图像中第 k 级灰度出现的概率为 p_k，每个像素用 d 比特表示，每两帧图像间隔为 $_\Delta t$，则相关参数为：

数字图像的熵 H：$H = -\sum_{k=1}^{K} p_k \log_2 p_k$

图像平均码字长度 R：$R = \sum_{k=1}^{K} B_k p_k$

编码效率 η： $\eta = \dfrac{H}{R} \times 100\%$

信息冗余度： $v = 1 - \eta$

每秒所需的传输比特数为： $\text{bps} = \dfrac{m \times n \times R}{\Delta t}$

压缩比： $r = \dfrac{d}{R}$

上述式中图像的熵 H 描述了图像信源的平均信息量；图像的平均码字长度 R 描述了压缩后图像数据的平均码字长度，B_k 是第 k 级灰度的码字长度；编码效率描述了图像压缩算法的效率，若 H 等于 R 则编码效率最佳；信息冗余度描述图像被压缩的程度，若冗余度越小，则图像可压缩的余地越小；每秒所需的传输比特数描述了一幅图像每秒传输的比特数，反映了数据流量；图像信息的压缩比反映了图像压缩前后信息存储量之比，d 为原始图像数据，R 为压缩后图像的数据。显然，图像压缩比越大压缩程度越高。

2．基于保真度准则的评价

图像信息在编码和传输过程中会产生误差，尤其是在有损编码中，产生的误差应在允许的范围之内。在这种情况下，保真度准则可以用来衡量编码方法或系统质量的优劣。通常，这种衡量的尺度可分为客观保真度准则和主观保真度准则。

（1）客观保真度准则

通常使用的客观保真度准则有输入图像和输出图像的均方根误差和均方根信噪比两种。设输入图像 $f(x, y)$ 由 $M \times N$ 个像素组成，$f(x, y)$ 经过编解码后重建原来图像的输出为 $\hat{f}(x, y)$，在 $0, 1, 2, \ldots, N-1$ 范围内 x, y 的任意值，输入像素和对应输出像素之间的误差表示为：

$$e(x, y) = \hat{f}(x, y) - f(x, y)$$

而包含 $M \times N$ 个像素的图像均方误差为：

$$e_{rms} = \sqrt{\frac{1}{MN} \sum_{x=0}^{M-1} \sum_{y=0}^{N-1} [\hat{f}(x, y) - f(x, y)]^2}$$

如果将 $\hat{f}(x, y)$ 看做原始图像 $f(x, y)$ 和噪声信号 $e(x, y)$ 的和，则解压缩图像的均方根信噪比为：

$$\text{SNR}_{rms} = \sqrt{\frac{\sum_{x=0}^{M-1} \sum_{y=0}^{N-1} [\hat{f}(x, y)]^2}{\sum_{x=0}^{M-1} \sum_{y=0}^{N-1} [\hat{f}(x, y) - f(x, y)]^2}}$$

实际应用中也常用到峰值信噪比的概念，其定义为：

$$\text{PSNR} = 10 \lg \frac{(L-1)^2}{(e_{rms})^2}$$

上式中 L 是图像的灰度级总数，如一幅每像素 8b 表示的灰度图像，灰度级为 L=256。

（2）主观保真度准则

图像处理的结果，大多是给人观看或是由研究人员来解释的。因此，图像质量的好坏，既与图像本身的客观质量有关，也与视觉系统的特性有关。

有时候，客观保真度完全一样的两幅图像可能会有完全不相同的视觉质量，所以又规定了主观保真度准则，这种方法是把图像显示给观察者，然后把评价结果加以平均，以此来评价一幅图像的主观质量。另外一种方法是规定一种绝对尺度，如表 10.1 所示图像质量评价尺度。

表 10.1　图像质量评价尺度表

评分	评　价	说　明
1	优秀的	优秀的具有极高质量的图像
2	好的	是可供观赏的高质量的图像，干扰并不令人讨厌
3	可以通过的	图像质量可以接受，干扰不讨厌
4	边缘的	图像质量较低，希望能加以改善，干扰有些讨厌
5	劣等的	图像质量很差，尚能观看，干扰显著地令人讨厌
6	不能用的	图像质量非常之差，无法观看

3. 编码方法适用范围

每一种图像编码方法都有其自身的编码适用范围，并不适用于所有图像。通常基于图像统计特性的编码方法具有广泛的使用范围，而一些特定的图像编码方法适用范围较狭窄。用户可根据各种编码方法的适用范围应用需要压缩的图像中。

4. 图像编码算法的复杂度

算法的复杂度反映了图像编码解码算法的运算量及所需硬件实现的难易程度。优异的算法具有较高的压缩比，压缩和解压缩的速度较快，算法实现方法简单，易于硬件实现且解压后的图像质量好。在实际应用中，根据需要达到的图像压缩与解压缩的目的，可选择不同的压缩算法。

10.2　霍夫曼编码及其 MATLAB 实现

霍夫曼在 1952 年提出了一种构造最佳码的方法，称之为霍夫曼编码（Huffman）。霍夫曼编码是一种无损的统计编码方法，利用信息符号概率分布特性的改变字长进行编码。霍夫曼编码适用于多元独立信源，对于多元独立信源来说它是最佳码。本节主要介绍霍夫曼编码的基本原理及其 MATLAB 实现方法。

10.2.1　基本原理

霍夫曼编码是一种利用信息符号概率分布特性的变字长的编码方法，即对于出现概率大的信息符号编以短字长的码，对于出现概率小的信息符号编以长字长的码。如果码字长度严格按照所对应符号出现概率大小逆序排列，则编码结果的平均码字长度一定小于任何其他排列形式。霍夫曼编码则是严格按照信源符号出现的概率大小来构造码字，因此这种编码方式形成的平均码字长度最短。

霍夫曼编码的步骤如下：

（1）将信源符号按出现概率从大到小排成一列，然后把最末两个符号的概率相加，合成一个概率。

（2）把这个符号的概率与其余符号的概率按从大到小排列，然后再把最末两个符号的概率加起来，合成一个概率。

（3）重复上述做法，直到最后剩下两个概率为止。

（4）从最后一步剩下的两个概率开始逐步反向进行编码。每步只需对两个分支各赋予一个二进制码，如对概率大的赋予码 1，对概率小的赋予码 0。

【例 10-1】　设输入图像的灰度级 $\{l_1, l_2, l_3, l_4\}$ 出现的概率对应为 $\{0.5, 0.19, 0.19, 0.12\}$。试进行霍夫曼编码，并计算编码效率、压缩比和冗余度。

霍夫曼编码过程如图 10.2 所示。

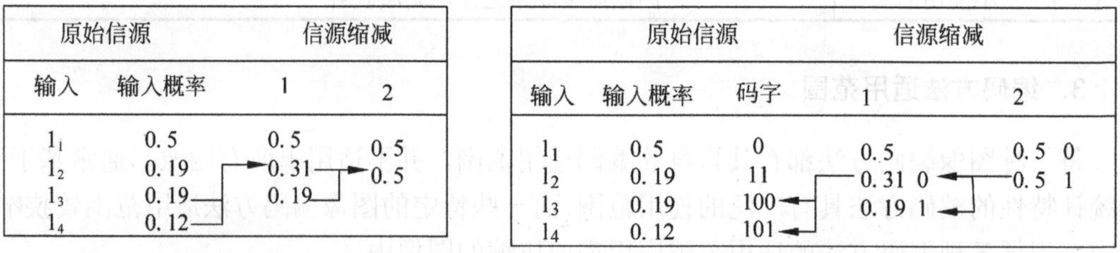

原始信源		信源缩减	
输入	输入概率	1	2
l_1	0.5	0.5	0.5
l_2	0.19	0.31	0.5
l_3	0.19	0.19	
l_4	0.12		

（a）霍夫曼编码的设计过程

原始信源			信源缩减	
输入	输入概率	码字	1	2
l_1	0.5	0	0.5	0.5　0
l_2	0.19	11	0.31　0	0.5　1
l_3	0.19	100	0.19　1	
l_4	0.12	101		

（b）霍夫曼编码的分配过程

图 10.2　霍夫曼编码过程

编码结果为 $l_1 = 0, l_2 = 11, l_3 = 100, l_4 = 101$，根据例题所给出的参数求得图像信息源熵为：

$$H = -\sum_{k=1}^{4} p_k \log_2 p_k = -(0.5\log_2 0.5 + 0.19\log_2 0.19 + 0.19\log_2 0.19 + 0.12\log_2 0.12) = 1.78$$

根据霍夫曼编码得到的结果，可以求出平均码字长度为：

$$R = \sum_{k=1}^{4} B_k p_k = 0.5 \times 1 + 0.19 \times 2 + 0.19 \times 3 + 0.12 \times 3 = 1.81$$

编码效率为：

$$\eta = \frac{H}{R} \times 100\% = \frac{1.78}{1.81} = 98.3\%$$

编码前 4 个符号需要 2 个比特量化，经压缩后平均码字长度为 1.81，因此压缩比为：

$$r = \frac{d}{R} = \frac{2}{1.81} = 1.11$$

冗余度为：

$$v = 1 - \eta = 1 - 98.3\% = 1.7\%$$

霍夫曼编码的结果显示其码字平均长度很接近信息符号的熵值，编码的效率较高。在实际应用中霍夫曼编码构造出来的编码值往往不是唯一的，这是因为对概率大小分配的 0 和 1 值不同造成的，但其平均码字长度总是相同的，所以不影响编码效率和数据压缩的性能。由于霍夫曼编码结果码字长短不一，硬件实现过程复杂，其抗误码能力较差，所以实际应用时对霍夫曼编码要做些修正工作，如采用双字长编码方式等。

10.2.2　MATLAB 实现

霍夫曼编码系统主要分为压缩对象输入、概率统计、构造 Huffman 树、生成 Huffman 树和压缩编码环节组成，如图 10.3 所示为霍夫曼编解码系统构成图。编程思路依据霍夫曼的编程步骤进行，实现对数据的压缩及其压缩参数的计算。

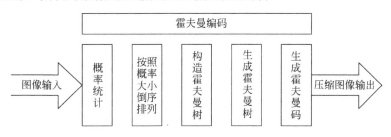

图 10.3　霍夫曼编码系统图

【例 10-2】　实现【例 10-1】数据的霍夫曼编码及参数计算，其具体实现的 MATLAB 代码如下：

```
close all; clear all; clc;         %关闭所有图形窗口，清除工作空间所有变量，清空命令行
A=[0.5,0.19,0.19,0.12];            %信源消息的概率序列
A=fliplr(sort(A));                 %按降序排列
T=A;
[m,n]=size(A);
B=zeros(n,n-1);                    %空的编码表（矩阵）
for i=1:n
    B(i,1)=T(i);                   %生成编码表的第一列
end
r=B(i,1)+B(i-1,1);                 %最后两个元素相加
T(n-1)=r;
T(n)=0;
T=fliplr(sort(T));
t=n-1;
for j=2:n-1                        %生成编码表的其他各列
    for i=1:t
        B(i,j)=T(i);
    end
    K=find(T==r);
    B(n,j)=K(end);     %从第二列开始，每列的最后一个元素记录特征元素在该列的位置
    r=(B(t-1,j)+B(t,j));          %最后两个元素相加
    T(t-1)=r;
    T(t)=0;
    T=fliplr(sort(T));
    t=t-1;
end
B;                                 %输出编码表
END1=sym('[0,1]');                 %给最后一列的元素编码
END=END1;
t=3;
d=1;
for j=n-2:-1:1                     %从倒数第二列开始依次对各列元素编码
    for i=1:t-2
        if i>1 & B(i,j)==B(i-1,j)
```

```
            d=d+1;
        else
            d=1;
        end
        B(B(n,j+1),j+1)=-1;
        temp=B(:,j+1);

        x=find(temp==B(i,j));
        END(i)=END1(x(d));
    end
    y=B(n,j+1);
    END(t-1)=[char(END1(y)),'0'];
    END(t)=[char(END1(y)),'1'];
    t=t+1;
    END1=END;
end
disp('排序后的原概率序列 A: ');
disp(A)                                %排序后的原概率序列
disp('编码结果 END:')
disp(END)     ;                        %编码结果
for i=1:n
    [a,b]=size(char(END(i)));
    L(i)=b;
end
disp('平均码字长度')
avlen=sum(L.*A);disp(avlen);           %平均码长
H1=log2(A);
disp('信息熵')
H=-A*(H1');disp(H)                     %熵
disp('编码效率')
P=H/avlen;disp(P)                      %编码效率
```

程序执行，在 MATLAB 命令行返回的结果如下：

```
排序后的原概率序列 A:  0.5000    0.1900    0.1900    0.1200
编码结果 END: [ 0, 11, 100, 101]
平均码字长度: 1.8100
信息熵: 1.7775
编码效率: 0.9821
```

编码结果与【例 10-1】完全相同。用户还可调用 MATLAB 中的霍夫曼编码相关的函数，分别是 huffmandict()、huffmanenco() 和 huffmandeco()，其具体的调用格式如下。

❑ [dict,avglen]=huffmandict(sym,prob)：该函数用于产生霍夫曼编码的编码词典。参数 sym 是待编码的符号数组，prob 是每个符号出现的概率，要求 sym 和 prob 的数组大小相同。函数返回霍夫曼编码的编码词典 dict 和平均码字长度 avglen。

❑ enco=huffmanenco(sig,dict)：该函数利用上面 huffmandict() 函数中产生的编码词典 dict 对 sig 编码，其结果存放在 enco 中。

❑ dsing=huffmandeco(sing_encoded,dict)：该函数利用 huffmandict() 函数中产生的编码词典 dict 对 sing_encoded 解码，其结果存放在 dsing 中。

【例 10-3】 实现图像的霍夫曼编码和解码，其具体实现的 MATLAB 代码如下：

```
close all; clear all; clc; %关闭所有图形窗口，清除工作空间所有变量，清空命令行
I=imread('lena.bmp');
I=im2double(I)*255;
```

```
[height,width]=size(I);%求图像的大小
HWmatrix=zeros(height,width);
Mat=zeros(height,width);%建立大小与原图像大小相同的矩阵 HWmatrix 和 Mat，矩阵元素为 0
HWmatrix(1,1)=I(1,1);      %图像第一个像素值 I(1,1) 传给 HWmatrix(1,1)
for i=2:height             %以下将图像像素值传递给矩阵 Mat
    Mat(i,1)=I(i-1,1);
end
for j=2:width
    Mat(1,j)=I(1,j-1);
end
for i=2:height             %以下建立待编码的数组 symbols 和每个像素出现的概率矩阵 p
    for j=2:width
        Mat(i,j)=I(i,j-1)/2+I(i-1,j)/2;
    end
end
Mat=floor(Mat);HWmatrix=I-Mat;
SymPro=zeros(2,1); SymNum=1; SymPro(1,1)=HWmatrix(1,1); SymExist=0;
for i=1:height
    for j=1:width
        SymExist=0;
        for k=1:SymNum
            if SymPro(1,k)==HWmatrix(i,j)
                SymPro(2,k)=SymPro(2,k)+1;
                SymExist=1;
                break;
            end
        end
        if SymExist==0
          SymNum=SymNum+1;
          SymPro(1,SymNum)=HWmatrix(i,j);
          SymPro(2,SymNum)=1;
        end
    end
end
for i=1:SymNum
    SymPro(3,i)=SymPro(2,i)/(height*width);
end
symbols=SymPro(1,:);p=SymPro(3,:);
[dict,avglen]=huffmandict(symbols,p);
                        %产生霍夫曼编码词典，返回编码词典 dict 和平均码长 avglen
actualsig=reshape(HWmatrix',1,[]);
compress=huffmanenco(actualsig,dict);
                        %利用 dict 对 actuals 来编码，其结果存放在 compress 中
UnitNum=ceil(size(compress,2)/8);
Compressed=zeros(1,UnitNum,'uint8');
for i=1:UnitNum
    for j=1:8
        if ((i-1)*8+j)<=size(compress,2)
        Compressed(i)=bitset(Compressed(i),j,compress((i-1)*8+j));
        end
    end
end
NewHeight=ceil(UnitNum/512);Compressed(width*NewHeight)=0;
ReshapeCompressed=reshape(Compressed,NewHeight,width);
imwrite(ReshapeCompressed,'Compressed Image.bmp','bmp');
Restore=zeros(1,size(compress,2));
for i=1:UnitNum
    for j=1:8
        if ((i-1)*8+j)<=size(compress,2)
        Restore((i-1)*8+j)=bitget(Compressed(i),j);
```

```
        end
    end
end
decompress=huffmandeco(Restore,dict);
                    %利用 dict 对 Restore 来解码，其结果存放在 decompress 中
RestoredImage=reshape(decompress,512,512);
RestoredImageGrayScale=uint8(RestoredImage'+Mat);
imwrite(RestoredImageGrayScale,'Restored Image.bmp','bmp');
figure;
subplot(1,3,1);imshow(I,[0,255]);                %显示原图
subplot(1,3,2);imshow(ReshapeCompressed);        %显示压缩后的图像
subplot(1,3,3);imshow('Restored Image.bmp');     %解压后的图像
```

程序执行，在 MATLAB 命令行返回的结果如下：

```
>>whos I       %原始图像尺寸
  Name         Size                  Bytes  Class      Attributes
    I          512x512             2097152  double
>> whos compress
  Name       Size                  Bytes  Class      Attributes
  compress   1x1219101           9752808  double
>> whos decompress
  Name       Size                  Bytes  Class      Attributes
  decompress 1x262144            2097152  double
```

程序执行后，得到 lena.bmp 图像的霍夫曼压缩编码后的数据，对压缩的图像经过解码重构输出的图像可以很好地表达原图，二者在视觉上基本没有差异，实现了无失真编码，如图 10.4 所示。

　　（a）原始图像　　　　　　　　（b）压缩图像　　　　　　　（c）解码后的图像

图 10.4　【例 10-3】运行结果

10.3　香农编码及其 MATLAB 实现

　　香农编码也是一种常见的可变字长编码，解决了霍夫曼编码过程中需要多次排序的问题。本节主要介绍香农编码的基本原理及其 MATLAB 实现方法。

10.3.1　基本原理

　　香农编码的理论基础是符号的码字长度 Ni 完全由该符号出现的概率来决定，即：

$$-\log_D p_k \leqslant N_k \leqslant -\log_D p_k + 1$$

其中 D 为编码时所用的数值。当信源符号出现的概率为 2 的负幂次方时，采用香农编码同样能达到 100%的编码效率。

香农编码的具体方法如下：

（1）将信源符号按其出现的概率从大到小排序。

（2）按照上式计算出各个概率对应的码字长度 N_k。

（3）计算累加概率 A_k，其定义为：

$$\begin{cases} A_1 = 0 \\ A_k = A_{k-1} + p_{k-1} \quad (k = 2, 3, ..., N) \end{cases}$$

（4）把各个累加概率 A_k 由十进制转化为二进制，取该二进制数的前 N_k 位作为对应信源符号的码字。

【例 10-4】　设输入图像的灰度级 $\{l_1, l_2, l_3, l_4\}$ 出现的概率对应为 $\{0.5, 0.19, 0.19, 0.12\}$，试进行香农编码。

表 10.2　香农编码

灰度级符号	输入概率 p_k	累计概率 A_k	转换为二进制	位数 N_k	编码
l_1	0.5	0	0	1	0
l_2	0.19	0.5	100	3	100
l_3	0.19	0.69	10110	3	101
l_4	0.12	0.88	11100	4	1110
平均码长 $R = 2.12$		熵 $H = 1.78$		编码效率 $\eta = 83.96\%$	

由表 10.2 计算出香农编码的平均码字长度为 2.12，与 10.2 节霍夫曼编码相比编码长度较长，编码效率没有霍夫曼编码效率高。

10.3.2　MATLAB 实现

香农编码系统主要由压缩对象输入、概率统计、计算概率对应的码字长度、计算累加概率和压缩编码环节组成，如图 10.5 所示香农编解码系统构成图。在 MATLAB 中，根据香农编码的基本方法编程实现输入信息符号的香农编码，具体实现方法如例 10-5 所示。

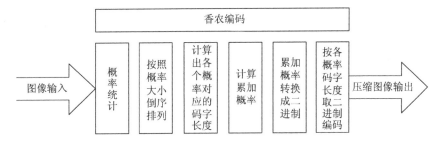

图 10.5　香农编码系统图

【例 10-5】　实现【例 10-4】数据的香农编码及参数计算，其具体实现的 MATLAB 代码如下：

```
close all; clear all; clc;     %关闭所有图形窗口，清除工作空间所有变量，清空命令行
p=[0.5 0.19 0.19 0.12]         %输入信息符号对应的概率
n=length(p);                   %输入概率的个数
y=fliplr(sort(p));             %大到小排序
D=zeros(n,4);                  %生成 n×4 的零矩阵
D(:,1)=y';                     %把 y 赋给零矩阵的第一列
for i=2:n
D(1,2)=0;                      %令第 1 行第 2 列的元素为 0
D(i,2)=D(i-1,1)+D(i-1,2);      %求累加概率
 end
   for i=1:n
D(i,3)=-log2(D(i,1));          %求第 3 列的元素
D(i,4)=ceil(D(i,3));           %求第四列的元素，对 D(i,3)向无穷方向取最小正整数
   end
D
A=D(:,2)';                     %取出 D 中第二列元素
B=D(:,4)';                     %取出 D 中第四列元素
for j=1:n
C=binary(A(j),B(j))            %生成码字
end
%建立 binary.m 文件，自定义求小数的二进制转换函数
function [C]=binary(A,B)       %对累加概率求二进制的函数
C=zeros(1,B);                  %生成零矩阵用于存储生成的二进制数，对二进制的每一位进行操作
temp=A;                        %temp 赋初值
for i=1:B                      %累加概率转化为二进制，循环求二进制的每一位，A 控制生成二进制的位数
 temp=temp*2;
if temp>=1
 temp=temp-1;
 C(1,i)=1;
 else
 C(1,i)=0;
 end
 end
```

程序执行，在 MATLAB 命令行返回的结果如下：

```
p =0.5000     0.1900     0.1900     0.1200
D =
   0.5000          0     1.0000     1.0000
   0.1900     0.5000     2.3959     3.0000
   0.1900     0.6900     2.3959     3.0000
   0.1200     0.8800     3.0589     4.0000
C =
    0
C =
    1     0     0
C =
    1     0     1
C =
    1     1     1     0
```

程序运行结果与【例 10-4】一致。

10.4　算术编码及其 MATLAB 实现

算术编码是 20 世纪 80 年代提出的一种无损数据压缩编码方法，也是一种熵编码方法。

该方法克服了霍夫曼编码中对自信息量所占码位为小数的信息压缩效果不理想的问题，在图像数据压缩标准如 JPEG 中起到重要作用。本节主要介绍算术编码的基本原理及其MATLAB 实现方法。

10.4.1　基本原理

算术编码的基本思想是把整个信息源表示为实数线上的 0～1 之间的一个区间，其长度等于该序列的概率；然后在该区间内选择一个代表性的小数，将其转化为二进制作为实际的编码输出。消息序列中的每个元素都要缩短为一个区间。消息序列中的元素越多，所得到的区间就越小。当区间变小时，就需要更多的数位来表示这个区间。通过算术运算得到最终的编码，因而，称之为算术编码。采用算术编码，每个符号的平均编码长度可以为小数。

算术编码的主要步骤如下：

（1）先将数据符号当前区间定义为[0,1]。

（2）对输入流中的每个符号 s 重复执行两步操作，首先把当前区间分割为长度正比于符号概率的子区间；然后为 s 选择一个子区间，并将其定义为新的当前区间。

（3）当整个输入流处理完毕后，输出的即为能唯一确定当前区间的数字。

在给定符号集和符号概率的情况下，算术编码可以给出接近最优的编码结果。使用算术编码的压缩算法通常先要对输入符号的概率进行估计，然后再编码。这个估计越准，编码结果就越接近最优的结果。

在算术编码中需要注意几个问题，首先由于实际的计算机的精度不可能无限长，一个明显的问题是运算中出现溢出，但多数机器都有 16、32 或者 64 位的精度，因此这个问题可使用比例缩放方法解决；算术编码器对整个消息只产生一个码字，这个码字是在间隔[0,1]中的一个实数，因此译码器在接受到表示这个实数的所有位之前不能进行译码；算术编码也是一种对错误很敏感的编码方法，如果有一位发生错误就会导致整个消息译错。

【例 10-6】　设信源符号为 $\{l_1, l_2, l_3, l_4\}$ 出现的概率对应为 $\{0.1, 0.4, 0.2, 0.3\}$，试进行算术编码。

根据这些概率可把区间[0,1)分成 4 个子区间，分别是[0，0.1)，[0.1，0.5)，[0.5，0.7)和[0.7，1)，如表 10.3 所示。

表 10.3　信源符号、概率和初始区间划分

符号	l_1	l_2	l_3	l_4
概率	0.1	0.4	0.2	0.3
初始编码区间	[0,0.1)	[0.1,0.5)	[0.5,0.7)	[0.7,1)

若二进制消息序列的输入为“l_3　l_1　l_4　l_1　l_3　l_4　l_2”。编码时首先输入的符号是 l_3，其对应的编码范围是[0.5，0.7)。由于消息中第二个符号 l_2 的编码范围是[0，0.1)，因此它的间隔取[0.5，0.7)的第 1 个 $\frac{1}{10}$ 作为新间隔[0.5，0.52)。依次类推，编码第 3 个符号 l_4 时取新间隔为[0.514，0.52)，编码第 4 个符号 l_1 时，取新间隔为[0.514，0.5146)。消息的编码输出可以是最后一个间隔中的任意数。整个编码过程如表 10.4 所示。

表 10.4　算术编码的编码过程

步骤	输入符号	编码间隔	编码判决
1	l_3	[0.5, 0.7)	符号的间隔范围[0.5, 0.7)
2	l_1	[0.5, 0.52)	[0.5, 0.7)间隔的第 1 个 1/10
3	l_4	[0.514, 0.52)	[0.5, 0.52)间隔的最后一个 1/10
4	l_1	[0.514, 0.5146)	[0.514, 0.52)间隔的第 1 个 1/10
5	l_3	[0.5143, 0.51442)	[0.514, 0.5146)间隔的第 5 个 1/10 开始，2 个 1/10
6	l_4	[0.514384, 0.51442)	[0.5143, 0.51442)间隔的最后 3 个 1/10
7	l_2	[0.5143836, 0.514402)	[0.514384, 0.51442)间隔的 4 个 1/10，从第 1 个 1/10 开始
8	从[0.5143836, 0.514402)中选择一个数作为输出：0.5143876		

　　假定编码器和译码器都知道消息的长度，因此译码器的译码过程不会无限制地运行下去。实际上在译码器中需要添加一个专门的终止符，当译码器看到终止符时就停止译码。解码是编码的逆过程，通过编码最后的下标值 0.5143876 得到信源"l_3 l_1 l_4 l_1 l_3 l_4 l_2"是唯一的编码，如表 10.5 所示。

表 10.5　算术编码的解码过程

步骤	间隔	解码符号	解码判决
1	[0.5, 0.7)	l_3	0.51439 在间隔 [0.5, 0.7)
2	[0.5, 0.52)	l_1	0.51439 在间隔 [0.5, 0.7)的第 1 个 1/10
3	[0.514, 0.52)	l_4	0.51439 在间隔[0.5, 0.52)的第 7 个 1/10
4	[0.514, 0.5146)	l_1	0.51439 在间隔[0.514, 0.52]的第 1 个 1/10
5	[0.5143, 0.51442)	l_3	0.51439 在间隔[0.514, 0.5146)的第 5 个 1/10
6	[0.514384, 0.51442)	l_4	0.51439 在间隔[0.5143, 0.51442]的第 7 个 1/10
7	[0.5143836, 0.514402)	l_2	0.51439 在间隔[0.51439, 0.5143948]的第 1 个 1/10
8	解码的消息：l_3 l_1 l_4 l_1 l_3 l_4 l_2		

10.4.2　MATLAB 实现

　　算术编码在图象数据压缩标准（如 JPEG）中扮演了重要的角色。在算术编码中，消息用 0~1 之间的实数进行编码，算术编码用到两个基本的参数，即符号的概率和它的编码间隔。如图 10.6 所示为算术编码系统构成图。在 MATLAB 中，根据算术编码的基本方法编程实现输入信息符号的算术编码，具体实现方法如例 10-7 所示。

图 10.6　算术编码系统图

【例 10-7】 利用算术编码方法对矩阵进行编解码，其具体实现的 MATLAB 代码如下：

```
close all; clear all; clc;    %关闭所有图形窗口，清除工作空间所有变量，清空命令行
I=[0 0 1 1 0 0 1 1;1 0 0 1 0 0 1 1;1 1 0 0 0 0 1 0];%待编码的矩阵
[m,n]=size(I);                %计算矩阵大小
I=double(I);
p_table=tabulate(I(:));
          %统计矩阵中元素出现的概率，第 1 列为矩阵元素，第 2 列为个数，第 3 列为概率百分数
color=p_table(:,1)';
p=p_table(:,3)'/100;          %转换成小数表示的概率
psum=cumsum(p_table(:,3)');   %计算数组各行的累加值
allLow=[0,psum(1:end-1)/100];
          %由于矩阵中元素只有两种，将[0,1)区间划分为两个区域 allLow 和 allHigh
allHigh=psum/100;
numberlow=0;                  %定义算术编码的上下限 numberlow 和 numberhigh
numberhigh=1;
for k=1:m                     %以下计算算术编码的上下限，即编码结果
  for kk=1:n
      data=I(k,kk);
      low=allLow(data==color);
      high=allHigh(data==color);
      range=numberhigh-numberlow;
      tmp=numberlow;
      numberlow=tmp+range*low;
      numberhigh=tmp+range*high;
  end
end
fprintf('算术编码范围下限为%16.15f\n\n',numberlow);
fprintf('算术编码范围上限为%16.15f\n\n',numberhigh);
Mat=zeros(m,n);               %解码
for k=1:m
  for kk=1:n
      temp=numberlow<low;
      temp=[temp 1];
      indiff=diff(temp);
      indiff=logical(indiff);
      Mat(k,kk)=color(indiff);
      low=low(indiff);
      high=allHigh(indiff);
      range=high - low;
      numberlow=numberlow-low;
      numberlow=numberlow/range;
  end
end
fprintf('原矩阵为:\n')
disp(I);
fprintf('\n');
fprintf('解码矩阵:\n');
disp(Mat);
```

程序执行，在 MATLAB 命令行返回的结果如下：

```
算术编码范围下限为 0.248453061949268
算术编码范围上限为 0.248453126740064
原矩阵为:
    0    0    1    1    0    0    1    1
    1    0    0    1    0    0    1    1
    1    1    0    0    0    0    1    0
解码矩阵:
```

0	0	1	1	0	0	1	1
1	0	0	1	0	0	1	1
1	1	0	0	0	0	1	0

　　程序运行结果显示算术编码范围的下限值即矩阵的唯一编码结果，解码后的矩阵和原始矩阵相同，算术编码可以有效地对信息数据进行编解码。若矩阵改为图像，同样也可以实现算术编码，在实践中根据处理对象的不同，需要对算术编码进行改进。

10.5　行程编码及其 MATLAB 实现

　　行程编码是一种无损数据压缩编码方法。该压缩编码技术直观和经济，运算也相当简单，因此解压缩速度很快。行程编码适用于计算机生成的图形图像，对减少存储容量很有效果。本节主要介绍行程编码的基本原理及其 MATLAB 实现方法。

10.5.1　基本原理

　　行程编码的基本原理是用一个符号值或串长代替具有相同值的连续符号（连续符号构成了一段连续的"行程"，行程编码因此而得名），使符号长度少于原始数据的长度。只在各行或者各列数据的代码发生变化时，一次记录该代码及相同代码重复的个数，从而实现数据的压缩。

　　行程编码对某些相同灰度级成片连续出现的图像，特别是对二值图像，其压缩效果十分显著。行程编码时将一行中颜色值相同的相邻像素用一个计数值和该颜色值来代替。例如 aaabccccccddeee 可以表示为 3a1b6c2d3e。该算法也导致了一个致命弱点，就是如果图像中每两个相邻点的颜色都不同，用这种算法不但不能压缩，反而数据量增加一倍。所以现在单纯采用行程编码的压缩算法用得并不多。

　　行程编码方法首先对图像进行行扫描，将行内各像素的灰度级组成一个整数序列 $x_1,x_2,...,x_N$。然后将上述序列映射成整数对 (g_k,l_k)。其中，g_k 表示灰度级，l_k 表示行程长度，等于具有相同灰度级的相邻像素的数目。如图 10.7 所示为一维行程编码实例。

图 10.7　一维行程编码实例

　　利用行程编码进行数据压缩，只有当重复的字节数大于 3 时才可以起到压缩作用，并且还需要一个特殊的字符用作标志位，因此在采用行程编码方法时，必须处理以下几个制约压缩比的问题：

　　（1）原始图像数据中，除部分背景图像的像素值相同外，没有更多连续相同的像素。因此如何提高图像中相同数据值的问题是提高数据压缩比的关键；

　　（2）寻找一个特殊的字符，使它在处理的图像中不用或很少使用的问题；

　　（3）在有重复字节的情况下，如何提高重复字节数(最多为 255)受限的问题。

10.5.2　MATLAB 实现

　　行程编码的方法与霍夫曼编码、算术编码等方法相比，算法实现相对简单，如图 10.8

所示为行程编码系统图。在 MATLAB 中，根据行程编码的基本方法编程实现输入信息符号的行程编码，具体实现方法如例 10-8 所示。

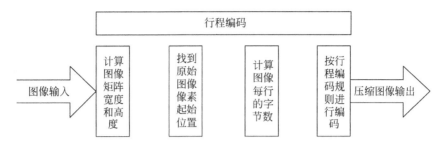

图 10.8　行程编码系统图

【例 10-8】　利用行程编码方法对二值图像进行编解码，其具体实现的 MATLAB 代码如下：

```
close all; clear all; clc;  %关闭所有图形窗口，清除工作空间所有变量，清空命令行
I1=imread('lena.bmp');                      %读入图像
I2=I1(:);                                   %将原始图像写成一维的数据并设为 I2
I2length=length(I2);                        %计算 I2 的长度
I3=im2bw(I1,0.5);                           %将原图转换为二值图像，阈值为 0.5
%以下程序为对原图像进行行程编码，压缩
X=I3(:);                                    %令 X 为新建的二值图像的一维数据组
L=length(X);
j=1;
I4(1)=1;
for z=1:1:(length(X)-1)                     %行程编码程序段
if  X(z)==X(z+1)
I4(j)=I4(j)+1;
else
data(j)=X(z);                               % data(j)代表相应的像素数据
j=j+1;
I4(j)=1;
end
end
data(j)=X(length(X));                       %最后一个像素数据赋给 data
I4length=length(I4);            %计算行程编码后的所占字节数，记为 I4length
CR=I2length/I4length;                       %比较压缩前于压缩后的大小
%下面程序是行程编码解压
l=1;
for m=1:I4length
    for n=1:1:I4(m);
        decode_image1(l)=data(m);
        l=l+1;
    end
end
decode_image=reshape(decode_image1,512,512);  %重建二维图像数组
figure,
x=1:1:length(X);
subplot(131),plot(x,X(x));                  %显示行程编码之前的图像数据
y=1:1:I4length ;
subplot(132),plot(y,I4(y));                 %显示编码后数据信息
```

```
u=1:1:length(decode_image1);
subplot(133),plot(u,decode_image1(u));        %查看解压后的图像数据
subplot(121);imshow(I3);                       %显示原图的二值图像
subplot(122),imshow(decode_image);             %显示解压恢复后的图像
disp('压缩比: ')
disp(CR);
disp('原图像数据的长度: ')
disp(L);
disp('压缩后图像数据的长度: ')
disp(I4length);
disp('解压后图像数据的长度: ')
disp(length(decode_image1));
```

程序执行，在 MATLAB 命令行返回的结果如下：

```
压缩比: 23.7751
原图像数据的长度:  262144
压缩后图像数据的长度: 11026
解压后图像数据的长度: 262144
```

程序运行后显示，行程编码对二值图像进行了有效地压缩，且解码后的图像数据长度与原图像数据长度一致，实现了图像的无损压缩。如图 10.9 所示为图像经行程编码前后图像数据的对比，从直方图可以清晰看出压缩后图像数据量的减少。

（a）原图二值图像

（b）解压后的图像

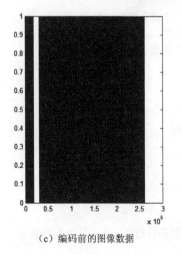

（c）编码前的图像数据

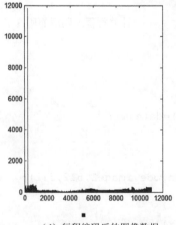

（d）行程编码后的图像数据

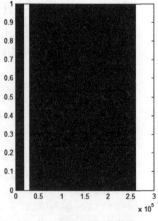

（e）解码后的图像数据

图 10.9　【例 10-8】的运行结果

10.6　预测编码及其 MATLAB 实现

预测编码应用了现代统计学和控制理论的时间序列分析概念，是有损压缩中的重要方法之一。该编码方法简单，易于硬件实现。本节主要介绍预测编码中，具有代表性的编码方法差分脉冲编码调制方法的基本原理及其 MATLAB 实现方法。

10.6.1　基本原理

预测编码是根据某一种模型，利用以前的（已收到）一个或几个样值，对当前的（正在接收的）样本值进行预测，将样本实际值和预测值之差进行编码。如果模型足够好，图像样本时间上相关性很强，一定可以获得较高的压缩比。具体来说，从相邻像素之间有很强的相关性特点考虑，比如当前像素的灰度或颜色信号，数值上与其相邻像素总是比较接近，除非处于边界状态。那么，当前像素的灰度或颜色信号的数值，可用前面已出现的像素的值，进行预测（估计），得到一个预测值（估计值），将实际值与预测值求差，对这个差值信号进行编码、传送，这种编码方法称为预测编码方法。

线性预测编码方法也称差值脉冲编码调制法（DPCM）是预测编码的典型代表，DPCM 系统原理框图如图 10.10 所示。

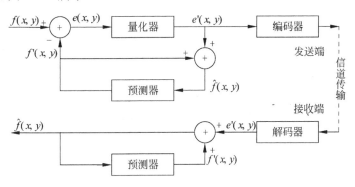

图 10.10　DPCM 系统原理图

图 10.10 中 DPCM 系统包括发送端、接收端和信道传输 3 个部分。发送端由编码器、量化器、预测器和加减法器组成；接收端包括解码器和预测器等。图中 $f(x, y)$ 为输入图像实际值，$f'(x, y)$ 为预测值，实际值和预测值之间的差值定义为预测误差：

$$e(x, y) = f(x, y) - f'(x, y)$$

由于图像像素之间有极强的相关性，所以这个预测误差 $e(x, y)$ 是很小的。编码时，不是对像素点的实际灰度 $f(x, y)$ 进行编码，而是对预测误差信号 $e(x, y)$ 进行量化、编码和发送，由此而得名为差值脉冲编码调制法。接收端对从接收端传输过来的信号进行解码，恢复出图像 $\hat{f}(x, y)$。恢复误差定义为：

$$f(x, y) - \hat{f}(x, y) = f(x, y) - (f'(x, y) + e'(x, y)) = e(x, y) - e'(x, y)$$

当上差值为 0 时，DPCM 系统可以做到无失真地恢复原始图像。然而在实际应用中，预测、量化等误差总是存在的。预测编码的步骤如下：

（1）$f(x,y)$ 与发送端预测器产生的预测值 $f'(x,y)$ 相减得到预测误差 $e(x,y)$。

（2）$e(x,y)$ 经量化器量化后变为 $e'(x,y)$，同时引起量化误差。

（3）$e'(x,y)$ 再经过编码器编成码字发送，同时又将 $e'(x,y)$ 加上 $f'(x,y)$ 恢复输入信号 $\hat{f}(x,y)$。因存在量化误差，所以 $f(x,y) \neq \hat{f}(x,y)$，但相当接近。发送端的预测器及其环路作为发送端本地解码器。

（4）发送端预测器带有存储器，它把 $\hat{f}(x,y)$ 存储起来以供对后面的像素进行预测。

（5）继续输入下一像素，重复上述过程。

10.6.2　MATLAB 实现

对图像数据压缩来说，预测编码方法是从相邻像素之间有很强的相关性特点考虑的。在 MATLAB 中，根据预测编码的基本方法编程实现输入图像的编码，具体实现方法如例 10-9 所示。

【例 10-9】利用一阶预测编码方法对图像进行编解码，其具体实现的 MATLAB 代码如下：

```
close all; clear all; clc; %关闭所有图形窗口，清除工作空间所有变量，清空命令行
J=imread('eye.bmp');%装入图像，用 Yucebianma 进行线性预测编码，用 Yucejiema 解码
X=double(J);
Y=Yucebianma(X,1);
XX=Yucejiema(Y,1);
e=double(X)-double(XX);[m,n]=size(e);
erm=sqrt(sum(e(:).^2)/(m*n));
figure,
subplot(121);imshow(J);
subplot(122),imshow(mat2gray(255-Y));    %为方便显示，对预测误差图取反后再作显示
figure;
[h,x]=hist(J(:));                        %显示原图直方图
subplot(121);bar(x,h,'k');
[h,x]=hist(Y(:));
subplot(122);bar(x,h,'k');
%Yucebianma()函数用一维预测编码压缩图像 x,f 为预测系数，建立 Yucebianma.m 文件
function y=Yucebianma(x,f)
error(nargchk(1,2,nargin))
if nargin<2
  f=1;
end
x=double(x);
[m,n]=size(x);
p=zeros(m,n);                            %存放预测值
xs=x;
zc=zeros(m,1);
for j=1:length(f)
   xs=[zc xs(:,1:end-1)];
   p=p+f(j)*xs;
end
y=x-round(p);
%Yucejiema 是解码程序，与编码程序用的是同一个预测器。建立 Yucejiema.m 文件
function x=Yucejiema(y,f)
error(nargchk(1,2,nargin));
```

```
if nargin<2
  f=1;
end
f=f(end:-1:1);
[m,n]=size(y);
order=length(f);
f=repmat(f,m,1);
x=zeros(m,n+order);
for j=1:n
  jj=j+order;
  x(:,jj)=y(:,j)+round(sum(f(:,order:-1:1).*x(:,(jj-1):-1:(jj-order)),2));
end
x=x(:,order+1:end);
```

程序执行后，结果如图 10.11 所示。从预测误差直方图可见图像数据较原图像的数据减少。压缩编码后的图像将相近像素的部分统一编码，图像中眼睛的部分编码后仍然能够被识别出来，有效地保留了图像中的信息。

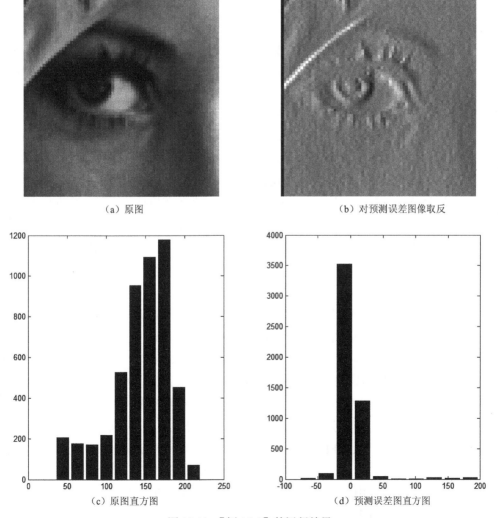

（a）原图　　　　　　　　　　　　　　（b）对预测误差图像取反

（c）原图直方图　　　　　　　　　　　（d）预测误差图直方图

图 10.11 【例 10-9】的运行结果

10.7　静止图像压缩编码标准——JPEG

随着计算机网络技术的发展，图像通信已越来越受到广泛的关注，这就需要对图像数据进行标准化传输，制定图像压缩编码的标准显得尤为重要。在静态图像编码标准中，常用的有 JPEG 和 JBIG 等。本节主要介绍静态图像的 JPEG 标准及其算法实现。

10.7.1　JPEG 标准

JPEG 是由 CCITT（国际电报电话咨询委员会）和 ISO（国际标准化组织）两个组织联合组建的图片专家组（Joint Photographic Experts Group）。该组织于 1991 年建立并通过第一个适用于连续色调静止数字图像压缩的国际标准（ISO 10918-1），称为国际 JPEG 标准建议，从而统一了用于彩色传真、静止图像、可视会议和电子出版物等图像的压缩和传输格式。该标准广泛应用于计算机和通信等领域，例如，电视图像压缩、多媒体通信、多媒体计算机、图像数据库等。经 JPEG 压缩的图像，可在不影响图像质量的前提下，得到很高的压缩比。该标准既可以用软件实现，也可以用硬件实现。由于 JPEG 优良的品质，使得它在短短的几年内就获得了极大的成功，随着 JPEG 芯片价格下降，JPEG 的应用正日益普及。

JPEG 中定义了两种不同性能的系统，即基本系统和扩展系统。其中包含 4 种不同的编码方法和解码方法，分别是基于离散余弦变换（DCT）的顺序模式（Sequential DCT-based），基于 DCT 的累进模式（Progressive DCT-based）无失真模式（Lossless）和层次模式（Hierarchical）[15][16]。无失真方式压缩比较低，而有失真方式能提供很高的压缩比，但压缩比越高失真程度也越大。其中，基于离散余弦变换技术的是有失真压缩算法。基本系统采用顺序工作方式，在熵编码阶段使用赫夫曼编码方法来降低冗余度，解码器只存储两个赫夫曼表。扩展系统提供增强功能，使用累进方式工作，编码过程中采用自适应的算术编码。JPEG 压缩算法的使用者能够调整压缩参数，以尽量减少图像质量的降低而使压缩比增大。

如图 10.12 所示为基于离散余弦变换 DCT（Discrete Cosine Transform）的基本系统的压缩过程。从中可以看到，压缩过程包括 DCT、量化和熵编码，这 3 个工作阶段组成一个性能卓越的压缩器。具体地，JPEG 压缩由色度空间变换、采样、离散余弦变换、量化和编码几部分组成。在图像数据输入编码器之前首先将图像划分成若干 8×8 的图像子块，JPEG 在利用离散余弦变换算法对图像压缩时，如果是彩色图像，先针对每一子块进行彩色空间变换，把 R，G，B 信号被分解为 Y，U，V 信号作采样。然后对每一个 8×8 图像子块进行二维离散余弦变换（FDCT）。再分别通过亮度和色度量化表量化，然后进行熵编码形成代码流。这样，那些小幅值系数被分配很少的存储空间，甚至不传送，从而压缩了数据的容量。在代码流中，按照 Y，U，V 的次序存放。依次取出源图像下一个子块，重复以上步骤。照此进行下去，最终得到对源图像压缩的代码流，以供存储和传输。

图 10.12　JPEG 编码原理

JPEG 压缩的有损之处体现在：

（1）在由 RGB 到 YUV 色度空间变换时，保留每个像素点的亮度信息，而只保留部分像素点的色度信息。

（2）经过离散余弦变换后的变换系数被进一步量化。量化系数的选取是不均匀的。人眼敏感的低频信号区采用细量化，而高频信号区采用粗量化。这样，人眼感觉不到的高频信号被忽略，仅仅保留了低频信号，从而达到压缩的目的。

在 JPEG 出台前，对大量高质量图像存储量的要求一直是图像得以广泛应用的障碍。问题不在于缺乏图像压缩算法，而是缺乏一种允许在不同的应用之间进行图像交换的标准算法。JPEG 对上述问题提供了一种高质量，同时也是非常实用和简洁的解决方法。JPEG 静态图像压缩标准在许多不同的领域得到了广泛的应用。它采用的 DCT 变换编码和熵编码，具有适中的计算复杂性，易于硬件实现。由于它在保证图像质量的前提下能提供较高的压缩比，通过使用专用压缩芯片，JPEG 甚至可以用于较高波特率下连续图像的传输。通过对 JPEG 标准的深入研究，可以了解图像压缩方面的许多原理和知识，并且可以灵活应用到自己的研究项目或软件开发中。

由 JPEG 压缩方法而节省的数据是大量的。尽管基于分块 DCT 变换编码的 JPEG 图像压缩技术已得到了广泛的应用，然而在低比特率压缩时，这种编码的一个主要缺点是产生方块效应，严重影响解码图像的视觉效果。其主要原因是低比特率压缩的粗量化过程在各个方块内引入高频量化误差，各子块独立编码而没有考虑块间的相关性，从而造成块边缘的不连续性。此外，由于舍去了图像的高频信息，因而编码图像的边缘难以很好地保持。目前去除方块效应的方法可分为两类，第一类是在编码部分采用重叠分块的方案，但这会提高图像传输的比特率，加重编解码的负担；第二类是后处理技术，即对解码图像进行图像增强或图像恢复等处理。

10.7.2　JPEG 算法实现

JPEG 压缩是有损压缩，它利用了人的视角系统的特性，使用量化和无损压缩编码相结合来去掉视角的冗余信息和数据本身的冗余信息。JPEG 算法框图如图 10.13 所示，压缩编码大致分成 3 个步骤。

（1）使用正向离散余弦变换(forward discrete cosine transform，FDCT)把空间域表示的图变换成频率域表示的图。

（2）使用加权函数对 DCT 系数进行量化，这个加权函数对于人的视觉系统是最佳的。

（3）使用霍夫曼可变字长编码器对量化系数进行编码。

JPEG 算法与彩色空间无关，因此"RGB 到 YUV 变换"和"YUV 到 RGB 变换"不包含在 JPEG 算法中。JPEG 算法处理的彩色图像是单独的彩色分量图像，因此它可以压缩来自不同彩色空间的数据，如 RGB,YCbCr 和 CMYK。

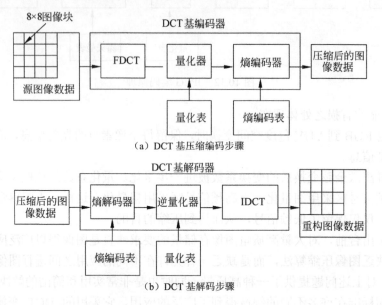

（a）DCT 基压缩编码步骤

（b）DCT 基解码步骤

图 10.13　JPEG 压缩编码-解压缩算法框图

JPEG 压缩编码算法的主要计算步骤如下。

1．正向离散余弦变换（FDCT）

编码前一般先将图像从 RGB 空间转换到 YC_bC_r 空间，然后将每个分量图像分割成不重叠的8×8像素块，每个8×8像素块称为一个数据单元，把采样频率最低的分量图像中 1 个数据单元所对应的像区上覆盖的所有个分量上的数据单元按顺序编组为 1 个最小编码单元，以这个最小编码单元为单位顺序将数据单元进行二维离散余弦变换 FDCT。最终得到的 64 个系数代表了该图像块的频率成分。其中低频分量集中在左上角，高频分量集中在右下角。通常将系数矩阵左上角系统称为直流系数（DC），代表了该数据块的平均值；其余 63 个称为交流系数（AC）。

2．量化（quantization）

FDCT 处理后得到的 64 个系数中，低频分量包含了图像亮度等主要信息，在编码时可以忽略高频分量以达到压缩的目的。在 JPEG 标准中，用具有 64 个独立元素的量化表来规定 DCT 域中相应的 64 个系数的量化精度，使得对某个系数的具体量化阶取决于人眼对该频率分量的视觉敏感程度。如图 10.16 所示为亮度和色度量化表，量化表中左上角的值较小，而右下角的值较大，起到了保持低频分量、抑制高频分量的作用。

3．Z 字形编码（zigzag scan）

Z 扫描是将 DCT 系数量化后的数据矩阵变为一维数列，为熵编码奠定基础。

4．使用差分脉冲编码调制（DPCM）对直流系数（DC）进行编码。

直流系数反映了一个8×8数据块的平均亮度。JPEG 标准对直流系数做差分编码。若直流系数的动态范围为 $-1024\sim +1024$，则差值的动态范围为 $-2047\sim +2047$。若为每一个差值赋一个码字，则码表将十分庞大。为此，JPEG 标准对码表进行了简化，采用"前缀码（SSSS）+尾码"来表示。

5. 使用行程长度编码（RLE）对交流系数（AC）进行编码

由于经 Z 形排列后的交流系数更有可能出现连续 0 组成的字符串，JPEG 标准采用行程编码对数据进行压缩。JPEG 标准将一个非零的交流系数及其前面的 0 行程长度的组合成为一个事件。将每个事件编码表示为"NNNN/SSSS+尾码"。

6. 熵编码（entropy coding），通常采用霍夫曼编码器对量化系数进行编码。

【例 10-10】　对图像进行 JPEG 编码，编程步骤如上所述，其具体实现的 MATLAB 代码如下：

```
close all; clear all; clc;    %关闭所有图形窗口，清除工作空间所有变量，清空命令行
ORIGIN=imread('lena.bmp');        %读入原始图像
%步骤 1: 正向离散余弦变换(FDCT)
fun=@DCT_Measure;
%步骤 2: 量化
B=blkproc(ORIGIN,[8,8],fun);
                        %得到量化后的系数矩阵，与原始图像尺寸相同，需要进一步处理
n=length(B)/8;              %对每个维度分成的块数
C=zeros(8);                %初始化为 8×8 的全 0 矩阵
for y=0:n-1
    for x=0:n-1
        T1=C(:,[end-7:end]);
                        %取出上一组数据做差分，T1 的所有 8 行和最后 8 列组成的 8×8
        T2=B(1+8*x:8+8*x,1+8*y:8+8*y);
        T2(1)=T2(1)-T1(1);        %直流系数做差分
        C=[C,T2];                %将 C 和 T2 矩阵串联
    end
end
C=C(:,[9:end]);            %去除 C 的前 8 列，就是前面的全 0
%步骤 4: 利用 Code_Huffman()函数实现上述 JPEG 算法步骤中的步骤 3、4、5 和 6 步
JPGCode={''};                %存储编码的元胞初始化为空的字符串
for a=0:n^2-1
    T=Code_Huffman(C(:,[1+a*8:8+a*8]));
    JPGCode=strcat(JPGCode,T);
end
sCode=cell2mat(JPGCode);        %将元胞转化为数组
Fid=fopen('JPGCode.txt','w');    %用变量 fid 标记 I/O 流，打开文本文件
fprintf(Fid,'%s',sCode);        %将压缩码 sCode 保存到文本文件中。添加而不是覆盖
fclose(Fid);                    %关闭 I/O 流
[x y]=size(A);
b=x*y*8/length(sCode);
v=8/b;                      %计算压缩比和压缩效率
disp('JPEG 压缩数据已保存至 JPGCode.txt 中!');
disp(['压缩比为: ',num2str(b),'; 压缩效率: ',num2str(v)]);
%以下是所用函数的定义
function B=DCT_Measure(A)% A 为原始图像数据，返回值 B 包含直流系数 DC 和交流系数 AC
%对输入的 8×8 图像矩阵进行 DCT 变化和量化
Y_Matrix=[16 11 10 16 24  40 51  61; 12 12 14 19 26 58  60 55; %定义 Y 分
```

量系数量化矩阵

```
        14 13 16 24 40  57  69  56; 14 17 22 29 51  87  80 62;
        18 22 37 56 68  109 103 77; 24 35 55 64 81  104 113 92;
        49 64 78 87 103 121 120 101;72 92 95 98 112 100 103 99];
C=double(A)-128;                    %图像为 8 位无符号数，将其减去 128 转化为有符号数
B=round(DCT2D(C)./Y_Matrix);
%DCT2D()函数定义
function C=DCT2D(B)
%将图像数据进行快速傅立叶变换，返回幅度和相位信息
a=length(B);
C=zeros(a);
for b=1:a                           %依次对每一行进行 FFT 操作
    C(b,:)=DCT1D(B(b,:));
end
for b=1:a                           %依次对每一列进行 FFT 操作
    T=C(:,b);
    T1=DCT1D(T');
    C(:,b)=T1';
end
% DCT1D()函数定义
function B=DCT1D(A)
%一维离散余弦变换
n=length(A);
T=zeros(1,n);                       %对变换数组延拓
C=[A,T];
C=FFT1D(C)*2*n;
T=C(1:n);
T(1)=T(1)/n^0.5;
for u=2:n
    T(u)=(2/n)^0.5*T(u)*exp(-i*(u-1)*pi/2/n);
end
B=real(T);
%FFT1D()函数定义
function B1=FFT1D(A1)
%FFT 运算
B=SortOE(A1);                       %对 A1 中的数据进行奇偶分解排序
n=length(B);m=log2(n);
for s=1:n
    T(s)=double(B(s));             %将图像数据转换为 double 型
end
for a=0:m-1
    M=2^a;nb=n/M/2;                 %每一块的半长度和分成的块数
    for j=0:nb-1                    %对每一块依次进行操作
        for k=0:M-1                 %对每一块中的一半的点依次操作
            t1=double(T(1+k+j*2*M));t2=double(T(1+k+j*2*M+M))*exp(-i*pi*k/M);
            T(1+k+j*2*M)=0.5*(t1+t2);
            T(1+k+j*2*M+M)=0.5*(t1-t2);
        end
    end
end
B1=T;
%SortOE()函数定义
function B=SortOE(T)
%奇偶分解排序函数
n=length(T);m=log2(n/2);
for i=1:m
    nb=2^i;lb=n/nb;                 %分成的块数和每一块的长度
    lc=2*lb;                        %操作间隔
```

```
        for j=0:nb/2-1                        %进行排序操作的次数
            t=T(2+j*lc:2:2*lb+j*lc);
            T(1+j*lc:lb+j*lc)=T(1+j*lc:2:(2*lb-1)+j*lc);
            T(lb+1+j*lc:2:2*lb+j*lc)=t;
        end
 end
B=T;
% Code_Huffman()函数定义
function B=Code_Huffman(A)
%根据 huffman 编码表对量化后的数据编码，依次输入 DC 系数差值(A 中 DC 系数已做过差分)和
AC 系数的典型 Huffman 表，只处理 8×8DCT 系数量化矩阵，每个 A 都是 8×8。
DC_Huff={'00','010','011','100','101','110','1110','11110','111110','11
11110','11111110','111111110'};
fid=fopen('AC_Huff.txt','r');
                            % AC 系数保存在 AC_Huff.txt 文件中，将它读入元胞数组中
AC_Huff=cell(16,10);
for a=1:16
    for b=1:10
        temp=fscanf(fid,'%s',1);           %以行为单位读取，保存在 temp 中
        AC_Huff(a,b)={temp};               %代表每行的一组数据
    end
end
fclose(fid);
i=1;
for a=1:15                                %对 A 中的数据进行 Zig-Zag 扫描，保存在数组 Z 中
    if a<=8
        for b=1:a
            if mod(a,2)==1
                Z(i)=A(b,a+1-b);
                i=i+1;
            else
                Z(i)=A(a+1-b,b);
                i=i+1;
            end

        end
    else
        for b=1:16-a
            if mod(a,2)==0
                Z(i)=A(9-b,a+b-8);
                i=i+1;
            else
                Z(i)=A(a+b-8,9-b);
                i=i+1;
            end
        end
    end
end
%以下操作先对 DC 差值系数编码：前缀码 SSSS+尾码，dc 为其 Huffman 编码
if Z(1)==0
    sa.s=DC_Huff(1);                      %size 分量存放前缀码
    sa.a='0';                             %amp 分量存放尾码
    dc=strcat(sa.s,sa.a);
else
    n=fix(log2(abs(Z(1))))+1;
    sa.s=DC_Huff(n);
    sa.a=binCode(Z(1));
    dc=strcat(sa.s,sa.a);
end
```

```matlab
%再对 AC 系数进行行程编码, 保存在结构体数组 rsa 中
if isempty(find(Z(2:end)))          %如果 63 个交流系数全部为 0, rsa 系数全部为 0
    rsa(1).r=0;                     %行程 runlength
    rsa(1).s=0;                     %码长 size
    rsa(1).a=0;                     %二进制编码
else
    T=find(Z);                      %找出 Z 中非 0 元素的下标
    T=[0 T(2:end)];                 %为统一处理将第一个下标元素置为 0
    i=1;                            %i 为 rsa 结构体的下标
    j=2;                            %从第 2 个元素即第 1 个交流元素开始处理
    while j<=length(T)
        t=fix((T(j)-1-T(j-1))/16);  %判断下标间隔是否超过 16
        if t==0                     %如果小于 16, 较简单
            rsa(i).r=T(j)-T(j-1)-1;
            rsa(i).s=fix(log2(abs(Z(T(j)))))+1;
            rsa(i).a=Z(T(j));
            i=i+1;
        else                        %如果超过 16, 需要处理 (15, 0) 的特殊情况
            for n=1:t               %可能出现 t 组 (15, 0)
                rsa(i)=struct('r',15,'s',0,'a',0);
                i=i+1;
            end
            rsa(i).r=T(j)-1-16*t;
            rsa(i).s=fix(log2(abs(Z(T(j)))))+1;
            rsa(i).a=Z(T(j));
            i=i+1;
        end
        j=j+1;
    end
    if T(end)<64                    %判断最后一个非 0 元素是否为 Z 中最后一个元素
        rsa(i).r=0;
        rsa(i).s=0;
        rsa(i).a=0;
    end                             %以 EOB 结束
end
%通过查表获取 AC 系数的 Huffman 编码
B=dc;                               %B 初始化为直流系数编码
for n=1:length(rsa)
    if rsa(n).r==0&rsa(n).s==0&rsa(n).a==0
        ac(n)={'1010'};
    elseif rsa(n).r==15&rsa(n).s==0&rsa(n).a==0
        ac(n)={'11111111001'};
    else
        t1=AC_Huff(rsa(n).s+1,rsa(n).s);
        t2=binCode(rsa(n).a);
        ac(n)=strcat(t1,t2);

    end
    B=strcat(B,ac(n));
end
%binCode() 函数定义
function s=binCode(a)
%求任意整数的二进制码
if a>=0
```

```
    s=dec2bin(a);
else
    s=dec2bin(abs(a));                      %求 a 的反码，返回 "01" 字符串，按位取反
    for t=1:numel(s)
        if s(t)=='0'
            s(t)='1';
        else s(t)='0';
        end
    end
end
```

程序执行，在 MATLAB 命令行返回的结果如下：

```
JPEG 压缩数据已保存至 JPGCode.txt 中！
压缩比为：7.5465；压缩效率：1.0601
```

程序运行前，文本文件 JPGCode.txt 是空文件。程序执行后，图像按照 JPEG 标准进行压缩，压缩编码后的数据存放到 JPGCode.txt 文件中。如图 10.14 所示为 JPGCode.txt 文件中其中的一部分编码数据。

图 10.14　【例 10-10】的运行结果

10.8　本 章 小 结

数字图像压缩编码技术是多媒体技术的重要组成部分。本章主要介绍了数字图像压缩编码的基础，包括图像压缩编码的必要性、图像冗余信息、编码参数及基于保真度准则的评价；还介绍了霍夫曼编码及其在 MATLAB 中的实现方法、算术编码及其在 MATLAB 中的实现、行程编码及其在 MATLAB 中的实现、预测编码及其在 MATLAB 中的实现和小波编码及其在 MATLAB 中的实现。由于 MATLAB 在数字图像压缩和编码中应用十分广泛，本章均给出了各种编码方法的 MATLAB 实现例程，为用户提供实践支持。最后本章还介绍了静态图像的编码标准 JPEG 标准及其算法实现步骤。

习　题

1. 设输入图像的灰度级 $\{l_1,l_2,l_3,l_4\}$ 出现的概率对应为 $\{0.375,0.25,0.25,0.125\}$。试进行霍夫曼编码，并计算编码效率、压缩比和冗余度。

2. 在 MATLAB 中编写一个实现霍夫曼编码的程序，要求对实际图像进行压缩编码，并计算熵、平均码长和编码效率。

3. 设输入图像的灰度级 $\{l_1,l_2,l_3,l_4,l_5,l_6,l_7,l_8\}$ 出现的概率对应为 $\{0.40,0.18,0.10,0.10,$ $0.07,0.06,0.05,0.04\}$。试进行香农编码，并计算编码效率、压缩比和冗余度。

4. 假设信息源 $\{l_1,l_2,l_3,l_4\}$ 出现的概率对应为 $\{0.2,0.2,0.4,0.2\}$，写出对信息源 $l_2l_4l_1l_4l_3$ 进行算术编码和解码的过程。

5. 选择一幅图像，利用一阶预测编码方法对图像进行编解码，分析原图像和预测误差图像的直方图。

6. 选择一幅图像，在 MATLAB 中按照 JPEG 标准对图像进行压缩编码，并画出程序流程图。

第 11 章　图像特征分析

图像处理的另一个主要分支是图像分析，图像分析可以看作是一个信息提取过程，从图像中提取有用的数据、信息或度量，生成描述或表示。图像的特征分析是图像分析的关键因素之一，通过对图像特征的描述和表达，提取图像所包含的原始特性或属性，从而为图像分析或识别奠定基础。图像特征是指图像的原始特性或属性，可分为视觉特征和统计特征。视觉特征主要是人的视觉直接感受到的自然特征（如图像的颜色、纹理和形状等）；统计特征是指需要通过变换或测量才能得到的人为特征（如频谱、直方图等）。本章主要介绍图像的颜色特征、纹理特征和形状特征的分析方法及其 MATLAB 实现方法，以便更好地应用到图像分析和模式识别领域中。

11.1　颜色特征描述及 MATLAB 实现方法

颜色特征属于图像的内部特征，描述了图像或图像区域所对应景物的表面性质。颜色特征与其他视觉特征相比，它对图像的尺寸、方向、视角等变化不敏感，因此颜色特征被广泛应用于图像识别。根据颜色与空间属性的关系，颜色特征的表示方法可以有颜色矩、颜色直方图、颜色相关等几种方法。本节主要介绍颜色矩和颜色直方图，通过举例说明这些描述的 MATLAB 实现方法及在图像分析过程的应用。

11.1.1　颜色矩

颜色矩是以数字方法为基础的，通过计算矩来描述颜色的分布。颜色矩通常直接在 RGB 空间计算，由于颜色分布信息主要集中在低阶矩，因此，常采用一阶矩、二阶矩和三阶矩来表达图像的颜色分布。它们的定义分别是：

一阶矩（均值）：$\mu_i = \dfrac{1}{N}\sum_{j=1}^{N}P_{ij}$

二阶矩（方差）：$\sigma_i = \left[\dfrac{1}{N}\sum_{j=1}^{N}(P_{ij}-\mu_i)^2\right]^{\frac{1}{2}}$

三阶矩（偏度）：$\zeta_i = \left[\dfrac{1}{N}\sum_{j=1}^{N}(P_{ij}-\mu_i)^3\right]^{\frac{1}{3}}$

其中，P_{ij} 是第 j 个像素的第 i 个颜色分量，N 是像素数量。一阶矩定义了每个颜色分量的平均强度；二阶矩反映待测区域的颜色方差，即不均匀性；三阶矩定义了颜色分量的偏斜度，即颜色的不对称性。颜色矩不能区分颜色区域的空间分布位置。彩色图像的颜色矩一共有 9 个分量，每个颜色通道均有 3 个低阶矩。

在 MATLAB 中，颜色矩的求解方法既可以调用 MATLAB 自有函数 mean2()和 std()实现，也可以根据颜色矩定义编程实现。

【例 11-1】　利用函数 mean2()和 std()对灰度图像进行一阶矩、二阶矩和三阶矩的计算，其具体实现的 MATLAB 代码如下：

```
close all; clear all; clc;   %关闭所有图形窗口，清除工作空间所有变量，清空命令行
J=imread('lena.bmp');                     %读入要处理的清晰的图像，并赋值给 J
K=imadjust(J,[70/255 160/255],[]);
                          %灰度级调整将【70 160】的灰度扩展到【0 255】，增强对比度
figure;
subplot(121),imshow(J);      %显示原图像
subplot(122),imshow(K);      %显示对比度增强的图像
[m,n]=size(J);               %求图像 J 数据矩阵的大小赋值给[m,n],表示 m×n 维矩阵
mm=round(m/2);               %对 m/2 取整赋值给 mm
mn=round(n/2);
[p,q]=size(K);
pp=round(p/2);
qq=round(q/2);
J=double(J);                          %图像数据变为 double 型
K=double(K);
colorsum=0.0;                         %给灰度值总和赋 0 值
Javg=mean2(J);                        %求原图像一阶矩
Kavg=mean2(K);                        %求增强对比度后的图像一阶矩
Jstd=std(std(J));                     %求原图像的二阶矩
Kstd= std(std(K));                    %增强对比度后的图像二阶矩
for i=1:mm                            %循环求解灰度值总和
    for j=1:mn
        colorsum=colorsum+(J(i,j)-Javg)^3;
    end
end
Jske=(colorsum/(mm*mn))^(1/3)         %求原图三阶矩
colorsum=0.0;                         %给灰度值总和赋 0 值
for i=1:pp                            %循环求解灰度值总和
    for j=1:qq
        colorsum=colorsum+(J(i,j)-Kavg)^3;
    end
end
Kske=(colorsum/(pp*qq))^(1/3)         %求增强对比度后的图像三阶矩
```

程序运行结果如图 11.1 所示。人眼可以明显从图 11.1（a）和（b）看出，原图和对比度增强后的图像相比发暗。根据颜色特征值分析，颜色一阶矩运行结果显示图 11.1（a）图的值小于（b）图，同样反映了（a）图比（b）要灰暗些；颜色二阶矩运行结果显示图（a）的灰度分布比图（b）灰度分布均匀；颜色三阶矩值反映（a）图灰度偏暗，而（b）图偏亮，二者灰度值偏斜的方向相反。运行结果统计如表 11-1 所示。

（a）原图　　　　　　　　　　　　　（b）对比度增强后的图

图 11.1　【例 11-1】运行结果

表 11.1　【例 11-1】运行结果统计表

统计参数 类型	颜色矩		
	一阶矩（均值）	二阶矩（方差）	三阶矩（偏度）
原图	124.04574	12.50707	14.30120
对比度增强后的图	145.97578	25.25429	21.74006 + 37.65488i

【例 11-2】　基于颜色特征识别花朵与叶子，其具体实现的 MATLAB 代码如下：

```
close all; clear all; clc;          %关闭所有图形窗口，清除工作空间所有变量，清空命令行
I=imread('hua.jpg');                %I 为花的彩色图像，以下是求花的图像的 RGB 分量均值
R=I(:,:,1);                         %红色分量
G=I(:,:,2);                         %绿色分量
B=I(:,:,3);                         %蓝色分量
R=double(R); G=double(G); B=double(B);
                                    %利用 double() 函数将变量类型转为 double 型
Ravg1=mean2(R);                     %红色分量均值
Gavg1=mean2(G);                     %绿色分量均值
Bavg1=mean2(B);                     %蓝色分量均值
Rstd1=std(std(R));                  %红色分量的方差
Gstd1= std(std(G));                 %绿色分量的方差
Bstd1=std(std(B));                  %蓝色分量的方差
J=imread('yezi.jpg');               %J 为叶子的图像，求叶子的图像的 RGB 分量均值与方差
R=J(:,:,1); G=J(:,:,2);
B=J(:,:,3);
R=double(R); G=double(G); B=double(B);
Ravg2=mean2(R);
Gavg2=mean2(G);
Bavg2=mean2(B);
Rstd2=std(std(R));
Gstd2= std(std(G));
Bstd2=std(std(B));
K=imread('flower1.jpg');
figure;
subplot(131),imshow(K);             %显示原图像
subplot(132),imshow(I);             %显示花的图像
subplot(133),imshow(J);             %显示叶子的图像
```

　　程序运行后分别求出花朵和叶子区域的 R、G、B 分量的分析图像如图 11.2 所示，R、G、B 的分量颜色特征如表 11.2 所示。可以看出，在相同光照下，该花朵区域的红色分量 R 占主导地位，且 R 分量显著高于 G 和 B 的值，而叶子区域以绿色分量 G 颜色因子为主，这就为花朵与叶子的识别提供了很好的依据。花朵和叶子的各个颜色分量的方差显示这两幅图的颜色分布都比较均匀。

（a）原图　　　　　　　　　（b）花朵　　　　　　　　　（c）叶子

图 11.2　【例 11-2】分析的图像

表 11.2　【例 11-2】运行结果统计表

统计参数 类型	一阶矩（均值）			二阶矩（方差）		
	R	**G**	**B**	**R**	**G**	**B**
花朵	200.5445	16.5797	15.4974	12.02794	10.74935	9.83036
叶子	8.4275	88.7930	23.8362	0.88602	10.59334	4.53428

注：【例 11-1】和【例 11-2】分别给出了灰度图像和彩色图像颜色一阶矩、二阶矩和三阶矩在 MATLAB 中的求解方法。其中【例 11-2】给出颜色特征在图像识别领域中的分析依据，为进行图像识别打下基础。读者还可根据颜色矩的定义自行编程求解，方法可参见【例 11-1】中对颜色三阶矩的求解方法。

11.1.2　颜色直方图

　　许多图像识别系统中广泛采用颜色直方图作为图像的颜色特征，它所描述的是不同色彩在整幅图像中所占的比例，而并不关心每种色彩所处的空间位置，即无法描述图像中的对象或物体。颜色直方图反映了图像颜色分布的统计特性，适用于描述那些难以自动分割的图像和不需要考虑物体空间位置的图像。最常用的颜色空间有 RGB 颜色空间和 HSV 颜色空间等。

　　设一幅图像包含 M 个像素，图像的颜色空间被量化成 N 个不同颜色。颜色直方图 H 定义为：

$$p_i = h_i$$

其中，h_i 为第 i 种颜色在整幅图像中具有的像素数。颜色直方图归一化为：

$$p_i = h_i / M$$

　　由上式可见，颜色直方图所描述的是不同色彩在整幅图像中所占的比例，无法描述图像中的对象或物体。

【例11-3】 绘制彩色图像的 R、G 和 B 分量的直方图，其具体实现的 MATLAB 代码如下：

```
close all; clear all; clc;          %关闭所有图形窗口，清除工作空间所有变量，清空命令行
I=imread('huangguahua.jpg');        %读入要处理的图像，并赋值给 I
R=I(:,:,1);                         %图像的 R 分量
G=I(:,:,2);                         %图像的 G 分量
B=I(:,:,3);                         %图像的 B 分量
figure;
subplot(121);imshow(I);            %显示彩色图像
subplot(122);imshow(R);            %R 分量灰度图
figure,
subplot(121);imshow(G);            %G 分量灰度图
subplot(122);imshow(B);            %B 分量灰度图
figure;
subplot(131);imhist(I(:,:,1));     %显示红色分辨率下的直方图
subplot(132);imhist(I(:,:,2))      %显示绿色分辨率下的直方图
subplot(133);imhist(I(:,:,3))      %显示蓝色分辨率下的直方图
```

程序执行后结果如图 11.3 所示。根据图像的 R、G、B 分量的灰度直方图可见，红色分量和绿色分量分布均匀，所占比例较大。其中红色分量主要来自于图像背景中的土地，绿色分量主要来自于图像中花的叶子和花朵。蓝色分量在整个图像中的比例小，主要集中

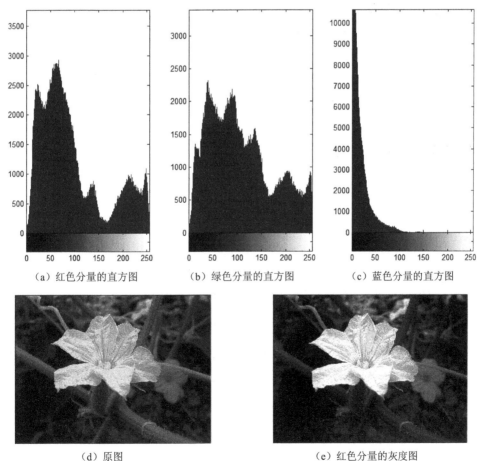

（a）红色分量的直方图 （b）绿色分量的直方图 （c）蓝色分量的直方图

（d）原图 （e）红色分量的灰度图

（f）绿色分量的灰度图   （g）蓝色分量的灰度图

图 11.3 【例 11-3】运行结果

在偏暗的区域，主要来自于花朵。图像的绿色所占的比例较大，说明图像绿色基调较多。从 R、G、B 分量的灰度图也可以明显看出，红色分量的灰度图背景中的土地较明显，而绿色分量的灰度图对叶子和花朵的显示较清晰，蓝色分量的灰度图显示相对比较暗，可见蓝色分量在图中的贡献不足。红色分量所占比例的较多而蓝色分量较少的图像，则反映该图直观看去黄色较为明显。图像识别领域中常根据目标与背景的直方图特征来分析二者的差异，从而为识别或分割目标奠定基础。

  由于 RGB 颜色空间不符合人对颜色的感知心理，常采用面向视觉感知的 HSV 颜色模型对 HSV 空间进行适当量化后再计算其直方图，以减少计算量。

  【例 11-4】 通过函数 rgb2hsv() 将颜色空间由 RGB 转换成 HSV，求 HSV 颜色空间下的直方图，其具体实现的 MATLAB 代码如下：

```
close all; clear all; clc;          %关闭所有图形窗口，清除工作空间所有变量，清空命令行
J=imread('huangguahua.jpg');        %读入要处理的图像，并赋值给 J
hsv = rgb2hsv(J);                   %图像由 RGB 空间变换到 HSV 空间
h = hsv(:, :, 1);                   %为色调 h 赋值
s = hsv(:, :, 2);                   %为饱和度 s 赋值
v = hsv(:, :, 3);                   %为亮度 v 赋值
havg=mean2(h);                      %求 h 分量的灰度均值
savg=mean2(s);                      %求 s 分量的灰度均值
vavg=mean2(v);                      %求 v 分量的灰度均值
figure;
subplot(131);imshow(h);            %基于色调 h 的灰度图像
subplot(132);imshow(s);            %基于饱和度 s 的灰度图像
subplot(133);imshow(v);            %基于亮度 v 的灰度图像
figure;
subplot(131);imhist(h);            %显示色调 h 的直方图
subplot(132);imhist(s);            %显示饱和度 s 的直方图
subplot(133);imhist(v);            %显示亮度 v 的图
```

  程序执行，得到图像 H、S、V 分量的直方图，如图 11.4 所示。由于程序未对 H、S、V 分量进行量化，得到的 H 分量的直方图显示的色相值在[0,1]范围内有两、三个峰值，呈现出主要色彩有两、三种颜色的趋势。从原图也可以清晰地分辨出土壤、叶茎、花朵的颜色，其中以叶茎的绿色和花朵的黄色为主。S 分量主要集中在 1 附近，显示该图的饱和度较高，色彩鲜艳。V 分量分布均匀，表明该图整体上色调明亮。HSV 颜色空间直方图很好地描述了图像的颜色特征。H、S、V 分量的灰度图显示 V 分量的灰度图能很好地将花朵和

背景的茎叶区分开，可以作为图像分割的参考特征。

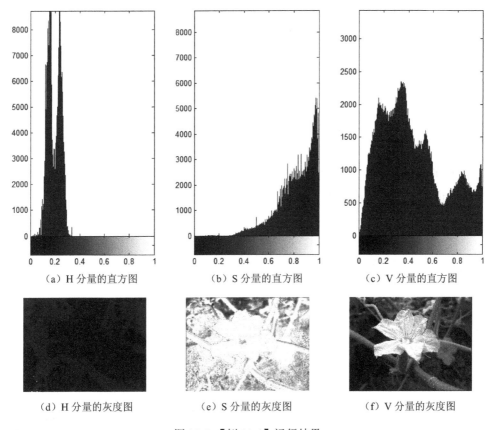

（a）H 分量的直方图　　　　　（b）S 分量的直方图　　　　　（c）V 分量的直方图

（d）H 分量的灰度图　　　　　（e）S 分量的灰度图　　　　　（f）V 分量的灰度图

图 11.4　【例 11-4】运行结果

🔔注：【例 11-3】和【例 11-4】分别在 MATLAB 中绘制出彩色图像在 RGB 和 HSV 空间的直方图，并给出了分析结果。用户可根据直方图分析的特征对图像进行处理，以更好地应用到图像识别领域。

11.2　纹理特征描述及 MATLAB 实现方法

纹理特征描述图像或图像区域所对应景物的表面性质，是从图像中计算出来的一个值，它对区域内部灰度级变化的特征进行量化。图像的纹理特征常具有周期性，反映物品的质地，如粗糙度、光滑度、颗粒度、随机性和规范性等。纹理分析是指通过一定的图像处理技术抽取出纹理特征，从而获得纹理的定量或定性描述的处理过程。图像的纹理分析应用范围十分广泛，例如对卫星遥感地表图像的分析常采用纹理分析，这是因为地表的山脉、河流、森林、城市建筑等均表现了不同的纹理特征。

本节主要介绍纹理特征提取的几种常用方法，如灰度差分统计、自相关函数、灰度共生矩阵和基于频谱特征的分析法，最后通过举例说明这些描述的 MATLAB 实现方法及在图像分析过程的应用。

11.2.1　灰度差分统计法

纹理区域的灰度直方图作为纹理特征，利用图像直方图提取诸如均值、方差、能量及熵等特征来描述纹理。设 (x, y) 为图像中的一点，该点和它只有微小距离的点 $(x + \Delta x, y + \Delta y)$ 的灰度差值为：

$$g_\Delta(x, y) = g(x, y) - g(x + \Delta x, y + \Delta y)$$

其中，g_Δ 称为灰度差分。若设灰度差分值的所有可能取值共有 m 级，令点 (x, y) 在整个画面上移动，统计出 g_Δ 取各个数值的次数，由此可以做出 g_Δ 的直方图。由直方图可以得到 g_Δ 取值的概率 $p(k)$，当取较小差值 k 的频率 $p(k)$ 较大时，反映了纹理较粗糙，直方图平坦时，说明纹理较细致。相关的纹理特征有：

平均值：$\text{mean} = \dfrac{1}{m} \sum_i i p(i)$

对比度：$\text{con} = \sum_i i^2 p(i)$

熵：$\text{Entropy} = -\sum_i p(i) \log_2[p(i)]$

在上述各式中，$p(k)$ 较平坦时，熵较大，能量较小，$p(k)$ 越分布在原点附近，则均值越小。基于灰度级的直方图并不能建立特征与纹理基元的一一对应关系，相同的直方图可能会有不同的图像纹理。因此在运用灰度直方图进行纹理分析和比较时，还需要加上其他特征。

【例 11-5】 计算和比较两幅纹理图像的灰度差分统计特征，其具体实现的 MATLAB 代码如下：

```
close all; clear all; clc;      %关闭所有图形窗口，清除工作空间所有变量，清空命令行
J=imread('wall.jpg');           %读入纹理图像，分别输入 wall.jpg 和 stone.jpg 两幅图
                                进行对比
A=double(J);
[m,n]=size(A);                  %求 A 矩阵的大小，赋值给 m×n
B=A;
C=zeros(m,n);                   %新建全零矩阵 C，以下求解归一化的灰度直方图
for i=1:m-1
    for j=1:n-1
        B(i,j)=A(i+1,j+1);
        C(i,j)=abs(round(A(i,j)-B(i,j)));
    end
end
h=imhist(mat2gray(C))/(m*n);
mean=0;con=0;ent=0;            %均值 mean、对比度 con 和熵 ent 初始值赋零
for i=1:256                    %循环求解均值 mean、对比度 con 和熵 ent
    mean=mean+(i*h(i))/256;
    con=con+i*i*h(i);
    if(h(i)>0)
        ent=ent-h(i)*log2(h(i));
    end
end
    mean,con,ent
```

程序分别对两幅纹理图片进行特征提取，如图 11.5 所示，运行结果如表 11.3 所示。从灰度均值特征来看，墙面纹理图的灰度均值和熵都大于大理石面的纹理图，说明墙面纹理较粗糙。墙面纹理和大理石纹理的均值、对比度和熵显著不同，特别在对比度特征上，二者差异较大，可用来区分墙面和大理石面。在模式识别领域通常将这些特征作为特征输入量用以区分不同目标。

（a）墙面纹理图　　　　　　　　　　　　（b）大理石面纹理图

图 11.5　【例 11-5】处理的两幅纹理图

表 11.3　【例 11-5】的运行结果

纹理图片	特征 平均值 Mean	对比度 Con	熵 Ent
墙面纹理图	0.0975	1.1585e+003	6.0439
大理石面纹理图	0.0194	75.1650	3.1399

11.2.2　自相关函数法

纹理常用它的粗糙性来描述。例如，在相同的观看条件下砖墙面要比大理石面粗糙。纹理粗糙性的大小与局部结构的空间重复周期有关，周期大的纹理粗，周期小的纹理细。这种感觉上的粗糙与否不足以作为定量的纹理测度，但至少可以用来说明纹理测度变化的倾向，即小数值的纹理测度表示细纹理，大数值测度表示粗纹理。通常采用自相关函数作为纹理测度。设图像为 $f(x,y)$，自相关函数的定义为：

$$C(\varepsilon,\eta,j,k)=\frac{\displaystyle\sum_{x=j-w}^{j+w}\sum_{y=k-w}^{k+w}f(x,y)f(x-\varepsilon,y-\eta)}{\displaystyle\sum_{x=j-w}^{j+w}\sum_{y=k-w}^{k+w}\left[f(x,y)\right]^{2}}$$

它是对 $(2w+1)\times(2w+1)$ 窗口内的每一像点 (j,k) 与偏离值为 $\varepsilon,\eta=0,\pm1,\pm2,...,\pm T$ 的像素之间的相关值作计算。一般粗纹理区对给定偏离 (ε,η) 时的相关性要比细纹理区高，因而纹理粗糙性应与自相关函数的扩展成正比。

【例 11-6】　调用定义的自相关函数 zxcor() 对砖墙面和大理石纹理进行分析，其具体实现的 MATLAB 代码如下：

```
%步骤1：定义自相关函数 zxcor()，建立 zxcor.m 文件
```

```
function [epsilon,eta,C]=zxcor(f,D,m,n)
%自相关函数 zxcor(), f 为读入的图像数据, D 为偏移距离, 【m, n】是图像的尺寸数据, 返回
图像相关函数 C 的值, epsilon 和 eta 是自相关函数 C 的偏移变量
for epsilon=1:D                    %循环求解图像 f(x,y) 与偏离值为 D 的像素之间的相关值
  for eta=1:D
    temp=0;
    fp=0;
    for x=1:m
      for y=1:n
        if(x+ epsilon -1)>m|(y+ eta -1)>n
          f1=0;
        else
         f1=f(x,y)*f(x+ epsilon -1,y+ eta -1);
        end
        temp=f1+temp;
        fp=f(x,y)*f(x,y)+fp;
      end
    end
      f2(epsilon, eta)=temp;
      f3(epsilon, eta)=fp;
      C(epsilon, eta)= f2(epsilon, eta)/ f3(epsilon, eta);
                                   %相关值 C
  end
end
epsilon =0:(D-1);                           %ε 方向的取值范围
eta =0:(D-1);                                %η 方向的取值范围
%步骤 2: 调用 zxcor()函数, 分析不同图像的纹理特征
f11=imread('wall.jpg');                     %读入砖墙面图像, 图像数据赋值给 f
f1=rgb2gray(f11);                           %彩色图像转换成灰度图像
f1=double(f1);                              %图像数据变为 double 类型
[m,n]=size(f1);                            %图像大小赋值为[m,n]
D=20;                                      %偏移量为 20
[epsilon1,eta1,C1]=zxcor1(f1,D,m,n);       %调用自相关函数
f22=imread('stone.jpg');                   %读入大理石图像, 图像数据赋值给 f
f2=rgb2gray(f22);
f2=double(f2);
[m,n]=size(f2);
[epsilon2,eta2,C2]=zxcor1(f2,20,m,n);      %调用自相关函数
figure;
subplot(121);imshow(f11);
subplot(122);imshow(f22);
figure;
subplot(121);mesh(epsilon1,eta1,C1);       %显示自相关函数与 x, y 的三维图像
xlabel(' epsilon ');ylabel(' eta ');       %标示坐标轴变量
subplot(122);mesh(epsilon2,eta2,C2);
xlabel(' epsilon ');ylabel(' eta ');
```

　　程序运行结果如图 11.16 所示, 显示砖墙面纹理的自相关函数随着 ε、η 的增加, 下降的趋势比大理石面纹理的要快, 可见表面粗糙度越大, 曲线的下降越快。大理石面纹理的自相关函数下降幅度很小, 说明其纹理表面光滑。自相关函数可以有效地识别纹理图像的粗糙度。在图像识别应用中, 常根据标准纹理的自相关曲线与未知纹理的自相关曲线相比较结果来判断未知纹理表面的粗糙度。

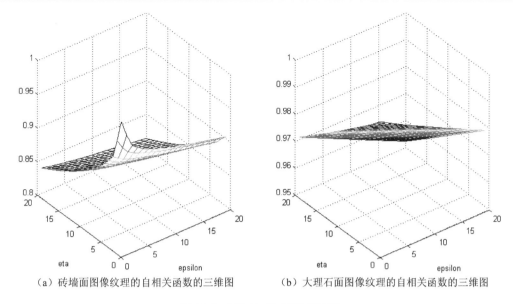

（a）砖墙面图像纹理的自相关函数的三维图　　　　（b）大理石面图像纹理的自相关函数的三维图

图 11.6　【例 11-6】的运行结果

11.2.3　灰度共生矩阵

由于纹理是由灰度分布在空间位置上反复出现而形成的，因而在图像空间中相隔某距离的两像素之间会存在一定的灰度关系，即图像中灰度的空间相关特性。灰度共生矩阵就是一种通过研究灰度的空间相关特性来描述纹理的常用方法。

灰度直方图是对图像上单个像素具有某个灰度进行统计的结果，而灰度共生矩阵是对图像上保持某距离的两像素分别具有某灰度的状况进行统计得到的。一幅图像的灰度共生矩阵能反映出图像灰度关于方向、相邻间隔和变化幅度的综合信息，它是分析图像的局部模式和它们排列规则的基础。

设 $f(x,y)$ 为一幅二维数字图像，S 为目标区域 R 中具有特定空间联系的像素对的集合，则满足一定空间关系的灰度共生矩阵 P 为：

$$P(g_1,g_2) = \frac{\#\left\{[(x_1,y_1),(x_2,y_2)] \in S \middle| f(x_1,y_1) = g_1 \ \& \ f(x_2,y_2) = g_2\right\}}{\#S}$$

上式等号右边的分子是具有某种空间关系、灰度值分别为 g_1 和 g_2 的像素对的个数，分母为像素对的总个数（#代表数量）。这样得到的 P 是归一化的。取不同的距离和角度则可得到不同的灰度共生矩阵，实际求解时常选定距离不变，取不同角度，如 $0°$、$45°$、$90°$ 和 $135°$ 时的灰度共生矩阵。

一般来说，如果图像是由具有相似灰度值的像素块构成，则灰度共生矩阵的对角元素会有比较大的值；如果图像像素灰度值在局部有变化，那么偏离对角线的元素会有比较大的值。

为了能更直观地以共生矩阵描述纹理状况，通常可以用一些标量来表征灰度共生矩阵的特征，典型的有以下几种。

 ❑ 能量：是灰度共生矩阵元素值的平方和，所以也称能量，反映了图像灰度分布均匀程度和纹理粗细度。如果共生矩阵的所有值均相等，则能量值小；相反，如果其中一些值大而其他值小，则能量值大。当共生矩阵中元素集中分布时，此时能量值大。能量值大表明一种较均一和规则变化的纹理模式。

$$\text{ASM} = \sum_i \sum_j P(i,j)^2$$

❏ 对比度：反映了图像的清晰度和纹理沟纹深浅的程度。纹理沟纹越深，其对比度越大，视觉效果越清晰；反之，对比度小，则沟纹浅，效果模糊。灰度差即对比度大的像素对越多，这个值越大。灰度公生矩阵中远离对角线的元素值越大，对比度越大。

$$\text{CON} = \sum_i \sum_j (i-j)^2 P(i,j)$$

❏ 相关：它度量空间灰度共生矩阵元素在行或列方向上的相似程度，因此，相关值大小反映了图像中局部灰度相关性。当矩阵元素值均匀相等时，相关值就大；相反，如果矩阵元素值相差很大，则相关值小。如果图像中有水平方向纹理，则水平方向矩阵的相关值大于其余矩阵的相关值。

$$\text{COR} = \frac{\sum \sum (i-\bar{x})(j-\bar{y})P(i,j)}{\sigma_x \sigma_y}$$

其中，

$$\bar{x} = \sum_i i \sum_j P(i,j)$$

$$\bar{y} = \sum_j j \sum_i P(i,j)$$

$$\sigma_x{}^2 = \sum_i (i-\bar{x})^2 \sum_j P(i,j)$$

$$\sigma_y{}^2 = \sum_j (j-\bar{y})^2 \sum_i P(i,j)$$

❏ 熵：是图像所具有的信息量的度量，纹理信息也属于图像的信息，是一个随机性的度量，当共生矩阵中所有元素有最大的随机性、空间共生矩阵中所有值几乎相等时，共生矩阵中元素分散分布时，熵较大。它表示了图像中纹理的非均匀程度或复杂程度。

$$\text{ENT} = -\sum_i \sum_j P(i,j) \lg P(i,j)$$

❏ 均匀度：反映图像纹理的粗糙度，粗纹理的均匀度较大，细纹理的均匀度较小。

$$\text{IDM} = \sum_i \sum_j \frac{1}{1+(i-j)^2} P(i,j)$$

在 MATLAB 中提供了一个求灰度共生矩阵的函数 graycomatrix()，其具体的调用格式如下。

❏ glcm=graycomatrix(I,param1,val1,param2,val2,...)：该函数返回一个或多个灰度灰度共生矩阵。其中 I 表示读入的图像数据。参数说明：'GrayLimits' 是两个元素的向量，表示图像中的灰度映射的范围，如果其设为[]，灰度共生矩阵将使用图像 I 的最小及最大灰度值作为 GrayLimits；'NumLevels'代表是将图像中的灰度归一范围。

举例来说，如果 NumLevels 为 8，意思就是将图像 I 的灰度映射到 1～8 之间，它也决定了灰度共生矩阵的大小；'Offset'是一个 p×2 的整数矩阵，D 代表是当前像素与邻居的距离，通过设置 D 值，即可设置角度 Angle Offset。其中，0°用[0 D]表示、45°用 [-D D]表示、90°用[-D 0]表示，135°用[-D -D]表示。

【例 11-7】　实现图像的灰度共生矩阵，其具体实现的 MATLAB 代码如下：

```
close all; clear all; clc;    %关闭所有图形窗口，清除工作空间所有变量，清空命令行
I = imread('circuit.tif');    %读入图像 circuit.tif
imshow(I)    ;                 %显示原图
glcm = graycomatrix(I,'Offset',[0 2]);
                              %图像 I 的灰度共生矩阵，[0 2] 表示角度为 0 的水平方向
glcm                          %显示灰度共生矩阵
```

程序运行所用到图像如图 11.7 所示，在 MATLAB 命令行返回的结果如下：

```
glcm =
    3251    2173       0       0       0       0       0       0
    2039   19890    3890     646       7       0       0       0
       7    3811   10426    1882     107       0       0       0
       0     325    1864    8215    1748       0       0       0
       0       0      88    1506   11229     863       0       0
       0       0       0       0     857     776       0       0
       0       0       0       0       0       0       0       0
       0       0       0       0       0       0       0       0
```

结果显示原图的灰度共生矩阵对角元素的值较大，表示图像中灰度值接近的像素块多。

图 11.7　【例 11-7】用到的图像

在 MATLAB 中提供了一个求纹理特征统计值的函数 graycoprops()，其具体的调用格式如下。

❑　stats=graycoprops(glcm,{ 'contrast','correlation','energy','homogeneity'})：该函数计算

灰度共生矩阵 glcm 的静态属性。glcm 是有效灰度共生矩阵；'Contrast'表示对比度，返回整幅图像中像素和它相邻像素之间的亮度反差，取值范围为[0,（glcm 行数–1）^2]；'Correlation'表示相关，返回整幅图像中像素与其相邻像素是如何相关的度量值，取值范围为[-1,1]；'Energy'表示能量，返回 glcm 中元素的平方和，取值范围为[0 1]；'Homogemeity'表示同质性，返回度量 glcm 中的元素分布到对角线的紧密程度，取值范围为[0 1]，对角矩阵的同质性为 1。

【例 11-8】　遥感图像基于灰度共生矩阵的纹理特征统计，其具体实现的 MATLAB 代码如下：

```
close all; clear all; clc;   %关闭所有图形窗口，清除工作空间所有变量，清空命令行
I=imread('hill.jpg');        %分别输入山脉、海洋和城镇三幅不同对象的遥感图像
HSV=rgb2hsv(I);
Hgray=rgb2gray(HSV);
%计算 64 位灰度共生矩阵
glcms1=graycomatrix(Hgray,'numlevels',64,'offset',[0 1;-1 1;-1 0;-1 -1]);
%纹理特征统计值(包括对比度、相关性、熵、平稳度、二阶矩（能量）)
stats=graycoprops(glcms1,{'contrast','correlation','energy','homogeneity
'});
ga1=glcms1(:,:,1);                           %0°
ga2=glcms1(:,:,2);                           %45°
ga3=glcms1(:,:,3);                           %90°
ga4=glcms1(:,:,4);                           %135°
energya1=0;energya2=0;energya3=0;energya4=0;
for i=1:64
   for j=1:64
    energya1=energya1+sum(ga1(i,j)^2);
    energya2=energya2+sum(ga2(i,j)^2);
    energya3=energya3+sum(ga3(i,j)^2);
    energya4=energya4+sum(ga4(i,j)^2);
    j=j+1;
   end
   i=i+1;
end
s1=0;s2=0;s3=0;s4=0;s5=0;
for m=1:4
   s1=stats.Contrast(1,m)+s1;                %对比度
   m=m+1;
end
for m=1:4
   s2=stats.Correlation(1,m)+s2;             %相关性
   m=m+1;
end
for m=1:4
   s3=stats.Energy(1,m)+s3;                  %熵
   m=m+1;
end
for m=1:4
   s4=stats.Homogeneity(1,m)+s4;             %平稳度
   m=m+1;
end
s5=0.000001*(energya1+energya2+energya3+energya4);  %二阶矩（能量）
```

程序中用到的图片如图 11.8 所示，本例纹理特征统计结果如表 11.4 所示。

（a）山脉遥感图

（b）海洋遥感图

（c）城镇遥感图

图 11.8　【例 11-8】用到的图片

表 11.4　【例 11-8】纹理特征统计结果

特征 分析对象	对比度	相关性	熵	平稳度	二阶矩
山脉遥感图	113.62167	2.72307	0.01671	1.59792	1.59792
海洋遥感图	4.18255	2.48696	0.34409	2.79767	9375.77316
城镇遥感图	76.40391	2.97968	0.09393	2.43755	9670.75650

从表 11.4 中的数据分析可见，山脉的对比度远高于海洋；三者的相关性相近；海洋的熵值最大，且与山脉的熵值相差很大，可以将山脉与海洋区分开；海洋和城镇的能量都远远大于山脉，可以很好地将山脉与之区分。山脉和城镇的对比度和平稳度参数有一定的差距，这些值对区分山脉和海洋都有积极作用，可以作为模式识别的特征输入量。

11.2.4　频谱分析法

在空间域中，全局纹理模式很难被检测出来，但是转换到频域中则很容易被分辨。因此在分析纹理特征时，常常将图像从空间域转换到频域中进行分析。频谱分析法是将空间域的纹理图像变换到频率域中，利用信号处理的方法，如傅里叶变换等来获得在空间域不易获得的纹理特征，如周期、功率谱等。

1. 傅里叶变换法

基于傅里叶变换的分析方法借助傅里叶频谱的频率特性来描述具有周期性或近似周期性的纹理图像的方向性。通常，全局纹理模式对应于傅里叶频谱中能量十分集中的区域，即峰值突起处。这些峰在频域平面的位置对应模式的基本周期；如果用滤波把周期性成分除去，剩下的非周期性部分可用统计方法描述。

实际应用中将频谱转化到极坐标中，为简化表达用函数 $S(r,\theta)$ 描述。其中，S 是频谱函数，r 和 θ 是坐标系中的变量。对于每一个确定的方向 θ，$S(r,\theta)$ 是一个一维函数 $S_\theta(r)$；对于每一个确定的频率 r，$S(r,\theta)$ 是一个一维函数 $S_r(\theta)$。对于给定的方向 θ，分析 $S_\theta(r)$ 可得到频谱在从原点出发的某个放射方向上的行为特征。而对于某个给定的频率 r，分析 $S_r(\theta)$ 可得到频谱在以原点为中心的圆上的行为特征。如果把这些函数对其下标求和可得到更为全局性的描述，即：

$$S(r) = \sum_{\theta=0}^{\pi} S_\theta(r)$$

$$S(\theta) = \sum_{r=1}^{R_0} S_r(\theta)$$

其中，R_0 是以原点为中心的圆的半径。$S(r)$ 和 $S(\theta)$ 构成了对整个区域的纹理频谱能量的描述。

【例 11-9】 基于傅里叶变换分析纹理图像，其具体实现的 MATLAB 代码如下：

```matlab
close all; clear all; clc;          %关闭所有图形窗口，清除工作空间所有变量，清空命令行
I = imread('hwenli1.jpg');          %读入图像
I=rgb2gray(I);                      %图像变为灰度图像
wall=fft2(I);                       %对图像做快速傅里叶变换
s=fftshift(wall);                   %将变换后的图像频谱中心从矩阵的原点移到矩阵的中心
s=abs(s);
[nc,nr]=size(s);
x0=floor(nc/2+1);
y0=floor(nr/2+1);
rmax=floor(min(nc,nr)/2-1);
srad=zeros(1,rmax);
srad(1)=s(x0,y0);
thetha=91:270;                      %thetha 取值 91~270
for r=2:rmax                        %循环求解纹理频谱能量 s_θ(r)
    [x,y]=pol2cart(thetha,r);
    x=round(x)'+x0;
    y=round(y)'+y0;
    for j=1:length(x)
        srad(r)=sum(s(sub2ind(size(s),x,y)));
    end
end
[x,y]=pol2cart(thetha,rmax);
x=round(x)'+x0;
y=round(y)'+y0;
sang=zeros(1,length(x));
for th=1:length(x)                  %循环求解纹理频谱能量 s_r(θ)
    vx=abs(x(th)-x0);
    vy=abs(y(th)-y0);
    if((vx==0)&(vy==0))
        xr=x0;
        yr=y0;
    else
        m=(y(th)-y0)/(x(th)-x0);
        xr=(x0:x(th)).';
        yr=round(y0+m*(xr-x0));
    end
    for j=1:length(xr)
        sang(th)=sum(s(sub2ind(size(s),xr,yr)));
    end
end
figure;
subplot(121);imshow('hwenli.jpg');                  %显示原图
subplot(122);  imshow(log(abs(wall)),[]);           %显示频谱图
figure;
subplot(121);plot(srad);                            %显示 s_θ(r)
subplot(122);plot(sang);                            %显示 s_r(θ)
```

程序运行结果如图 11.9 所示，从结果显示该人工纹理的频谱图具有周期性，反映了纹理的周期性。频谱中突起的峰值反映该纹理模式的主方向，而这些峰值在频域平面的位置

反映了模式的基本周期。在实践中通常利用滤波把周期性成分滤去，对非周期部分应用统计方法描述来进一步分析纹理特征。

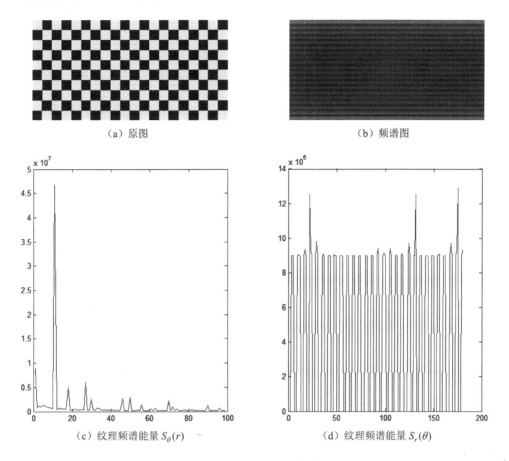

（a）原图　　　　　　　　　　　　　　（b）频谱图

（c）纹理频谱能量 $S_\theta(r)$　　　　　　　　　（d）纹理频谱能量 $S_r(\theta)$

图 11.9　【例 11-9】运行结果

2．Gabor变换法

经典 Fourier 变换只能反映信号的整体特性（时域和频域），同时要求信号满足平稳条件。用 Fourier 变换研究时域信号频谱特性，必须要获得时域中的全部信息；若信号在某时刻的一个小的邻域内发生变化，那么信号的整个频谱都要受到影响，而频谱的变化从根本上来说无法标定发生变化的时间位置和发生变化的剧烈程度。也就是说，Fourier 变换对信号不能给出在各个局部时间范围内部频谱上的谱信息描述。然而在实际应用中，如图形边缘检测、轮廓提取等位置信息极为重要。

D.Gabor 于 1946 年提出了一种新的变换方法—Gabor 变换。Gabor 变换属于加窗傅立叶变换，Gabor 函数可以在频域不同尺度、不同方向上提取相关的特征。另外 Gabor 函数与人眼的生物作用相仿，所以经常用于纹理识别上，并取得了较好的效果。二维 Gabor 函数可以表示为：

$$g_{uv}(x,y) = \frac{k^2}{\sigma^2}\exp\left(-\frac{k^2(x^2+y^2)}{2\sigma^2}\right) \cdot \left[\exp(\mathrm{i}k \cdot \begin{pmatrix} x \\ y \end{pmatrix}) - \exp\left(-\frac{\sigma^2}{2}\right)\right]$$

其中，

$$k = \begin{pmatrix} k_x \\ k_y \end{pmatrix} = \begin{pmatrix} k_v \cos\varphi_u \\ k_v \sin\varphi_u \end{pmatrix}$$

$$k_v = 2^{-\frac{v+2}{2}}\pi$$

$$\varphi_u = u\frac{\pi}{\kappa}$$

v 的取值决定了 Gabor 滤波的波长，u 的取值表示 Gabor 核函数的方向，K 表示总的方向数。参数 σ/k 决定了高斯窗口的大小，这里取 $\sigma = \sqrt{2}\pi$。Gabor 函数可以捕捉到相当多的纹理信息，具有极佳的空间、频率联合分辨率，因此在实际应用中获得较广泛的应用。

用 MATLAB 实现 Gabor 小波对图片的纹理特征提取的过程如下：

（1）在 MATLAB 中，用 gaborfilter.m 程序实现对图片的 Gabor 小波变换。

（2）对 Gabor 小波变换处理过的图片做二维卷积变换。

（3）对上述经过两种变换后的图片进行均值和方差提取，作为特征。

【例 11-10】　利用 Garbor 分析法分析纹理图像，其具体实现的 MATLAB 代码如下：

```
%步骤 1：Gabor 函数的定义
function [G,gabout] = gaborfilter(I,Sx,Sy,f,theta);
%garborfilter()定义，I 为输入图像；Sx、Sy 是变量在 x、y 轴变化的范围，即选定的 gabor
小波窗口的大小；f 为正弦函数的频率；theta 为 gabor 滤波器的方向。G 为 gabor 滤波函数
g(x,y)；gabout 为 gabor 滤波后的图像
```

$$\%二维\ gabor\ 滤波函数\ G(x,y,f,\text{theta}) = \exp\left(-\frac{1}{2}\left[\left(\frac{xp}{Sx}\right)^2 + \left(\frac{yp}{Sy}\right)^2\right]\right)*\cos(2*\pi*f*xp)，\text{其中}$$

$xp = x*\cos(\text{theta}) + y*\sin(\text{theta});\ yp = y*\cos(\text{theta}) - x*\sin(\text{theta})$

```
if isa(I,'double')~=1                  %判断输入图像数据是否为 double 类型
    I = double(I);                     %若不是将 I 变为 double 类型
end
for x = -fix(Sx):fix(Sx)               %选定窗口大小
    for y = -fix(Sy):fix(Sy)           %求 G
        xp = x * cos(theta) + y * sin(theta);
        yp = y * cos(theta) - x * sin(theta);
        G(fix(Sx)+x+1,fix(Sy)+y+1) = exp(-.5*((xp/Sx)^2+(yp/Sy)^2))*cos
        (2*pi*f*xP);
    end
end
Imgabout = conv2(I,double(imag(G)),'same');    %对图像虚部做二维卷积
Regabout = conv2(I,double(real(G)),'same');    %对图像数据实部做二维卷积
gabout = sqrt(Imgabout.*Imgabout + Regabout.*Regabout);
                                %gabor 小波变换后的图像 gabout
%步骤 2：调用 gaborfilter()函数对纹理图像进行分析
close all; clear all; clc;       %关闭所有图形窗口，清除工作空间所有变量，清空命令行
I = imread('wall.jpg');          %读取图像，并赋值给 I
I=rgb2gray(I);                   %彩色图像变为灰度图像
[G,gabout] = gaborfilter(I,2,4,16,pi/3);
                                %调用 garborfilter()函数对图像做小波变换
J=fft2(gabout);                  %对滤波后的图像做 FFT 变换，变换到频域
A=double(J);
[m,n]=size(A);
B=A;
```

```
C=zeros(m,n);
for i=1:m-1
    for j=1:n-1
        B(i,j)=A(i+1,j+1);
        C(i,j)=abs(round(A(i,j)-B(i,j)));
    end
end
h=imhist(mat2gray(C))/(m*n);
                            %对矩阵C归一化处理后求其灰度直方图，得到归一化的直方图
mean=0;con=0;ent=0;
for i=1:256                 %求图像的均值、对比度和熵
    mean=mean+(i*h(i))/256;
    con=con+i*i*h(i);
    if(h(i)>0)
        ent=ent-h(i)*log2(h(i));
    end
end
figure;
subplot(121);imshow(I);
subplot(122);imshow(uint8(gabout));
mean,con,ent
```

程序分别采用 theta=π/3 和 theta=π/10 参数范围分别运行，运行结果如图 11.10 和表 11.5 所示。与【例 11-5】原图像的纹理特征相比，经 Gabor 滤波后的图像纹理较平坦。采用参数 theta=π/3 和 theta=π/10 时得到的纹理特征在均值上差异不大。对比度反映了滤波后的图像灰度的明暗程度对纹理特征分析的贡献较小。熵反映了图像的能量，多次实验证明，当滤波器的方向和图像纹理方向越吻合，输出图像的能量越大。这进一步证明了 Gabor 函数可以捕捉到相当多的纹理信息，具有极佳的空间特征。

利用小波函数对图像纹理进行分析也正是近年来的一个研究热点，衍生出许多小波变换的形式，用户可根据实际需要自行编程实现。

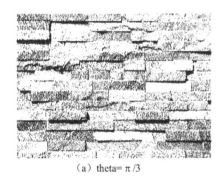
（a）theta=π/3

（b）theta=π/10

图 11.10　【例 11-10】Gabor 滤波后的图像

表 11.5　【例 11-10】的运行结果

Gabor 滤波器的方向 ＼ 特征	平均值 Mean	对比度 Con	熵 Ent
theta=π/3	0.0040	1.1982	0.2133
Theta=π/10	0.0043	1.4400	0.5073

11.3　形状特征描述及 MATLAB 实现方法

图像的形状特征一般是在物体从图像中分割出来以后进行分析，形状描述特征与尺寸测量结合起来可以作为区分不同物体的依据，在机器视觉系统中起着十分重要的作用。通常情况下，形状特征有两类表示方法，一类是轮廓特征，另一类是区域特征。图像的轮廓特征主要针对物体的外边界，而图像的区域特征则关系到整个形状区域。本节主要介绍典型的形状特征的描述方法，并在 MATLAB 中实现对图像的轮廓提取和区域划分。

11.3.1　边界表示方法

边界在图像中所占的比例较小，是图像的一个重要特征。边界特征方法通过对边界特征的描述来获取图像的形状参数。通常先选定某种预定的方案对轮廓进行表达，再对边界特征进行描述。

1．链码

链码是用曲线起始点的坐标和边界点方向代码来描述曲线或边界的方法，常被用来在图像处理、计算机图形学、模式识别等领域中表示线条、曲线和区域边界。

用链码来表示线条模式的方法最初是由 Freeman 在 1961 年提出来的。Freeman 链码至今仍然是一个被广泛使用的最主要的链码编码方法。Freeman 编码的定义描述：任选一个像素点（常对已细化的图像进行操作）作为参考点，与其相邻的像素分别在 4 个不同的位置上，给它们赋予方向值 0～3，称为 0～3 位链码方向值，如图 11.11（a）所示。一个线条可以用 Freeman 链码的码值串来表示称为该线条图形的链码。如图 11.11（b）给出一个 4×4 的点阵图，其中 B 既是起始点也是终点，此边界曲线可表示为 000333221121。图 11.11（c）和（d）分别给出了 8 方向链码示例图。除了以上的链码表示外，实际应用中常采用一阶差分链码来表示对于 90° 的倍数旋转不敏感。其中，两个相邻 4 方向链码数字 i 与 j 的差分链码数字 d4 定义为：

$$d4 = \mod((j - i + 4), 4), \qquad 0 \leqslant i, j \leqslant 3$$

同理，两个相邻 8 方向链码数字 i 与 j 的差分链码数字 d8 定义为：

$$d8 = \mod((j - i + 8), 8), \qquad 0 \leqslant i, j \leqslant 7$$

则根据定义图 11.11（b）所示边界的一阶差分链码为 003003030133。（d）所示边界的一阶差分链码为 07776076。

链码: 000333221121　　　　　　　　　　　链码: 00765332

（a）Freeman 的 4 方向表示　（b）图例 4 方向链码　（c）Freeman 的 8 方向表示　（d）图例 8 方向链码

图 11.11　Freeman 链码表示图

【例 11-11】　求图 11.11 所列图例的 4 方向 Freeman 链码，其具体实现的 MATLAB 代码如下：

```
close all; clear all; clc;     %关闭所有图形窗口，清除工作空间所有变量，清空命令行
I=[1 1 1 1;1 1 0 1;0 1 0 1;0 1 1 1];     %图像数据赋值给I，I为4×4大小的矩阵
g=boundaries(I,4);             %追踪4连接的目标边界
c=fchcode(g{:},4);             %求4方向freeman链码
c
```

程序执行，在 MATLAB 命令行返回的结果如下：

```
c =
  x0y0: [1 1]                  %c.x0y0 显示代码开始处的坐标（1×2）
  fcc: [0 0 0 3 3 3 2 2 1 1 1 2 1]     % c.fcc 表示 Freeman 链码（1×n），边界点集
                                         大小为 n×2
  diff: [0 0 3 0 0 3 0 3 0 1 3 3]     %c.diff 代码 c.fcc 的一阶差分（1×n）
  mm: [0 0 0 3 3 3 2 2 1 1 1 2 1]     % c.mm 表示最小幅度的整数（1×n）
  diffmm: [0 0 3 0 0 3 0 3 0 1 3 3]     %c.diffmm 表示代码 c.mm 的一阶差分（1×n）
```

2．多边形近似

边界也可以用多边形近似来逼近。由于多边形的边用线性关系来表示，所以关于多边形的计算比较简单，有利于得到一个区域的近似值。多边形近似比链码、边界分段更具有抗噪声干扰的能力。对封闭曲线而言，当多边形的线段数与边界上点数相等时，多边形可以完全准确地表达边界。但在实际应用中，多边形近似的目的是用最少的线段来表示边界，并且能够表达原边界的本质形状。常用的多边形表达方法有 3 种，包括基于最小周长多边形法、基于聚合的最小均方误差线段逼近法和基于分裂的最小均方误差线段逼近法。

基于最小周长多边形法是将边界看成是有弹性的线，将组成边界像素序列的内外边各看成一堵墙。如果将线拉紧，则可以得到最小周长多边形。基于聚合的最小均方误差线段逼近法和基于分裂的最小均方误差线段逼近法，都是利用最小均方误差进行线段逼近。

【例 11-12】基于最小周长多边形法描述图像边界，其具体实现的 MATLAB 代码如下：

```
close all; clear all; clc;          %关闭所有图形窗口，清除工作空间所有变量，清空命令行
I=imread('leaf1.bmp');              %读入图像数据赋值给I
I=rgb2gray(I);                      %将彩色图像变为灰度图像
bwI=im2bw(I,graythresh(I));         %对图像进行二值化处理得到二值化图像赋值给 bwI
bwIsl=~bwI;                         %对二值图像取反
h=fspecial('average');             %选择中值滤波
bwIfilt=imfilter(bwIsl,h);         %对图像进行中值滤波
bwIfiltfh=imfill(bwIfilt,'holes'); %填充二值图像的空洞区域
bdI=boundaries(bwIfiltfh,4,'cw');  %追踪4连接目标边界
d=cellfun('length',bdI);           %求 bdI 中每一个目标边界的长度，返回值 d 是一个向量
[dmax,k]=max(d);                   %返回向量 d 中最大的值，存在 max_d 中，k 为其索引
B4=bdI{k(1)};                      %若最大边界不止一条，则取出其中的一条即可。B4 是一个坐标数组
[m,n]=size(bwIfiltfh);             %求二值图像的大小
xmin=min(B4(:,1)); ymin=min(B4(:,2));
bim=bound2im(B4,m,n,xmin,ymin);    %生成一幅二值图像，大小为 m×n，xmin,ymin 是 B4
中最小的 x 和 y 轴坐标
[x,y]=minperpoly(bwIfiltfh,2);     %使用大小为 2 的方形单元
b2=connectpoly(x,y);               %按照坐标(X,Y)顺时针或者逆时针连接成多边形
B2=bound2im(b2,m,n,xmin,ymin);
```

```
figure,
subplot(121);imshow(bim);                    %显示原图像边界
subplot(122),imshow(B2);                      %显示按大小为 2 的正方形单元近似的边界
```

程序执行，运行结果如图 11.12，在 MATLAB 命令行返回的结果为：

```
>>whos B4
  Name          Size          Bytes  Class       Attributes
  B4           1239x2          19824  double
>> whos b2
  Name          Size          Bytes  Class       Attributes
  b2            786x2          12576  double
```

运行结果显示基于最小周长的多边形近似后的边界大小由原边界 1239×2 降低为 786×2，字节数也由原来的 19824b 降低为 12576。由边界图可以看到，基于最小周长的边界近似于将原边界线拉紧后得到的边界。

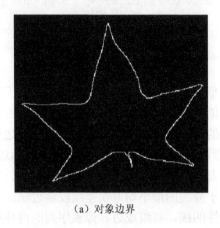

（a）对象边界　　　　　　　　　　　（b）最小周长多边形

图 11.12　【例 11-12】运行结果

🔔注：【例 11-13】和【例 11-14】中用到的自定义函数 boundaries()、fchcode()、bound2im()、minperpoly() 和 connectpoly() 参考《数字图像处理：MATLAB 版》（英文版），读者可进行相关查阅和调用。

3. 标记图

标记是边界的一维泛函数表达，其基本思想是用角度表示，将原始的二维边界用一个一维的角度函数来表示，以达到降低表达难度的效果。标记通常先取区域的质心，从距离质心最远的点作为起点，从质心作射线以不同的倾角扫描边界，得到各倾角对应的边界到质心的距离，得到一个角度函数 $d = f(\theta)$，并对该函数进行归一化，使得 d 的值域为[0,1]。如图 11.13 所示，11.13（a）中圆形边界距离-角度标记是常数，而图 11.13（b）中所示为方形边界的距离-角度标记。

11.3.2　边界特征描述

图像对于目标物体形状的分析是图像检测和识别的关键技术。边界描述是将图像中目

标物的边界作为图像的重要信息用简洁的数值序列表示出来。这里介绍几种用于区域边界描述的方法。

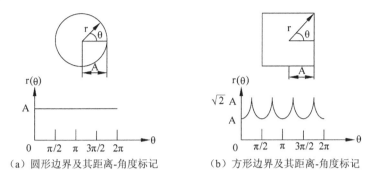

（a）圆形边界及其距离-角度标记　　　（b）方形边界及其距离-角度标记

图 11.13　边界及其标记图的表示

1．简单的边界特征描述

（1）边界长度

边界长度是边界所包围的区域轮廓的周长。对于 4 连通边界，其长度为边界上像素点个数；对于 8 连通边界，其长度为对角码个数乘上 $\sqrt{2}$ 再加上水平和垂直像素点的个数的和。

（2）边界直径

边界直径是边界上任意两点距离的最大值。边界 B 的直径 $\text{Dia}_d(B)$ 可由下式计算：

$$\text{Diam}(B) = \max_{i,j}[D(p_i, p_j)]$$

其中 D 是距离量度。p_i 和 p_j 是边界上的点。

（3）长轴、短轴和离心率

连接直径的两个端点的直线也称为边界的主轴或长轴，与长轴垂直且与边界的两个交点间的线段称为边界的短轴。它的长度和取向对描述边界都很有用。长轴和短轴的比值称为边界的离心率。

2．形状数

形状数是基于链码的一种边界形状的描述。形状数定义为最小数量级的差分码。形状数的阶数即链码数，如 6 位链码对应的形状数阶数为 6 阶。形状数提供了一种有用的形状度量方法，它对每阶都是唯一的，不随着边界的旋转和尺度的变化而改变。通常在求解一阶差分链码的基础上，取差分链码中最小循环数为形状数。如图 11.14 所示边界的链码为 000033222121，差分链码为 000303003133，则其形状数为 000303003133；若边界的差分链码 303003133000，则其形状数为 030031330003。在实际中对已给边界由给定阶计算边界形状数有以下几个步骤：

（1）选取长短比最接近原边界的矩形以及相应坐标，如图 11.14（b）所示。

（2）将矩形进行等间隔划分。四方向如图 11.14（c）所示。

（3）得到与边界最吻合的多边形。起始点用黑点标出，如图 11.14（d）所示。

实际中常调用函数 fchcode() 来求解形状数，调用格式为 c=fchcode(g{:},cn)，其中 g{:}

为边界点集合，cn 取值 4 或 8，求 4 或 8 方向链码表示。c 表示返回值。其中，c.fcc 返回链码表示，c.diff 为一阶差分链码，c.diffmm 返回形状数描述。

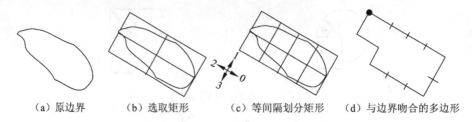

（a）原边界　　　（b）选取矩形　　　（c）等间隔划分矩形　　　（d）与边界吻合的多边形

图 11.14　形状数生成步骤

3. 傅里叶形状描述子

傅里叶形状描述子基本思想是用物体边界的傅里叶变换作为形状描述，利用区域边界的封闭性和周期性，将二维问题转化为一维问题。傅里叶描述子的基本思想如下。

（1）对于 XY 平面上的每个边界点，将其坐标用复数表示如下，用图表示如图 11.15 所示。

$$s(k) = x(k) + jy(k) \qquad k = 0,1,...,N-1$$

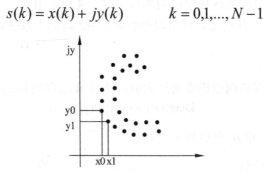

图 11.15　数字化边界的复数表示

（2）进行离散傅里叶变换

$$a(u) = 1/N \sum_{u=0}^{N-1} s(k)\exp(-j2\pi ku/N) \qquad u = 0,1,...,N-1$$

$$s(k) = \sum_{u=0}^{N-1} a(u)\exp(j2\pi uk/N) \qquad k = 0,1,...,N-1$$

其中，a(u)被称为边界的傅里叶描述子。

（3）选取整数 $M \le N-1$,进行傅里叶逆变换（重构）。

$$\hat{s}(k) = \sum_{u=0}^{M-1} a(u)\exp(j2\pi uk/N) \qquad k = 0,1,...,N-1$$

逆变换后，对应于边界的点数没有改变，但在重构每一个点所需的计算项大大减少。如果边界点数很大，M 一般选为 2 的指数次方的整数，相当于对于 u > M-1 的部分舍去不予计算。由于傅立叶变换中高频部分对应于图像的细节描述，因此 M 取得越小，细节部分丢失得越多。在 MATLAB 中没有提供专门的计算傅里叶描述子的函数，可根据定义编程实现。

人们在确定目标边界时往往需要得到其边界的坐标，来判断该目标的位置、角度等信息。目标的轮廓包含了目标形状特征，对于识别该目标有着举足轻重的作用。在图像识别和模式识别领域中，相关的轮廓提取算法有很多，MATLAB 中提供了 bwboundaries()和 edge()函数提取目标轮廓，用户也可在此基础上自行编程实现目标轮廓提取。

【例 11-13】 利用 edge()函数提取图像轮廓，绘制出对象的边界和提取边界坐标信息，其具体实现的 MATLAB 代码如下：

```
close all; clear all; clc;          %关闭所有图形窗口，清除工作空间所有变量，清空命令行
I= imread('leaf1.bmp');             %读入图像
c= im2bw(I, graythresh(I));         %I 转换为二值图像
figure;
subplot(131);imshow(I);             %显示原图
c=flipud(c);                        %实现矩阵 c 上下翻转
b=edge(c,'canny');                  %基于 canny 算子进行轮廓提取
[u,v]=find(b);                      %返回边界矩阵 b 中非零元素的位置
xp=v;                               %行值 v 赋给 xp
yp=u;                               %列值 u 赋给 yp
x0=mean([min(xp),max(xp)]);         %x0 为行值的均值
y0=mean([min(yp),max(yp)]);         %y0 为列值的均值
xp1=xp-x0;
yp1=yp-y0;
[cita,r]=cart2pol(xp1,yp1);         %直角坐标转换成极坐标
q=sortrows([cita,r]);               %从 r 列开始比较数值并按升序排序
cita=q(:,1);                        %赋角度值
r=q(:,2);                           %赋半径模值
subplot(132);polar(cita,r);         %画出极坐标下的轮廓图
[x,y]=pol2cart(cita,r);
x=x+x0;
y=y+y0;
subplot(133);plot(x,y);             %画出直角坐标下的轮廓图
```

程序运行后，绘制出图像中对象的轮廓及边界坐标，如图 11.16 所示。

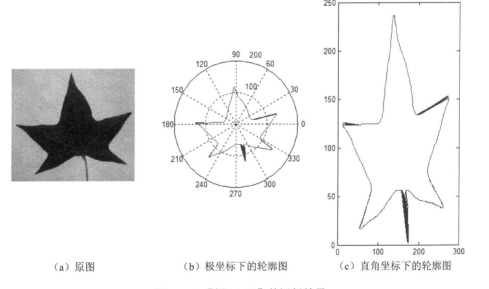

（a）原图　　　　　（b）极坐标下的轮廓图　　　　　（c）直角坐标下的轮廓图

图 11.16 【例 11-13】的运行结果

11.3.3　区域特征描述

通常利用物体所占的区域来描述该物体的形状。区域描述的方法主要有简单的区域描述法、四叉树描述法、拓扑描述法和形状描述。

1. 简单区域描述

（1）区域面积

区域面积用于描述区域的大小，通过对属于区域的像素进行计数来表示区域大小。在 MATLAB 中，函数 regionprops() 可计算区域内像素的个数，其具体的调用格式如下。

STATS=regionprops(L,properties)：该函数统计被标记区域的面积分布，显示区域总数。返回值 STATS 是一个长度为 max(L(:)) 的结构数组，结构数组的相应域定义了每一个区域相应属性下的度量。Properties 属性可选择'All'、'Area'、'Centroid'和'BoundingBox'等。

（2）区域重心

区域重心的坐标是根据所有属于区域的点计算出来的。对于 $M \times N$ 的数字图像 f(x,y)，其重心定义：

$$\overline{X} = \frac{1}{MN} \sum_{x=1}^{M} \sum_{y=1}^{N} xf(x,y)$$

$$\overline{Y} = \frac{1}{MN} \sum_{x=1}^{M} \sum_{y=1}^{N} yf(x,y)$$

在 MATLAB 中，二值图像的区域重心可以通过函数 regionprops() 的'Centroid'属性得到。

【例 11-14】　利用函数 regionprops() 求区域的面积和重心，其具体实现的 MATLAB 代码如下：

```
close all; clear all; clc;          %关闭所有图形窗口，清除工作空间所有变量，清空命令行
I= imread('leaf1.bmp');             %读入图像
I= im2bw(I);                        %转换为二值图像
C=bwlabel(I,4);                     %对二值图像进行 4 连通的标记
Ar=regionprops(C,'Area');          %求 C 的面积
Ce=regionprops(C,'Centroid');      %求 C 的重心
Ar
Ce
```

程序执行，在 MATLAB 命令行返回的结果如下：

```
Ar =
    Area: 48378
Ce =
    Centroid: [137.3069 116.8747]
```

2. 四叉树描述

四叉树是一种非常简单实用的区域描述方法。四叉树包含 3 种类型的节点，即白、黑和灰度。一个四叉树是通过不断地分裂图像得到的。一个区域可以分裂成大小一样的四个子区域，如图 11.17 所示。对于每一个子区域，如果其所有点或者是黑的或者是白的，则该区域不再进行分裂。但如果同时包含有黑白两种点，则认为该区域是灰度区域，可以进

一步分裂成 4 个子区域。通过这种不断分裂得到的图像就可用树型结构表示。分裂过程不断进行，直到树中没有灰度区域。树结构中的各个叶子节点就是全黑或者全白的块，非叶子节点必然是灰色区域。四叉树形成后可以用符号 b（黑）、w（白）和 g（灰）组成唯一的编码串。近几年人们致力于用代码表示四叉树，以减少指针对存储空间的需求。

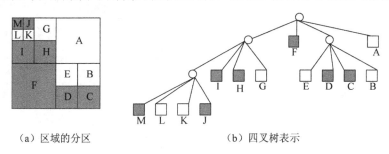

（a）区域的分区　　　　　　（b）四叉树表示

图 11.17　目标物的四叉树表示

在 MATLAB 中，函数 qtdecomp()可以进行四叉树分解，其具体的调用格式如下。

S=qtdecomp(I,threshold)：该函数实现对源图像的四叉树分解。I 为灰度图像，threshold 为阈值。返回值 S 为四叉树分解表示的图像。

【例 11-15】　利用函数 qtdecomp()对图像进行四叉树分解，其具体实现的 MATLAB 代码如下：

```
close all; clear all; clc;          %关闭所有图形窗口，清除工作空间所有变量，清空命令行
I=imread('liftingbody.png');                    %读入图像
S=qtdecomp(I,.27);                              %四叉树分解，阈值为 0.27
blocks = repmat(uint8(0),size(S));              %矩阵扩充为 S 的大小
for dim = [512 256 128 64 32 16 8 4 2 1];
  numblocks = length(find(S==dim));
  if (numblocks > 0)
    values = repmat(uint8(1),[dim dim numblocks]);  %左上角元素为 1
    values(2:dim,2:dim,:) = 0;                       %其他地方元素为 0
    blocks = qtsetblk(blocks,S,dim,values);
  end
end
blocks(end,1:end) = 1;  blocks(1:end,end) = 1;
figure;
subplot(121);imshow(I);
subplot(122), imshow(blocks,[]);                    %显示四叉树分解的图像
```

程序运行显示四叉树分解的图像，如图 11.18 所示。从图 11.18 中可以看出目标区域大致已经被分解出来，但效果一般。若需要提高分解区域质量，可修改函数 qtdecomp()的阈值，也可以采用改进的四叉树分解方法，用户可根据图像分析的需要编程实现。

注：MATLAB 中关于四叉树的函数还有函数 qtgetblk()，用于获取四叉树分解中的块值；函数 qtsetblk()用于设置四叉树分解中的块值，通过 help 命令可查阅其调用方法，本书不再赘述。

3. 拓扑描述

区域的拓扑描述用于描述物体平面区结构形状的整体特性。换言之，只要图形不撕裂

或折叠，拓扑描述的性质将不受图形变形的影响。常用的拓扑特性如下：

 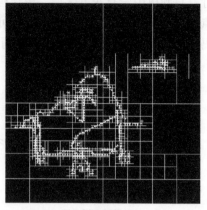

（a）原图　　　　　　　　　　　　（b）四叉树分解描述的目标

图 11.18　【例 11-15】运行结果

（1）孔

如果在被封闭边缘包围的区域中不包含我们感兴趣的像素，则称此区域为图形的孔洞，用字母 H 表示，如图 11.19 所示。在区域中有 3 个孔洞，即 H=3。如果把区域中孔洞数作为拓扑描述符，则这个性质将不受伸长或旋转变换的影响。需要注意的是，撕裂或折叠时，由于连通性发生变化，孔洞数将发生变化。

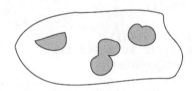

图 11.19　具有 3 个孔的区域

（2）欧拉数

在图像中，图像中所有对象的总数 C 与这些对象中的孔洞数 H 间有一对基本关系，定义图像的欧拉数 EUL 为：

$$EUL = C - H$$

欧拉数也是一个拓扑特性分量。事实上，H、C 和 EUL 都可以作为图形的特征。它们的共同点是只要图形不撕裂、不折叠，则它们的数值将不随图形变形而改变。

在 MATLAB 中，函数 bweuler()和 imfeature()可以进行欧拉数的计算，其具体的调用格式如下。

EUL=bweuler (I,n)：该函数实现对二值图像的欧拉数计算。I 为二值图像，n 值可为 4 或 8，表示 4 连通或 8 连通区域，默认值为 8。返回值 EUL 为欧拉数。

【例 11-16】 利用函数 bweuler()计算二值图像的欧拉数，其具体实现的 MATLAB 代码如下：

```
close all; clear all; clc;    %关闭所有图形窗口，清除工作空间所有变量，清空命令行
I=imread('number.jpg');       %读入图像
K=im2bw(I);                   %I 转换为二值图像
```

```
J=~K;                       %图像取反
EUL=bweuler(J);             %求图像的欧拉数
figure;
subplot(131);imshow(I);     %绘出原图
subplot(132);imshow(K);     %二值图
subplot(133);imshow(J);     %取反后的图
```

程序运行后求的图像欧拉数为 3，这是因为图像中对象总数为 8，孔洞数为 5，则欧拉数为 3，如图 11.20 所示。

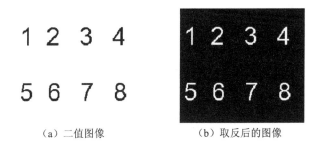

（a）二值图像　　　　　　　　　　（b）取反后的图像

图 11.20 【例 11-16】运行结果

欧拉数常常被用来识别数字，通过计算各区域数字的欧拉数来判断是数字几。例如，在 10 个数字中，只有 8 的欧拉数为-1，可通过该特性将数字 8 识别出来。

4．几何形状描述

图像的描述不仅包含边界及目标区域的识别，目标物的几何形状也是图像识别和分析的重要特征。典型的形状描述包括曲线长度和区域偏心率等。

（1）曲线长度

规则曲线的弧长计算通用公式为：

$$L = \int_{\alpha}^{\beta} \sqrt{\varphi'^2(t) + \psi'^2(t)} \, \mathrm{d}t$$

公式中，$[\alpha, \beta]$ 为参数 t 变化的区间。在数字图像中，水平和垂直方向上相邻的两像点距离可看为 1，对角方向上相邻两像点的距离为 $\sqrt{2}$，那么曲线长度就等于按照上述定义的两点距离逐点累加。当区域边界曲线闭合时，长度则等于区域边界的周长。

（2）区域的偏心率

区域的偏心率是区域形状的重要描述，常用其最长弦与垂直方向上最长弦之比来度量，也可以用直心到边界的最小和最大距离之比来描述。若将一个区域和一个等效椭圆对应起来，等效椭圆的长半轴和短半轴分别为 a 和 b，则偏心率为：

$$e = \frac{a}{b}$$

对于灰度均匀的区域，偏心率越接近 1，则说明该区域形状越接近圆形，否则有 $e > 1$。偏心率也能反映区域的紧凑性。

5．矩描述

若图像中目标物所在区域是以其内部点的形式给出，则可以用矩描述图像的特性。根据力学中矩的概念，将区域内部的像素作为质点，像素坐标作为力臂，利用不同阶的矩来表示区域的形状特征。若用矩描述区域目标时，具有平移、旋转和缩放不变性。

设 $f(x,y)$ 为定义在有限区域 R 上的实函数，它的(p+q)阶矩定义为：

$$m_{pq} = \iint_R x^p y^q f(x,y)\,\mathrm{d}x\mathrm{d}y, \qquad p,q = 0,1,2,\ldots$$

相应的(p+q)阶中心矩定义为：

$$\mu_{pq} = \iint_R (x-\bar{x})^p (y-\bar{y})^q f(x,y)\,\mathrm{d}x\mathrm{d}y, \qquad p,q = 0,1,2,\ldots$$

式中，$\bar{x} = \dfrac{m_{10}}{m_{00}}$，$\bar{y} = \dfrac{m_{01}}{m_{00}}$，$(\bar{x},\bar{y})$ 定义为物体质量中心的坐标，称为质心。当 p 和 q 取不同值时，可以得到以下阶数不同的矩。

零阶矩：

$$(p=0,q=0):\ m_{00} = \int_{-\infty}^{+\infty} \int_{-\infty}^{+\infty} f(x,y)\,\mathrm{d}x\mathrm{d}y$$

一阶矩(p+q=1)：

$$m_{10} = \int_{-\infty}^{+\infty} \int_{-\infty}^{+\infty} x f(x,y)\,\mathrm{d}x\mathrm{d}y$$

$$m_{01} = \int_{-\infty}^{+\infty} \int_{-\infty}^{+\infty} y f(x,y)\,\mathrm{d}x\mathrm{d}y$$

如果一幅大小为 $(M \times N)$ 的数字图像 f(i,j)，则(p+q)阶矩定义为：

$$m_{pq} = \sum_{i=1}^{M} \sum_{j=1}^{N} i^p j^q f(i,j) \qquad (p,q = 0,1,2,\ldots)$$

若 $\bar{i} = \dfrac{m_{10}}{m_{00}}$，$\bar{j} = \dfrac{m_{01}}{m_{00}}$ 则相应的中心矩定义为：

$$\mu_{pq} = \sum \sum (i-\bar{i})^p (j-\bar{j})^q f(i,j)$$

中心矩 μ_{pq} 反映了区域中灰度相对于灰度重心是如何分布的度量。区域的质心即区域灰度中心的坐标为 $(\bar{i},\bar{j})$。对应的各阶矩如下：

零阶矩为：$\mu_{00} = \sum \sum f(i,j)$

一阶矩为：$\begin{cases} \mu_{10} = \sum \sum i f(i,j) \\ \mu_{01} = \sum \sum j f(i,j) \end{cases}$

二阶矩为：$\begin{cases} \mu_{20} = \sum \sum i^2 f(i,j) \\ \mu_{02} = \sum \sum j^2 f(i,j) \\ \mu_{11} = \sum \sum i j f(i,j) \end{cases}$

为了得到矩的不变特征，定义归一化的中心矩为：

$$\eta_{pq} = \frac{\mu_{pq}}{\mu_{00}^r} \qquad r = (p+q)/2 + 1,\ p+q = 2,3,4,\ldots$$

利用归一化的中心矩，Hu 在 1962 年推导出了 7 个具有平移、比例和旋转不变性的矩不变量。

$$\phi_1 = \eta_{20} + \eta_{02}$$

$$\phi_2 = (\eta_{20} - \eta_{02})^2 + 4\eta_{11}{}^2$$

$$\phi_3 = (\eta_{30} - 3\eta_{12})^2 + 3(\eta_{21} + \eta_{03})^2$$

$$\phi_4 = (\eta_{30} + \eta_{12})^2 + (\eta_{21} + \eta_{03})^2$$

$$\phi_5 = (\eta_{20} - 3\eta_{12})(\eta_{30} + \eta_{12})[(\eta_{30} + \eta_{12})^2 - 3(\eta_{21} + \eta_{03})^2] +$$
$$3(\eta_{21} - \eta_{03})(\eta_{21} + \eta_{03})[3(\eta_{30} + \eta_{12})^2 - (\eta_{21} + \eta_{03})^2]$$

$$\phi_6 = (\eta_{20} - \eta_{02})[(\eta_{30} + \eta_{12})^2 - (\eta_{21} + \eta_{03})^2] + 4\eta_{11}(\eta_{30} + \eta_{12})(\eta_{21} + \eta_{03})$$

$$\phi_7 = (3\eta_{12} - \eta_{30})(\eta_{30} + \eta_{12})[(\eta_{30} + \eta_{12})^2 - 3(\eta_{21} + \eta_{03})^2] +$$
$$(3\eta_{21} - \eta_{03})(\eta_{21} - \eta_{03})[3(\eta_{30} + \eta_{12})^2 - (\eta_{21} + \eta_{03})^2]$$

同一图像旋转、收缩或镜像后的图像其 7 阶矩基本保持不变，利用这一性质不变矩常用识别二维物体。在实际应用中，不变矩的动态范围有时候会很大，一般采用 $\log|\phi_i|$ 的形式。不过需要指出的是，这些不变矩并不能区别所有的形状，而且对噪声十分敏感。

【例 11-17】 求同一幅图像旋转、镜像和尺寸缩小后的图像 7 阶矩，证明矩的不变性，其具体实现的 MATLAB 代码如下：

```
close all; clear all; clc;              %关闭所有图形窗口,清除工作空间所有变量,清空命令行
I=imread('cameraman.tif');              %读入要处理的图像,并赋值给 I
Image=I;                                %图像 I 数据赋给 Image
figure;
subplot(121);imshow(Image);
Image1=imrotate(I,10,'bilinear');       %图像顺时针旋转 10°——旋转变换
subplot(122);imshow(Image1);
Image2=fliplr(I);                       %对图像做镜像变换——镜像变换
figure;
subplot(121);imshow(Image2);
Image3=imresize(I,0.3,'bilinear');      %图像缩小 1/3——尺寸变换
subplot(122);imshow(Image3);
display('原图像');
Moment_Seven(Image);                    %调用自定义函数 Moment_Seven()求解图像七阶矩
display('旋转变化后的图像');
Moment_Seven(Image1);
display('镜像变化后的图像');
Moment_Seven(Image2);
display('尺度变化后的图像');
Moment_Seven(Image3);
%求 7 阶矩函数 Moment_Seven()的函数清单
function Moment_Seven(J)                 %J 为要求解的图像
A=double(J);                             %将图像数据转换为 double 类型
[m,n]=size(A);                           %求矩阵 A 的大小
[x,y]=meshgrid(1:n,1:m);                 %生成网格采样点的数据, x,y 的行数等于 m, 列数等于 n
x=x(:);                                  %矩阵赋值
y=y(:);
A=A(:);
m00=sum(A);                             %求矩阵 A 中每列的和, 得到 m00 是行向量
if m00==0                                %如果 m00=0, 则赋值 m00=eps, 即 m00=0
   m00=eps;
```

```
end
m10=sum(x.*A);                                   %以下为 7 阶矩求解过程，参见 7 阶矩的公式
m01=sum(y.*A);
xmean=m10/m00;
ymean=m01/m00;
cm00=m00;
cm02=(sum((y-ymean).^2.*A))/(m00^2);
cm03=(sum((y-ymean).^3.*A))/(m00^2.5);
cm11=(sum((x-xmean).*(y-ymean).*A))/(m00^2);
cm12=(sum((x-xmean).*(y-ymean).^2.*A))/(m00^2.5);
cm20=(sum((x-xmean).^2.*A))/(m00^2);
cm21=(sum((x-xmean).^2.*(y-ymean).*A))/(m00^2.5);
cm30=(sum((x-xmean).^3.*A))/(m00^2.5);
Mon(1)=cm20+cm02;                                        %1 阶矩 Mon(1)
Mon(2)=(cm20-cm02)^2+4*cm11^2;                           %2 阶矩 Mon(2)
Mon(3)=(cm30-3*cm12)^2+(3*cm21-cm03)^2;                  %3 阶矩 Mon(3)
Mon(4)=(cm30+cm12)^2+(cm21+cm03)^2;                      %4 阶矩 Mon(4)
Mon(5)=(cm30-3*cm12)*(cm30+cm12)*((cm30+cm12)^2-3*(cm21+cm03)^2)+(3*(cm3
0+cm12)^2-(cm21+cm03)^2);                                %5 阶矩 Mon(5)
Mon(6)=(cm20-cm02)*((cm30+cm12)^2-(cm21+cm03)^2)+4*cm11*(cm30+cm12)*(cm2
1+cm03);                                                 %6 阶矩 Mon(6)
Mon(7)=(3*cm21-cm03)*(cm30+cm12)*((cm30+cm12)^2-3*(cm21+cm03)^2)+(3*cm12
-cm30)*(cm21+cm03)*(3*(cm30+cm12)^2-(cm21+cm03)^2);      %7 阶矩 Mon(7)
Moment=abs(log(Mon));                            %采用 log 函数缩小不变矩的动态范围值
```

程序执行，运行结果如图 11.21 所示，在 MATLAB 命令行返回的结果如下：

```
原图像 Moment =
    6.4952   18.4438   23.8418   23.3611   22.9532   32.7668   49.1672
旋转变化后的图像 Moment =
    6.4951   18.4436   23.8413   23.3609   23.5704   32.7664   49.1692
镜像变化后的图像 Moment =
    6.4952   18.4438   23.8418   23.3611   22.9532   32.7668   49.2675
尺度变化后的图像 Moment =
    6.4959   18.4606   23.8480   23.3677   22.9529   32.7800   49.1794
```

　　原图像的 7 阶矩与旋转变化、镜像变化和尺度变化后的图像 7 阶矩相差不大，反映了图像的这 7 个矩的值对于旋转、镜像和尺度变换不敏感。

（a）原图

（b）逆时针旋转 10 度的图像

（c）镜像图像

（d）缩小 0.3 倍的图像

图 11.21　【例 11-17】运行结果

11.4　本 章 小 结

本章从图像特征分析的角度出发，详细讨论了图像特征的表示和描述。文章首先介绍了图像的颜色特征及其描述方法，通过实例展现了颜色特征在图像识别领域中的应用，详细分析了图像的颜色特征所反映的内容与特征。其次本章详细介绍了纹理特征分析方法，主要有统计分析法和基于频谱特征的分析方法。最后文章介绍了图像的形状特征表达及描述方法。每种方法都通过 MATLAB 实例展开分析，旨在详解图像特征在图像理解、图像识别和模式识别中的应用，为图像处理和分析应用奠定基础。随着图像处理技术的发展及科研探索，将会有更多更好的特征描述法和提取法被提出，进一步促进数字图像处理技术的发展。

习　　题

1．选择一幅灰度图像，在 MATLAB 中求该图像的一阶矩、二阶矩和三阶矩，并分析其颜色特征。

2．选择一幅彩色图像，在 MATLAB 中求 HSV 颜色空间下该图像的直方图，并分析其颜色特征。

3．灰度共生矩阵的基本思想是什么？下图为纹理图像，求其在 0°、45°、90° 和 135° 这 4 个方向上的灰度共生矩阵，在 MATLAB 中编程实现。

1	1	1	0	0	0
1	1	1	0	0	0
1	1	1	0	0	0
0	0	0	2	2	2
0	0	0	2	2	2
0	0	0	2	2	2

4. 对下图所示的图像，其中 0 表示背景，1 表示目标，在 MATLAB 中求图像 8 方向链码表示，并利用四叉树分解描述的图像中的目标。

0	1	1	0	0	0	0	0
0	1	1	0	0	0	0	0
0	1	1	0	0	0	0	0
0	0	0	1	1	1	0	0
0	0	0	1	1	1	0	0
0	0	1	1	1	1	1	0
0	0	0	1	1	1	0	0
0	0	0	1	1	0	0	0

5. 对于下图所示的二值图像，在 MATLAB 中求出其一阶差分码，说明其与边界的旋转无关。

1	1	0	0	0	0	0
1	0	1	1	1	1	1
1	0	0	0	0	0	1
1	0	0	0	0	1	0
1	1	0	0	0	1	0
0	0	1	0	0	1	0
0	0	0	1	1	1	0

第 12 章　形态学图像处理

形态学是一种应用于图像处理和模式识别领域的新的方法，是一门建立在严格的数学理论基础上而又密切联系实际的科学。由于形态学具有完备的数学基础，这为形态学用于图像分析和处理等奠定了坚实的基础。本章将详细地介绍如何利用 MATLAB 软件进行形态学图像处理，主要内容包括基本运算、组合形态学运算及二值图像的其他形态学运算等内容。

12.1　基本的形态学运算

数学形态学可以看作是一种特殊的数字图像处理方法和理论，主要以图像的形态特征为研究对象。它通过设计一整套运算、概念和算法，用以描述图像的基本特征。这些数学工具不同于常用的频域或空域算法，而是建立在微分几何及随机集论的基础之上的。数学形态学作为一种用于数字图像处理和识别的新理论和新方法，它的理论虽然很复杂，但它的基本思想却是简单而完美的。

数学形态学方法比其他空域或频域图像处理和分析方法具有一些明显的优势。例如，基于数学形态学的边缘信息提取处理优于基于微分运算的边缘提取算法，它不像微分算法对噪声那样敏感，提取的边缘比较光滑；利用数学形态学方法提取的图像骨架也比较连续，断点少等；数学形态学易于用并行处理方法有效的实现，而且硬件实现容易。

12.1.1　基本概念

集合论是数学形态学的基础，首先对集合论的一些基本概念做一个简单介绍。腐蚀运算和膨胀运算是数学形态学的两个基本变换。参加运算的对象有两个：图像 A（感兴趣目标）和结构集合 B，B 称为结构元素。结构元素通常是个圆盘，但它其实可以是任何形状。

设 A 和 B 是 Z^2 的子集，则把图像 A 沿矢量 x 平移一段距离记作 A+x 或 A_x，其定义为：

$$A_x = \{c : c = a + x, \forall a \in A\}$$

结构元素 B 的映射为 –B 或 $\hat{B}$，定义为：

$$\hat{B} = \{x : x = -b, \forall b \in B\}$$

A 的补集记作 $\overline{A}$ 或 A^c，定义为：

$$A^c = \{x : x \notin A\}$$

两个集合 A 和 B 的差集记作 A–B，定义为：

$$A - B = \{x : x \in A, x \notin B\} = A \bigcap B^c$$

对于两幅图像 A 和 B，如果 A∩B≠∅，则称 B 击中 A，记作 B↑A；否则，如果 A∩B=∅，则称 B 击不中 A。

12.1.2　结构元素

结构元素是膨胀和腐蚀的最基本组成部分，用于测试输入图像。二维结构元素是由数值 0 和 1 组成的矩阵。结构元素的原点指定了图像中需要处理的像素范围，结构元素中数值为 1 的点决定结构元素的领域像素在进行膨胀或腐蚀操作时是否参与计算。

在 MATLAB 软件中，结构元素定义为一个 STREL 对象。如果 nhood 为结构元素定义的领域，则任意大小和维数的结构元素的原点坐标为 origin=floor((size(nhood)+1)/2)。在 MATLAB 软件中，采用函数 strel()创建任意大小和形状的 STREL 对象。函数 strel()支持常用的形状，例如线型（line）、矩形（rectangle）、方形（square）、球形（ball）、钻石型（diamond）和自定义的任意型（arbitrary）等。函数 strel()的详细调用格式，读者可以查询 MATLAB 的帮助系统。

【例 12-1】　创建结构元素，其具体实现的 MATLAB 代码如下：

```
close all; clear all; clc;   %关闭所有图形窗口，清除工作空间所有变量，清空命令行
clc;
se1=strel('square', 3)       %矩形结构元素
se2=strel('line', 10, 45)    %线性结构元素，角度为45°
```

程序运行后，在命令行窗口的输出结果如下：

```
se1 =
Flat STREL object containing 9 neighbors.
Neighborhood:
     1    1    1
     1    1    1
     1    1    1
se2 =
Flat STREL object containing 7 neighbors.
Neighborhood:
     0    0    0    0    0    0    1
     0    0    0    0    0    1    0
     0    0    0    0    1    0    0
     0    0    0    1    0    0    0
     0    0    1    0    0    0    0
     0    1    0    0    0    0    0
     1    0    0    0    0    0    0
```

在程序中，通过函数 strel()创建结构元素，分别为矩形和线型，同时对结构元素的参数进行设置。函数 strel()的返回值为 STREL 类型，可以利用这些结构元素对图像进行膨胀和腐蚀等操作。

对于 STREL 对象的结构元素可以分解为较小的块，称为结构元素的分解。通过结构元素的分解，可以提高执行效率和运行速度。例如，对大小为 8×8 的正方形结构元素进行膨胀操作，可以首先对 1×8 的结构元素进行膨胀，然后再对 8×1 的结构元素进行膨胀。在 MATLAB 软件中，可以通过函数 getsequence()进行结构元素的分解。

【例 12-2】　对结构元素进行分解，其具体实现的 MATLAB 代码如下：

```
close all; clear all; clc;    %关闭所有图形窗口，清除工作空间所有变量，清空命令行
clc;
se=strel('diamond', 3)        %钻石型结构元素
seq=getsequence(se)           %结构元素分解
seq(1)
seq(2)
seq(3)
```

程序运行后，在命令行窗口的输出结果如下：

```
se =
Flat STREL object containing 25 neighbors.
Decomposition: 3 STREL objects containing a total of 13 neighbors
Neighborhood:
     0     0     0     1     0     0     0
     0     0     1     1     1     0     0
     0     1     1     1     1     1     0
     1     1     1     1     1     1     1
     0     1     1     1     1     1     0
     0     0     1     1     1     0     0
     0     0     0     1     0     0     0
seq =
3x1 array of STREL objects
ans =
Flat STREL object containing 5 neighbors.
Neighborhood:
     0     1     0
     1     1     1
     0     1     0
ans =
Flat STREL object containing 4 neighbors.
Neighborhood:
     0     1     0
     1     0     1
     0     1     0
ans =
Flat STREL object containing 4 neighbors.
Neighborhood:
     0     1     0
     1     0     1
     0     1     0
```

在程序中，首先通过函数 strel() 创建钻石型结构元素，然后通过函数 getsequence() 对结构元素进行分解，获得 3 个较小的结构元素。

12.1.3　膨胀与腐蚀

膨胀是将与物体接触的所有背景点合并到该物体中，使边界向外部扩张的过程。通过膨胀，可以填充图像中的小孔及在图像边缘处的小凹陷部分。结构元素 B 对图像 A 的膨胀，记作 $A \oplus B$，定义为：

$$A \oplus B = \left\{ x : \hat{B}_x \bigcap A \neq \varnothing \right\}$$

腐蚀和膨胀是对偶操作。腐蚀是一种消除边界点，使边界向内部收缩的过程。利用腐蚀操作，可以消除小且无意义的物体。集合 A 被结构元素 B 腐蚀，记作 $A \Theta B$，定义为：

$$A \Theta B = \left\{ x : B_x \subseteq A \right\}$$

在 MATLAB 软件中，采用函数 imdilate()进行膨胀操作，采用函数 imerode()进行腐蚀操作。函数 imdilate()的调用格式如下。

❑ IM2=imdilate(IM, SE)：该函数对图像 IM 进行膨胀，采用的结构元素为 SE，返回值 IM2 为膨胀后得到的图像。其中，SE 为由函数 strel()得到的结构元素。

❑ IM2=imdilate(IM, NHOOD)：该函数在膨胀时采用的结构元素为 NHOOD。参数 NHOOD 是一个只包含元素 0 和 1 的矩阵，用于自定义形状的结构元素。

❑ IM2=imdilate(IM, SE, PACKOPT)：该函数中 PACKOPT 为优化因子，可取值为 ispacked 和 notpacked，默认值为 notpacked。

❑ IM2=imdilate(…, SHAPE)：该函数中采用参数 SHAPE 对输出图像的大小进行设置，可取值为 same 和 full，默认值为 same。

【例 12-3】 创建图像并进行膨胀操作，其具体实现的 MATLAB 代码如下：

```
close all; clear all; clc;    %关闭所有图形窗口，清除工作空间所有变量，清空命令行
bw=zeros(9,9);                %创建二值图像
bw(3:5, 4:6)=1
se=strel('square', 3)         %矩形结构元素
bw2=imdilate(bw, se)          %图像膨胀
figure;
subplot(121);  imshow(bw);    %显示原图
subplot(122);  imshow(bw2);   %显示膨胀后的图像
```

程序运行后，在命令行窗口的输出结果如下：

```
bw =
    0    0    0    0    0    0    0    0    0
    0    0    0    0    0    0   .0    0    0
    0    0    0    1    1    1    0    0    0
    0    0    0    1    1    1    0    0    0
    0    0    0    1    1    1    0    0    0
    0    0    0    0    0    0    0    0    0
    0    0    0    0    0    0    0    0    0
    0    0    0    0    0    0    0    0    0
    0    0    0    0    0    0    0    0    0
se =
Flat STREL object containing 9 neighbors.

Neighborhood:
    1    1    1
    1    1    1
    1    1    1
bw2 =
    0    0    0    0    0    0    0    0    0
    0    0    1    1    1    1    1    0    0
    0    0    1    1    1    1    1    0    0
    0    0    1    1    1    1    1    0    0
    0    0    1    1    1    1    1    0    0
    0    0    1    1    1    1    1    0    0
    0    0    0    0    0    0    0    0    0
    0    0    0    0    0    0    0    0    0
    0    0    0    0    0    0    0    0    0
```

在程序中，首先创建二值图像，然后通过函数 strel()设计方形线性结构元素，最后对图像进行膨胀操作。程序运行后，输出结果如图 12.1 所示。在图 12.1 中，左图为创建的

二值图像，右图为膨胀后得到的图像。

（a）原始图像　　　　　　　　　　　　　（b）膨胀后得到的图像

图 12.1　创建二值图像并进行膨胀操作

【例 12-4】　对二值图像进行膨胀，其具体实现的 MATLAB 代码如下：

```
close all; clear all; clc;  %关闭所有图形窗口，清除工作空间所有变量，清空命令行
bw=imread('text.png');      %读入图像
se=strel('line', 11, 90);   %线性结构元素
bw2=imdilate(bw, se);       %图像膨胀
figure;
subplot(121);  imshow(bw)   %显示原图
subplot(122);  imshow(bw2); %显示膨胀后的图像
```

在程序中，首先读入二值图像，然后通过函数 strel()设计线性结构元素，最后对图像进行膨胀操作。程序运行后，输出结果如图 12.2 所示。在图 12.2 中，左图为原始图像，右图为膨胀后得到的图像。

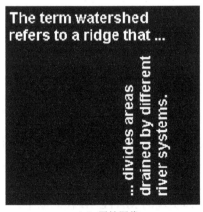

（a）原始图像　　　　　　　　　　　　　（b）对图像进行膨胀

图 12.2　对二值图像进行膨胀

【例 12-5】　对灰度图像进行膨胀，其具体实现的 MATLAB 代码如下：

```
close all; clear all; clc;  %关闭所有图形窗口，清除工作空间所有变量，清空命令行
```

```
bw=imread('cameraman.tif');              %读入图像
se=strel('ball', 5, 5);                  %结构元素
bw2=imdilate(bw, se);                    %图像膨胀
figure;
subplot(121);   imshow(bw);              %显示原图
subplot(122);   imshow(bw2);             %显示膨胀后的图像
```

在程序中，首先读入灰度图像，然后通过函数 strel()设计球形结构元素，最后对图像进行膨胀操作。程序运行后，输出结果如图 12.3 所示。在图 12.3 中，左图为原始图像，右图为膨胀后得到的图像。

（a）原始图像　　　　　　　　　　　　　　（b）对灰度图像进行膨胀

图 12.3　对灰度图像进行膨胀

在 MATLAB 软件中，采用函数 imerode()进行腐蚀操作，该函数调用格式中的参数和图像膨胀函数 imdilate()基本相同，这里不再详细介绍。下面通过例子程序介绍采用函数 imerode()进行图像的腐蚀操作。

【例 12-6】 对灰度图像进行腐蚀，其具体实现的 MATLAB 代码如下：

```
close all; clear all; clc;  %关闭所有图形窗口，清除工作空间所有变量，清空命令行
bw=imread('circles.png');   %读入图像
se=strel('disk', 11);       %结构元素
bw2=imerode(bw, se);        %图像腐蚀
figure;
subplot(121);   imshow(bw); %显示原图
subplot(122);   imshow(bw2);%显示腐蚀后的图像
```

在程序中，读入灰度图像，然后通过函数 strel()设计盘型结构元素，最后对图像进行腐蚀操作。程序运行后，输出结果如图 12.4 所示。在图 12.4 中，左图为原始图像，右图为腐蚀后得到的图像。

【例 12-7】 对图像进行腐蚀和膨胀操作，其具体实现的 MATLAB 代码如下：

```
close all; clear all; clc;  %关闭所有图形窗口，清除工作空间所有变量，清空命令行
se=strel('rectangle', [40, 30]);        %结构元素
bw1=imread('circbw.tif');               %读入图像
bw2=imerode(bw1, se);                   %腐蚀操作
bw3=imdilate(bw2, se);                  %膨胀操作
figure;
```

```
subplot(131);   imshow(bw1);        %显示原图
subplot(132);   imshow(bw2);        %显示腐蚀后的图像
subplot(133);   imshow(bw3);        %先腐蚀后膨胀得到的图像
```

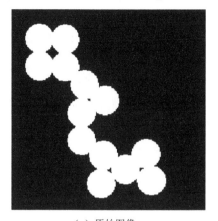
（a）原始图像

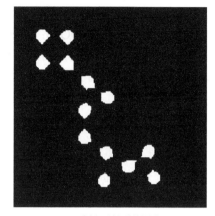
（b）腐蚀后得到的图像

图 12.4　图像的腐蚀

在程序中，读入二值图像，通过函数 strel()设计矩形结构元素，首先对图像进行腐蚀操作，然后进行膨胀操作。在图像处理时，经常综合使用膨胀和腐蚀两种操作。程序运行后，输出结果如图 12.5 所示。在图 12.5 中，左图为原始图像，中间为进行腐蚀后得到的图像，右图为对腐蚀后的图像进行膨胀后得到的图像。

（a）原始图像

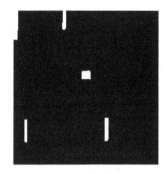
（b）图像的腐蚀

（c）图像的膨胀

图 12.5　对二值图像进行腐蚀和膨胀操作

12.1.4　开运算和闭运算

结构元素 B 对 A 的开运算，记作 A∘B，定义为：
$$A \circ B = (A \ominus B) \oplus B$$
即首先采用结构元素对 A 做腐蚀运算，然后再做膨胀运算，使用相同的结构元素。

闭运算是开运算的对偶运算，记作 A•B，定义为：
$$A \bullet B = (A \oplus B) \ominus B$$
即首先用结构元素 B 对 A 做膨胀运算，然后再做腐蚀运算，使用相同的结构元素。

在 MATLAB 软件中，采用函数 imopen()进行二值图像或灰度图像的开运算，采用函数 imclose()进行闭运算。函数 imopen()的调用格式如下：

- ❑ IM2=imopen(IM, SE)：该函数对图像 IM 进行开运算，采用的结构元素为 SE，返回值 IM2 为开运算后得到的图像。其中 SE 为由函数 strel()的得到的结构元素。
- ❑ IM2=imopen(IM, NHOOD)：该函数中参数 NHOOD 为由 0 和 1 组成的矩阵，在对图像 IM 进行开运算时采用的结构元素为 strel(NHOOD)。

【例 12-8】　对图像进行开运算，其具体实现的 MATLAB 代码如下：

```
close all; clear all; clc;        %关闭所有图形窗口，清除工作空间所有变量，清空命令行
I=imread('snowflakes.png');       %读入图像
se=strel('disk', 5);              %结构元素
J=imopen(I, se);                  %开运算
figure;
subplot(121);  imshow(I);         %显示原图像
subplot(122);  imshow(J, []);     %显示结果
```

在程序中，首先读入灰度图像，通过函数 strel()设计结构元素，然后采用函数 imopen()对图像进行开运算。程序运行后，输出结果如图 12.6 所示。在图 12.6 中，左图为原始图像，右图为开运算后得到的图像。通过图像的开运算，去除了图像中比较小的点。

（a）原始图像　　　　　　　　　　　　　　　　（b）开运算得到的图像

图 12.6　对灰度图像进行开运算

在 MATLAB 软件中，采用函数 imclose()对二值图像或灰度图像进行闭运算。该函数的调用格式如下。

- ❑ IM2=imclose(IM, SE)：该函数采用结构元素 SE 对图像 IM 进行闭运算，函数的返回值 IM2 为开运算后得到的图像。输入参数 SE 为由函数 strel()得到的结构元素。
- ❑ IM2=imclose(IM, NHOOD)：该函数对图像 IM 进行闭运算时采用的结构元素为 strel(NHOOD)，其中，参数 NHOOD 为由 0 和 1 组成的矩阵。

【例 12-9】　对图像进行闭运算，其具体实现的 MATLAB 代码如下：

```
close all; clear all; clc;        %关闭所有图形窗口，清除工作空间所有变量，清空命令行
I=imread('circles.png');          %读入图像
se=strel('disk', 10);             %结构元素
J=imclose(I, se);                 %闭运算
figure;
subplot(121);  imshow(I);         %显示原图像
subplot(122);  imshow(J, []);     %显示结果
```

在程序中，首先读入灰度图像，通过函数 strel()设计结构元素，并通过函数 imclose()对图像进行闭运算。程序运行后，输出结果如图 12.7 所示。在图 12.7 中，左图为原始图像，右图为对图像进行闭运算后得到的图像。通过图像的闭运算，将图像中的多个圆变为一个整体。

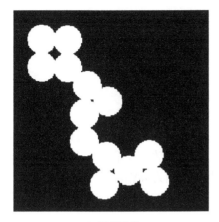
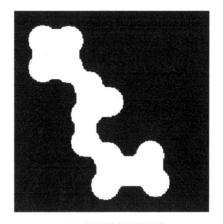

<table>
<tr><td>（a）原始图像</td><td>（b）闭运算得到的图像</td></tr>
</table>

图 12.7　对灰度图像进行闭运算

12.2　组合形态学运算

图像的膨胀和腐蚀是最基本的形态学运算。下面介绍组合形态学运算，主要内容包括高帽滤波和低帽滤波、边界提取和区域填充等。

12.2.1　高帽滤波和低帽滤波

图像的形态学高帽滤波（top-hat filtering）定义为：
$$H = A - (A \circ B) 。$$

其中 A 为输入的图像，B 为采用的结构元素，即从图像中减去形态学开操作后的图像。通过高帽滤波可以增强图像的对比度。

图像的形态学低帽滤波（bottom-hat filtering）定义为：
$$H = A - (A \cdot B)$$

其中 A 为输入的图像，B 为采用的结构元素，即从图像中减去形态学闭操作后的图像。通过低帽滤波可以获取图像的边缘。

在 MATLAB 软件中，采用函数 imtophat()对二值图像或灰度图像进行高帽滤波，采用函数 imbothat()进行低帽滤波。函数 imtophat()的调用格式如下。

❑ IM2=imtophat(IM, SE)：该函数对图像 IM 进行高帽滤波操作，采用的结构元素为 SE，返回值 IM2 为高帽滤波后得到的图像。结构元素 SE 由函数 strel()创建。

❑ IM2=imtophat(IM, NHOOD)：该函数在进行高帽滤波时采用的结构元素为 strel(NHOOD)，其中 NHOOD 为只包含元素 0 和 1 组成的矩阵。等价于 IM2=imtophat(IM, strel(NHOOD))。

【例 12-10】 对灰度图像进行形态学的高帽滤波，其具体实现的 MATLAB 代码如下：

```
close all; clear all; clc;     %关闭所有图形窗口，清除工作空间所有变量，清空命令行
I=imread('rice.png');          %读入图像
```

```
se=strel('disk', 11);              %结构元素
J=imtophat(I, se);                 %高帽滤波
K=imadjust(J);                     %灰度调节
figure;
subplot(131);  imshow(I);          %显示原图
subplot(132);  imshow(J);          %显示高帽滤波后的图像
subplot(133);  imshow(K);          %显示灰度调节后的图像
```

在程序中，首先读入灰度图像，通过函数 strel()设计结构元素，并通过函数 imtophat()对图像进行高帽滤波，最后通过函数 imadjust()改变图像的灰度。程序运行后，输出结果如图 12.8 所示。在图 12.8 中，左图为原始图像，中间的图为高帽滤波后得到的图像；改变了图像的背景；右图为改变图像的灰度后得到的图像，图像的对比度明显增强了，图像变得更加清晰。

　　（a）原始图像　　　　　　　　（b）图像的高帽滤波　　　　　　　（c）改变图像的灰度范围

图 12.8　对灰度图像进行高帽滤波操作

【例 12-11】 通过高帽滤波和低帽滤波增强图像的对比度，其具体实现的 MATLAB 代码如下：

```
close all; clear all; clc;  %关闭所有图形窗口，清除工作空间所有变量，清空命令行
I=imread('pout.tif');              %读入图像
se=strel('disk', 3);               %结构元素
J=imtophat(I, se);                 %高帽滤波
K=imbothat(I, se);                 %低帽滤波
L=imsubtract(imadd(I, J), K);      %加减操作
figure;
subplot(121);  imshow(I);          %显示原图像
subplot(122);  imshow(L);          %显示结果
```

在程序中，首先读入灰度图像，通过函数 strel()设计结构元素，并通过函数 imtophat()和 imbothat()分别进行高帽滤波和低帽滤波，然后对图像进行加减操作。程序运行后，输出结果如图 12.9 所示。在图 12.9 中，左图为原始图像，右图为形体学处理后得到的图像，增强了图像的对比度。

12.2.2　图像填充操作

在 MATLAB 软件中，采用函数 imfill()对二值图像或灰度图像进行填充操作。函数 imfill()的调用格式如下。

（a）原始图像　　　　　　　　　　　（b）高帽滤波和低帽滤波增强图像

图 12.9　通过高帽滤波和低帽滤波增强对比度

- ❑ BW2=imfill(BW)：该函数对二值图像 BW 进行填充操作，对于二维图像允许用户通过鼠标选择填充的点。通过键盘上面的 Backspace 键或 Delete 键可以取消当前选择的点，通过键盘上的 Return 键可以结束交互式的选择。
- ❑ [BW2, locations]=imfill(BW)：该函数中返回值 locations 包含交互式选择时的点的坐标。
- ❑ BW2=imfill(BW, locations)：该函数中通过参数 locations 指定进行填充时的点的坐标。
- ❑ BW2=imfill(BW, 'holes')：该函数通过参数 holes 可以填充二值图像中的空洞。
- ❑ I2=imfill(I)：该函数对灰度图像进行填充操作，返回值 I2 也是灰度图像。

【例 12-12】 对二值图像进行填充操作，其具体实现的 MATLAB 代码如下：

```
close all; clear all; clc;    %关闭所有图形窗口，清除工作空间所有变量，清空命令行
I=imread('coins.png');        %读入图像
J=im2bw(I);                   %变为二值图像
K=imfill(J, 'holes');        %图像填充
figure;
subplot(121); imshow(J);     %显示二值图像
subplot(122); imshow(K);     %显示填充后的图像
```

在程序中，首先读入灰度图像，通过函数 im2bw()将灰度图像转换为二值图像，并对二值图像进行填充。程序运行后，输出结果如图 12.10 所示。在图 12.10 中，左图为二值图像，右图为对二值图像进行填充后得到的图像。

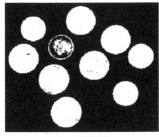 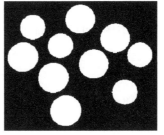

（a）二值图像　　　　　　　　　　　（b）图像的填充

图 12.10　对二值图像进行填充操作

【例 12-13】 对灰度图像进行填充操作，其具体实现的 MATLAB 代码如下：

```
close all; clear all; clc;    %关闭所有图形窗口，清除工作空间所有变量，清空命令行
I=imread('tire.tif');         %读入图像
J=imfill(I, 'holes');         %图像填充
figure;
subplot(121);  imshow(I);     %显示原始图像
subplot(122);  imshow(J);     %显示填充后的图像
```

在程序中，首先读入灰度图像，然后通过函数 imfill() 对图像进行了填充。程序运行后，输出结果如图 12.11 所示。在图 12.11 中，左图为原始的灰度图像，右图为对灰度图像进行填充后得到的图像。

 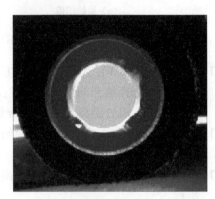

<table>
<tr><td>（a）原始图像</td><td>（b）灰度图像的填充</td></tr>
</table>

图 12.11 　对灰度图像进行填充操作

12.2.3 　最大值和最小值

对于一幅图像可以有多个局部极大值或极小值，但只有一个最大值或最小值。在 MATLAB 软件中，采用函数 imregionalmax() 获取图像的所有局部极大值，采用函数 imregionalmin() 获取局部极小值。函数 imregionalmax() 的调用格式如下。

- ❑ BW=imregionalmax(I)：该函数获取灰度图像 I 的局部极大值，返回值 BW 为和原图像大小相同的二值图像，BW 中元素 1 对应的是极大值，其他元素值为 0。
- ❑ BW=imregionalmax(I, conn)：该函数中参数 conn 为连通类型。对于二维图像 conn 可以取值为 4 和 8，默认值为 8。对于三维图像，conn 可取值为 6、18 和 26，默认值为 26。

【例 12-14】 获取图像的所有局部极大值，其具体实现的 MATLAB 代码如下：

```
close all; clear all; clc;    %关闭所有图形窗口，清除工作空间所有变量，清空命令行 clc
I=10*ones(6, 10);             %创建矩阵
I(3:4, 3:4)=13;
I(4:5, 7:8)=18;
I(2,8)=15
bw=imregionalmax(I)          %获取局部极大值
```

程序运行后，在命令行窗口的输出结果如下：

```
I =
    10    10    10    10    10    10    10    10    10    10
    10    10    10    10    10    10    10    15    10    10
    10    10    13    13    10    10    10    10    10    10
    10    10    13    13    10    10    18    18    10    10
    10    10    10    10    10    10    18    18    10    10
    10    10    10    10    10    10    10    10    10    10
bw =
     0     0     0     0     0     0     0     0     0     0
     0     0     0     0     0     0     0     1     0     0
     0     0     1     1     0     0     0     0     0     0
     0     0     1     1     0     0     1     1     0     0
     0     0     0     0     0     0     1     1     0     0
     0     0     0     0     0     0     0     0     0     0
```

在程序中，建立了矩阵，通过函数 imregionalmax()获取了所有的局部极大值，返回值为二值图像，局部极大值对应的元素为 1，其他元素为 0。和函数 imregionalmax()类似，函数 imregionalmin()获取灰度图像的所有极小值，这里不再详细介绍。函数 imregionalmin()的详细说明，读者可以查阅 MATLAB 帮助系统。

在 MATLAB 软件中，函数 imextendedmax()获取指定阈值的局部极大值，函数 imextendedmin()获取指定阈值的局部极小值。函数 imextendedmax()的详细调用格式如下。

❑ BW=imextendedmax(I, h)：该函数获取灰度图像 I 的局部极大值，其中，参数 h 为阈值，非负的标量。返回值 BW 为和原图像大小相同的二值图像，BW 中元素 1 对应的是极大值，其他元素值为 0。

❑ BW=imextendedmax(I, h, conn)：该函数对连通类型 conn 进行设置，对于二维图像，conn 可取值为 4 和 8，默认值为 8。对于三维图像，conn 可取值为 6、18 和 26，默认值为 26。

【例 12-15】获取灰度图像中带阈值的局部极大值，其具体实现的 MATLAB 代码如下：

```
close all; clear all; clc;    %关闭所有图形窗口，清除工作空间所有变量，清空命令行
I=imread('glass.png');        %读入图像
J=imextendedmax(I, 80);       %带阈值的局部极大值
figure;
subplot(121);  imshow(I);     %显示原图像
subplot(122);  imshow(J);     %显示结果
```

在程序中，首先读入灰度图像，然后通过函数 imextendedmax()获取图像的局部极大值，阈值为 80。程序运行后，输出结果如图 12.12 所示。在图 12.12 中，左图为原始的灰度图像，右图为获取的局部极大值组成的二值图像。

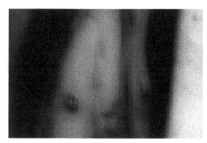

（a）原始图像 （b）获取局部极大值组成的二值图像

图 12.12 获取灰度图像的局部极大值

在 MATLAB 软件中，函数 imextendedmin()获取带阈值的局部极小值。函数 imextendedmin()的调用方式和函数 imextendedmax()基本相同，这里不再赘述。读者可以查询 MATLAB 帮助系统了解该函数的详细调用情况。

在 MATLAB 软件中，函数 imhmax()可以对图像中的极大值进行抑制，函数 imhmin()对图像中的极小值进行抑制。函数 imhmax()的调用格式如下。

- ❏ I2=imhmax(I, h)：该函数去除和周围元素的灰度差值小于 h 的局部极大值，参数 h 为非负的标量。返回值 I2 为和原图像大小相同的灰度图像，极大值处的灰度值为原灰度值减去 h 后的值，其他元素的值保持不变。
- ❏ I2=imhmax(I, h, conn)：该函数对连通类型 conn 进行设置，对于二维图像，conn 可取值为 4 和 8，默认值为 8。对于三维图像，conn 可取值为 6、18 和 26，默认值为 26。

【例 12-16】 通过函数 imhmax()对极大值进行抑制，其具体实现的 MATLAB 代码如下：

```
close all; clear all; clc;    %关闭所有图形窗口, 清除工作空间所有变量, 清空命令行 clc
I=2*ones(5, 10);              %建立矩阵
I(2:4, 2:4)=3;
I(4:5, 6:7)=9;
I(2,8)=5
J=imregionalmax(I)           %获取所有极大值
K=imhmax(I, 4)               %对极大值进行抑制
```

程序运行后，在命令行窗口的输出结果如下：

```
I =
    2    2    2    2    2    2    2    2    2    2
    2    3    3    3    2    2    2    5    2    2
    2    3    3    3    2    2    2    2    2    2
    2    3    3    3    2    9    9    2    2    2
    2    2    2    2    2    9    9    2    2    2
J =
    0    0    0    0    0    0    0    0    0    0
    0    1    1    1    0    0    0    1    0    0
    0    1    1    1    0    0    0    0    0    0
    0    1    1    1    0    1    1    0    0    0
    0    0    0    0    0    1    1    0    0    0
K =
    2    2    2    2    2    2    2    2    2    2
    2    2    2    2    2    2    2    2    2    2
    2    2    2    2    2    2    2    2    2    2
    2    2    2    2    2    5    5    2    2    2
    2    2    2    2    2    5    5    2    2    2
```

在程序中，建立了矩阵，通过函数 imregionalmax()获取了所有的局部极大值，返回值为二值图像。通过函数 imhmax()对极大值进行抑制，阈值为 4，和周围的像素差值小于 4 的像素点变为背景。此外，函数 imhmin()可以对极小值进行抑制，这里不再详细介绍，该函数的使用情况读者可以查阅 MATLAB 帮助系统。

12.2.4　图像的边界测定

对于灰度图像可以通过形态学的膨胀和腐蚀来获取图像的边缘。通过形态学获取灰度

图像边缘的优点是对边缘的方向性依赖比较小。下面通过例子程序进行说明。

【例 12-17】通过膨胀和腐蚀获取灰度图像的边缘，其具体实现的 MATLAB 代码如下：

```
close all; clear all; clc;   %关闭所有图形窗口，清除工作空间所有变量，清空命令行
I=imread('rice.png');        %读入图像
se=strel('disk', 2);         %结构元素
J=imdilate(I, se);           %膨胀
K=imerode(I, se);            %腐蚀
L=J-K;                       %相减
figure;
subplot(121);  imshow(I);    %原始图像
subplot(122);  imshow(L);    %边缘图像
```

在程序中，读入灰度图像，通过函数 strel() 获取结构元素，并对图像进行膨胀和腐蚀。程序运行后，输出结果如图 12.13 所示。在图 12.13 中，左图为原始的灰度图像，右图为获取的图像边缘。

（a）原始图像　　　　　　　　　　　　　　（b）图像的边缘

图 12.13　通过膨胀和腐蚀获取灰度图像的边缘

在 MATLAB 软件中，采用函数 bwperim() 获取二值图像的边缘，该函数的调用格式如下。

❑　BW2=bwperim(BW1)：该函数获取二值图像的边缘，返回值 BW2 是和原图像大小相同的二值图像。

❑　BW2=bwperim(BW1, conn)：该函数中对连通类型 conn 进行设置，对于二维图像，conn 可取值为 4 和 8，默认值为 4。对于三维图像，conn 可取值为 6、18 和 26，默认值为 6。

【例 12-18】　获取二值图像的边缘，其具体实现的 MATLAB 代码如下：

```
close all; clear all; clc;   %关闭所有图形窗口，清除工作空间所有变量，清空命令行
I=imread('circbw.tif');      %读入图像
J=bwperim(I, 8);             %获取边缘
figure;
subplot(121);  imshow(I);    %显示原始图像
subplot(122);  imshow(J);    %显示边缘图像
```

在程序中，首先读入二值图像，然后通过函数 bwperim() 获取图像的边缘。程序运行后，输出结果如图 12.14 所示。在图 12.14 中，左图为原始的二值图像，右图为获取的边缘信息组成。在二值图像中，该点的像素不为 0，并且其邻域内至少有一个像素为 0，则认为该

点为边界点。

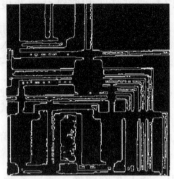

（a）原始的二值图像　　　　　　　　　　（b）二值图像的边缘

图 12.14　获取二值图像的边缘

12.2.5　二值图像的形态学操作

在 MATLAB 软件中，通过函数 bwmorph()可以进行二值图像的大量形态学操作，例如图像的骨骼化、图像的细化，以及开操作和闭操作等。该函数的功能非常强大，读者可以查询 MATLAB 帮助系统获取该函数的调用格式。下面通过几个例子程序介绍该函数的功能。

【例 12-19】　二值图像的细化，其具体实现的 MATLAB 代码如下：

```
close all; clear all; clc;   %关闭所有图形窗口，清除工作空间所有变量，清空命令行
I=imread('text.png');         %读入图像
J=bwmorph(I, 'thin', Inf);    %细化
figure;
subplot(121);  imshow(I);     %显示原图像
subplot(122);  imshow(J);     %显示细化后的图像
```

在程序中，首先读入二值图像，然后通过函数 bwmorph()对二值图像进行细化。程序运行后，输出结果如图 12.15 所示。在图 12.15 中，左图为原始的二值图像，右图为细化后得到的图像。

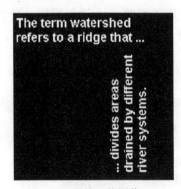

（a）原始二值图像　　　　　　　　　　（b）二值图像的细化

图 12.15　对二值图像进行细化操作

【例 12-20】　二值图像的骨架化，其具体实现的 MATLAB 代码如下：

```
close all; clear all; clc;      %关闭所有图形窗口, 清除工作空间所有变量, 清空命令行
I=imread('circbw.tif');         %读入图像
J=bwmorph(I, 'skel', Inf);      %骨架化
figure;
subplot(121);  imshow(I);       %显示原图像
subplot(122);  imshow(J);       %显示结果图像
```

在程序中, 首先读入二值图像, 然后通过函数 bwmorph()对二值图像进行骨架化操作。程序运行后, 输出结果如图 12.16 所示。在图 12.16 中, 左图为原始的二值图像, 右图为得到的骨架。图像的骨架化是将图像中的所有对象都简化为线条, 但不修改图像的基本结构, 同时保留图像的基本轮廓。

 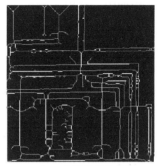

（a）原始二值图像　　　　　　　　　　（b）二值图像的骨架化

图 12.16　对二值图像进行骨架化

【例 12-21】　移除二值图像的内部像素点, 其具体实现的 MATLAB 代码如下:

```
close all; clear all; clc;      %关闭所有图形窗口, 清除工作空间所有变量, 清空命令行
I=imread('circles.png');        %读入图像
J=bwmorph(I, 'remove');         %移除内部像素点
figure;
subplot(121);  imshow(I);       %显示原图像
subplot(122);  imshow(J);       %显示结果图像
```

在程序中, 首先读入二值图像, 然后通过函数 bwmorph()移除二值图像的内部像素点。程序运行后, 输出结果如图 12.17 所示。在图 12.17 中, 左图为原始的二值图像, 右图为移除内部像素点后得到的图像。如果某个像素点的 4 个邻域都为 1, 则将该像素值设置为 0, 只剩下图像的边界像素点。

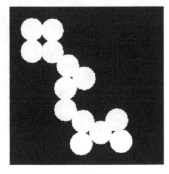 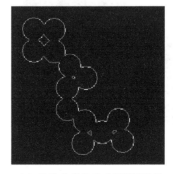

（a）原始图像　　　　　　　　　　（b）移除内部像素后得到的图像

图 12.17　移除二值图像的内部像素点

12.3　二值图像的其他形态学操作

图像的膨胀和腐蚀是最基本的形态学操作。下面介绍一些常用的形态学操作，主要包括极限腐蚀、查表操作、图像的标记、对象的选择、图像的面积和欧拉数等。

12.3.1　二值图像的极限腐蚀

在 MATLAB 软件中，采用函数 bwulterode()进行图像的极限腐蚀，每个对象最后变为一个像素点为止。函数 bwulterode()的调用格式如下。

- ❑ BW2=bwperim(BW1)：该函数获取二值图像的边缘，返回值 BW2 是和原图像大小相同的二值图像。
- ❑ BW2=bwulterode(BW, method, conn)：该函数中设置参数 method，可取值为 euclidean、cityblock、chessboard 和 quasi-euclidean。对于二维图像，参数 conn 可取值为 4 和 8，默认值为 8。对于三维图像，conn 可取值为 6、18 和 26，默认值为 26。

【例 12-22】对二值图像进行极限腐蚀，其具体实现的 MATLAB 代码如下：

```
close all; clear all; clc;      %关闭所有图形窗口，清除工作空间所有变量，清空命令行
I=imread('circles.png');        %读入图像
J=bwulterode(I);                %极限腐蚀
figure;
subplot(121); imshow(I);        %显示原图像
subplot(122); imshow(J);        %显示结果图像
```

在程序中，首先读入二值图像，然后通过函数 bwulterode()对二值图像进行极限腐蚀。程序运行后，输出结果如图 12.18 所示。在图 12.18 中，左图为原始的二值图像，右图为极限腐蚀后得到的图像。图像经过极限腐蚀后，每个对象都成为了单个像素的点。

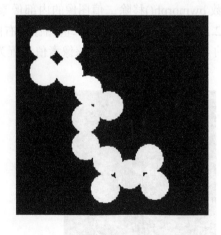

（a）原始图像　　　　　　　　　　　　（b）极限腐蚀后得到的图像

图 12.18　对二值图像的极限腐蚀

12.3.2 二值图像的查表操作

为了提高二值图像的处理速度，MATLAB 软件提供了查表操作的相关函数。查表操作适合处理 2×2 和 3×3 的邻域情况。在 MATLAB 软件中，函数 makelut()用于建立表单，函数 applylut()用于查表操作。函数 makelut()的调用格式如下。

❑ lut=makelut(fun, n)：该函数建立表单，其中，参数 fun 为设定判断条件的函数，n 为邻域大小，可取值为 2 或 3。

采用函数 makelut()建立表单后，可以采用函数 applylut()进行查表操作。在 MATLAB 中，函数 applylut()的调用格式如下。

❑ A=applylut(BW, LUT)：该函数采用查表的方式对二值图像的邻域进行操作，参数 BW 为二值图像，参数 LUT 为采用函数 makelut()建立的表单。返回值 A 为查表操作后得到的二值图像。

【例 12-23】 建立表格和查表操作，其具体实现的 MATLAB 代码如下：

```
close all; clear all; clc;    %关闭所有图形窗口，清除工作空间所有变量，清空命令行
fun=@(x) (sum(x(:))==4);      %建立匿名函数
lut=makelut(fun, 2);          %建立表格
I=imread('text.png');         %读入图像
J=applylut(I, lut);           %查表
figure;
subplot(121);  imshow(I);     %显示原图像
subplot(122);  imshow(J);     %显示结果图像
```

在程序中，通过函数 makelut()建立表格，然后读入二值图像，并通过查表函数 applylut()对二值图像进行操作。程序运行后，输出结果如图 12.19 所示。在图 12.19 中，左图为原始的二值图像，右图为查表操作后得到的图像。

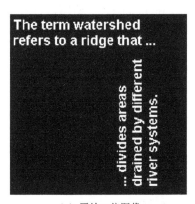
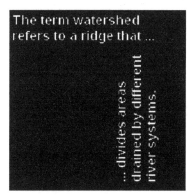

（a）原始二值图像　　　　　　　　　（b）二值图像的极限腐蚀

图 12.19　对二值图像的极限腐蚀

12.3.3 二值图像的标记

对于属于同一个像素连通区域的所有像素分配相同的编号，对不同的连通区域分配不

同的编号，称为连通区域的标记。在 MATLAB 中，采用函数 bwlabel()和函数 bwlabeln()
进行连通区域的标记操作。函数 bwlabel()只支持二维的二值图像，函数 bwlabeln()支持任
意维数的二值图像。函数 bwlabel()的调用格式如下。

❑ L=bwlabel(BW, n)：该函数先对二值图像 BW 的连通区域进行标记，参数 n 为连通
   类型，可取值为 4 和 8，默认值为 8，即 8-连通。函数的返回值 L 为标记矩阵，和
   原来的二值图像有相同的大小。

❑ [L, num]=bwlabel(BW, n)：该函数对二值图像 BW 进行标记，返回值 num 为连通
   区域的数目。

【例 12-24】 对二值图像进行标记，其具体实现的 MATLAB 代码如下：

```
close all; clear all; clc;       %关闭所有图形窗口，清除工作空间所有变量，清空命令行 clc
BW=zeros(4, 8);                  %建立矩阵
BW(2:3, 2:3)=1;
BW(2, 5)=1;
BW(3, 7)=1
[L, num]=bwlabel(BW, 8)          %二值图像的标记
```

程序运行后，在 MATLAB 的命令行窗口中输出结果如下：

```
BW =
     0     0     0     0     0     0     0     0
     0     1     1     0     1     0     0     0
     0     1     1     0     0     0     1     0
     0     0     0     0     0     0     0     0
L =
     0     0     0     0     0     0     0     0
     0     1     1     0     2     0     0     0
     0     1     1     0     0     0     3     0
     0     0     0     0     0     0     0     0
num =
     3
```

在程序中，建立二值图像的数据矩阵，然后通过 bwlabel()对二值图像进行标记，该二
值图像中包含 3 个连通区域。

函数 bwlabel()和函数 bwlabeln()返回的标记矩阵，可以通过函数 label2rgb()进行显示。
函数 label2rgb()将标记矩阵转换为 RGB 彩色图像。函数 label2rgb()的详细调用情况，这里
不再赘述，读者可以查询 MATLAB 的帮助系统。

【例 12-25】 通过函数 label2rgb()显示标记矩阵，其具体实现的 MATLAB 代码如下：

```
close all; clear all; clc;        %关闭所有图形窗口，清除工作空间所有变量，清空命令行
I=imread('rice.png');             %读入图像
J=im2bw(I, graythresh(I));        %转换为二值图像
K=bwlabel(J);                     %图像标记
RGB=label2rgb(K);                 %将标记矩阵转换为 RGB 图像
figure;
subplot(121);  imshow(J);         %显示二值图像
subplot(122);  imshow(RGB);       %显示 RGB 图像
```

在程序中，首先读入灰度图像，然后转换为二值图像，并采用函数 bwlabel()对二值图
像进行标记，采用函数 label2rgb()将标记矩阵转换为 RGB 真彩色图像。程序运行后，输出
结果如图 12.20 所示。在图 12.20 中，左图为二值图像，右图为采用真彩色图像显示的标

记矩阵。

（a）原始图像　　　　　　　　　　　　（b）标记图像转换为 RGB 真彩色图像

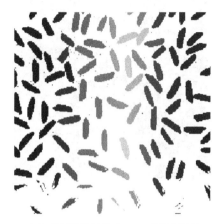

图 12.20　将标记矩阵转换为 RGB 真彩色

12.3.4　二值图像的对象选择

在 MATLAB 软件中，采用函数 bwselect()在二值图像中选择单个的对象，要求图像必须是二维的。函数 bwselect()的调用格式如下。

- ❑ BW2=bwselect(BW, c, r, n)：该函数对输入的二值图像 BW 进行对象选择，输入参数(c, r)为对象的像素点位置，c 和 r 的维数相同，参数 n 为对象的连通类型，可取值为 4 和 8。返回值 BW2 为选择了指定对象的二值图像，和原图像有相同的大小。
- ❑ BW2=bwselect(BW, n)：该函数采用交互的方式，用户采用鼠标选择像素点的位置。

【例 12-26】通过函数 bwselect()进行对象的选择，其具体实现的 MATLAB 代码如下：

```
close all; clear all; clc;    %关闭所有图形窗口，清除工作空间所有变量，清空命令行
I=imread('text.png');         %读入图像
c=[43, 185, 212];             %对象的横坐标
r=[38, 68, 181];              %对象的纵坐标
J=bwselect(I, c, r, 4);       %对象选择
figure;
subplot(121);  imshow(I);     %显示原图像
subplot(122);  imshow(J);     %显示结果图像
```

在程序中，读入二值图像，然后采用函数 bwselect()选择二值图像中的 3 个对象，采用的是 4 连通。程序运行后，输出结果如图 12.21 所示。在图 12.21 中，左图为二值图像，右图为进行对象选择后得到的图像，只显示了选择的 3 个对象。

12.3.5　二值图像的面积

面积是二值图像中像素值为 1 的像素个数。在 MATLAB 软件中，采用函数 bwarea()计算二值图像的面积。函数 bwarea()的调用格式如下。

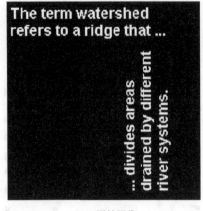
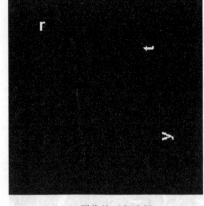

（a）原始图像　　　　　　　　　　　　　（b）图像的对象选择

图 12.21　二值图像的对象选择

- total=bwarea(BW)：该函数计算输入的二值图像 BW 的面积，返回值 total 为得到的面积值。在计算二值图像的面积时，不是简单地计算像素值为 1 的像素个数，而是为每个像素设置一个权值，采用加权求和的方式得到面积。

在计算二值图像的面积时，像素的权值，通过该像素的 2×2 的邻域像素值来决定。例如，如果邻域内的像素值都为 0，则权值为 0；如果邻域内的像素值都为 1，则权值为 1。

【例 12-27】 通过函数 bwarea() 计算二值图像的面积，其具体实现的 MATLAB 代码如下：

```
close all; clear all; clc;      %关闭所有图形窗口，清除工作空间所有变量，清空命令行
I=imread('circbw.tif');         %读入图像
se=strel('disk', 3);            %结构元素
J=imdilate(I, se);              %膨胀
a1=bwarea(I)                    %原图像的面积
a2=bwarea(J)                    %膨胀后图像的面积
(a2-a1)/a1                      %面积增加的百分比
figure;
subplot(121);  imshow(I);       %显示原图像
subplot(122);  imshow(J);       %显示膨胀后的图像
```

程序运行后，在命令行窗口的输出如下：

```
a1 =
  3.7415e+004
a2 =
     50347
ans =
   0.3456
```

在程序中，读入二值图像，并对图像进行膨胀，通过函数 bwarea() 计算膨胀前的面积和膨胀后的面积，以及膨胀后面积增加的百分比。程序运行后，输出结果如图 12.22 所示。在图 12.22 中，左图为原始的二值图像，右图为膨胀后得到的图像。

12.3.6　二值图像的欧拉数

在二值图像中，像素值为 1 的连通区域（对象）的个数减去孔数，所得的差值为这幅

图像的欧拉数。欧拉数测量的是图像的拓扑结构。在 MATLAB 中，使用函数 bweuler()计算二值图像的欧拉数，该函数的调用格式如下。

(a) 原始图像

(b) 膨胀后的图像

图 12.22　计算原图像和膨胀后图像的面积

eul=bweuler(BW, n)：该函数计算输入的二值图像 BW 的欧拉数，参数 n 可以为 4 和 8，默认值为 8，即 8 连通。

【例 12-28】通过函数 bweuler()计算二值图像的欧拉数，其具体实现的 MATLAB 代码如下：

```
close all; clear all; clc;     %关闭所有图形窗口,清除工作空间所有变量,清空命令行 clc
I=imread('circbw.tif');        %读入图像
J=imread('circles.png');
e1=bweuler(I, 8)               %计算欧拉数
e2=bweuler(J, 8)
```

程序运行后，在命令行窗口的输出为：

```
e1 =
   -85
e2 =
    -3
```

在程序中，读入二值图像，然后通过函数 bweuler()计算图像的欧拉数。欧拉数为负数，表示对象的个数少于空洞的个数。

12.4　本 章 小 结

本章详细地介绍了如何利用形态学进行图像的处理和分析。首先详细介绍了形态学的基本概念和基本运算，包括膨胀、腐蚀、开运算和闭运算等；然后详细介绍了利用形体学进行图像的处理，主要内容包括图像的填充、最大值和最小值的获取、图像的边界测定及二值图像的形态学分析；最后介绍了形态学进行图像处理常用的操作，包括极限腐蚀、查表操作、图像的标记、对象的选取、图像的面积和欧拉数等。

习　题

1. 通过下面的程序建立一个二值图像，对该二值图像先进行膨胀然后进行腐蚀，观察结果并进行分析。

```
close all; clear all; clc;
I=zeros(10, 10);
I(3:5, 4:5)=1;
```

2. 通过编程对本章【例 12-6】中的 a 图首先进行开运算，再进行闭运算，并对结果进行分析。

3. 任意选择一幅灰度图像，然后对该图像进行高帽滤波，显示结果并进行分析。

4. 通过下面的程序建立灰度图像，通过编程来获取该图像的局部极大值。

```
close all; clear all; clc;
I=20*ones(10, 10);
I(3:3, 3:4)=35;
I(5:7, 7:9)=43;
I(2,8)=60
```

5. 通过编程对本章【例 12-10】中的 a 图进行细化处理，显示结果并进行分析。

第 13 章　小波在图像处理中的应用

小波变换作为分析信号频率分量的数学工具，是对人们熟悉的傅里叶变换与短时傅里叶变换的一个重大突破，已成功地应用于图像的去噪、边缘检测、分割及编码。本章将从小波变换的基本原理入手，以小波在图像处理中的具体应用为线，介绍在 MATLAB 中的小波函数，以及基于小波的图像去噪、压缩及融合的 MATLAB 实现方法。

13.1　小波变换基础

本节先介绍小波变换的数学基础，内容包括小波变换的基本定义及小波变换的实现方法，为后续基于小波变换的图像处理提供理论基础。

13.1.1　小波变换的基本定义

1. 一维连续小波变换的定义

设 $\psi(t)$ 为基本小波，$\psi_{a,b}(t)$ 为连续小波函数，对于 $f(t) \in L^2(R)$，其连续小波变换（Continuous Wavelet transform，CWT）为：

$$\mathrm{WT}_f(a,b) = \langle f, \psi_{a,b} \rangle = |a|^{-1/2} \int_{-\infty}^{+\infty} f(t) \psi^* \left(\frac{t-b}{a} \right) \mathrm{d}t$$

其中，$a \neq 0$，b、t 均为连续变量，$\psi^*(t)$ 为 $\psi(t)$ 的复共轭。

其逆变换为：

$$f(t) = \frac{1}{C_\psi} \int_{-\infty}^{+\infty} \int_{-\infty}^{+\infty} \frac{1}{a^2} \mathrm{WT}_f(a,b) \psi_{a,b}(t) \mathrm{d}a \mathrm{d}b$$

连续小波变换具有如下的重要性质。

❑ 线性：设 $f(t), g(t) \in L^2(R)$，α, β 是任意常数，则

$$\mathrm{WT}_{\alpha f + \beta g}(a,b) = \alpha \mathrm{WT}_f(a,b) + \beta \mathrm{WT}_g(a,b)$$

❑ 平移不变性：如果 $f(t)$ 的小波变换为 $\mathrm{WT}_f(a,b)$，则 $f(t-t_0)$ 的小波变换为 $\mathrm{WT}_f(a,b-t_0)$。也就是说 $f(t)$ 的平移对应于它的小波变换 $\mathrm{WT}_f(a,b)$ 的平移。

❑ 冗余性：连续小波变换后系数的信息量是冗余的。

2. 一维离散小波与离散小波变换

对于连续变化的 a 和 b，$\psi((t-b)/a)$ 具有很大的相关性，从压缩数据、节约计算量的

角度考虑，可将 a 和 b 限定在一些离散点上。首先将 a 按幂级数进行离散，令 $a = a_0^j$，$j = 0,1,2,\cdots,k \in Z$，得：

$$\psi_{a,b}(t) = a_0^{-\frac{j}{2}} \psi\left[a_0^{-j}(t-b)\right]$$

再将位移参数离散化，为了不丢失信息，要求采样间隔满足 Nyquist 采样定理，即采样频率大于等于该尺度下通带频率的二倍。因此对于某尺度 j，当位移量以 $\Delta b = a_0^j b_0$ 作为采样间隔时：

$$\psi_{a,b}(t) = a_0^{-\frac{j}{2}} \psi\left[a_0^{-j}(t-\mathrm{k}b_0)\right]$$

一般地，对 $\psi(t)$ 进行二进制离散，即 $a_0 = 2$，$b_0 = 1$，则 $\psi_{a,b}(t) = 2^{-\frac{j}{2}} \psi(2^j t - k)$ 称为二进小波基。应用二进小波基对函数 $f(t) \in L^2(R)$ 进行的小波变换称为离散小波变换（Discrete Wavelet Transform，DWT）或二进小波变换，可以表示为：

$$\mathrm{WT}_f(j,k) = \int_{-\infty}^{+\infty} f(t)\psi_{j,k}^*(t)\mathrm{dt}$$

13.1.2　小波变换的实现原理

1. 快速小波变换实现的理论依据

多分辨率分析是建立在函数空间概念上，为正交小波基的构造提供了一种简单方法，也为小波变换的快速算法提供了理论依据。

$L^2(R)$ 空间中的多分辨率分析是指 $L^2(R)$ 中满足以下性质的闭子空间序列 $\{V_j\}_{j \in Z}$。

- ❑　单调性：对任意 $j \in Z$，有 $V_j \subset V_{j-1}$。
- ❑　逼近性：$\bigcap_{j \in Z} V_j = \{0\}$，$\bigcup_{j \in Z} V_j = L^2(R)$。
- ❑　伸缩性：$f(t) \in V_j \Leftrightarrow f(2t) \in V_{j-1}$，$j \in Z$。体现了尺度变换、逼近正交小波函数变化和空间变化具有一致性。
- ❑　平移不变性：对任意 $k \in Z$，$f(t) \in V_0 \Rightarrow f(t-k) \in V_0$。
- ❑　Reisz 基存在性：存在 $\phi(t) \in V_0$，使得 $\{\phi(2^{-j}t - k)\}_{k \in Z}$ 构成 V_j 的 Reisz 基。

定义 $\phi(t) \in L^2(R)$ 为尺度函数，根据伸缩规则性有：

$$\left\{\phi_{j,k}(t) = 2^{-\frac{j}{2}} \phi(2^{-j}t - k)\right\}_{k \in Z}$$

每个尺度 j 上的平移系列 $\phi_{j,k}(t)$ 所组成的空间 V_j 称为尺度为 j 的尺度空间，定义为：

$$V_j = \left\{\overline{\mathrm{span}\{\phi_{j,k}(t)\}}\right\}_{k \in Z}$$

对于任意函数 $f(t) \in V_j$，有：

$$f(t) = \sum_k a_k \phi_{j,k}(t) = 2^{-\frac{j}{2}} \sum_k a_k \phi(2^{-j}t - k)$$

为了寻找一组 $L^2(R)$ 空间的正交基，由泛函空间的正交分解理论有：

$$V_{j-i} = V_j \oplus V_j^{\perp}$$

其中，$V_j^\perp$ 表示该空间中所有元素与 V_j 中任意元素均正交。将 $V_j^\perp$ 记为 W_j，称为小波空间。根据多分辨率分析的逼近性可知：

$$L^2(R) = \bigoplus_{j=-\infty}^{\infty} W_j$$

说明 $L^2(R)$ 是由无数个正交补空间的直和构成，$L^2(R)$ 的正交基就是把直和子空间的正交基合并起来得到的，所以 $L^2(R)$ 的标准正交基为：

$$\left\{ \psi_{j,k}(t) = 2^{-\frac{j}{2}} \psi\left(2^{-j}t - k\right) \right\}_{k \in Z}$$

小波空间是两个相邻尺度空间的差，即

$$V_{j-1} = V_j - W_j$$

由于 $V_j \in V_{j-1}$，$\phi_{j,0}(t) \in V_j$，$\phi_{j-1,k}(t) \in V_{j-1}$ 所以，$\phi_{j,0}(t)$ 可用 $\phi_{j-1,k}(t)$ 的线性组合表示：

$$\begin{aligned}
\phi\left(\frac{t}{2^j}\right) &= \frac{1}{2^{-\frac{j}{2}}} \sum_k h_0(k) 2^{-\frac{j-1}{2}} \phi_{j-1}\left(\frac{t}{2^{j-1}} - k\right) \\
&= \sqrt{2} \sum_k h_0(k) \phi\left(\frac{t}{2^{j-1}} - k\right)
\end{aligned} \tag{1}$$

类推到 W_{j-1} 和 V_j 空间，可得：

$$\psi\left(\frac{t}{2^j}\right) = \sqrt{2} \sum_k h_1(k) \phi\left(\frac{t}{2^{j-1}} - k\right)$$

其中，$h_0(k)$ 和 $h_1(k)$ 是由 $\phi(t)$ 和 $\psi(t)$ 决定的，与具体尺度无关，称其为滤波器系数，可表示为：

$$\begin{aligned}
h_0(k) &= \left\langle \phi_{1,0}(t), \phi_{0,k}(t) \right\rangle \\
h_1(k) &= \left\langle \psi_{1,0}(t), \phi_{0,k}(t) \right\rangle
\end{aligned}$$

2. 快速小波变换的实现算法

法国学者 Mallat 在多分辨率分析的基础上提出了小波变换的快速算法，在小波变换中的地位相当于快速傅里叶变换。将式（1）表示的二尺度方程的尺度函数对时间进行伸缩和平移：

$$\phi\left(2^{-j}t - k\right) = \sqrt{2} \sum_m h_0(m - 2k) \phi\left(2^{-j+1}t - m\right) \tag{2}$$

其中，$m = 2n + k$。由多分辨率分析的正交基存在性，得：

$$V_{j-1} = \overline{\left\{ \mathrm{span}\left\{ 2^{-(j-1)/2} \phi\left(2^{-(j-1)}t - k\right) \right\} \right\}}_{k \in Z}$$

根据式（2）任意 $f(t) \in V_{j-1}$ 在 V_{j-1} 空间的展开式为：

$$f(t) = \sum_k c_{j-1,k} 2^{-(j-1)/2} \phi\left(2^{-(j-1)}t - k\right)$$

将 $f(t)$ 分别投影到 V_j 空间和 W_j 空间一次，即进行一次分解，

$$f(t) = \sum_k c_{j,k} 2^{-j/2} \phi\left(2^{-j}t - k\right) + \sum_k d_{j,k} 2^{-j/2} \psi\left(2^{-j}t - k\right)$$

其中，$c_{j,k}$ 和 $d_{j,k}$ 为 j 尺度上的展开系数，且：

$$c_{j,k} = \langle f(t), \phi_{j,k}(t) \rangle = \int_{-\infty}^{+\infty} f(t) 2^{-j/2} \phi^*(2^{-j}t - k)dt$$

$$d_{j,k} = \langle f(t), \psi_{j,k}(t) \rangle = \int_{-\infty}^{+\infty} f(t) 2^{-j/2} \psi^*(2^{-j}t - k)dt \tag{3}$$

一般地，称 $c_{j,k}$ 为尺度系数，$d_{j,k}$ 为小波系数。将式（2）代入式（3）的尺度系数的表达式中可得：

$$c_{j,k} = \sum_m h_0(m - 2k) c_{j-1,m}$$

同样方法可得：

$$d_{j,k} = \sum_m h_1(m - 2k) c_{j-1,m}$$

说明 j 尺度空间的尺度系数 $c_{j,k}$ 和小波系数 $d_{j,k}$ 可由 $j-1$ 尺度空间的尺度系数 $c_{j-1,m}$ 经滤波器系数 $h_0(n)$ 和 $h_1(n)$ 加权求和得到。将 V_j 空间尺度系数 $c_{j,k}$ 进一步分解下去，可分别得到 V_{j+1} 和 W_{j+1} 空间的尺度系数 $c_{j+1,k}$ 和小波系数 $d_{j+1,k}$，这种小波变换的快速算法就称为 MALLAT 算法。

用类似的思路可递推信号重建过程，根据所得到的尺度系数和小波系数的重建公式为：

$$c_{j-1,m} = \sum_k c_{j,k} h_0(m - 2k) + \sum_k d_{j,k} h_1(m - 2k)$$

3. 二维MALLAT算法

在进行图像处理时要用到二维小波变换，目前研究中主要以可分离小波为主，设 $f_{j+1}(x,y) \in L^2(R^2)$，令 $V_j^2 (j \in Z)$ 是 $L^2(R^2)$ 的可分离多分辨分析，并令 $\phi(x,y) = \phi(x)\phi(y)$ 是相应的二维尺度函数，$\psi(x)$ 是与尺度函数对应的一维标准正交小波。若定义 3 个"二维小波"：

$$\begin{cases} \psi^H(x,y) = \phi(x)\psi(y) \\ \psi^V(x,y) = \psi(x)\phi(y) \\ \psi^D(x,y) = \psi(x)\psi(y) \end{cases}$$

分别是 $L^2(R^2)$ 内的标准正交基，则类似一维正交多分辨分析的推导，有

$$f_{j+1}(x,y) = \sum_{k,m} c_{k,m}^{j+1} \varphi_{j,k,m} = \sum_{k,m} c_{k,m}^j \varphi_{j,k,m} + \sum_{k,m} d_{k,m}^{j,1} \psi_{j,k,m}^H + \sum_{k,m} d_{k,m}^{j,2} \psi_{j,k,m}^V + \sum_{k,m} d_{k,m}^{j,3} \psi_{j,k,m}^D$$

利用尺度函数和小波函数的正交性得分解算法：

$$\begin{cases} c_{k,m}^j = \sum_{l,n} h_{l-2k} h_{n-2m} c_{l,n}^{j+1} \\ d_{k,m}^{j,1} = \sum_{l,n} h_{l-2k} g_{n-2m} c_{l,n}^{j+1} \\ d_{k,m}^{j,2} = \sum_{l,n} g_{l-2k} h_{n-2m} c_{l,n}^{j+1} \\ d_{k,m}^{j,3} = \sum_{l,n} g_{l-2k} g_{n-2m} c_{l,n}^{j+1} \end{cases}$$

重构算法：

$$c_{k,m}^{j+1} = \sum_{l,n} h_{k-2l} h_{m-2n} c_{l,n}^j + \sum_{l,n} h_{k-2l} g_{m-2n} d_{l,n}^{j,1} + \sum_{l,n} g_{k-2l} h_{m-2n} d_{l,n}^{j,2} + \sum_{l,n} g_{k-2l} g_{m-2n} d_{l,n}^{j,3}$$

如图 13.1 所示为二维 MALLAT 算法的滤波器组表示。

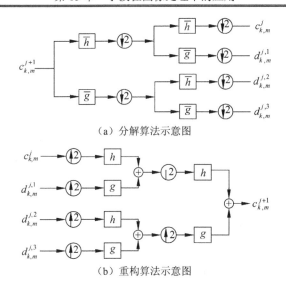

（a）分解算法示意图

（b）重构算法示意图

图 13.1 二维 MALLAT 小波分解和重构算法示意图

对图 13.1 所示的二维小波分解与重构算法，利用其可分离特性，在算法实现时分别先对行进行一维小波变换，然后再对按行变换后的数据按列进行一维小波变换来完成。从滤波器角度来说，一维小波变换就是把信号通过低频和高频滤波器分解为近似系数和细节系数两部分，而对于二维小波变换它是对图像数据在两个维度上作用两次滤波，这样得到了如下四组系数 $[cA_j, cD_j^H, cD_j^V, cD_j^D]$。其中，第 j 层的近似系数 cA_j 是在两个维度作用低通滤波器得到的；第 j 层的细节参数的水平分量 cD_j^H 是在横向经过低通滤波器，纵向作用高通滤波器得到的；第 j 层的细节参数的垂直分量 cD_j^V 是在横向经过高通滤波器，纵向作用低通滤波器 cD_j^V 得到的；第 j 层的细节参数的对角分量 cD_j^D 是在两个维度都作用高通滤波器得到的系数。所以对于一个二维信号在第 j 层的小波分解系数为 $[cA_j, cD_j, ..., cD_1]$，而对于 cD_k 来说它的基本结构是 $[cD_j^{(H)}, cD_j^{(V)}, cD_j^{(D)}]$。

13.2 与图像相关的小波变换工具箱简介

在 MATLAB 中，没有提供专门的小波图像处理工具箱，而是将与图像有关的小波变换函数及操作放在小波变换工具箱（Wavelet Toolbox 4.5）中。本节主要介绍与图像有关的小波变换工具箱中的函数及相关知识。

13.2.1 小波变换工具箱支持的图像类型

从数学角度来说，图像可以看成是离散的二元函数的取样；而在 MATLAB 中，它是最基本的数据类型矩阵，也可以看做是二元函数，因此很自然地将数值矩阵和图像建立关联。举例来说，如果一幅图像 $f(x, y)$，用矩阵 I 来表示，那么对于图像 $f(x, y)$ 中某一个特定像素点来说，可以通过矩阵的下标来获取，如 $I(i, j)$ 描述的图像 $f(x, y)$ 的第 i 行第 j 列的像素对应的值。

在 MATLAB 中索引图像数据包括图像矩阵 X 与颜色图数组 map，其中颜色图数组 map 是按图像中颜色值进行排序后的数组。对于每个像素，图像矩阵 X 包含一个值，这个值就是颜色图数组 map 中的索引。颜色图数组 map 为 $m \times 3$ 的双精度矩阵，各行分别指定红、绿、蓝（R、G、B）单色值，map=[RGB],R、G、B 为值域为[0,1]的实数值，m 为索引图像包含的像素个数。例如，在 MATLAB 命令行输入：

```
load clown
```

语句执行后，工作空间产生与该图像数据有关的矩阵 X 和 map，其中 X 为图像矩阵，map 为颜色图数组，X 矩阵大小与导入图像 clown 大小相等。例如，X(64,18)的值是 41，描述的图像 clown 中的位置是(64,18)像素的颜色值 map(41,:)。

在小波变换工具箱中只支持具有线性单调颜色图的索引图像，通常来说，颜色索引图像的颜色图不是线性单调的，所以在进行小波分解之前，需要将其先转换成合适的灰度图像。这里可以直接调用 MATLAB 提供的图像类型转换函数 rgb2gray()，也可以通过分离索引图像中 RGB 颜色重新定义灰度级。

【例 13-1】 实现 RGB 图像到灰度图像的转换，其具体实现的 MATLAB 代码如下：

```
close all; clear all; clc;              %关闭所有图形窗口，清除工作空间所有变量，清空命令行
[X,map]=imread('trees.tif');           %读入图像
R=map(X+1,1);R=reshape(R,size(X));     %获取图像 R 信息
G=map(X+1,2);G=reshape(G,size(X));     %获取图像 G 信息
B=map(X+1,3);B=reshape(B,size(X));     %获取图像 B 信息
Xrgb=0.2990*R+0.5870*G+0.1140*B;       %将 RGB 混合成单通道
n=64                                   %设置灰度级
X1=round(Xrgb*(n-1))+1;                %将单通道颜色信息，转换成 64 灰度级
map2=gray(n);
figure(1),                             %显示处理以后结果
image(X1); colormap(map2);
```

程序执行，运行结果如图 13.2 所示。程序中，首先读入彩色图像并获取图像矩阵 X 和颜色映射图 map；然后分别获取 RGB 信息，并利用函数 reshape()建立 R、G、B 矩阵，根据标准感知算法将 RGB 信息混合成单通道信息；定义要转换的灰度级，然后显示原彩色索引图像和处理后灰度尺度图像。

图 13.2 【例 13-1】运行结果

13.2.2　小波变换工具箱提供的母小波

对于同一图像，采用不同的母小波进行小波变换，其得到的结果差别很大。因此，如何选择母小波一直是小波变换工程应用领域的研究热点。MATLAB 小波变换工具箱中提供了多个母小波族函数如表 13.1 所示，这些母小波函数具有不同特点，用户应根据工程应用的需求，选择不同母小波函数。

表 13.1　小波变换工具箱提供的母小波

小波家族名称	'wname'简称
Haar wavelet	'haar'
Daubechies wavelets	'db'
Symlets	'sym'
Coiflets	'coif'
Biorthogonal wavelets	'bior'
Reverse biorthogonal wavelets	'rbio'
Meyer wavelet	'meyr'
Discrete approximation of Meyer wavelet	'dmey'
Gaussian wavelets	'gaus'
Mexican hat wavelet	'mexh'
Morlet wavelet	'morl'
Complex Gaussian wavelets	'cgau'
Shannon wavelets	'shan'
Frequency B-Spline wavelets	'fbsp'
Complex Morlet wavelets	'cmor'

具体代表的母小波特点如下。

❑ Haar 小波的优点是它是唯一一个具有对称性的紧支正交实数小波，支撑长度为 1，用它做小波变换的话，计算量很小。它的缺点就是光滑性太差，用它重构的信号，会出现"锯齿"现象。

❑ Marr 小波和 Morlet 小波的优点是具有清晰的函数表达式，且具有对称性，但是它们的尺度函数不存在，不具有正交性，不能够对分解后的信号进行重构。

❑ Meyer 小波是在频率域定义的紧支撑正交对称小波，无穷次连续可微，有无穷阶消失矩，这都是它的优势。但这种小波没有快速算法，这就会影响计算速度，从处理速度方面考虑，一边不采用 Meyer 小波。

❑ Biorthogonal 小波系是一类具有对称性的紧支双正交小波，但该小波系中的各小波基不具有正交性，只具有双正交性，所以比起具有同样消失矩阶数的正交小波来说，计算的简便性和计算时间可能会受到影响，应用时要合理选择滤波器的长度。

❑ Daubechies 小波系是一类紧支正交小波，通常表示为 dbN 的形式，中 N 对应了小波函数的消失矩的阶数，且支撑长度为 $2N–1$，正则性随着 N 的增加而增加，但该类小波对称性很差，导致信号在分解与重构时相位失真严重。

❑ Symlet 小波系是近似对称的一类紧支正交小波函数，它具有 Daubechies 小波系的一切良好特性，而在对称性方面的改进，又使得该小波系在处理信号时可以很大程度的避免不必要的失真。

❑ Coiflet 小波系也是一类具有近似对称性的紧支正交小波。消失距为 N 时支撑长度为 $6N–1$，而且 coifN 小波比 symN 小波的对称性要好一些。但需要注意的是，这是以支撑长度的大幅度增加为代价的。

在 MATLAB 中提供了一些了解小波信息的函数。

1. 小波家族函数waveletfamilies()

❑ waveletfamilies 或 waveletfamilies('f')：该函数返回 MATLAB 中所有可用的小波家族名称。

❑ waveletfamilies('n')：该函数返回 MATLAB 中所有可用的小波家族名称及成员小波的名称。

❑ waveletfamilies('a')：该函数返回在 MATLAB 中所有可用的小波家族名称、成员小波的名称及其特性。

如在 MATLAB 命令行输入：

```
Waveletfamilies
```

回车后，运行结果为：

```
================================
Haar                    haar
Daubechies              db
Symlets                 sym
Coiflets                coif
BiorSplines             bior
ReverseBior             rbio
Meyer                   meyr
DMeyer                  dmey
Gaussian                gaus
Mexican_hat             mexh
Morlet                  morl
Complex Gaussian        cgau
Shannon                 shan
Frequency B-Spline      fbsp
Complex Morlet          cmor
================================
```

结果中返回 MATLAB 中提供小波家族名称及其对应的简称。

如在 MATLAB 命令行输入：

```
waveletfamilies('n')
```

回车后，运行结果为：

```
================================
Haar                    haar
================================
Daubechies              db
--------------------------------
db1 db2 db3 db4
db5 db6 db7 db8
```

```
db9  db10    db**
=================================
Symlets                sym
---------------------------------
sym2 sym3   sym4    sym5
sym6 sym7   sym8    sym**
=================================
Coiflets               coif
---------------------------------
coif1   coif2   coif3   coif4
coif5
=================================
BiorSplines            bior
---------------------------------
bior1.1 bior1.3 bior1.5 bior2.2
bior2.4 bior2.6 bior2.8 bior3.1
bior3.3 bior3.5 bior3.7 bior3.9
bior4.4 bior5.5 bior6.8
=================================
ReverseBior            rbio
---------------------------------
rbio1.1 rbio1.3 rbio1.5 rbio2.2
rbio2.4 rbio2.6 rbio2.8 rbio3.1
rbio3.3 rbio3.5 rbio3.7 rbio3.9
rbio4.4 rbio5.5 rbio6.8
=================================
Meyer                  meyr
=================================
DMeyer                 dmey
=================================
Gaussian               gaus
---------------------------------
gaus1    gaus2    gaus3    gaus4
gaus5    gaus6    gaus7    gaus8
gaus**
=================================
Mexican_hat            mexh
=================================
Morlet                 morl
=================================
Complex Gaussian       cgau
---------------------------------
cgau1   cgau2   cgau3   cgau4
cgau5   cgau**
=================================
Shannon                shan
---------------------------------
shan1-1.5   shan1-1 shan1-0.5   shan1-0.1
shan2-3 shan**
=================================
Frequency B-Spline     fbsp
---------------------------------
fbsp1-1-1.5 fbsp1-1-1   fbsp1-1-0.5 fbsp2-1-1
fbsp2-1-0.5 fbsp2-1-0.1 fbsp**
=================================
Complex Morlet         cmor
---------------------------------
cmor1-1.5   cmor1-1 cmor1-0.5   cmor1-1
cmor1-0.5   cmor1-0.1   cmor**
=================================
```

结果返回除了家族函数名称和简称外，还提供每个小波家族成员的小波名称。

2. 小波函数信息查询函数waveinfo()

❑ waveinfo('wname')：该函数返回名为'wname'的小波家族的具体信息。
如在 MATLAB 命令行输入：

```
waveinfo('db')
```

回车后，运行结果为：

```
Information on Daubechies wavelets.
  Daubechies Wavelets

 General characteristics: Compactly supported
 wavelets with extremal phase and highest
 number of vanishing moments for a given
 support width. Associated scaling filters are
 minimum-phase filters.

 Family                 Daubechies
 Short name             db
 Order N                N strictly positive integer
 Examples               db1 or haar, db4, db15
 Orthogonal             yes
 Biorthogonal           yes
 Compact support        yes
 DWT                    possible
 CWT                    possible
 Support width          2N-1
 Filters length         2N
 Regularity             about 0.2 N for large N
 Symmetry               far from
 Number of vanishing
 moments for psi        N
 Reference: I. Daubechies,
 Ten lectures on wavelets,
 CBMS, SIAM, 61, 1994, 194-202.
```

返回结果是对应的小波族名称（Daubechies Wavelets）、特点（General characteristics）、小波家族名（Family）、缩写（Short name）、阶数（Order N）、调用例子（Examples）、正交与非（Orthogonal）、双正交与否（Biorthogonal）、紧支性（Compact support）、是否可以进行离散小波变换（DWT）、连续小波变换（CWT）、支持长度（Support width）、滤波器长度（Filters length）、规则性（Regularity）、对称性（Symmetry）和消失矩的阶数（Number of vanishing moments for psi），最后给出详细的参考文献（Reference）。

3. 小波函数和尺度函数wavefun()

❑ [PHI,PSI,XVAL] = wavefun('wname',ITER)：该函数返回名为'wname'的正交小波的小波函数和尺度函数；XVAL 表示横坐标采样点，PHI 为对应采样点的尺度函数纵坐标，PSI 为对应采样点的小波函数，ITER 确定小波函数和尺度采样点数为2^ITER 个，默认取 8，即默认采 256 点。

❑ [PHI1,PSI1,PHI2,PSI2,XVAL] = wavefun('wname',ITER)：该函数返回名为'wname'的双正交小波的小波函数，以及尺度函数的分解结构（PHI1,PSI1）和重构结构

（PHI2,PSI2）。

4．小波滤波器函数wfilters()，其常用的调用格式：

☐ [LO_D,HI_D,LO_R,HI_R] = WFILTERS('wname')：该函数返回与母小波'wname'相关的 4 个滤波器；其中，LO_D 和 HI_D 分别表示分解低通滤波器和分解高通滤波器，LO_R 和 HI_R 表示重构低通滤波器和高通滤波器。

☐ [F1,F2] = WFILTERS('wname','type')：该函数根据'type'取值返回不同滤波器结构，如'type'取值为'd'，则返回分解低通滤波器 LO_D 和分解高通滤波器 HI_D；如'type'取值为'd'，则返回重构低通滤波器 LO_R 和重构高通滤波器 HI_R；如'type'取值为'l'，则返回分解低通滤波器 LO_D 和重构低通滤波器 LO_R；如'type'取值为'h'，则返回分解高通滤波器 HI_D 和重构高通滤波器 HI_R。

【例 13-2】 观察母小波 sym4 的尺度函数、小波函数及滤波器，其具体实现的 MATLAB 代码如下：

```
close all; clear all; clc;              %关闭所有图形窗口，清除工作空间所有变量，清空命令行
[phi,psi,xval]=wavefun('sym4',10);                  %得到 sym4 的尺度函数和小波函数
figure,
subplot(121);plot(xval,phi,'k');              %显示尺度函数
axis([0 8 -0.5 1.3]);
axis square;
subplot(122); plot(xval,psi,'k');              %显示小波函数
axis([0 8 -1.5 1.6]);
axis square;
[lo_d,hi_d,lo_r,hi_r]=wfilters('sym4');             %得到 sym4 的相关滤波器
figure,                                        %显示相关滤波器
subplot(121);stem(lo_d,'.k');
subplot(122);stem(hi_d,'.k');
figure,
subplot(121);stem(lo_r,'.k');
subplot(122);stem(hi_r,'.k');
```

程序执行，运行结果如图 13.3 所示。程序中，首先调用函数 wavefun()，返回母小波 sym4 的尺度函数 phi 和尺度函数 psi 并显示；然后调用函数 wfilters()，返回与母小波 sym4 相关的滤波器并显示。

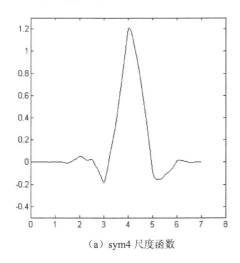

（a）sym4 尺度函数

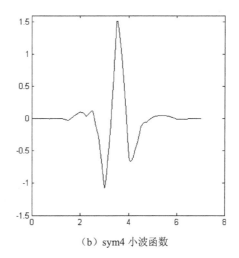

（b）sym4 小波函数

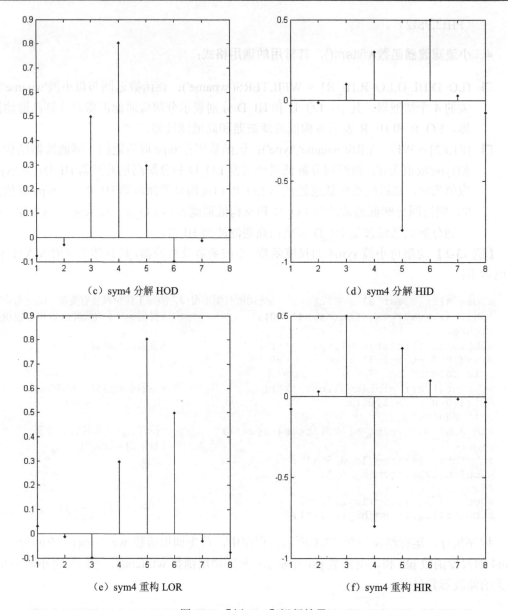

（c）sym4 分解 HOD （d）sym4 分解 HID

（e）sym4 重构 LOR （f）sym4 重构 HIR

图 13.3 【例 13-2】运行结果

5. 二维小波函数和尺度函数wavefun2()，只适合正交小波。

❑ [S,W1,W2,W3,XYVAL]=wavefun2('wname',ITER)：该函数返回正交小波'wname'从一维小波尺度函数和小波函数的张量积而得到的尺度函数 S 和三个小波函数 W1、W2、W3。其中，尺度函数 S 是(PHI,PSI)的张量积，小波函数 W1、W2、W3 分别是(PHI,PSI)、(PSI,PHI)、(PSI,PSI)的张量积；XYVAL 是从(XVAL,XVAL)张量积获得 2^ITER*2^ITER 二维网格。

❑ [S,W1,W2,W3,XYVAL] = wavefun2('wname',ITER,'plot')：该函数实现计算和绘制二维尺度函数和小波函数，参数含义与[S,W1,W2,W3,XYVAL] = wavefun2('wname', ITER)调用格式相同。

❏ [S,W1,W2,W3,XYVAL] = wavefun2('wname',A,B)：该函数相当于[S,W1,W2,W3, XYVAL] = wavefun2('wname',max(A,B))，其中，A、B 是正整数。

【例 13-3】 利用函数 wavefun2()计算并显示二维小波函数和尺度函数，其具体实现的 MATLAB 代码如下：

```
close all; clear all; clc;  %关闭所有图形窗口，清除工作空间所有变量，清空命令行
set(0,'defaultFigurePosition',[100,100,1000,500]);
                            %修改图形图像位置的默认设置
set(0,'defaultFigureColor',[1 1 1])
iter = 4;                   %设置采样点数
wav1 = 'db4';               %设置小波
wav2 = 'bior1.3';
[s,w1,w2,w3,xyval] = wavefun2(wav1,iter,'plot');        %计算二维小波并显示
[s1,w11,w21,w31,xyval1] = wavefun2(wav2,iter,'plot');
```

程序执行，运行结果如图 13.4（a）所示。程序中，首先设置图形窗口的位置和颜色，然后设置小波和采样点数，最后采样函数 wavefun2()实现两种小波'db4'、'bior1.3'的二维小波函数及尺度函数的计算和绘制。由于'bior1.3'非正交小波，所以运行时在命令行提示错误如图 13.4（b）所示。

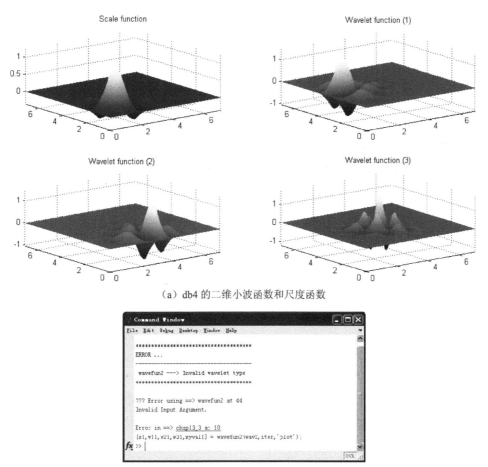

（a）db4 的二维小波函数和尺度函数

（b）bior1.3 的调用函数 wavefun2()的运行结果

图 13.4 【例 13-3】运行结果

6. 小波分解最大尺度函数wmaxlev()

❑ L = wmaxlev(S,'wname')：该函数返回信号或图像 S 使用小波'wname'分解的最大层数 L。

【例 13-4】 利用函数 wmaxlev()计算信号或数值矩阵的最大小波分解尺度，其具体实现的 MATLAB 代码如下：

```
close all; clear all; clc;  %关闭所有图形窗口，清除工作空间所有变量，清空命令行
s1=2^8;                               %设置分解信号、数值向量、数值矩阵
s2=[2^8 2^7];
s3=[2^9 2^7;2^9 2^7];
w1='db1';                             %设置分解采用的小波
w2='db2';
disp('一维信号 s1 采用 db1 的最大分解层数 L1')    %计算并显示最大分解层数
L1=wmaxlev(s1,w1)
disp('数值向量 s2 采用 db1 的最大分解层数 L2')
L2=wmaxlev(s2,w1)
disp('数值矩阵 s3 采用 db1 的最大分解层数 L3')
L3=wmaxlev(s3,w1)
disp('数值矩阵 s3 采用 db7 的最大分解层数 L4')
L4=wmaxlev(s3,w2)
```

程序执行，在 MATLAB 命令行返回的结果如下：

```
一维信号 s1 采用 db1 的最大分解层数 L1
L1 =
     8
数值向量 s2 采用 db1 的最大分解层数 L2
L2 =
     7
数值矩阵 s3 采用 db1 的最大分解层数 L3
L3 =
     9     7
数值矩阵 s3 采用 db7 的最大分解层数 L4
L4 =
     7     5
```

程序中，首先设置待分解的信号 s1、数值向量 s2 和数值矩阵 s3 及选择小波函数 db1、db2，然后利用函数 wmaxlev()分别计算最大分解层数，同时还比较了同一数值矩阵 s3 对不同小波最大分解层数的差异。用户根据此例体会不同类型数据小波分解层数的差异及不同小波对分解层数的影响。

13.2.3　与图像处理有关的小波变换函数

MATLAB 小波变换工具箱中与图像处理有关的小波变换函数，大体上分为 3 类，二维小波变换分解函数、二维小波变换重构函数和二维小波分解结构应用函数。这些的函数名称及其调用格式如下：

1. 单层二维离散小波分解函数dwt2()

❑ [cA,cH,cV,cD]=dwt2(X,'wname')：该函数是指利用母小波函数'wname'对图像矩阵 X

进行二维离散小波分解，计算返回图像 X 的近似系数矩阵 cA，细节系数矩阵的水平分量 cH、垂直分量 cV 以及对角分量 CD，'wname'为母小波名称，可从表 13.1 中选择。

❑ [cA,cH,cV,cD]=dwt2(X,Lo_D,Hi_D)：该函数基于指定的小波分解滤波器 Lo_D 和 Hi_D 进行二维离散小波分解，其中 Lo_D 为低通分解滤波器，Hi_D 为高通分解滤波器，且它们长度相等。计算返回图像 X 近似系数矩阵 cA，细节系数矩阵的水平分量 cH、垂直分量 cV 及对角分量 CD。

2. 多层二维离散小波分解函数wavedec2()

❑ [C,S]=wavedec2(X,N,'wname')：该函数是指利用母小波'wname'对于图像矩阵 X 的在第 N 层进行二维离散小波分解，其中 N 取值为正整数；返回结果为分解系数矩阵 C 和相应分解系数的长度矢量矩阵 S。

❑ [C,S]=wavedec2(X,N,Lo_D,Hi_D)：该函数是指基于指定的滤波器 Lo_D 和 Hi_D，对图像矩阵 X 在第 N 层进行二维离散小波分解，结果仍然返回小波的分解系数矩阵 C 和相应的分解系数的长度矩阵 S。

函数 wavedec2()的两种调用方格式中返回的，分解系数矩阵 C 的结构：

$$C = [A(N) | H(N) | V(N) | D(N) | H(N-1) | V(N-1) | D(N-1) | \cdots | H(1) | V(1) | D(1)]$$

其中 A、H、V、D 分别是行向量对应图像矩阵 X 的近似系数、细节系数矩阵的水平分量、垂直分量及对角分量。A(N)代表第 N 层低频系数，H(N)|V(N)|D(N)代表第 N 层高频系数，分别是水平、垂直、对角高频，依次类推到 H(1)|V(1)|D(1)。

相应的分解系数长度矩阵 S 的结构：S(1,:)是 A(N)的长度（其实是 A(N)的原矩阵的行数和列数）；S(2,:)是 H(N)|V(N)|D(N)|的长度；S(3,:)是 H(N-1)|V(N-1)|D(N-1)的长度；S(N+1,:)即倒数第二行是 H(1)|V(1)|D(1)长度；S(N+2,:)是即倒数第一行是 X 的长度(大小)。

3. 单层二维离散小波逆变换函数（又叫重构函数）idwt2()

❑ X=idwt2(cA,cH,cV,cD,'wname')：该函数是利用指定母小波'wname'实现单层图像矩阵的重构，输入参数 cA 表示近似系数矩阵，cH、cV、cD 分别表示细节系数的水平、垂直及对角矩阵，计算返回结果为重构的图像矩阵 X。

❑ X=idwt2(cA,cH,cV,cD,Lo_R,Hi_R)：该函数是指利用指定的滤波器 Lo_R 和 Hi_R 及输入的近似系数矩阵 cA，细节系数的水平、垂直及对角矩阵 cH、cV、cD，实现单层图像矩阵的重构，计算返回结果为重构的图像矩阵 X。

❑ X=idwt2(cA,cH,cV,cD,'wname',S)：该函数与 X=idwt2(cA,cH,cV,cD,'wname')相似，结果返回中心附近的 S 个数据点。

❑ X=idwt2(cA,cH,cV,cD,Lo_R,Hi_R,S)：该函数与 X=idwt2(cA,cH,cV,cD,Lo_R,Hi_R) 相似，结果返回中心附近的 S 个数据点。

4. 多层二维离散小波逆变换函数（又叫重构函数）wavedec2()

❑ X = waverec2(C,S,'wname')：该函数是利用指定母小波'wname'实现多层图像矩阵的二维离散逆小波变换（即图像重构），C 和 S 分别表示小波的分解系数矩阵、相应的分解系数的长度矩阵，同函数 wavedec2()中 C 和 S 的定义是一样，结果返回

给图像矩阵 **X**。

❏ X = waverec2(C,S,Lo_R,Hi_R)：该函数是利用指定滤波器 Lo_D 和 Hi_D 实现多层
图像矩阵的二维离散逆小波变换（即图像重构），结果返回给图像矩阵 **X**。

5. 对指定某一层进行二维离散小波逆变换函数（又叫重构函数）wrcoef2()

❏ X = wrcoef2('type',C,S,'wname',N)或 wrcoef2('type',C,S,'wname')：该函数是利用指定
母小波'wname' 对用多层小波分解函数得到 C 和 S 重构第 N 层的分解图像；'type'
描述的是重构类型，取值'a'意味着重构图像的近似系数，取值'h'意味着重构图像细
节系数的水平分量，取值'v'意味着重构图像细节系数的垂直分量，取值'h'意味着重
构图像细节系数的对角分量，N 的取值范围 1~size(S,1)-2，N 缺省的情况下取值为
size(S,1)-2。

❏ X = wrcoef2('type',C,S,Lo_R,Hi_R,N)或 wrcoef2('type',C,S,Lo_R,Hi_R)：该函数是指
利用指定的滤波器 Lo_R 和 Hi_R 对用多层小波分解函数得到 C 和 S 重构第 N 层
的分解图像；其中，'type'及 N 的取值与 X = wrcoef2('type',C,S,'wname',N)的调用方
式相同。

6. 直接进行二维离散小波逆变换函数（又叫重构函数）upcoef2()

❏ Y = upcoef2(O,X,'wname',N,S)：该函数是利用母小波函数'wname'对系数矩阵 **X** 在
中心附近的 S 个数据点进行第 N 层重构，具体重构系数由 O 来决定；O 的取值为
字符串，如取'a'则重构图像的第 N 的近似系数；如取'h'、'v'或'd'则重构的是图像细
节系数的水平分量、垂直分量及对角分量，N 是正整数对指定第几层重构。

❏ Y=upcoef2(O,X,Lo_R,Hi_R,N,S)：该函数是指利用指定低通滤波器 Lo_R 和高通滤
波器 Hi_R 对图像矩阵 **X** 的在中心点附近 S 处对第 N 层进行近似分量或细节分量
重构。具体重构分量由 O 来决定，其他取值同 Y = upcoef2(O,X,'wname',N,S)。

❏ Y = upcoef2(O,X,'wname',N)：该函数同 Y = upcoef2(O,X,'wname',N,S)类似，参数定
义取值相同，不同之处在于对计算结果进行截断。

❏ Y = upcoef2(O,X,Lo_R,Hi_R,N)：该函数同 Y = upcoef2(O,X,Lo_R,Hi_R,N,S)类似，
参数定义取值相同，不同之处在于不对中心点附近的 S 个数据进行截断。

❏ Y = upcoef2(O,X,'wname')：该函数等价于 Y = upcoef2(O,X,'wname',1)。

❏ Y = upcoef2(O,X,Lo_R,Hi_R)：该函数等价于 Y = upcoef2(O,X,Lo_R,Hi_R,1)。

7. 提取二维小波变换的细节系数detcoef2()

❏ D = detcoef2(O,C,S,N)：该函数利用函数 wavedec2()产生的多层小波分解结构 C 和
S 来提取图像第 N 层的细节系数。具体重构的细节系数由 O 来决定；O 的取值为
字符串，取'h'、'v'或'd'分别重构的是图像细节系数的水平分量、垂直分量及对角
分量。

8. 提取二维小波变换的近似系数appcoef2()

❏ A = appcoef2(C,S,'wname',N)：该函数是通过指定母小波 'wname'，利用函数

wavedec2()产生的多层小波分解结构 C 和 S 来提取图像的第 N 层近似系数。

❑ A = appcoef2(C,S,'wname')：该函数等价于 A = appcoef2(C,S,'wname', size(S,1)-2)，相当于提取利用函数 wavedec2()产生的多层小波分解结构 C 和 S，来提取图像最后一层的近似系数。

❑ A = appcoef2(C,S,Lo_R,Hi_R,N)：该函数是指使用指定的重构低通滤波器 Lo_R 和高通滤波器 Hi_R，利用函数 wavedec2()产生的多层小波分解结构 C 和 S 来提取图像第 N 层近似系数。

❑ A = appcoef2(C,S,Lo_R,Hi_R)：该函数等价于 A = appcoef2(C,S, Lo_R,Hi_R, size(S,1)-2)，相当于提取利用函数 wavedec2()产生的多层小波分解结构 C 和 S，来提取图像最后一层的近似系数。

9. 实现二维小波变换的单层重构upwlev2()

❑ [NC,NS,cA] = upwlev2(C,S,'wname')：该函数是指通过指定的母小波函数'wname'，利用函数 wavedec2()产生的多层小波分解结构 C、S 重构上一层分解结构 NC、NS，同时返回上一层近似系数 cA。

❑ [NC,NS,cA] = upwlev2(C,S,Lo_R,Hi_R)：该函数是指通过指定的重构低通滤波器 Lo_R 和高通滤波器 Hi_R，利用函数 wavedec2()产生的多层小波分解结构 C、S 重构上一层分解结构 NC、NS，同时返回上一层近似系数 cA。

上述这 9 个函数是 MATLAB 小波处理工具箱中与图像有关的小波分析函数，下面通过举例方式具体说明这些参数的调用格式。

【例 13-5】　利用函数 dwt2()实现图像单层小波分解及显示，其具体实现的 MATLAB 代码如下：

```
close all; clear all; clc;        %关闭所有图形窗口，清除工作空间所有变量，清空命令行
X=imread('girl.bmp');                          %读取图像
X=rgb2gray(X);                                 %转换图像数据类型
[ca1,chd1,cvd1,cdd1] = dwt2(X,'bior3.7');
figure,                                        %显示小波变换各个分量
subplot(141);
imshow(uint8(ca1));
subplot(1,4,2);
imshow(chd1);
subplot(1,4,3);
imshow(cvd1);
subplot(1,4,4);
imshow(cdd1);                                  %显示原图和小波变换分量组合图像
figure,
subplot(121),imshow(X);
subplot(122),imshow([ca1,chd1;cvd1,cdd1]);
```

程序执行，运行结果如图 13.5 所示。程序中，首先读取 girl 图像，然后通过函数 rgb2gray()将图像进行类型转换，最后调用函数 dwt2()对图像数据 X 进行小波分解并显示分解系数 ca1、chd1、cvd1 和 cdd1。从显示结果看，低频图像与原始图像是非常近似的，而高频部分也可以认为是冗余的噪声部分。分解得到 4 个分量大小是原图像大小的四分之一。

 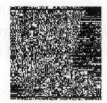  

（a）近似系数 A1　　　（b）水平细节分量 H1　　　（c）垂直细节分量 V1　　　（d）对角细节分量 D1

 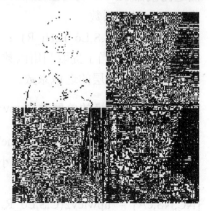

（e）原图像　　　　　　　　　　　　（f）小波分解四个分量合成图像

图 13.5 【例 13-5】运行结果

【例 13-6】 利用函数 idwt2()实现图像的重构并显示，其具体实现的 MATLAB 代码如下：

```
close all; clear all; clc;          %关闭所有图形窗口，清除工作空间所有变量，清空命令行
load woman;                         %读取待处理图像数据
nbcol = size(map,1);                %获取颜色映射表的列数
[cA1,cH1,cV1,cD1] = dwt2(X,'db1');  %对图像数据 X 利用 db1 小波，进行单层图像分解
sX = size(X);                       %获取原图像大小
A0 = idwt2(cA1,cH1,cV1,cD1,'db4',sX);   %用小波分解的第一层系数进行重构
figure,                             %显示处理结果
subplot(131),imshow(uint8(X));
subplot(132),imshow(uint8(A0));
subplot(133),imshow(uint8(X-A0));
```

　　程序执行，运行结果如图 13.6 所示。程序中，首先读取原图像数据 X，利用函数 dwt2()
进行图像分解，利用函数 idwt2()进行单层小波分解系数的重构，最后显示原图像、单层小
波系数重构的图像及它们的差值图像。

（a）原图像　　　　　　（b）利用小波系数重构图像　　　　　（c）差异图像

图 13.6 【例 13-6】运行结果

【例 13-7】 利用函数 wavedec2()实现图像多层小波分解及显示，其具体实现的 MATLAB

代码如下：

```
close all; clear all; clc;    %关闭所有图形窗口，清除工作空间所有变量，清空命令行
load woman;                   %读取图像数据
nbcol=size(map,1);
[c,s]=wavedec2(X,2,'db2');    %采用 db4 小波进行 2 层图像分解
siz=s(size(s,1),:);          %获取原图像矩阵 X 的大小
ca2=appcoef2(c,s,'db2',2);   %提取多层小波分解结构 C 和 S 的第 1 层小波变换的近似系数
chd2=detcoef2('h',c,s,2);
            %利用的多层小波分解结构 C 和 S 来提取图像第 1 层细节系数的水平分量
cvd2=detcoef2('v',c,s,2);
            %利用的多层小波分解结构 C 和 S 来提取图像第 1 层细节系数的垂直分量
cdd2=detcoef2('d',c,s,2);
            %利用的多层小波分解结构 C 和 S 来提取图像第 1 层细节系数的对角分量
chd1=detcoef2('h',c,s,1);
            %利用的多层小波分解结构 C 和 S 来提取图像第 1 层细节系数的水平分量
cvd1=detcoef2('v',c,s,1);
            %利用的多层小波分解结构 C 和 S 来提取图像第 1 层细节系数的垂直分量
cdd1=detcoef2('d',c,s,1);
            %利用的多层小波分解结构 C 和 S 来提取图像第 1 层细节系数的对角分量
ca11=ca2+chd2+cvd2+cdd2;     %叠加重构近似图像
ca1 = appcoef2(c,s,'db4',1); %提取多层小波分解结构 C 和 S 的第 1 层小波变换的近似系数
figure,                      %显示图像结果
subplot(1,4,1); imshow(uint8(wcodemat(ca2,nbcol)));
subplot(1,4,2); imshow(uint8(wcodemat(chd2,nbcol)));
subplot(1,4,3); imshow(uint8(wcodemat(cvd2,nbcol)));
subplot(1,4,4); imshow(uint8(wcodemat(cdd2,nbcol)));
figure
subplot(1,4,1); imshow(uint8(wcodemat(ca11,nbcol)));
subplot(1,4,2); imshow(uint8(wcodemat(chd1,nbcol)));
subplot(1,4,3); imshow(uint8(wcodemat(cvd1,nbcol)));
subplot(1,4,4); imshow(uint8(wcodemat(cdd1,nbcol)));
disp('小波二层分解的近似系数矩阵 ca2 的大小：')        %显示小波分解系数矩阵的大小
ca2_size=s(1,:)
disp('小波二层分解的细节系数矩阵 cd2 的大小：')
cd2_size=s(2,:)
disp('小波一层分解的细节系数矩阵 cd1 的大小：')
cd1_size=s(3,:)
disp('原图像大小：')
X_size=s(4,:)
disp('小波分解系数分量矩阵 c 的长度：')
c_size=length(c)
```

　　程序执行，运行结果如图 13.7 所示。程序中，首先载入待处理图像数据 X，然后利用函数 wavedec2()采用 db2 小波对图像 X 进行 2 层小波分解，同时返回分解系数矩阵 **C** 和系数矩阵对应长度矩阵 **S**，通过函数 appcoef2()和 detcoef2()提取分解得到的各层近似系数和细节系数，并利用二层小波分解后得到 4 个系数矩阵叠加合成一层分解后的近似系数矩阵；通过读取系数矩阵对应的长度矩阵 **S** 获取各层系数矩阵的大小。

（a）近似系数 A2　（b）水平细节分量 H2（c）垂直细节分量 V2（d）对角细节分量 D2

　　（e）重构近似系数 A1　　（f）水平细节分量 H1　　（g）垂直细节分量 V1　　（h）对角细节分量 D1

图 13.7　【例 13-7】运行结果

　　根据系数矩阵 *C* 存放原则，本例中进行的是二层小波分解，所以 C=[ca2|chd2|cvd2| cdd2| chd1| cvd1| cdd1]，其大小刚好是各个系数矩阵按照其大小顺序累加，即 66×66+66×66× 3+129×129×3=67347。各个系数矩阵大小，运行结果返回在 MATLAB 的命令行中：

```
小波二层分解的近似系数矩阵 ca2 的大小：
ca2_size =
            66    66
小波二层分解的细节系数矩阵 cd2 的大小：
cd2_size =
            66    66
小波一层分解的细节系数矩阵 cd1 的大小：
cd1_size =
            129   129
原图像大小：
X_size =
            256   256
小波分解系数分量矩阵 c 的长度：
c_size =
            67347
```

　　根据分解系数矩阵 *C* 和系数矩阵对应长度矩阵 *S* 的关系，也可以提取图像小波分解系数。

　　【例 13-8】　根据函数调用格式[C,S]=wavedec2(X,N,'wname')中返回的 C 和 S，获取小波分解系数，其具体实现的 MATLAB 代码如下：

```
close all; clear all; clc;              %关闭所有图形窗口，清除工作空间所有变量，清空命令行
load woman;                             %读取图像数据
[c,s]=wavedec2(X,2,'db2');              %采用 db4 小波进行 2 层图像分解
nbcol=size(map,1);
s1=s(1,:);
s2=s(3,:);                              %获取小波分解系数矩阵大小
ca2=zeros(s1);                          %初始化分解系数矩阵
chd2=zeros(s1);
cvd2=zeros(s1);
cdd2=zeros(s1);
chd1=zeros(s2);
cvd1=zeros(s2);
cdd1=zeros(s2);
l1=s1(1)*s1(1);
l2=s2(1)*s2(1);
%从分解系数矩阵 C 和长度矩阵 S 中提取细节
ca2=reshape(c(1:l1),s1(1),s1(1));            %提取第 2 层小波变换的近似系数
chd2=reshape(c(l1+1:2*l1),s1(1),s1(1));      %提取图像第 2 层细节系数的水平分量
cvd2=reshape(c(2*l1+1:3*l1),s1(1),s1(1));    %提取图像第 2 层细节系数的垂直分量
```

```
cdd2=reshape(c(3*l1+1:4*l1),s1(1),s1(1));          %提取图像第2层细节系数的对角分量
chd1=reshape(c(4*l1+1:4*l1+l2),s2(1),s2(1));       %提取图像第1层细节系数的水平分量
cvd1=reshape(c(4*l1+l2+1:4*l1+2*l2),s2(1),s2(1))
                                      ;            %提取图像第1层细节系数的垂直分量
cdd1=reshape(c(4*l1+2*l2+1:4*l1+3*l2),s2(1),s2(1));
                                                   %提取图像第1层细节系数的对角分量
%利用函数 appcoef2()和 detcoef2()提取小波分解系数
ca2_1=appcoef2(c,s,'db2',2);                       %提取第2层小波变换的近似系数
chd2_1=detcoef2('h',c,s,2);                        %提取图像第2层细节系数的水平分量
cvd2_1=detcoef2('v',c,s,2);                        %提取图像第2层细节系数的垂直分量
cdd2_1=detcoef2('d',c,s,2);                        %提取图像第2层细节系数的对角分量
chd1_1=detcoef2('h',c,s,1);                        %提取图像第1层细节系数的水平分量
cvd1_1=detcoef2('v',c,s,1);                        %提取图像第1层细节系数的垂直分量
cdd1_1=detcoef2('d',c,s,1);                        %提取图像第1层细节系数的对角分量
disp('比较两种方法获取小波分解系数是否相同：')
disp(' ')
if isequal(ca2,ca2_1)
    disp('      ca2 和 ca2_1 相同')
    disp(' ')
end
if isequal(chd2,chd2_1)
    disp('      chd2 和 chd2_1 相同')
    disp(' ')
end
if isequal(cvd2,cvd2_1)
    disp('      cvd2 和 cvd2_1 相同')
    disp(' ')
end
if isequal(cdd2,cdd2_1)
    disp('      cdd2 和 cdd2_1 相同')
    disp(' ')
end
if isequal(chd1,chd1_1)
    disp('      chd1 和 chd1_1 相同')
    disp(' ')
end
if isequal(cvd1,cvd1_1)
    disp('      cvd1 和 cvd1_1 相同')
    disp(' ')
end
if isequal(cdd1,cdd1_1)
    disp('      cdd1 和 cdd1_1 相同')
    disp(' ')
end
```

程序执行，运行结果如图 13.8 所示。程序中，首先利用函数 wavedec2()的调用格式 [C,S]=wavedec2(X,N,'wname')获取小波的分解系数矩阵 **C**，以及相应的分解系数的长度矩阵 **S**；然后根据系数矩阵的结构 C=[ca2|chd2|cvd2| cdd2| chd1| cvd1| cdd1]和 S 中存放分解系数的方法提取各个分解系数；其中，S(1,:)是 ca2 的长度，S(2,:)是 chd2|cvd2| cdd2|的长度，S(3,:)是 chd1| cvd1| cdd1 的长度，S(4,:)是 X 的长度(大小)；再利用函数 reshape()重组提取的向量转化成矩阵。同时利用函数 appcoef2()和 detcoef2()提取小波分解系数提取小波各层分解系数，最后比较两种方法提取的相应系数矩阵，证明 **C** 和 **S** 结构特点。

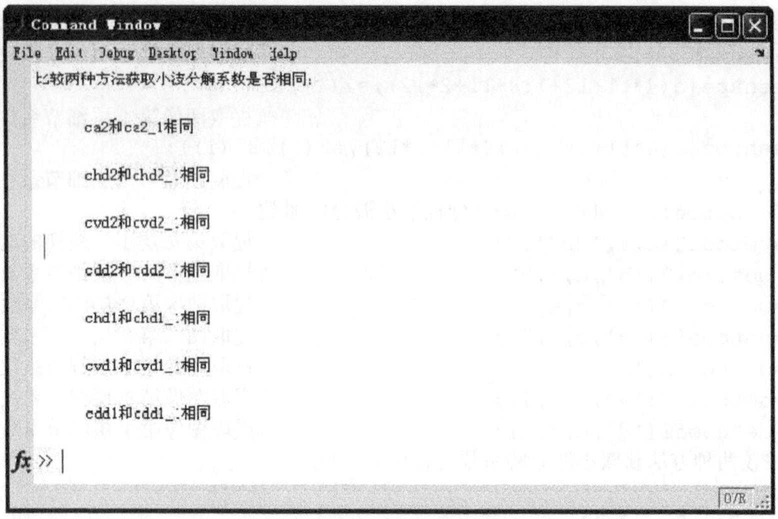

图 13.8　【例 13-8】运行结果

【例 13-9】　利用函数 upcoef2()实现图像多层小波重构及显示，其具体实现的 MATLAB 代码如下：

```
close all; clear all; clc;          %关闭所有图形窗口，清除工作空间所有变量，清空命令行
X=imread('flower.tif');             %读取图像进行 灰度转换
X=rgb2gray(X);
[c,s] =wavedec2(X,2,'db4');         %对图像进行小波 2 层分解
siz=s(size(s,1),:);                 %提取第 2 层小波分解系数矩阵大小
ca2=appcoef2(c,s,'db4',2);          %提取第 1 层小波分解的近似系数
chd2=detcoef2('h',c,s,2);           %提取第 1 层小波分解的细节系数水平分量
cvd2=detcoef2('v',c,s,2);           %提取第 1 层小波分解的细节系数垂直分量
cdd2=detcoef2('d',c,s,2);           %提取第 1 层小波分解的细节系数对角分量
a2=upcoef2('a',ca2,'db4',2,siz);    %利用函数 upcoef2()对提取的第 2 层小波系数进行重构
hd2=upcoef2('h',chd2,'db4',2,siz);
vd2=upcoef2('v',cvd2,'db4',2,siz);
dd2=upcoef2('d',cdd2,'db4',2,siz);
A1=a2+hd2+vd2+dd2;                  %重构第 1 层近似图像
[ca1,ch1,cv1,cd1] = dwt2(X,'db4');  %对图像进行小波单层分解
a1=upcoef2('a',ca1,'db4',1,siz);
                      %利用函数 upcoef2()对提取的第 1 层小波分解系数进行重构
hd1=upcoef2('h',cd1,'db4',1,siz);
vd1=upcoef2('v',cv1,'db4',1,siz);
dd1= upcoef2('d',cd1,'db4',1,siz);
A0=a1+hd1+vd1+dd1;                  %重构原图像
figure,                            %显示处理结果
subplot(141);imshow(uint8(a2));
subplot(142);imshow(hd2);
subplot(143);imshow(vd2);
subplot(144);imshow(dd2);
figure,
subplot(141);imshow(uint8(a1));
subplot(142);imshow(hd1);
subplot(143);imshow(vd1);
subplot(144);imshow(dd1);
figure,
```

```
subplot(131);imshow(X);
subplot(132);imshow(uint8(A0));
subplot(133);imshow(uint8(A1));
```

程序执行，运行结果如图 13.9 所示。程序中，首先读入图像数据 X 并进行图像类型转换，然后利用函数 wavedec2() 进行 2 层小波分解，并利用函数 appcoef2() 和 detcoef2() 提取第 2 层小波分解系数，再利用函数 upcoef2() 对提取 2 层小波系数 ca2、ch2、cv2、cd2 进行重构得到 a2、hd2、vd2、dd2；按照相同的方法，先利用函数 dwt2() 对图像数据进行单层分解，得到小波分解第 1 层分解系数 ca1、ch1、cv1、cd1，再利用函数 upcoef2() 重构 a1、hd1、vd1、dd1，最后利用两种方法重构的图像低频高频分量合成近似图像 A1 和 A0。

（a）重构的 a2　　　　（b）重构的 hd2　　　　（c）重构的 vd2　　　　（d）重构的 dd2

（e）重构的 a1　　　　（f）重构的 hd1　　　　（g）重构的 vd1　　　　（h）重构的 dd1

（i）原图像　　　　　　（j）近似图像 A0　　　　　　（k）近似图像 A1

图 13.9　【例 13-9】运行结果

注：从【例 13-5】到【例 13-9】给出了在 MATLAB 中小波工具箱里提供的一些与二维小波分解有关的函数，这些实例中给出了这些函数的常用调用格式。

总结一下这些函数：

❑　用于小波分解函数：单层分解 dwt2()、多层分解 wavedec2() 以及最大分解层 wmaxlen2()；

❑　用于小波重构函数：单层小波重构 idwt2()、多层小波重构 waverec2()、用于重建小波系数到某一层 wrcoef2() 和用于重建小波系数到上一层 upcoef2()；

❑　用于小波分解系数提取函数有：提取某一层细节系数 detcoef2() 和提取某一层近似系数 appcoef2()。

用户应熟练掌握这些函数的使用方法，并有效结合进行实践应用。

13.3　应用小波图像去噪的 MATLAB 实现

图像在生成或传输过程中常常因受到各种噪声的干扰和影响而使图像的质量下降，对后续的图像处理（如分割、理解等）产生不利影响。因此，图像去噪是图像处理中的一个重要环节。对图像去噪的方法可以分为两类，一种是在空间域内对图像进行去噪，一种是将图像变换到频域进行去噪的处理。小波变换属于在频域内对图像进行处理的一种方法，本节主要介绍基于小波变换图像去噪的基本原理及其在 MATLAB 的实现方法。

13.3.1　小波图像去噪原理

在图像去噪领域，小波变换以其自身良好的时频局部化特性，开辟了用非线性方法去噪的先河。目前，小波图像去噪的方法大概可以分为以下 3 大类。

❑ 基于小波变换模极大值原理。根据图像和噪声在小波变换各尺度上的不同传播特性，剔除由噪声产生的模极大值点，保留图像所对应的模极大值点，然后利用所余模极大值点重构小波系数，进而恢复图像。

❑ 基于小波变换系数的相关性。根据图像和噪声小波变换后的系数相关性进行取舍，然后直接重构图像。

❑ 基于小波阈值的去噪方法。根据图像与噪声在各尺度上的小波系数具有不同特性的特点，按照一定的预定阈值处理小波系数，小于预定阈值的小波系数认为是由噪声引起的，直接置为 0，大于预定阈值的小波系数，认为主要是由图像引起的，直接保留下来（硬阈值法）或将其进行收缩（软阈值法），对得到的估计小波系数进行小波重构就可重建原始图像。本节主要讨论的是小波阈值去噪的方法。

通常来说，基于小波阈值的图像去噪方法可通过以下 3 个步骤实现。

（1）计算含噪图像的正交小波变换。选择合适的小波基和小波分解层数 J，运用 MALLAT 分解算法将含噪图像进行 J 层小波分解，得到相应的小波分解系数。

（2）对分解后的高频系数进行阈值量化。对于从 1 到 J 的每一层，选择一个恰当的阈值和合适的阈值函数将分解得到的高频系数进行阈值量化，得到估计小波系数。

（3）进行小波逆变换。根据图像小波分解后的第 J 层低频系数（尺度系数）和经过阈值量化处理的各层高频系数（小波系数），运用 MALLAT 重构算法进行小波重构，得到去噪后的图像。

在 MATLAB 小波处理工具箱中提供了两种阈值函数。

（1）硬阈值函数

当小波系数的绝对值不小于给定的阈值时，令其保持不变，否则的话，令其为 0，则施加阈值后的估计小波系数 $\tilde{\omega}_{j,k}$ 为

$$\tilde{\omega}_{j,k} = \begin{cases} \omega_{j,k} & \left| \omega_{j,k} \right| > \lambda \\ 0 & \left| \omega_{j,k} \right| \leqslant \lambda \end{cases}$$

（2）软阈值函数

当小波系数的绝对值不小于给定的阈值时，令其减去阈值，否则的话，令其为 0，则

$$\tilde{\omega}_{j,k} = \begin{cases} \text{sgn}(\omega_{j,k}) \cdot \left(\left|\omega_{j,k}\right| - \lambda\right) & \left|\omega_{j,k}\right| > \lambda \\ 0 & \left|\omega_{j,k}\right| \leq \lambda \end{cases}$$

其中，阈值函数中的 $\omega_{j,k}$ 为第 j 尺度下的第 k 个小波系数，$\tilde{\omega}_{j,k}$ 为阈值函数处理后的小波系数，λ 为阈值。

13.3.2　小波图像去噪实现

在 MATLAB 中实现图像的小波去噪，首先要掌握相关的函数。在 MATLAB 中提供了两个和图像去噪相关的函数，它们的名称及调用方式如下：

1.　图像去噪或压缩函数wdencmp()

❑ [XC,CXC,LXC,PERF0,PERFL2]=wdencmp('gbl',X,'wname',N,THR,SORH,KEEPAPP)：该函数返回图像 X 利用指定母小波'wname'经过 N 层分解后，小波系数进行阈值处理后的消噪信号 XC 和信号 XC 的小波分解结构[CXC, LXC]。其中，'gbl'表示每层都采用同一个阈值进行处理，THR 为阈值向量；KEEPAPP 取值为 1 时，则低频系数不进行阈值量化，反之，则低频系数要进行阈值量化；PERF0 表示小波系数中设置为 "0" 的百分比；PERFL2 表示压缩后图像能量的百分比。

❑ [XC,CXC,LXC,PERF0,PERFL2]=wdencmp('1vd',X,'wname',N,THR,SORH) ：该函数返回图像 X 利用指定母小波'wname'经过 N 层分解后，小波系数进行阈值处理后的消噪信号 XC 和图像信号 XC 的小波分解结构[CXC,LXC]，其中'1vd'表示每层用不同的阈值进行处理，N 表示小波分解的层数，THR 为阈值向量且长度为 N；PERF0 和 PERFL2 是恢复和压缩 L^2 的范数百分比。

❑ [XC,CXC,LXC,PERF0,PERFL2]=wdencmp('1vd',C,L,'wname',N,THR,SORH)：该函数同[XC,CXC,LXC,PERF0,PERFL2]=wdencmp('1vd',X,'wname',N,THR,SORH)调用格式相同，所不同的是输入的为小波分解结构[C,L]。

2.　获取图像去噪或压缩阈值选取函数ddencmp()

❑ [THR,SORH,KEEPAPP,CRIT]=ddencmp(IN1,IN2,X)：该函数返回图像的小波、小波包消噪和压缩的阈值选取方案。其中，X 为一维或二维的信号向量或矩阵；IN1 表示处理目的是去噪还是压缩，取值为'den'（为信号消噪）或'cmp'；IN2 表示处理的方式，取值'wv'（使用小波分解）或'wp'（使用小波包分解）；THR 为函数选择的阈值，SORH 为函数选择阈值使用方式；输出参数 KEEPAPP 决定是否对近似分量进行阈值处理，可选为 0 或 1；CRIT 为使用小波包进行分解时所选取的熵函数类型。

❑ [THR,SORH,KEEPAPP]=ddencmp(IN1,'wv',X)：该函数返回图像的小波消噪或压缩的阈值选取方案。参数含义及取值与[THR,SORH,KEEPAPP,CRIT] = ddencmp(IN1, IN2,X)调用格式相同，返回结果可被基于小波的去噪或压缩函数 wdencmp()作为输入使用。

❑ [THR,SORH,KEEPAPP,CRIT]=ddencmp(IN1,'wp',X)：该函数返回自动生成信号或

图像的小波包消噪或数据压缩的阈值选取方案，返回结果可被基于小波包的去噪或压缩函数 wpdencmp()作为输入使用。

3. 二维小波系数阈值去噪函数wthcoef2()

❑ NC=wthcoef2('type',C,S,N,T,SORH)：该函数返回根据小波分解结构[C,S]获得细节系数水平分量、垂直分量及对角分量经过阈值去噪后的系数。其中，'type'表示选取细节参数的哪种分量，取值可以是'h'、'v'及'd'，分别代表细节系数的水平、垂直及对角分量；[C,S]是通过函数 wavedec2()获得小波分解结构；SORH 表示选取的阈值滤波函数，'s'代表软阈值函数和'h'代表硬阈值函数；N 表示进行阈值去噪的小波分解层，取值可以是数值也可以是矩阵；T 为小波阈值。

❑ NC=wthcoef2('type',C,S,N)：该调用格式参数与 NC = wthcoef2('type',C,S,N,T,SORH)调用格式相同。不同的是，结果返回时将第 N 层小波分解的细节参数设置为"0"。

❑ NC=wthcoef2('a',C,S)：该函数根据小波分解结构[C,S]将小波分解近似系数设置为"0"。

❑ NC=wthcoef2('t',C,S,N,T,SORH)：该函数返回根据小波分解结构[C,S]获得细节系数经过阈值去噪后的系数。其中，[C,S]是通过函数 wavedec2()获得小波分解结构；SORH 表示选取的阈值滤波函数，'s'代表软阈值函数和'h'代表硬阈值函数；N 表示进行阈值去噪的小波分解层，取值可以是数值也可以是矩阵；T 为小波阈值。

【例 13-10】 基于小波分解和小波阈值去噪实现图像去噪，其具体实现的 MATLAB 代码如下：

```
close all; clear all; clc;        %关闭所有图形窗口，清除工作空间所有变量，清空命令行
load gatlin2;                     %装载并显示原始图像
init=2055615866;                  %生成含噪图像并显示
randn('seed',init)
XX=X+2*randn(size(X));
[c,l]=wavedec2(XX,2,'sym4');%对图像进行消噪处理,用 sym4 小波函数对 x 进行两层分解
a2=wrcoef2('a',c,l,'sym4',2);     %重构第 2 层图像的近似系数
n=[1,2];                          %设置尺度向量
p=[10.28,24.08];                  %设置阈值向量
nc=wthcoef2('t',c,l,n,p,'s');     %对高频小波系数进行阈值处理
mc=wthcoef2('t',nc,l,n,p,'s');    %再次对高频小波系数进行阈值处理
X2=waverec2(mc,l,'sym4');         %图像的二维小波重构
figure                            %显示原图像及处理以后的结果
colormap(map)
subplot(131),image(XX),axis square;
subplot(132),image(a2),axis square;
subplot(133),image(X2),axis square;
Ps=sum(sum((X-mean(mean(X))).^2));   %计算信噪比
Pn=sum(sum((a2-X).^2));
disp('利用小波 2 层分解去噪的信噪比')
snr1=10*log10(Ps/Pn)
disp('利用小波阈值去噪的信噪比')
Pn1=sum(sum((X2-X).^2));
snr2=10*log10(Ps/Pn1)
```

程序执行，运行结果如图 13.10 所示。程序中，先利用随机函数的方法产生带噪声图像。然后采用两种方式实现图像去噪，一种是基于小波分解，即先利用函数 wavedec2()对

图像进行 2 层小波分解，再利用函数 wrcoef()直接提取第 2 层的近似系数 a2，根据小波分解的滤波器特性，a2 即是原图像经过两次低通滤波后的结果。第二种是基于小波阈值去噪，也是先利用函数 wavedec2()对图像进行 2 层小波分解，然后利用函数 wthcoef2()对图像进行两次高频系数进行阈值去噪，再通过函数 waverec2()实现图像的重构。

（a）含噪声图像

（b）小波分解去噪结果

（c）小波阈值去噪结果

图 13.10　【例 13-10】运行结果

在 MATLAB 命令行返回去噪后图像的信噪比：

```
利用小波 2 层分解去噪的信噪比
snr1 =
    13.1042
利用小波阈值去噪的信噪比
snr2 =
    13.2387
```

从结果来看，基于小波阈值去噪的效果更好一些，同时程序中也分别计算了两种方法的信噪比，进一步说明基于小波阈值去噪的优势。

【例 13-11】 采用不同母小波函数实现图像的小波阈值去噪，其实现的 MATLAB 代码如下：

```
close all; clear all; clc; %关闭所有图形窗口，清除工作空间所有变量，清空命令行
load flujet;                    %装载并显示原始图像
init=2055615866;                %生成含噪声图像并显示
XX=X+8*randn(size(X));
n=[1,2];                        %设置尺度向量
p=[10.28,24.08];                %设置阈值向量
[c,l]=wavedec2(XX,2,'db2');     %用小波函数 db2 对图像 XX 进行 2 层分解
nc=wthcoef2('t',c,l,n,p,'s');   %对高频小波系数进行阈值处理
mc=wthcoef2('t',nc,l,n,p,'s');  %再次对高频小波系数进行阈值处理
X2=waverec2(mc,l,'db2');        %图像的二维小波重构
[c1,l1]=wavedec2(XX,2,'sym4');  %首先用小波函数 sym4 对图像 XX 进行 2 层分解
nc1=wthcoef2('t',c1,l1,n,p,'s'); %对高频小波系数进行阈值处理
mc1=wthcoef2('t',nc1,l1,n,p,'s');%再次对高频小波系数进行阈值处理
X3=waverec2(mc1,l1,'sym4');     %图像的二维小波重构
figure                          %显示原图像及处理以后的结果
colormap(map)
subplot(121);image(X);axis square;
subplot(122);image(XX);axis square;
figure
colormap(map)
subplot(121);image(X2);axis square;
```

```
subplot(122);image(X3);axis square;
Ps=sum(sum((X-mean(mean(X))).^2));              %计算信噪比
Pn=sum(sum((XX-X).^2));
Pn1=sum(sum((X2-X).^2));
Pn2=sum(sum((X3-X).^2));
disp('未处理的含噪声图像信噪比')
snr=10*log10(Ps/Pn)
disp('采用 db2 进行小波去噪的图像信噪比')
snr1=10*log10(Ps/Pn1)
disp('采用 sym4 进行小波去噪的图像信噪比')
snr2=10*log10(Ps/Pn2)
```

　　程序执行，运行结果如图 13.11 所示。程序中，采用基于小波阈值去噪的方法实现图像高频系数的滤波，分别选择了 db2 和 sym4 两种小波基，先对利用函数 wavedec2()进行小波分解，再通过函数 wthcoef2()对图像的高频系数（细节参数）进行滤波，最后通过函数 waverec2()实现图像的重建。

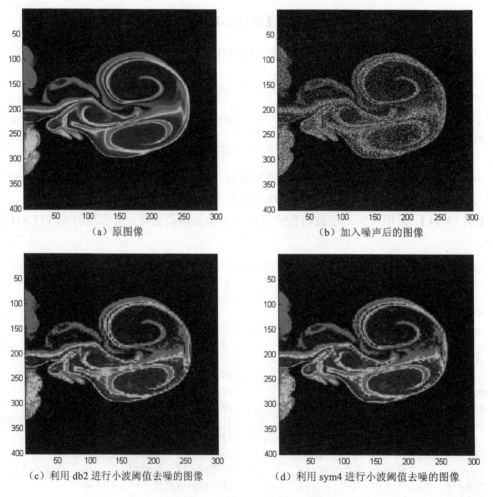

（a）原图像　　　　　　　　　　　　　　（b）加入噪声后的图像

（c）利用 db2 进行小波阈值去噪的图像　　　　（d）利用 sym4 进行小波阈值去噪的图像

图 13.11　【例 13-11】运行结果

计算含噪图像的信噪比，并在 MATLAB 命令行返回：

未处理的含噪声图像信噪比

```
snr =
    6.7310
采用 db2 进行小波去噪的图像信噪比
snr1 =
   16.3303
采用 sym4 进行小波去噪的图像信噪比
snr2 =
   17.0033
```

从实验结果来看，母小波的选择影响图像去噪效果，用户应从实际需求出发，选择合适的母小波。

【例 13-12】 分别利用小波变换和中值滤波实现图像去噪，其实现的 MATLAB 代码如下：

```
close all; clear all; clc;   %关闭所有图形窗口，清除工作空间所有变量，清空命令行
X=imread('6.bmp');                      %把原图象转化为灰度图像，装载并显示
X=double(rgb2gray(X));
init=2055615866;                        %生成含噪图象并显示
randn('seed',init)
X1=X+25*randn(size(X));                 %生成含噪图像并显示
[thr,sorh,keepapp]=ddencmp('den','wv',X1);
                                %消噪处理：设置函数 wpdencmp 的消噪参数
X2=wdencmp('gbl',X1,'sym4',2,thr,sorh,keepapp);
X3=X;                                   %保存纯净的原图像
for i=2:577;
    for j=2:579
        Xtemp=0;
         for m=1:3
             for n=1:3
                    Xtemp=Xtemp+X1((i+m)-2,(j+n)-2);
                                %对图像进行平滑处理以增强消噪效果（中值滤波）
             end
          end
          Xtemp=Xtemp/9;
          X3(i-1,j-1)=Xtemp;
     end
end
figure
subplot(121);imshow(uint8(X)); axis square;     %画出原图像
subplot(122);imshow(uint8(X1));axis square;     %画出含噪声图像
figure
subplot(121),imshow(uint8(X2),axis square;      %画出消噪后的图像
subplot(122),imshow(uint8(X3),axis square;      %显示结果
Ps=sum(sum((X-mean(mean(X))).^2));              %计算信噪比
Pn=sum(sum((X1-X).^2));
Pn1=sum(sum((X2-X).^2));
Pn2=sum(sum((X3-X).^2));
disp('未处理的含噪声图像信噪比')
snr=10*log10(Ps/Pn)
disp('采用小波全局阈值滤波的去噪图像信噪比')
snr1=10*log10(Ps/Pn1)
disp('采用中值滤波的去噪图像信噪比')
snr2=10*log10(Ps/Pn2)
```

程序执行，运行结果如图 13.12 所示。程序中，分别采用小波的全局阈值滤波和中值

滤波实现心血管图像的去噪,实际上这两种方法相当于分别从频域和时域对图像进行滤波。

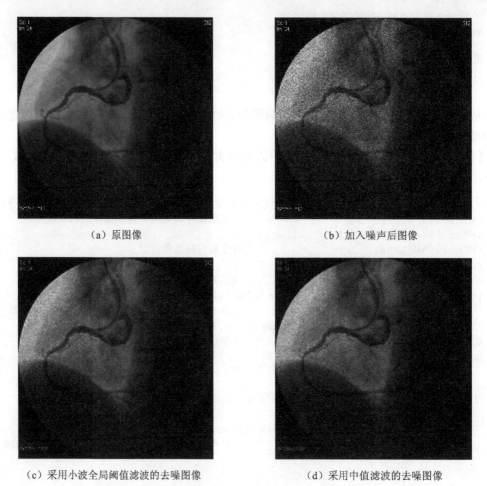

（a）原图像　　　　　　　　　　　　　　（b）加入噪声后图像

（c）采用小波全局阈值滤波的去噪图像　　　　（d）采用中值滤波的去噪图像

图 13.12　【例 13-12】运行结果

在 MATLAB 中计算图像的信噪比,比较不同滤波方法在去噪上的影响。

```
未处理的含噪声图像信噪比
snr =
    6.9707
采用小波全局阈值滤波的去噪图像信噪比
snr1 =
   15.9950
采用中值滤波的去噪图像信噪比
snr2 =
   12.9174
```

注:　【例 13-10】实现了基于小波的不同去噪方法对图像去噪的效果影响;　【例 13-11】
　　　比较了不同母小波对小波阈值去噪效果的影响;　【例 13-12】比较了基于小波的频
　　　域滤波和时域滤波对图像去噪效果的影响。实例中除了进行滤波效果图的显示外,
　　　还通过信噪比进一步说明了小波阈值滤波的优势。这些例子希望能起到抛砖引玉
　　　的作用,更多的细节用户需要根据自己分析实际问题的需要进一步体会。

13.4　应用小波图像压缩的 MATLAB 实现

图像压缩是将原来较大的图像用尽量少的字节表示和传输，并要求图像有较好的质量。通过图像压缩，可以减轻图像存储和传输的负担，提高信息传输和处理速度。小波变换已广泛应用到图像的各种处理环节中，本节主要介绍基于小波变换的图像压缩基本原理及其在 MATLAB 的实现方法。

13.4.1　小波图像压缩原理

小波变换用于图像压缩的基本思想，是用二维小波变换算法对图像进行多分辨率分解，每次小波分解将当前图像分解成四块子图，其中一块对应平滑板块，另外 3 块对应细节板块。由于小波变换的减抽样性质，经若干次小波分解后，平滑板块系数和所有的细节板块系数生成的小波图像具有原图像不同的特性，能量主要集中在其中低频部分的平滑板块，而细节所对应的水平、垂直和对角线的能量较少，它们表征了一些原图像的水平、垂直和对角线的边缘信息，具有的是方向特性。对于所得图像，根据人眼的敏感度不同，进行不同的量化和编码处理以达到对原图像的高压缩比，对于平滑板块大部分或者完全保留，对于高频信息根据压缩的倍数和效果要求来保留。系数编码是小波变换用于图像压缩的核心，压缩的实质是对系数的量化压缩。

图像经过小波变换后生成的子图像数据总量与原图像的数据总量相等，即小波变换本身并不具有压缩功能，必须结合其他编码技术对小波系数编码才能实现压缩目的。所以，基于小波变换的图像压缩方法通常分为如下 3 个步骤，基本框架如图 13.13 所示。

（1）利用二维离散小波变换将图像分解为低频近似分量和高频水平、高频垂直、高频对角细节分量。

（2）根据人的视觉特性对低频及高频分量分别做不同的量化（即压缩）。

（3）利用逆小波变换重构图像。

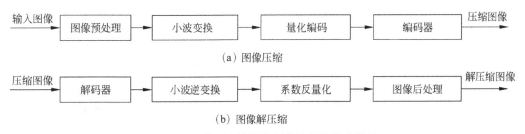

(a) 图像压缩

(b) 图像解压缩

图 13.13　基于小波图像压缩编码的基本框架

13.4.2　小波图像压缩实现

对数据矩阵进行伪彩色编码函数 wcodemat() 调用格式如下。

☐ Y=wcodemat(X,NBCODES,OPT,ABSOL)：该函数返回数据矩阵 **X** 的编码矩阵 **Y**，NBCODES 表示伪编码的最大值，即编码范围 0~NBCODES，OPT 表示指定编码

方式，取值可以是'row'、'col'及'mat'，它们分别表示按行编码、按列编码和按整个矩阵编码，默认方式是按整个矩阵进行编码；ABSOL 为函数的控制参数，其取值为'0'返回编码矩阵，取值为'1'返回数据矩阵的绝对值 ABS(X)，默认取值为 1。

❑ Y=wcodemat(X)：该函数相当于 Y=wcodemat(X,16,'mat','1')。

❑ Y=wcodemat(X,NBCODES,OPT)：该函数相当于 Y=wcodemat(X,NBCODES,'1')。

❑ Y=wcodemat(X,NBCODES)：该函数相当于 Y=wcodemat(X,NBCODES,'mat','1')。

【例 13-13】　通过函数 wdencmp()实现图像全局压缩，其具体实现的 MATLAB 代码如下：

```
close all; clear all; clc;          %关闭所有图形窗口，清除工作空间所有变量，清空命令行
load wmandril;                      %导入图像数据
nbc=size(map,1);                    %获取颜色映射阶数
Y=wcodemat(X,nbc);                  %对图像的数值矩阵进行伪彩色编码
[C,S]=wavedec2(X,2,'db4');          %对图像小波分解
thr=20;                             %设置阈值
[Xcompress1,cxd,lxd,perf0,perfl2]=wdencmp('gbl',C,S,'db4',2,thr,'h',1);
%对图像进行全局压缩
Y1=wcodemat(Xcompress1,nbc);        %对图像数据进行伪彩色编码
figure                             %创建图形显示窗口
colormap(gray(nbc));                %设置映射谱图等级
subplot(121),image(Y),axis square   %显示
subplot(122);image(Y1),axis square
disp('小波系数中置 0 的系数个数百分比：')   %输出压缩比率变量
perfl2
disp('压缩后图像剩余能量百分比：')
perf0
```

　　程序执行，运行结果如图 13.14 所示。程序中，首先导入要压缩的图像数据，获取颜色映射阶数，对图像数据矩阵进行伪彩色编码，对利用母小波 db4 对图像 X 进行二层小波分解，返回小波分解系数 C 和结构矩阵 S，通过函数 wdencmp()对图像进行全局压缩，并返回压缩结果 Xcompress1；设置当前图像窗口的背景颜色，显示原图像和压缩图像。

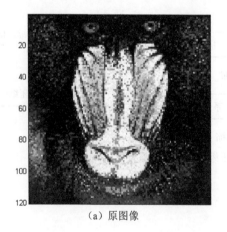
（a）原图像

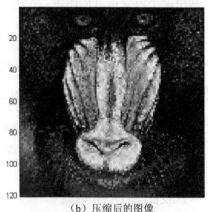
（b）压缩后的图像

图 13.14　【例 13-13】运行结果

　　在 MATLAB 的命令行返回压缩过程中，小波系数置 0 的系数百分比和压缩图像剩余能量百分比：

小波系数中置 0 的系数个数百分比：
perfl2 =
　　99.6127
压缩后图像剩余能量百分比：
perf0 =
　　55.4769

【例 13-14】 通过函数 wdencmp()实现图像分层压缩，其具体实现的 MATLAB 代码如下：

```
close all; clear all; clc; %关闭所有图形窗口，清除工作空间所有变量，清空命令行
load detfingr;                        %导入图像数据
nbc=size(map,1);
[C,S]=wavedec2(X,2,'db4');            %图像小波分解
thr_h=[21 46];                        %设置水平分量阈值
thr_d=[21 46];                        %设置对角分量阈值
thr_v=[21 46];                        %设置垂直分量阈值
thr=[thr_h;thr_d;thr_v];
[Xcompress2,cxd,lxd,perf0,perfl2]=wdencmp('lvd',X,'db3',2,thr,'h');
                                      %进行分层压缩
Y=wcodemat(X,nbc);
Y1=wcodemat(Xcompress2,nbc);
figure                                %显示原图像和压缩图像
colormap(map)
subplot(121),image(Y),axis square
subplot(122),image(Y1),axis square
figure
subplot(121),image(Y),axis square
subplot(122),image(Y1),axis square
disp('小波系数中置 0 的系数个数百分比：')  %显示压缩能量
perfl2
disp('压缩后图像剩余能量百分比：')
perf0
```

程序执行，运行结果如图 13.15 所示。程序中，首先载入要压缩的图像数据 X 及颜色映射数组 map。利用函数 wavedec2()实现图像分解，并返回分解系数矩阵 *C* 和相应的长度矩阵 *S*，设置分层压缩阈值数组 thr，再利用函数 wdencmp()读图像数据 X 进行分层压缩，最后显示压缩图像。例子中采用两种显示压缩结果的方法，一种是基于原图像数据颜色映射数组 map，一种采用默认彩色方式显示。从比较压缩结果的角度来说，本例采用默认颜色方式显示结果更清晰。

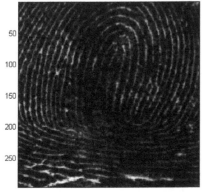

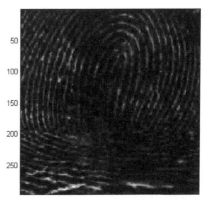

（a）颜色映射数组 map 下显示的原图像　　　　　　　（b）颜色映射数组 map 下的压缩后图像

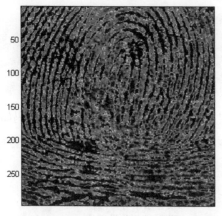 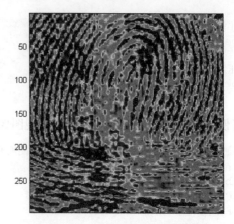

（c）彩色方式下显示的原图像　　　　　　　（d）彩色方式下显示的压缩后图像

图 13.15　【例 13-14】运行结果

在 MATLAB 的命令行返回图像压缩前后的能量比：

```
小波系数中置 0 的系数个数百分比：
perfl2 =
    98.1000
压缩后图像剩余能量百分比：
perf0 =
    91.4960
```

在【例 13-14】中通过直接赋值的方法实现分层阈值的设置。如果用户在没有小波图像压缩基本知识的前提下，实现直接阈值的给定是非常不容易的。在 MATLAB 中提供了一个设定图像压缩的阈值设定函数 wdcbm2()，该函数是基于 Birge-Massart 策略实现压缩阈值设置，其具体的调用方式如下。

❑ [THR,NKEEP]=wdcbm2(C,S,ALPHA,M)：该函数返回的是在 Birge-Massart 策略下基于函数 wavedec2()，返回的小波分解系数矩阵 *C* 和系数矩阵相应的长度矩阵 *S* 进行压缩的阈值 THR 和保留系数数量 NKEEP，ALPHA 和 M 是 Birge-Massart 策略下所需要的参数，取值大于 1。ALPHA 作为压缩时，典型值为 1.5，去噪时典型值为 3。THR 是一个典型 3*j 的矩阵，对于 THR(:,i) 来说包含的是小波第 i 分解的细节参数 3 个分量的阈值，即水平、对角和垂直。

【例 13-15】　通过函数 wdcbm2() 设置图像分层阈值压缩参数，实现图像压缩，其具体实现的 MATLAB 代码如下：

```
close all; clear all; clc;     %关闭所有图形窗口，清除工作空间所有变量，清空命令行
load detfingr;                 %导入图像数据
nbc=size(map,1);               %获取颜色映射阶数
[c,s]=wavedec2(X,3,'sym4');    %对图像数据 X 进行 3 层小波分解，采用小波函数 sym4
alpha=1.5;                     %设置参数 alpha 和 m，利用 wdcbm2 设置图像压缩的分层阈值
m=2.7*prod(s(1,:));
[thr,nkeep]=wdcbm2(c,s,alpha,m)
[xd,cxd,sxd,perf0,perfl2] =wdencmp('lvd',c,s,'sym4',3,thr,'h');
figure                         %创建图形显示窗口
colormap(pink(nbc));
subplot(121), image(wcodemat(X,nbc)),
subplot(122), image(wcodemat(xd,nbc)),
```

```
disp('小波系数中置 0 的系数个数百分比：')%输出压缩比率变量
perfl2
disp('压缩后图像剩余能量百分比：')
perf0
```

　　程序执行，运行结果如图 13.16 所示。程序中基本过程与【例 13-14】相同，所不同的是对于各层阈值分量利用函数 wdcbm2()来实现。从实验结果看，采用确定的阈值设定函数对初级用户来说更有意义。

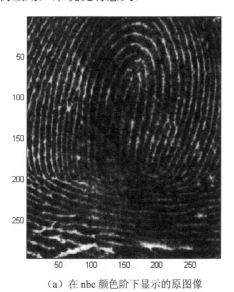

（a）在 nbc 颜色阶下显示的原图像

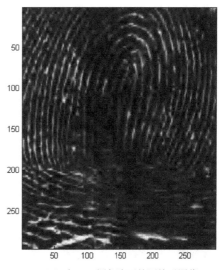

（b）在 nbc 颜色阶下的压缩后图像

图 13.16　【例 13-15】运行结果

　　在 MATLAB 命令行返回了设定 3 层值数、每层保留的小波系数个数及压缩后的能量比：

```
thr =
   21.4814    46.8354    40.7907
   21.4814    46.8354    40.7907
   21.4814    46.8354    40.7907
nkeep =
        624         961        1765
小波系数中置 0 的系数个数百分比：
perfl2 =
   98.0065
压缩后图像剩余能量百分比：
perf0 =
   94.4997
```

　　【例 13-16】　通过函数 ddencmp()设置图像压缩参数，实现图像全局压缩，其具体实现的 MATLAB 代码如下：

```
close all; clear all; clc;         %关闭所有图形窗口，清除工作空间所有变量，清空命令行
load wbarb;                        %导入图像数据
[C,S] = wavedec2(X,3,'db4');       %进行小波分解
[thr,sorh,keepapp] = ddencmp('cmp','wv',X) %返回图像压缩所需要的一些参数
[Xcomp,CXC,LXC,PERF0,PERFL2]   =wdencmp('gbl',C,S,'db4',3,thr,sorh,keepapp);
                                   %按照参数压缩图像返回结果
disp('小波系数中置 0 的系数个数百分比：')   %返回压缩比率
```

```
PERFL2
disp('压缩后图像剩余能量百分比：')
PERF0
figure;                                            %创建图像
colormap(map);
subplot(121); image(X); axis square                %显示压缩结果
subplot(122); image(Xcomp); axis square
```

　　程序执行，运行结果如图 13.17 所示。程序中，仍然实现的是图像全局阈值压缩，这里是通过函数 ddencmp() 和函数 wdencmp() 配合实现图像压缩。在返回结果时除了显示压缩前后的图像外，还返回图像的压缩比率。

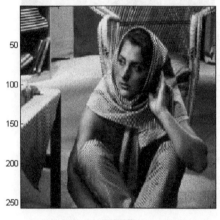
（a）原图像

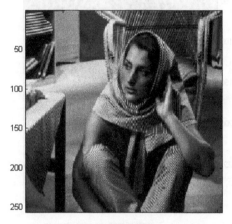
（b）压缩后图像

图 13.17　【例 13-16】运行结果

　　本例中还在 MATLAB 的命令行返回函数 ddencmp() 设定的阈值、设定阈值方法、保留系数，以及图像压缩前后的能量比，使用户从数量级角度感受图像压缩产生的一些变化。

```
thr =
    4.0000
sorh =
h
keepapp =
    1
小波系数中置 0 的系数个数百分比：
PERFL2 =
    99.9814
压缩后图像剩余能量百分比：
PERF0 =
    50.1607
```

🔔注：　【例 13-13】～【例 13-16】分别对图像进行压缩，在压缩过程中采用函数、方法或
　　　　设定参数的形式有所区别。从实验结果上，一方面将压缩前后的图像进行显示，另
　　　　一方面将压缩前后图像的能量比显示出来，使用户感受图像压缩对图像带来的变
　　　　换。从显示结果看，受分辨率的限制有些压缩效果并不明显。因此，采用压缩能量
　　　　比更能说明问题。用户应结合自己的应用选择比较压缩效果的合适的表达方式。

13.5　应用小波图像融合的 MATLAB 实现

图像融合是综合两幅或多幅图像的信息，以获得对同一场景更为准确、更为全面、更为可靠的图像描述。按照处理层次由低到高一般可分为 3 级：像素级图像融合、特征级图像融合和决策级图像融合。它们有各自的优缺点，在实际应用中应根据具体需求来选择。但是，像素级图像融合是最基本、最重要的图像融合方法，它是最低层次的融合，也是后两级融合处理的基础。像素级图像融合方法大致可分为 3 类，分别是简单的图像融合方法、基于塔形分解的图像融合方法和基于小波变换的图像融合方法。本节主要讨论基于小波变换图像融合的基本原理及其在 MATLAB 的实现方法。

13.5.1　小波图像融合原理

对一幅灰度图像进行 N 层的小波分解，形成 3N+1 个不同频带的数据，其中有 3N 个包含细节信息的高频带和一个包含近似分量的低频带。分解层数越多，越高层的数据尺寸越小，形成塔状结构，用小波对图像进行多尺度分解的过程，可以看作是对图像的多尺度边缘提取过程。小波变换具有空间和频域局部性，它可将图像分解到一系列频率通道中，这与人眼视网膜对图像理解的过程相当，因此基于小波分解的图像融合可能取得良好的视觉效果；图像的小波分解又具有方向性和塔状结构，那么在融合处理时，根据需要针对不同频率分量、不同方向、不同分解层，或针对同一分解层的不同频率分量采用不同的融合规则进行融合处理，这样就可能充分利用图像的互补和冗余信息来达到良好的融合效果。

对二维图像进行 N 层的小波分解，进行图像融合的基本步骤如下。

（1）对原始图像分别进行低、高通滤波，使原始图像分解为含有不同频率成分的 4 个子图像，再根据需要对低频子图像重复上面的过程，即建立各图像的小波塔形分解。对每一原图像分别进行小波分解，建立图像的小波金字塔分解。

（2）然后对各个分解层进行融合处理，不同频率的各层根据不同的要求采用不同的融合算子进行融合处理，最终得到融合小波金字塔。

（3）对融合后的小波金字塔进行小波逆变换（图像重构），所得的重构图像即为融合图像。融合原理如图 13.18 所示。这样可有效地将来自不同图像的细节融合在一起，以满足实际要求，同时有利于人的视觉效果。

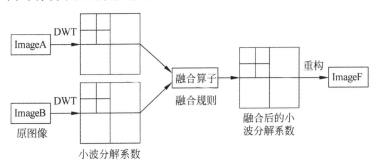

图 13.18　小波融合过程

13.5.2　小波图像融合实现

MATLAB 中并没有提供专门的图像融合函数，都是基于小波分解和重构函数及其他函数实现图像融合，具体实现图像融合的方法有以下 3 种。

1. 基于 13.5.1 节所描述的基本原理利用图像小波分解和重构函数进行图像融合。

【例 13-17】 利用函数 wavedec2()对两幅灰度图像进行变换分解，然后进行图像融合，其具体实现的 MATLAB 代码如下：

```
close all; clear all; clc;          %关闭所有图形窗口，清除工作空间所有变量，清空命令行
load woman;                         %导入图像
X1=X;map1=map;                      %保存图像数据和映射
load wbarb;                         %导入图像
X2=X;map2=map;                      %保存图像数据和映射
[C1,S1]=wavedec2(X1,2,'sym4');      %图像的小波分解
[C2,S2]=wavedec2(X2,2,'sym4');
C=1.2*C1+0.5*C2;                    %对图像的小波分解结果进行融合方案 1
C=0.4*C;
C0=0.2*C1+1.5*C2;                   %对图像的小波分解结果进行融合方案 2
C0=0.5*C;
xx1=waverec2(C,S1,'sym4');          %对小波分解的结果进行融合处理
xx2=waverec2(C0,S2,'sym4');
figure                              %创建图形显示窗口
colormap(map2),
subplot(121),image(X1)             %显示原图像和融合结果
subplot(122),image(X2)
figure                              %创建图形显示窗口
colormap(map2),
subplot(121),image(xx1),
subplot(122),image(xx2),
```

程序执行，运行结果如图 13.19 所示。程序中，首先导入 MATLAB 自带的图像数据，并保存图像映像文件；然后通过函数 wavedec2()对两幅图像进行分解，把第一幅图像的分解系数扩大到 1.2 倍，把第二幅图像的分解系数缩小到原来的 0.5 倍，叠加后得 C 再缩小到原来的 0.4 倍。第二种方案是将把第一幅图像的分解系数缩小到 0.2 倍，把第二幅图像的分解系数扩大到原来 1.5 倍，叠加后得 C 再缩小到原来的 0.5 倍；然后利用函数 waverec2()将系数数组 C 和结构信息 S1 进行图像重构，获得融合图像 1；利用函数 waverec2()将系数数组 C0 和结构信息 S2 进行图像重构，获得融合图像 2，最后将原图像 woman、wbarb 和两种融合方案后的图像显示出来。从结果来看，两种融合方案实际上改变的图像灰度值，位置信息相同。

2. 利用 MATLAB 中提供的实现图像融合的函数 wfusing()，实现简单图像融合，其具体的调用格式如下。

❑ XFUS=wfusing(X1,X2,WNAME,LEVEL,AFUNMETH,DFUSMETH)：该函数返回两个源图像 X1 和 X2 融合后的图像 XFUS。其中 X1 和 X2 的大小相等，参数 WNAME 表示分解的小波函数，LEVEL 表示对源图像 X1 和 X2 进行小波分解的层数，AFUNMETH 和 DFUSMETH 表示对源图像低频分量和高频分量进行融合的方法，融合规则可以是 max、min、mean、img1、'img2 和 rand，对应的低频或高频融合规则为取最大值、最小值、均值、第 1 幅图像像素、第 2 幅图像像素、随机选择。

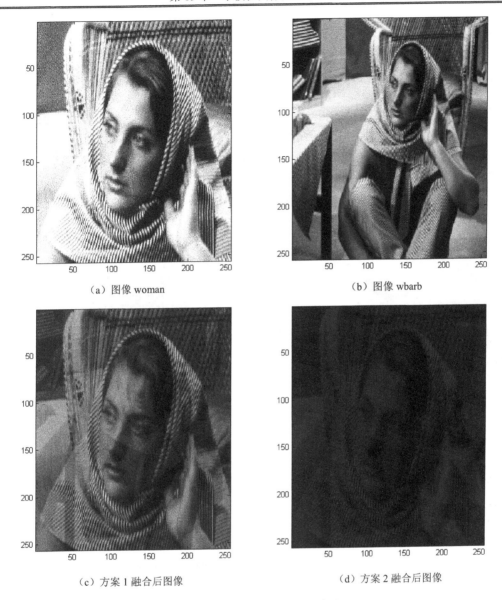

（a）图像 woman

（b）图像 wbarb

（c）方案 1 融合后图像

（d）方案 2 融合后图像

图 13.19　【例 13-17】运行结果

- ❏ [XFUS,TXFUS,TX1,TX2]=wfusing(X1,X2,WNAME,LEVEL,AFUNMETH,DFUSME
  TH)：该函数中参数含义与 XFUS=wfusing(X1,X2,WNAME,LEVEL,AFUNMETH,
  DFUSMETH)方式相同，只是返回更多的参数，除了返回矩阵 XFUS 外，还有对应
  于 XFUS、X1、X3 的 WDECTREE 小波分解树的 3 个对象 XFUS、TX1、TX2。
- ❏ wfusing(X1,X2,WNAME,LEVEL,AFUNMETH,DFUNMETH,FLAGPLOT)：该函数
  直接画出 TXFUS、TX1 和 TX2 这 3 个对象。

【例 13-18】　利用函数 wfusing()对两幅灰度图像进行图像融合，其具体实现的 MATLAB
代码如下：

```
close all; clear all; clc;            %关闭所有图形窗口，清除工作空间所有变量，清空命令行
X1 = imread('girl.bmp');              %载入两幅原始图像
```

```
X2 = imread('lenna.bmp');
FUSmean = wfusimg(X1,X2,'db2',5,'mean','mean');
                                    %通过函数 wfusing 实现两种图像融合
FUSmaxmin = wfusimg(X1,X2,'db2',5,'max','min');
figure                              %创建图形显示窗口
subplot(121), imshow(uint8(FUSmean))
subplot(122), imshow(uint8(FUSmaxmin))
```

程序执行，运行结果如图 13.20 所示。程序中，首先通过函数 imread()读取图像 girl.bmp 和 lenna.bmp,存入矩阵 $X1$ 和 $X2$ 中，然后利用函数 wfusimg()对两幅图像进行融合：方案 1 对图像低频和高频分量都采用'mean'进行融合；方案 2 对图像低频利用'max'进行融合，对图像高频成分'min'进行融合。因为融合以后结果默认格式 double，所以在最后进行图像显示时，应该规范格式为 uint8。

（a）方案 1 融合后图像

（b）方案 2 融合后图像

图 13.20　【例 13-18】运行结果

3. 另外一种参数独立法，需要两个步骤实现图像融合。

（1）图像融合方法设置如下。

❑ Fusmeth=struct('name',nameMETH,'param',paramMETH)：该函数中 nameMETH 的取值可以是'UD_fusion'、'DU_fusion'、'LR_fusion'、'RL_fusion'和'UserDFF'，分别表示上-下融合、下-上融合、左-右融合、右-左融合和用户自定义融合。

（2）利用函数 wfusmat()调用设置的图像融合方法，实现图像融合。函数 wfusmat()的具体调用格式如下。

❑ C=wfusmat(A,B,METHOD)：该函数返回图像矩阵 A 和 B 按照 METHOD 的方法进行图像融合的结果 C，其中，A、B 和 C 的大小相等。

❑ [C,D]=wfusmat(A,B,METHOD)：该函数返回结果与 C=wfusmat(A,B,METHOD)调用格式相同，矩阵 D 是布尔型矩阵或空矩阵，如 METHOD 取值为'max'，则 D=(abs(A)>=abs(B))。

【例 13-19】　利用用户自定义的方法进行图像融合，其具体实现的步骤如下。

步骤 1：编写自定义融合规则函数，其具体实现的 MATLAB 代码如下：

```
function C = myfus_FUN(A,B)
%定义融合规则
```

```
D = logical(tril(ones(size(A))));        %提取矩阵的下三角部分
t = 0.8;                                  %设置融合比例
C = B;                                    %设置融合图像初值为 B
C(D)  = t*A(D)+(1-t)*B(D);                %融合后图像 C 的下三角融合规则
C(~D) = t*B(~D)+(1-t)*A(~D);              %融合后图像 Dd 的上三角融合规则
```

步骤 2：通过函数 wfusmat()，调用融合规则，实现图像融合，其具体实现的 MATLAB 代码如下：

```
close all; clear all; clc;              %关闭所有图形窗口，清除工作空间所有变量，清空命令行
load mask;                              %载入图像和数据
A=X;
load bust;
B=X;
Fus_Method = struct('name','userDEF','param','myfus_FUN');
                                        %定义融合规则和调用函数名
C=wfusmat(A,B,Fus_Method);              %设置图像融合方法
figure                                  %创建图形显示窗口
subplot(1,3,1), imshow(uint8(A)),        %显示结果
subplot(1,3,2), imshow(uint8(B)),
subplot(1,3,3), imshow(uint8(C)),
```

程序执行，运行结果如图 13.21 所示。程序中，首先导入待融合的两幅图像，存入矩阵 A 和 B 中；然后利用函数 struct()调用定义好的融合规则函数 myfus_FUN，设置函数 wfusmat()所需要的参数；利用函数 wfusmat()实现图像 A 和 B 的融合，并显示结果。

　　（a）图像 mask　　　　　　　　（b）图像 bust　　　　　　　　（c）融合后图像

图 13.21　【例 13-19】运行结果

注：【例 13-17】～【例 13-19】给出了 3 种不同的方式实现图像的融合，用户需要清楚的一点是在进行两个图像融合时，这两个图像对应的图像大小必须相同，否则上述 3 种方法都无法实现。而具体采用哪种方法实现图像融合，要根据用户的实际需求和融合的作用来选择。

13.6　本　章　小　结

本章详细地讲解了小波变换在图像处理中的应用及其 MATLAB 实现过程。首先介绍了小波变换理论基础；然后介绍了在 MATLAB 中与图像处理相关的小波工具箱函数，最

后介绍了小波在图像处理中的去噪、压缩及融合方面的应用。每种应用都是以函数和实例方式展开，讨论小波参数对图像处理的影响，以及同一种应用的不同 MATLAB 实现方法。同时通过技巧说明总结了各个实例的差异，从而帮助用户掌握在 MATLAB 中开展小波变换在图像处理中的方法。

习　题

1. 编写 MATLAB 程序，利用函数 wavedec2 对灰度图像进行变换分解，然后针对分解的结果对图像进行灰度调整。

2. 编写 MATLAB 程序，观察母小波 coif4 的尺度函数、小波函数及滤波器。

3. 编写 MATLAB 程序，利用函数 ddendmp、wdenemp 对二维图像 detfingr 进行小波去噪。

4. 在 MATLAB 的工作空间中输入 waveinfo('Haar')，回车产生帮助文件，请翻译下面帮助文件的含义。

```
Information on Haar wavelet.
    Haar Wavelet

    General characteristics: Compactly supported
    wavelet, the oldest and the simplest wavelet.

    scaling function phi = 1 on [0 1] and 0 otherwise.
    wavelet function psi = 1 on [0 0.5[, = -1 on [0.5 1] and 0 otherwise.

    Family              Haar
    Short name          haar
    Examples            haar is the same as db1
    Orthogonal          yes
    Biorthogonal        yes
    Compact support     yes
    DWT                 possible
    CWT                 possible

    Support width       1
    Filters length      2
    Regularity          haar is not continuous
    Symmetry            yes
    Number of vanishing
    moments for psi     1

    Reference: I. Daubechies,
    Ten lectures on wavelets,
    CBMS, SIAM, 61, 1994, 194-202.
```

5. 编写 MATLAB 程序，基于小波变换的图像压缩。

第 14 章　基于 Simulink 的视频和图像处理

MATLAB/SIMULINK 中的 Video and Image Processing Blockset 模块库是 MATLAB 为方便用户进行视频和图像处理而设置的,它包含了很多专门用于视频和图像处理的子模块,用户利用这些基本的子模块,可实现许多复杂的视频和图像处理。本章主要介绍使用 Video and Image Processing Blockset 模块库进行视频和图像处理的基本方法和步骤。

14.1　Video and Image Processing Blockset 子模块库

在 Command Window 窗口的工作区中,输入 simulink 后,回车即可启动 Simulink;或单击 MATLAB 窗体上的 Simulink 的快捷键 也可启动 Simulink。启动 Simulink 后,将出现 Simulink 所有的仿真模块工具箱,选择 Video and Image Processing Blockset,系统就会自动载入信号处理模块工具箱。如图 14.1 所示的信号处理模块库,具体包括分析和增强(Analysis & Enhancement)、转换(Conversions)、滤波(Filtering)、几何变换(Geometric Transformations)、形态学操作(Morphological Operations)、接收器(Sinks)、输入源(Sources)、统计(Statistics)、文本和图形(Text & Graphics)、变换(Transforms)和工具(Utilities)。

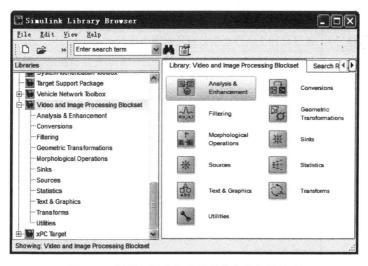

图 14.1　视频和图像处理模块集包含的模块库

14.1.1　分析和增强模块库

分析和增强(Analysis & Enhancement)模块库共包含 10 个子模块,分别是块匹配(Block

Matching）、对比度调节（Contrast Adjustment）、角点检测（Corner Detection）、反交错处理（Deinterlacing）、边缘检测（Edge Detection）、直方图均衡化（Histogram Equalization）、中值滤波（Median Filter）、光流法（Optical Flow）、绝对误差和（SAD）和边界跟踪（Trace Boundaries），如图 14.2 所示。

　　分析和增强模块库中各个子模块的名称及功能如表 14.1 所示。

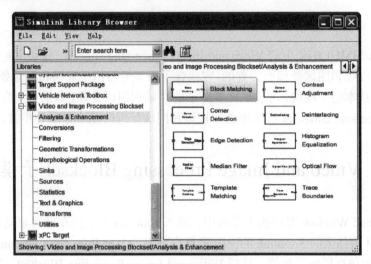

图 14.2　分析和增强模块库

表 14.1　分析和增强模块库功能表

模　　块	功　　能
Block Matching	块匹配算法是常用的估计算法，可以对多图像序列或视频帧序列进行运动估计，用于去除视频帧间的冗余信息，进行视频压缩
Contrast Adjustment	通过线性变换像素值的方法对图像进行对比度调节
Corner Detection	用于找出图像中的角点。可以通过 Harris 角点检测法、最小特征值法或局部亮度比较法进行角点检测
Deinterlacing	也叫去隔行处理，可以通过线复制法（倍线法）、线性插值法或中值滤波法，对输入视频信号进行去隔行处理以消除运动模糊
Edge Detection	对图像进行边缘检测，可使用 Sobel 算子、Roberts 算子、Prewitt 算子或 Canny 算子来找到图像中的物体边缘
Histogram Equalization	对图像进行直方图均衡化。可以提高图像的对比度
Median Filter	对图像进行中值滤波操作。可降低图像噪声
Optical Flow	通过光流法操作进行运动估计，可以选择 Horn-Schunck 法或 Lucas-Kanade 法
SAD	可用于寻找两幅图像的相似之处。输出可选择 SAD 值（多个），也可以选择 SAD 最小值
Trace Boundaries	对二值图像执行边界跟踪。非 0 像素为目标，0 像素为背景

14.1.2　转换模块库

　　转换（Conversions）模块库包含 7 个子模块库，分别是自动阈值（Autothreshold）、色度重采样（Chroma Resampling）、色彩空间转换（Color Space Conversion）、去马赛克（Demosaic）、伽马校正（Gamma Correction）、图像求补（Image Complement）和图像数据类型转换（Image Data Type Conversion），如图 14.3 所示。

转换模块库中各个子模块的名称及功能如表 14.2 所示。

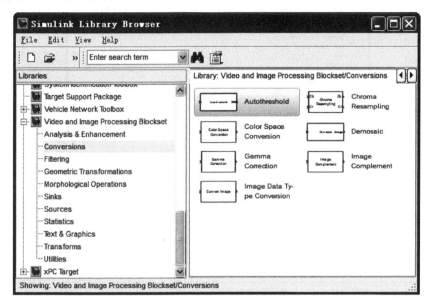

图 14.3　转换模块库

表 14.2　转换模块库功能表

模　　块	功　　能
Autothreshold	可将灰度图像转换成二值图像
Chroma Resampling	对 YCbCr 模式信号进行色度重采样，以降低宽带及存储要求，有多重采样方式供选择
Color Space Conversion	共有 9 种转换类型可供选择，如 RGB 转为灰度图，RGB 转为 YCbCr 等
Demosaic	对 Bayer 模式图像进行马赛克处理
Gamma Correction	通过改变伽马值，可对图像的伽马曲线进行编辑，检测出图像信号中的深色部分和浅色部分，并使两者比例增大，从而提高图像对比度
Image Complement	对图像进行求补（求反）转换。对二值图像或灰度图进行求反，获得底片效果
Image Data Type Conversion	转换图像数据类型。将输入图像转换成制定的数据类型并输出。可选择的输出类型有双精度型、单精度型、int8、int16 等多种类型

14.1.3　滤波模块库

滤波（Filtering）模块库包含 4 个子模块库，即二维卷积（2-D Convolution）、二维 FIR 数字滤波（2-D FIR Filter）、卡尔曼滤波（Kalman Filter）和中值滤波（Median Filter），如图 14.4 所示。

滤波模块库中各个子模块的名称及功能如表 14.3 所示。

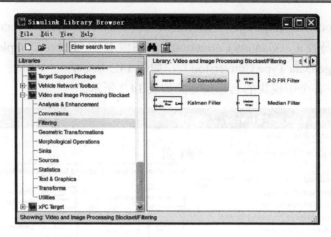

图 14.4　滤波模块库

表 14.3　滤波模块库功能表

模　块	功　能
2-D Convolution	计算出两个输入矩阵的二维离散卷积
2-D FIR Filter	用滤波系数矩阵或滤波系数矢量对输入图像或矩阵进行二维 FIR 数字滤波
Kalman Filter	对输入信号进行卡尔曼滤波，以去除噪声影响，预测和判断动态系统的状态
Median Filter	执行二维中值滤波，可降低图像噪声。此模块也可在分析和增强模块库中找到

14.1.4　几何变换模块库

几何变换（Geometric Transformations）模块库包含 7 个子模块库，分别是应用几何变换（Apply Geometric Transformation）、估算几何变换（Estimate Geometric Transformation）、投影变换（Projective Transformation）、缩放（Resize）、旋转（Rotate）、切变（Shear）和平移（Translate），如图 14.5 所示。

几何变换模块库中各个子模块的名称及功能如表 14.4 所示。

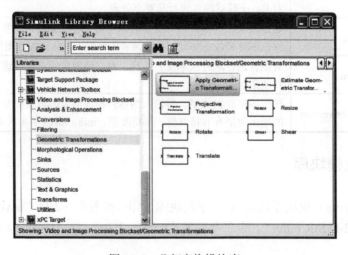

图 14.5　几何变换模块库

表 14.4　几何变换模块库功能表

模　　块	功　　能
Apply Geometric Transformation	对一幅图像应用投影或仿射变换。可对整幅图像或图像的一部分区域进行变换
Estimate Geometric Transformation	计算两幅图像最大数量点对之间的变换矩阵
Projective Transformation	执行投影变换操作。将一个四边形变换成另一个四边形
Resize	执行缩放变换操作。改变图像的大小
Rotate	执行旋转变换操作。按指定的角度旋转图像
Shear	执行切变操作。通过线性变化位移的方法移动图像的行或列，可指定切变的方向与数值
Translate	对输入图像执行平移操作。可按指定位移量上下左右移动

14.1.5　形态学操作模块库

形态学操作（Morphological Operations）模块库包含 7 个子模块库，分别是底帽滤波（Bottom-hat）、闭合（Closing）、膨胀（Dilation）、腐蚀（Erosion）、标记（Label）、开启（Opening）和顶帽滤波（Top-hat），如图 14.6 所示。

形态学操作模块库中各个子模块的名称及功能如表 14.5 所示。

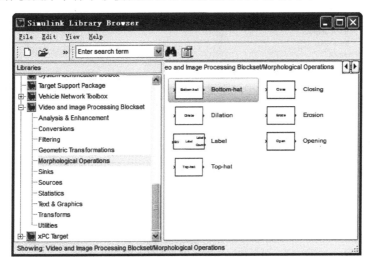

图 14.6　形态学操作模块库

表 14.5　形态学操作模块库功能表

模　　块	功　　能
Bottom-hat	对灰度图或二值图像执行 bottom-hat 滤波变换
Closing	对灰度图或二值图像执行形态学闭合运算
Dilation	对灰度图或二值图像执行形态学膨胀运算，在灰度图或二值图像内找到局部极大值
Erosion	对灰度图或二值图像执行形态学腐蚀运算，在灰度图或二值图像内找到局部极小值
Label	对二值图像内的连通区域进行标记和计数
Opening	对灰度图或二值图像执行形态学开启运算
Top-hat	对灰度图或二值图像执行 top-hat 滤波变换

14.1.6　接收器模块库

接收器（Sinks）模块库包含 6 个子模块库，分别是帧频显示（Frame Rate Display）、输出多媒体文件（To Multimedia File）、输出视频显示器（To Video Display）、像工作空间输出视频（Video To Workspace）、视频显示器（Video Viewer）和写二进制文件（Write Binary File），如图 14.7 所示。

接收器模块库中各个子模块的名称及功能如表 14.6 所示。

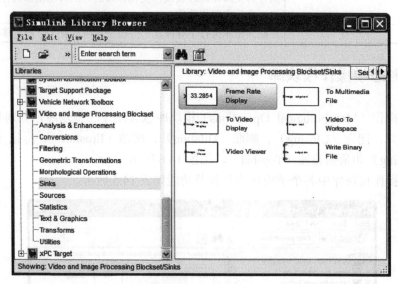

图 14.7　接收器模块库

表 14.6　接收器模块库功能表

模　　块	功　　能
Frame Rate Display	显示输入信号的帧频
To Multimedia File	向多媒体文件中写入视频和音频内容
To Video Display	把视频数据发送到显示设备
Video To Workspace	把视频信号输出到 MATLAB 工作空间
Video Viewer	可显示二值图、灰度图、或 RGB 图像，以及视频流等多种信号
Write Binary File	把二进制视频数据写入文件中

14.1.7　输入源模块库

输入源（Sources）模块库包含 5 个子模块库，分别是来自多媒体文件（From Multimedia File）、图像文件（Image From File）、工作空间图像（Image From Workspace）、读二进制文件（Read Binary File）和视频来自工作空间（Video From Workspace），如图 14.8 所示。

输入源模块库中各个子模块的名称及功能如表 14.7 所示。

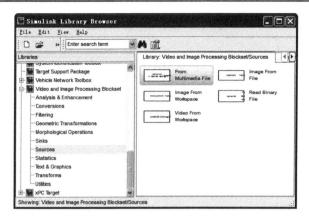

图 14.8　输入源模块库

表 14.7　输入源模块库功能表

模　　块	功　　能
From Multimedia File	用多媒体文件作为源。从压缩的多媒体文件中读取视频帧和音频样本
Image From File	用图像文件作为源。从图像文件中导入图像
Image From Workspace	用来自工作空间的图像数据作为输入源。从 MATLAB 工作空间中导入图像
Read Binary File	用二进制文件作为输入源。从文件中读取二进制视频数据
Video From Workspace	用工作空间中的视频数据作为输入源。从 MATLAB 工作空间中导入视频信号

14.1.8　统计模块库

统计（Statistics）模块库包含 12 个子模块库，分别是二阶自相关系数（2-D Autocorrelation）、二阶互相关系数（2-D Correlation）、Blob 分析（Blob Analysis）、求局部极大值（Find Local Maxima）、直方图（Histogram）、最大值（Maximum）、平均值（Mean）、中值（Median）、最小值（Minimum）、峰值信噪比（PSNR）、标准差（Standard Deviation）和方差（Variance），如图 14.9 所示。

统计模块库中各个子模块的名称及功能如表 14.8 所示。

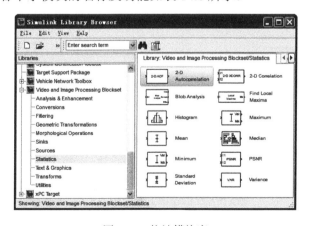

图 14.9　统计模块库

表 14.8　统计模块库功能表

模　　块	功　　能
2-D Autocorrelation	求输入矩阵的二阶自相关系数
2-D Correlation	计算两个输入矩阵的二阶互相关系数
Blob Analysis	对标记联通区域进行分析统计
Find Local Maxima	在矩阵中找局部极大值
Histogram	生成输入矩阵的直方图
Maximum	返回输入矩阵的最大值
Mean	求输入矩阵的平均值
Median	求输入矩阵的中值
Minimum	返回输入矩阵的最小值
PSNR	求图像的峰值信噪比（PSNR）
Standard Deviation	求输入矩阵的标准差
Variance	求输入矩阵的方差

14.1.9　文本和图形模块库

文本和图形（Text & Graphics）模块库包含 4 个子模块库，分别是合成（Compositing）、绘制标记（Draw Markers）、绘图（Draw Shapes）和插入文本（Insert Text），如图 14.10 所示。

文本和图形模块库中各个子模块的名称及功能如表 14.9 所示。

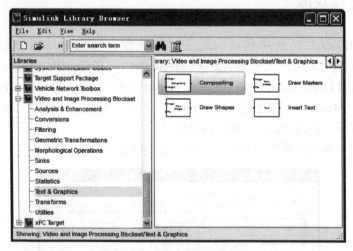

图 14.10　文本和图形模块库

表 14.9　文本和图形模块库功能表

模　　块	功　　能
Compositing	合成两幅图像的像素值，使两幅图像重叠，或者加亮选定的像素
Draw Markers	通过在输出的图像上嵌入预定义的图形来绘制标记
Draw Shapes	在图像上绘图。可画线、绘制多边形、绘制长方形或圆形
Insert Text	在图像上或视频流上插入文本标注

14.1.10　变换模块库

变换（Transforms）模块库包含 7 个子模块库，分别是二维离散余弦变换（2-D DCT）、二维傅里叶变换（2-D FFT）、二维离散余弦逆变换（2-D IDCT）、二维傅里叶逆变换（2-D IFFT）、高斯金字塔（Gaussian Pyramid）、Hough 线（Hough Lines）和 Hough 变换（Hough Transform），如图 14.11 所示。

文本和图形模块库中各个子模块的名称及功能如表 14.10 所示。

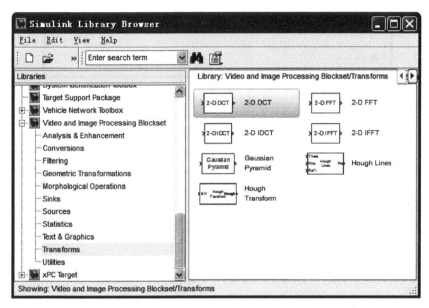

图 14.11　变换模块库

表 14.10　变换模块库功能表

模　　块	功　　能
2-D DCT	求二维离散余弦变换（DCT）
2-D FFT	求输入信号的二维傅立叶变换
2-D IDCT	求二维离散余弦逆变换（IDCT）
2-D IFFT	求输入信号的二维傅立叶逆变换
Gaussian Pyramid	执行高斯金字塔分解
Hough Lines	求用 ρ-θ 对描述的线与图像边界交点的笛卡尔坐标
Hough Transform	执行 Hough 变换。可找出图像中的直线

14.1.11　工具模块库

工具（Utilities）模块库包含 3 个子模块库，即块处理（Block Processing）、图像填补（Image Pad）和可变选择器（Variable Selector），如图 14.12 所示。

工具模块库中各个子模块的名称及功能如表 14.11 所示。

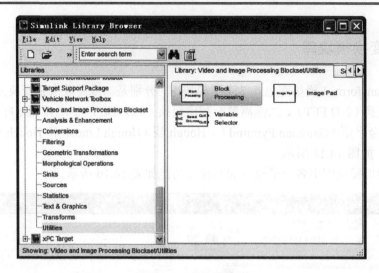

图 14.12　工具模块库

表 14.11　工具模块库功能表

模　　块	功　　能
Block Processing	对输入矩阵的指定子矩阵进行用户自定义操作
Image Pad	对图像的四周进行填补
Variable Selector	从输入矩阵中选择指定行或列的子集

14.2　图像增强的 Simulink 实现

图像增强是指根据特定的需要有选择地突出图像中的某部分信息，并抑制某些不需要的信息的处理方法，其目的是为了改善图像的视觉效果，便于观看或做进一步分析处理。

目前图像增强技术根据其处理的空间不同，可分为两大类，即空域方法和频域方法。前者直接在图像所在像素空间进行处理；后者则是通过图像进行傅里叶变换后在频域上间接进行的，具体包括灰度变换增强、图像平滑、图像锐化、色彩增强和频域增强等多种方法。利用 Simulink 视频和图像处理模块集的分析和增强模块库，以及其他相关模块可对图像进行图像增强操作。本节将以实例的方式介绍几种常见的图像增强方法。

14.2.1　灰度变换增强

常见的灰度变换方法包括直接灰度变换和直方图修正两种，获取的主要视觉效果是增强图像的对比度。

【例 14-1】用对比度调节 Contrast Adjustment 模块进行直接灰度变换，具体过程如下。

（1）建立仿真模型文件。单击 MATLAB 窗体上的快捷键 启动 Simulink。选择菜单栏上的 File | New | Model 命令，如图 14.13 所示，新建一个模型文件，将其命名为chap14_1.mdl。

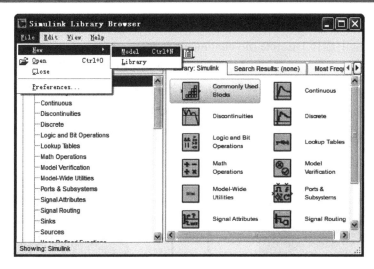

图 14.13　创建 Simulink 模型文件操作方法

（2）添加仿真模型所需的子模块。分别从 Video and Image Processing Blockset/Sources 子模块库选择 Image From File 模块，从 Video and Image Processing Blockset/ Analysis & Enhancement 子模块库中选择 Contrast Adjustment 模块，从 Video and Image Processing Blockset/Sinks 子模块库中选择 Video Viewer 模块，并右击将它们添加到 chap14_1.mdl 模型文件中，连线各子模块，建立仿真模型，保存结果，如图 14.14 所示。

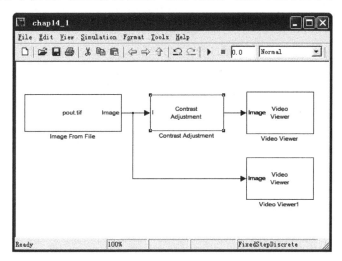

图 14.14　【例 14-1】系统模型

（3）模块参数设置。双击模型文件 chap14_1.mdl 中的模块，打开参数设置对话框。在 Image From File 模块中，将 Main 标签下的 File name 文本框设为 pout.tif；在 Contrast Adjustment 模块中，将 Main 标签下的 Adjust pixel values from 下拉列表框中选择 Range determined by saturating outlier pixels。单击 OK 按钮，保存设置，关闭对话框。

（4）仿真器参数设置。选择模型窗口 Simulation | Configuration Parameters 命令，弹出 Configuration Parameters: untitled | Configuration 对话框，在对话框左侧 Select 标签下，选择 Solver 选项；在右侧的 Simulation time 标签下，将 Star time 和 Stop time 两个文本框内分别

设置起始为 0，停止时间为 0；在 Solver options 标签下，Type 下拉列表框中选择 Fixed-step，Solver 下拉列表框中选择 Discrete (no continuous states)。

（5）运行仿真。在模型文件 chap14_1.mdl 窗口（图 14.14）选择菜单栏的 Simulation | Start 命令，开始模型的仿真。运行结果如图 14.15 和图 14.16 所示，其中，图 14.15 为原始图像，图 14.16 为经对比度调节 Contrast Adjustment 模块处理后的图像。

图 14.15　【例 14-1】原始图像

图 14.16　【例 14-1】处理后的图像

【例 14-1】中，原始图像经过 Contrast Adjustment 模块进行灰度变换处理后，图像对比度明显增强，图像更加清晰可见。本例还可通过 MATLAB 编写 M 语言来实现。

```
I=imread('D:\Program Files\MATLAB\R2010a\toolbox\images\imdemos\pout.tif ');
                                        %读入并显示原始图像
I=double(I);
[M,N]=size(I);
for i=1:M                              %进行现行灰度变换
    for j=1:N
        if I(i,j)<=30
            I(i,j)=I(i,j);
        elseif I(i,j)<=150
          I(i,j)=(200-30)/(150-30)*(I(i,j)-30)+30;
        else
          I(i,j)=(255-200)/(255-150)*(I(i,j)-150)+200;
        end
    end
end
figure; imshow(unit8(I));              %显示变换后的结果
```

程序执行，运行后的结果如图 14.17 所示。

14.2.2　图像平滑增强

图像平滑是指用于突出图像的宽大区域、低频部分、主干部分或抑制图像噪声和干扰高频成分，使图像亮度平缓渐变，减小突变梯度，改善图像质量的图像处理方法。图像平滑处理一般通过低通滤波实现，例如线性平滑滤波器和中值滤波器。这两种滤波器均能够实现平滑图像细节，去除噪声。

图 14.17　【例 14-1】M 语言处理后的图像

【例 14-2】　用中值滤波 Median Filter 模块去除图像中的椒盐噪声，其具体过程如下。

（1）为了便于观察图像平滑效果，先准备一幅带有椒盐噪声的图像。在 Command Window（命令窗口）输入以下命令：

```
A=imread('eight.tif ');                        %读入并显示原始图像
B=imnoise(A,'salt&pepper',0.02);               %添加椒盐噪声
```

（2）建立仿真模型文件。新建一个模型文件，命名为 chap14_2.mdl。

（3）添加仿真模型所需的子模块。分别从 Video and Image Processing Blockset/Sources 子模块库选择 Image From Workspace 模块，从 Video and Image Processing Blockset/ Analysis & Enhancement 子模块库中选择 Median Filter 模块，从 Video and Image Processing Blockset/Sinks 子模块库中选择 Video Viewer 模块，并右击将它们添加到 chap14_2.mdl 模型文件中。连线各子模块，建立仿真模型，保存结果，如图 14.18 所示。

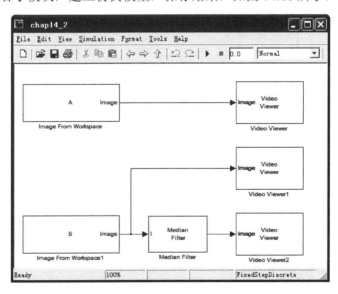

图 14.18　【例 14-2】系统模型

（4）模块参数设置。双击模型文件 chap14_2.mdl 中的各模块，打开参数设置对话框。在 Signal From Workspace 模块中，在 Main 标签下的 Value 文本框中输入 A；在 Signal From Workspace1 模块中，在 Main 标签下的 Value 文本框中输入 B，单击 OK 按钮保存设置，关闭对话框。

（5）设置仿真器参数。同【例 14-1】步骤（4）。

（6）运行仿真。在模型文件 chap14_2.mdl 窗口（图 14.18）选择菜单栏的 Simulation | Start 命令，开始模型的仿真。运行结果如图 14.19、图 14.20 和图 14.21 所示，其中图 14.19 为原始图像，图 14.20 为添加椒盐噪声后的图像，图 14.21 为经中值滤波 Median Filter 模块平滑处理后的图像。

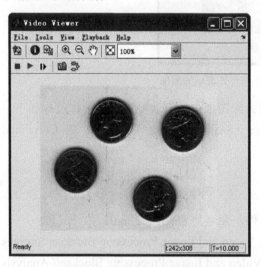

图 14.19 【例 14-2】原始图像

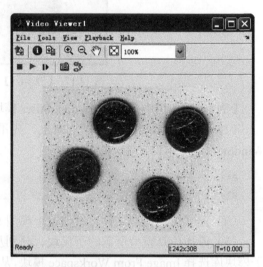

图 14.20 【例 14-2】添加椒盐噪声图像

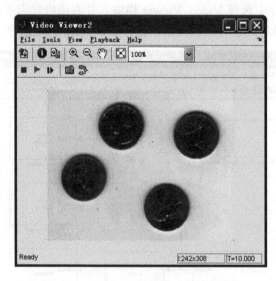

图 14.21 【例 14-2】平滑处理后的图像

【例 14-2】中，原始图像添加椒盐噪声后，通过中值滤波 Median Filter 模块平滑处理后，降低了图像噪声，并保持了图像细节的清晰度。本例也可通过 MATLAB 编写 M 语言来实现。

```
A=imread('D:\Program
Files\MATLAB\R2010a\toolbox\images\imdemos\eight.tif');     %读取图像
B=imnoise(A,'salt &pepper',0.02);                           %添加椒盐噪声
K=medfilt2(B);                                              %中值滤波
figure
subplot(121),imshow(B);                                    %显示添加椒盐噪声图像
subplot(122),imshow(K);                                    %显示平滑处理后的图像
```

程序执行，运行结果如图 14.22 所示。

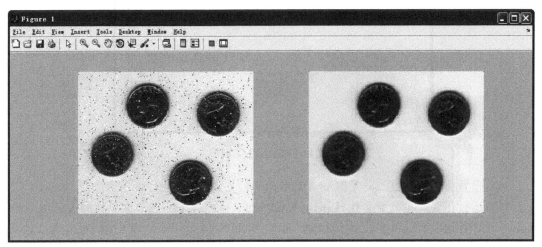

（a）添加椒盐噪声的图像　　　　　　　　　（b）平滑处理后的图像

图 14.22 【例 14-2】M 语言实现结果

14.2.3 图像锐化增强

与图像平滑相反，图像锐化是补偿图像的轮廓，增强图像的边缘及灰度跳变的部分，使图像变得清晰；而图像平滑往往使图像的边界、轮廓变得模糊。图像在传输和变换过程中，因受到干扰会退化，比较典型的是图像模糊，这就需要利用图像锐化技术使图像的轮廓线及图像的细节变得清晰。

【例 14-3】 用 FIR 滤波器 2-D FIR Filter 模块进行图像锐化处理，其具体过程如下。

（1）建立仿真模型文件。新建一个模型文件，命名 chap14_3.mdl。

（2）添加仿真模型所需的子模块。分别从 Video and Image Processing Blockset/Sources 子模块库选择 Image From File 模块，从 Video and Image Processing Blockset/ Filtering 子模块库中选择 2-D FIR Filter 模块，从 Video and Image Processing Blockset/Sinks 子模块库中选择 Video Viewer 模块，并右击添加它们到 chap14_3.mdl 模型文件中，连线各子模块，保存操作结果，建立仿真模型，如图 14.23 所示。

（3）模块参数设置。双击模型文件 chap14_3.mdl 中各模块，打开参数设置对话框。在 Image From File 模块的 Main 标签下，将 File name 文本框设为 fuwa.jpg；在 2-D FIR Filter 模块中，在 Main 标签下的 Coefficients 文本框中输入 fspecial('Sobel')以建立二维高通滤波

器，在 Padding options 下拉列表框中选择 Symmetric，在 Filtering based on 下拉列表框中选择 Correlation。单击 OK 按钮保存设置，关闭对话框。

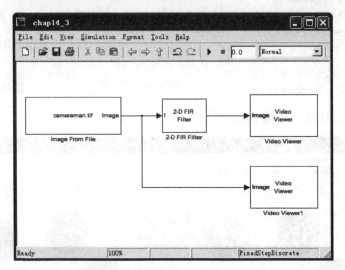

图 14.23　【例 14-3】系统模型

（4）设置仿真器参数。同【例 14-1】步骤（4）。

（5）运行仿真。在模型文件 chap14_3.mdl 窗口（图 14.23）选择菜单栏的 Simulation | Start 命令，开始模型的仿真。运行结果如图 14.24 和图 14.25 所示，其中图 14.24 为原始图像，图 14.25 为经锐化处理后的图像。

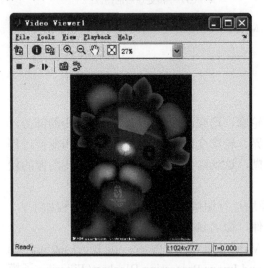

图 14.24　【例 14-3】原始图像

图 14.25　【例 14-3】处理后图像

【例 14-3】中，从图 14.25 中可以看到，原始图像经过锐化处理后，图像的轮廓变得清晰可见。本例也可通过 MATLAB 编写 M 语言来实现。

```
A=imread('D:\Program
Files\MATLAB\R2010a\toolbox\images\imdemos\fuwa.jpg'); %读入并显示图像
B=fspecial('Sobel');                          %用 Sobel 算子进行边缘锐化
fspecial('Sobel');
```

```
B=B';                                    %Sobel 垂直模板
C=filter2(B,A);
figure,imshow(C);                        %显示图像
```

程序执行，运行结果如图 14.26 所示。

图 14.26　【例 14-3】M 语言处理后的图像

14.3　图像转换的 Simulink 实现

数字图像处理中，图像转换主要包括图像类型转换、色彩空间转换、图像求补及图像数据类型转换等。实际应用中，在进行较复杂的图像处理之前，往往都需要先进行图像转换。利用 Simulink 视频和图像处理模块集的转换模块库及其他相关模块，可对图像进行图像转换操作。

14.3.1　图像类型转换

图像主要包括 4 种基本类型，分别是 RGB 图像、灰度图像、二值图像及索引图像。它们之间可以进行相互转换，读者可以根据需要将图像转换成自己需要的类型。

【例 14-4】用自动阈值 Autothreshold 模块将灰度图像转换为二值图像，其具体过程如下。

（1）建立仿真模型文件。新建一个模型文件，命名为 chap14_4.mdl。

（2）添加仿真模型所需的子模块。分别从 Video and Image Processing Blockset/Sources 子模块库选择 Image From File 模块，从 Video and Image Processing Blockset/ Conversion 子

模块库中选择 Autothreshold 模块，从 Video and Image Processing Blockset/Sinks 子模块库中选择 Video Viewer 模块，右击将它们添加到 chap14_4.mdl 模型文件中。连线各子模块，建立仿真模型，保存结果，如图 14.27 所示。

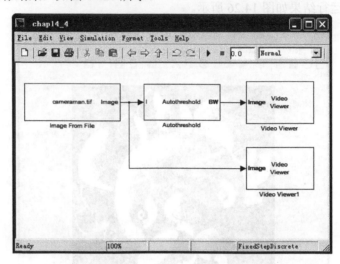

图 14.27　【例 14-4】系统模型

（3）模块参数设置。双击模型文件 chap14_4.mdl 中的各模块，打开参数设置对话框。在 Image From File 模块中，将 Main 标签下的 File name 文本框设为 round.jpg。单击 OK 按钮，保存设置，关闭对话框。

（4）仿真器参数设置。同【例 14-1】步骤（4）。

（5）运行仿真。在模型文件 chap14_4.mdl 窗口（图 14.27）选择菜单栏的 Simulation | Start 命令，开始模型的仿真。运行结果如图 14.28 和图 14.29 所示，其中图 14.28 为原始图像，图 14.29 为经 Autothreshold 模块处理后的二值图像。

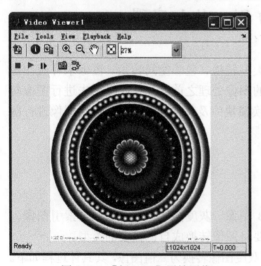

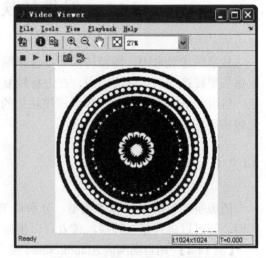

图 14.28　【例 14-4】原始图像　　　　图 14.29　【例 14-4】处理后的图像

【例 14-4】中，原始图像经 Autothreshold 模块处理后，由灰度图像转换成了二值图像。本例也可通过 MATLAB 编写 M 语言来实现。

```
A=imread('D:\Program
Files\MATLAB\R2010a\toolbox\images\imdemos\round.jpg');   %读入并显示原始图像
B=im2bw(A);                                                %转换为二值图像
figure,imshow(B);                                          %显示变换后的结果
```

程序执行，运行后的结果如图 14.30 所示。

图 14.30　【例 14-4】M 语言处理后图像

14.3.2　色彩空间转换

色彩空间转换共有 9 种转换类型可供选择，例如 RGB 转换为灰度图像，RGB 转换为 HSV 图像等。读者可以根据需要进行选择。

【例 14-5】用色彩空间转换 Color Space Conversion 模块对图像进行 RGB 到 HSV 的转换，其具体实现过程如下。

（1）建立仿真模型文件。新建一个模型文件，命名为 chap14_5.mdl。

（2）添加仿真模型所需的子模块。分别从 Video and Image Processing Blockset/Sources 子模块库选择 Image From File 模块，从 Video and Image Processing Blockset/Conversion 子模块库中选择 Image Data Type Conversion 模块和 Color Space Conversion 模块，从 Video and Image Processing Blockset/Sinks 子模块库中选择 Video Viewer 模块，右击将它们添加到 chap14_5.mdl 模型文件中。连线各子模块，建立仿真模型，保存结果，如图 14.31 所示。

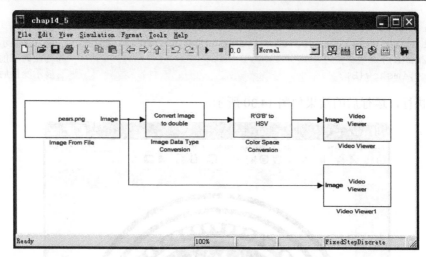

图 14.31　【例 14-5】系统模型

（3）模块参数设置。双击模型文件 chap14_5.mdl 中的各模块，打开参数设置对话框。在 Image From File 模块中，将 Main 标签下的 File name 文本框设为 pears.png；在 Image Data Type Conversion 模块的 Out data type 下拉列表框中选择 double；在 Corlor Space Conversion 模块中，从 Conversion 下拉表框中选择 R'G'B' to HSV。单击 OK 按钮，保存设置，关闭对话框。

（4）仿真器参数设置。同【例 14-1】步骤（4）。

（5）运行仿真。在模型文件 chap14_5.mdl 窗口（图 14.31）选择菜单栏的 Simulation | Start 命令，开始模型的仿真。运行结果如图 14.32 和图 14.33 所示，其中图 14.32 为原始 RGB 图像，图 14.33 为经 Color Space Conversion 模块处理后的 HSV 图像。

图 14.32　【例 14-5】原始图像

图 14.33　【例 14-5】处理后的图像

【例 14-5】中，从图 14.33 中可以看出，原始图像经 Color Space Conversion 模块处理后，由 RGB 空间转换了 HSV 空间。本例也可通过 MATLAB 编写 M 语言来实现。

```
A=imread('D:\Program
Files\MATLAB\R2010a\toolbox\images\imdemos\pears.png');%读入并显示原始图像
HSV=rgb2hsv(A);                                        %色彩空间转换 RGB 到 HSV
figure; imshow(HSV);                                   %显示变换后的结果
```

程序执行，运行后的结果如图 14.34 所示。

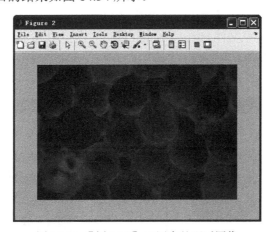

图 14.34　【例 14-5】M 语言处理后图像

14.3.3　图像求补

所谓的图像求补就是将原图像灰度值翻转，简单来说就是使黑变白、白变黑。获取的主要视觉效果则是一幅底片效果的图像。

【例 14-6】用图像求补 Image Complement 模块对图像进行求补转换，其具体实现的过程如下。

（1）建立仿真模型文件。新建一个模型文件，命名为 chap14_6.mdl。

（2）添加仿真模型所需的子模块。分别从 Video and Image Processing Blockset/Sources 子模块库选择 Image From File 模块，从 Video and Image Processing Blockset/ Conversion 子模块库中选择 Imag Complement 模块，从 Video and Image Processing Blockset/Sinks 子模块库中选择 Video Viewer 模块。右击将它们添加到 chap14_6.mdl 模型文件中，连线各子模块，建立仿真模型，保存结果，如图 14.35 所示。

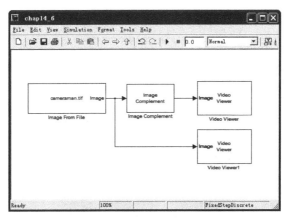

图 14.35　【例 14-6】系统模型

（3）模块参数设置。双击模型文件 chap14_6.mdl 中的各模块，打开参数设置对话框。在 Image From File 模块中，将 Main 标签下的 File name 文本框设为 liftingbody.png。单击

OK 按钮，保存设置，关闭对话框。

（4）仿真器参数设置。同【例 14-1】步骤（4）。

（5）运行仿真。在模型文件 chap14_6.mdl 窗口（图 14.35）选择菜单栏的 Simulation｜Start 命令，开始模型的仿真。运行结果如图 14.36 和图 14.37 所示，其中图 14.36 为原始图像，图 14.37 为经 Image Complement 模块处理后的图像。

<table>
<tr><td>图 14.36　【例 14-6】原始图像</td><td>图 14.37　【例 14-6】处理后的图像</td></tr>
</table>

【例 14-6】中，原始灰度图像经 Image Complement 模块处理后，得到了底片效果的图 14.37。本例也可通过 MATLAB 编写 M 语言来实现。

```
A=imread('D:\Program Files\MATLAB\R2010a\toolbox\images\imdemos\liftingbody.
png');                                    %读入并显示原始图像
B=double(A);
B=256-1-B;
B=uint8(B);                               %图像数据类型转换
figure,imshow(HSV);                       %显示变换后的结果
```

程序执行，运行后的结果如图 14.38 所示。

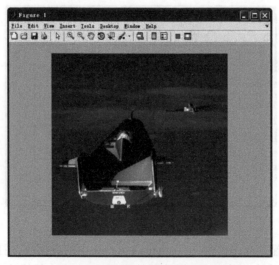

图 14.38　【例 14-6】M 语言处理后的图像

14.4　图像几何变换的 Simulink 实现

图像的几何变换是指图像在大小、位置和几何形状上的变换处理。从变换的性质分，图像的几何变换有图像的位置变换（平移、镜像、旋转）和图像的形状变换（放大、缩小、错切）等基本变换及图像的复合变换。利用 Simulink 视频和图像处理模块集的几何变换模块库，以及其他相关模块可对图像进行几何变换操作。本节仍以实例的方式介绍几种常见的图像几何变换。

14.4.1　图像的旋转

图像的旋转可通过几何变换模块库中的 Rotate 模块实现。

【例 14-7】　用 Rotate 模块将图像逆时针旋转 90º 角，其具体的过程如下。

（1）建立仿真模型文件。新建一个模型文件，命名为 chap14_7.mdl。

（2）添加仿真模型所需的子模块。分别从 Video and Image Processing Blockset/Sources 子模块库选择 Image From File 模块，从 Video and Image Processing Blockset/ Geometric Transformations 子模块库中选择 Rotate 模块，从 Video and Image Processing Blockset/Sinks 子模块库中选择 Video Viewer 模块，右击将它们添加到 chap14_7.mdl 模型文件中。连线各子模块，建立仿真模型，保存结果，如图 14.39 所示。

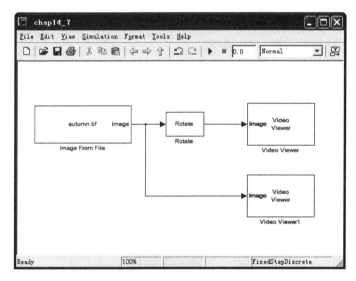

图 14.39　【例 14-7】系统模型

（3）模块参数设置。双击模型文件 chap14_7.mdl 中的各模块，打开参数设置对话框。在 Image From File 模块中，将 Main 标签下的 File name 文本框设为 autumn.tif；在 Rotate 模块中，在 Main 标签下的 Angle (radians)文本框中输入 pi/2（即 90º 角）。单击 OK 按钮，保存设置，关闭对话框。

（4）仿真器参数设置。同【例 14-1】步骤（4）。

（5）运行仿真。在模型文件 chap14_7.mdl 窗口（图 14.39）中选择菜单栏的 Simulation | Start 命令，开始模型的仿真。运行结果如图 14.40 和图 14.41 所示，其中图 14.40 为原始图像，图 14.41 为经 Rotate 模块旋转 90° 后的图像。

 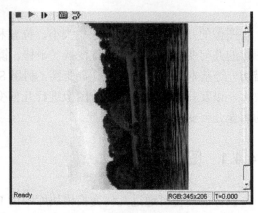

图 14.40 【例 14-7】原始图像　　　　　　图 14.41 【例 14-7】处理后的图像

【例 14-7】中，原始图像经 Rotate 模块处理后，旋转了 90° 角，如图 14.41 所示。实际应用时，用户可以根据需要设置任意的旋转角度。本例也可通过 MATLAB 编写 M 语言来实现。

```
A=imread('D:\Program
Files\MATLAB\R2010a\toolbox\images\imdemos\autumn.tif');   %读取并显示图像
B=imrotate(A,90,'nearest');                                 %将图像旋转90°
figure,imshow(B);                                           %显示旋转后图像
```

程序执行，运行结果如图 14.42 所示。

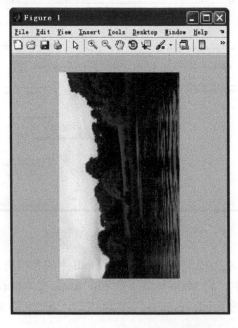

图 14.42 【例 14-7】M 语言实现结果

14.4.2　图像的缩放

利用几何变换模块库中的 Resize 模块，可实现图像的缩放功能。

【例 14-8】　用 Resize 模块缩放图像，其具体实现的过程如下。

（1）建立仿真模型文件。新建一个模型文件，命名为 chap14_8.mdl。

（2）添加仿真模型所需的子模块。分别从 Video and Image Processing Blockset/Sources 子模块库选择 Image From File 模块，从 Video and Image Processing Blockset/ Geometric Transformations 子模块库中选择 Resize 模块，从 Video and Image Processing Blockset/Sinks 子模块库中选择 Video Viewer 模块，右击将它们添加到 chap14_8.mdl 模型文件中。连线各子模块，建立仿真模型，保存结果，如图 14.43 所示。

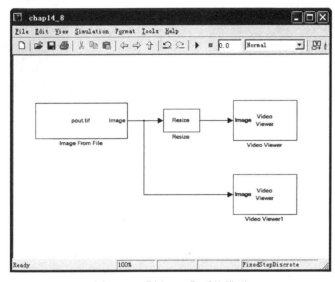

图 14.43　【例 14-8】系统模型

（3）模块参数设置。双击模型文件 chap14_8.mdl 中的各模块。打开参数设置对话框。在 Image From File 模块中，将 Main 标签下的 File name 文本框设为 kids.tif；在 Resize 模块中，在 Main 标签下的 Resize factor in%文本框输入[50 50]。单击 OK 按钮，保存设置，关闭对话框。

（4）仿真器参数设置。同【例 14-1】步骤（4）。

（5）运行仿真。在模型文件 chap14_8.mdl 窗口（图 14.43）中选择菜单栏的 Simulation | Start 命令，开始模型的仿真。运行结果如图 14.44 和图 14.45 所示，其中图 14.44 为原始图像，图 14.45 为经 Resize 模块缩放后的图像。

从上面两图比较可以看出，按照本例中设置的缩放百分比参数[50 50]，大小为 291×240 的图像，其行列像素均缩小成原来的 50%后，图像大小变成了 146×120。本例也可通过 MATLAB 编写 M 语言来实现。

```
A=imread('D:\Program
Files\MATLAB\R2010a\toolbox\images\imdemos\kids.tif');   %读取并显示图像
B=imresize(A,0.5,'nearest');                            %缩小图像至原始图像的 50%
figure(1)
```

```
imshow(A);                                    %显示原始图像
figure(2)
imshow(B)                                     %显示缩小后的图像
```

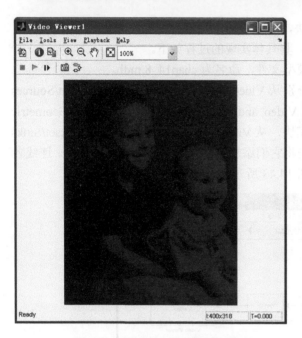

图 14.44　【例 14-8】原始图像　　　　　　　图 14.45　【例 14-8】处理后的图像

程序执行，运行结果如图 14.46 所示。

（a）原始图像　　　　　　　　　　　（b）缩小后的图像

图 14.46　【例 14-8】M 语言实现结果

14.4.3 图像的切变

利用几何变换模块库中的 Shear 模块,可对图像实现水平和垂直两个方向的线性切变功能。

【例 14-9】 用 Shear 模块完成图像的垂直切变,其具体实现的过程如下。

(1)建立仿真模型文件。新建一个模型文件,命名为 chap14_9.mdl。

(2)添加仿真模型所需的子模块。分别从 Video and Image Processing Blockset/Sources 子模块库选择 Image From File 模块,从 Video and Image Processing Blockset/ Geometric Transformations 子模块库中选择 Shear 模块,从 Video and Image Processing Blockset/Sinks 子模块库中选择 Video Viewer 模块,右击将它们添加到 chap14_9.mdl 模型文件中。连线各子模块,建立仿真模型,保存结果,如图 14.47 所示。

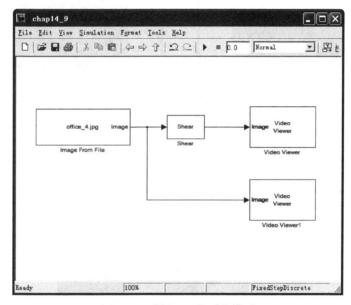

图 14.47 【例 14-9】系统模型

(3)模块参数设置。双击模型文件 chap14_9.mdl 中的各模块,打开参数设置对话框。在 Image From File 模块中,将 Main 标签下的 File name 文本框设为 office_4.jpg;在 Shear 模块中,在 Main 标签下 Shear direction 下拉列表选择 vertical,然后在 Main 标签下的 Row/column shear values [first last]文本框中输入[100 0]。单击 OK 按钮,保存设置,关闭对话框。

(4)仿真器参数设置。同【例 14-1】步骤(4)。

(5)运行仿真。在模型文件 chap14_9.mdl 窗口(图 14.47)中选择菜单栏的 Simulation | Start 命令,开始模型的仿真。运行结果如图 14.48 和图 14.49 所示,其中图 14.48 为原始图像,图 14.49 为经 Shear 模块切变后的图像。

本例也可通过 MATLAB 编写 M 语言来实现。

```
A=imread('D:\Program
Files\MATLAB\R2010a\toolbox\images\imdemos\office_4.jpg');%读取并显示图像
B=size(A);                                              %图像切变
C=zeros(B(1)+round(B(2)*tan(pi/6)),B(2),B(3));
for m=1:B(1)
```

```
    for n=1:B(2)
        C(m+round(n*tan(pi/6)),n,1:B(3))=A(m,n,1:B(3));
end
end
figure,imshow(uint8(C));                                    %显示切变后图像
```

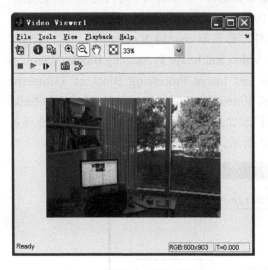
图 14.48 【例 14-9】原始图像

图 14.49 【例 14-9】处理后的图像

程序执行，运行结果如图 14.50 所示。

图 14.50 【例 14-9】M 语言处理后的图像

14.5　图像形态学描述的 Simulink 实现

数学形态学是以几何学为基础对图像进行分析，其基本思想是用一个结构元素作为基本工具来探测和提取图像特征，看这个结构元素是否能够适当有效地放入图像内部。形态学最基本的运算是膨胀和腐蚀，利用膨胀和腐蚀运算可以组成开启和闭合等其他形态学运算。

14.5.1　膨胀和腐蚀

膨胀和腐蚀是数学形态学中最基本的操作。经过膨胀后，图像将比原图像所占像素更多；而腐蚀后的图像则较原图像有所收缩。

【例 14-10】　用 Dilation 模块和 Erosion 模块实现对图像的膨胀和腐蚀，其具体实现的过程如下。

（1）建立仿真模型文件。新建一个模型文件，命名为 chap14_10.mdl。

（2）添加仿真模型所需的子模块。分别从 Video and Image Processing Blockset/Sources 子模块库选择 Image From File 模块，从 Video and Image Processing Blockset/ Morphological Operations 子模块库中选择 Dilation 模块和 Erosion 模块，从 Video and Image Processing Blockset/Sinks 子模块库中选择 Video Viewer 模块，右击将它们添加到 chap14_10.mdl 模型文件中。连线各子模块，建立仿真模型，保存结果，如图 14.51 所示。

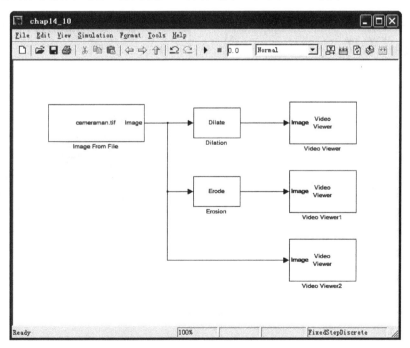

图 14.51　【例 14-10】系统模型

（3）模块参数设置。双击模型文件 chap14_10.mdl 中各模块，打开参数设置对话框。

在 Image From File 模块中，将 Main 标签下的 File name 文本框设为 cameraman.tif。单击 OK 按钮，保存设置，关闭对话框。

（4）仿真器参数设置。同【例 14-1】步骤（4）。

（5）运行仿真。在模型文件 chap14_10.mdl 窗口（图 14.51）中选择菜单栏的 Simulation | Start 命令，开始模型的仿真。运行结果如图 14.52、图 14.53 及图 14.54 所示，其中图 14.52 为原始图像，图 14.53 为经 Dilation 模块膨胀后的图像，图 14.54 为经 Erosion 模块腐蚀后的图像。

图 14.52　【例 14-10】原始图像

图 14.53　【例 14-10】膨胀后的图像

图 14.54　【例 14-10】腐蚀后的图像

本例也可通过 MATLAB 编写 M 语言来实现。

```
A=imread('D:\Program
Files\MATLAB\R2010a\toolbox\images\imdemos\cameraman.tif');
                                                          %读取并显示图像
SE=strel('disk',4,4);                                     %定义模板
```

```
B=imdilate(A,SE);                          %按模板膨胀
C=imerode(A,SE);                           %按模板腐蚀
figure
subplot(121),imshow(B);                    %显示膨胀后的图像
subplot(122),imshow(C);                    %显示腐蚀后的图像
```

程序执行，运行结果如图 14.55 所示。

　　　　　　（a）膨胀后图像　　　　　　　　　　　　（b）腐蚀后图像

图 14.55　【例 14-10】M 语言实现结果

14.5.2　开启和闭合

　　开启和闭合是形态学中另外两个重要操作。开启通常起到平滑图像轮廓的作用，去掉轮廓上突出的毛刺，截断狭窄的山谷。而闭合操作虽然也能对图像轮廓有平滑作用，但是结果相反，它能去除区域中的小孔，填平狭窄的断裂、细长的沟壑及轮廓的缺口。

　　【例 14-11】　用 Opening 模块和 Closing 模块消除图像噪声，其具体实现的过程如下。

　　（1）为了便于观察图像平滑效果，先准备一幅带有椒盐噪声的图像。在 Command Window(命令窗口)输入以下命令：

```
A=imread('tire.tif ');           %读入原始图像
B=imnoise(A,' salt & pepper ');
```

　　（2）建立仿真模型文件。新建一个模型文件，命名为 chap14_11.mdl。

　　（3）添加仿真模型所需的子模块。分别从 Video and Image Processing Blockset/Sources 子模块库选择 Image From Workspace 模块，从 Video and Image Processing Blockset/ Morphological Operations 子模块库中选择 Opening 模块和 Closing 模块，从 Video and Image Processing Blockset/Sinks 子模块库中选择 Video Viewer 模块，右击将它们添加到 chap14_11.mdl 模型文件中。连线各子模块，建立仿真模型，保存结果，如图 14.56 所示。

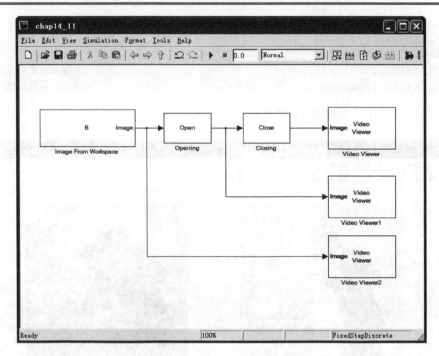

图 14.56　【例 14-11】系统模型

　　（4）模块参数设置。双击模型文件 chap14_11.mdl 中的各模块，打开参数设置对话框。在 Image From File 模块中，将 Main 标签下的 File name 文本框设为 cameraman.tif；在 Opening 模块中，将 Neighborhood or structuring element 设为 strel（'disk', 2）；在 Closing 模块中，将 Neighborhood or structuring element 设为 strel（'disk', 2）。单击 OK 按钮，保存设置，关闭对话框。

　　（5）仿真器参数设置。同【例 14-1】步骤（4）。

　　（6）运行仿真。在模型文件 chap14_11.mdl 窗口（图 14.56）中选择菜单栏的 Simulation | Start 命令，开始模型的仿真。运行结果如图 14.57、图 14.58、图 14.59 及图 14.60 所示。其中，图 14.57 为原始图像，图 14.58 为添加椒盐噪声的图像，图 14.59 为经 Opening 模块处理后的图像，图 14.60 为经 Closing 模块处理后的图像。

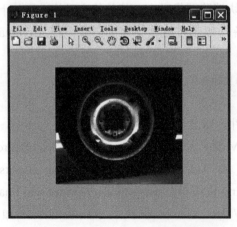

图 14.57　【例 14-11】原始图像

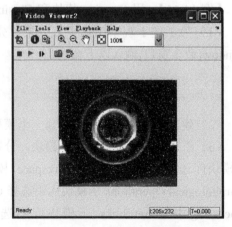

图 14.58　【例 14-11】添加椒盐噪声后图像

图 14.59　【例 14-11】开运算后的图像　　　　图 14.60　【例 14-11】闭运算后的图像

本例也可通过 MATLAB 编写 M 语言来实现。

```
A=imread('D:\Program
Files\MATLAB\R2010a\toolbox\images\imdemos\tire.tif');  %读取图像
B=imnoise(A,'salt & pepper');                           %添加椒盐噪声
SE = strel('disk',2);
C= imopen(B,SE);                                        %对图像进行开启操作
D= imclose(C,SE);                                       %对图像进行闭合操作
figure
subplot(131),imshow(B);                                %显示添加椒盐噪声后的图像
subplot(132),imshow(C);                                %显示开运算后图像
subplot(133),imshow(D);                                %显示闭运算后图像
```

程序执行，运行结果如图 14.61 所示。

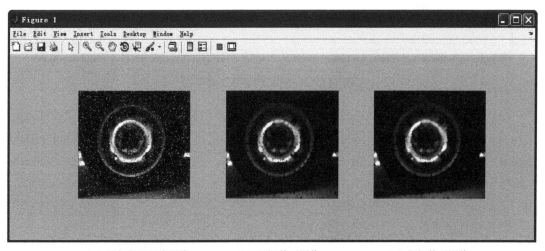

　　（a）添加椒盐噪声图像　　　（b）开运算后图像　　　（c）闭运算后图像

图 14.61　【例 14-11】M 语言实现结果

14.5.3　形态学对图像的操作

对于二值图像，可以考虑用形态学对图像进行适当的操作，以此来提取图像的描述。

【例 14-12】　用形态学方法分析计算一幅硬币图像里的硬币数量，其具体实现的过程如下。

（1）建立仿真模型文件。新建一个模型文件，命名为 chap14_12.mdl。

（2）添加仿真模型所需的子模块。分别从 Video and Image Processing Blockset/Sources 子模块库选择 Image From File 模块，从 Video and Image Processing Blockset/ Morphological Operations 子模块库中选择 Opening 模块和 Lable 模块，从 Video and Image Processing Blockset/Conversions 子模块库中选择 Autothreshold 模块，从 Video and Image Processing Blockset/Sinks 子模块库中选择 Video Viewer 模块和 Display 模块，右击将它们添加到 chap14_12.mdl 模型文件中。连线各子模块，建立仿真模型，保存结果，如图 14.62 所示。

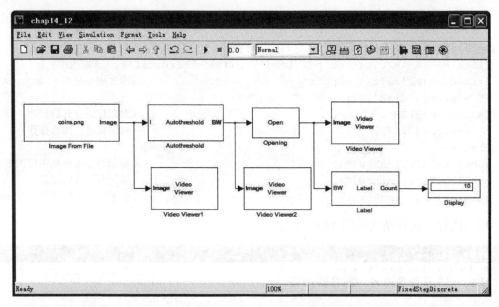

图 14.62　【例 14-12】系统模型

（4）模块参数设置。双击模型文件 chap14_12.mdl 中各模块，打开参数设置对话框。在 Image From File 模块中，将 Main 标签下的 File name 文本框设为 coins.png；在 Authreshod 模块中，将 Main 标签下的 Scale threshold 复选框选中，在其下的 Threshold scaling factor 文本框中输入 0.9；在 Label 模块中，在 Output 下拉列表框中选择 Number of labels。单击 OK 按钮，保存设置，关闭对话框。

（5）仿真器参数设置。同【例 14-1】步骤（4）。

（6）运行仿真。在模型文件 chap14_12.mdl 窗口（图 14.62）中选择菜单栏的 Simulation | Start 命令，开始模型的仿真。运行结果如图 14.63、图 14.64 及图 14.65 所示。其中图 14.63 为原始图像，图 14.64 为二值图像，图 14.65 为形态学开启操作后的图像。

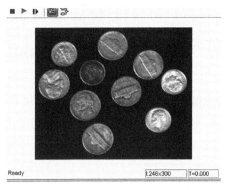

图 14.63　【例 14-11】原始图像

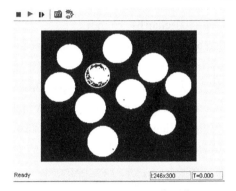

图 14.64　【例 14-12】二值图像

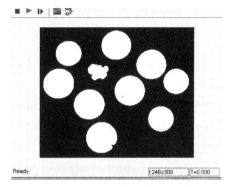

图 14.65　【例 14-12】开启操作后的图像

本例也可通过 MATLAB 编写 M 语言来实现。

```
A=imread('D:\Program
Files\MATLAB\R2010a\toolbox\images\imdemos\coins.png');    %读取图像
B=im2bw(A);                                                %转换成二值图像
SE=strel('disk',5);
C=imopen(B,SE);                                            %对图像进行开启操作
figure
subplot(121),imshow(B);                                   %显示二值图像
subplot(122),imshow(C);                                   %显示开运算后的图像
```

程序执行，运行结果如图 14.66 所示。

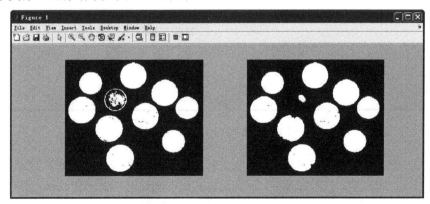

（a）二值图像　　　　　　　　　（b）开运算后图像

图 14.66　【例 14-12】M 语言实现结果

14.6　图像处理综合实例的 Simulink 实现

MATLAB/Simulink 视频和图像处理模块集包括多个子模块，前面几节中已经通过举例详细介绍了各模块的功能。在实际应用中，读者可以根据实际项目的需要，选取适当的模块对视频或图像进行处理。下面通过两个实例介绍视频和图像处理模块集对图像的综合处理。

【例 14-13】　使用视频和图像处理模块集，对图像进行旋转和增强处理，改善图像的显示效果，其具体实现的过程如下。

（1）建立仿真模型文件。新建一个模型文件，命名为 chap14_13.mdl。

（2）添加仿真模型所需的子模块。分别从 Video and Image Processing Blockset/Sources 子模块库选择 Image From File 模块，从 Video and Image Processing Blockset/ Geometric Transformations 子模块库中选择 Rotate 模块，从 Video and Image Processing Blockset/Analysis & Enhancement 子模块库中选择 Contrast Adjustment 模块，从 Video and Image Processing Blockset/Sinks 子模块库中选择 Video Viewer 模块，右击将它们添加到 chap14_13.mdl 模型文件中。连线各子模块，建立仿真模型，保存结果，如图 14.67 所示。

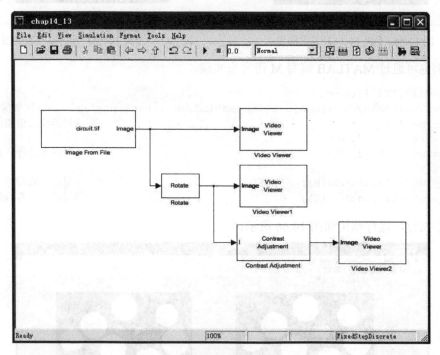

图 14.67　【例 14-13】系统模型

（3）模块参数设置。双击模型文件 chap14_13.mdl 中的各模块，打开参数设置对话框。在 Image From File 模块中，将 Main 标签下的 File name 文本框设为 circuit.tif；在 Rotate 模块中的 Main 标签下 Angle (radians) 文本框中输入 pi/2（即 90°角）；在 Contrast Adjustment 模块 Main 标签下的 Adjust pixel values from 下拉列表框中选择 Range determined by saturating outlier pixels。单击 OK 按钮，保存设置，关闭对话框。

（4）仿真器参数设置。同【例 14-1】步骤（4）。

（5）运行仿真。在模型文件 chap14_13.mdl 窗口（图 14.67）选择菜单栏的 Simulation | Start 命令，开始模型的仿真。运行结果如图 14.68、图 14.69 及图 14.70 所示。其中图 14.68 为原始图像，图 14.69 为经 Rotate 模块旋转后的图像，图 14.70 为经 Contrast adjustment 模块处理后的图像。

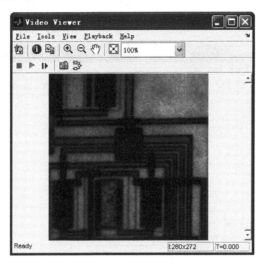

图 14.68　【例 14-13】原始图像

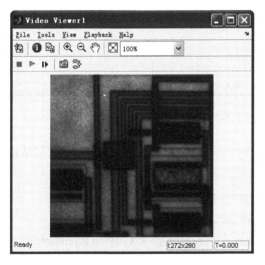

图 14.69　【例 14-13】旋转后的图像

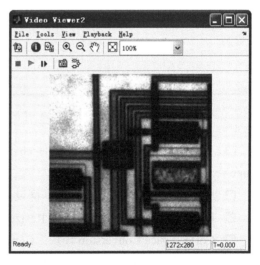

图 14.70　【例 14-13】对比度增强后的图像

从图中可以看出，图像经过 Rotate 模块处理后，电路板元器件布局走向由纵向变为横向，再通过 Contrast Adjustment 模块进行灰度变换处理后，图像对比度明显增强了。

【例 14-14】　使用视频和图像处理模块集，对图像进行缩小、转换及边缘检测处理，其具体实现的过程如下。

（1）建立仿真模型文件。新建一个模型文件，命名为 chap14_14.mdl。

（2）添加仿真模型所需的子模块。分别从 Video and Image Processing Blockset/Sources 子模块库选择 Image From File 模块，从 Video and Image Processing Blockset/ Geometric Transformations 子模块库中选择 Resize 模块，从 Video and Image Processing Blockset/Analysis & Enhancement 子模块库中选择 Edge Detection 模块，从 Video and Image Processing Blockset/Conversions 子模块库中选择 Color Space Conversion 模块，从 Video and Image Processing Blockset/Sinks 子模块库中选择 Video Viewer 模块，右击将它们添加到 chap14_14.mdl 模型文件中。连线各子模块，建立仿真模型，保存结果，如图 14.71 所示。

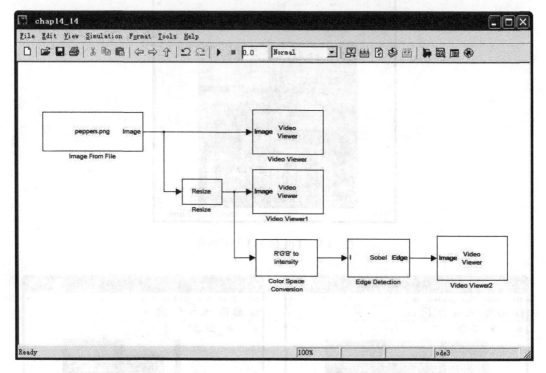

图 14.71 【例 14-14】系统模型

（3）模块参数设置。双击模型文件 chap14_14.mdl 中的各模块，打开参数设置对话框。Image From File 参数设置如下：

❑ Main 标签下的 File name 文本框设为 peppers.png

❑ Resize 模块：Main 标签下的 Resize factor in%文本框输入[50 50]

❑ Corlor Space Conversion 模块：Conversion 下拉表框选择 R'G'B' to intensity。

单击 OK 按钮，保存设置，关闭对话框。

（4）仿真器参数设置。同【例 14-1】步骤（4）。

（5）运行仿真。在模型文件 chap14_14.mdl 窗口（图 14.71）中选择菜单栏的 Simulation | Start 命令，开始模型的仿真。运行结果如图 14.72、图 14.73 及图 14.74 所示。其中图 14.72 为原始图像，图 14.73 为经 Resize 模块缩放后的图像，图 14.74 为经 Edge Detection 模块处理后的图像。

图 14.72 【例 14-14】原始图像

图 14.73 【例 14-14】缩放后图像

图 14.74 【例 14-14】边缘检测后的图像

从图中可以看出，原始图像的像素为 384×512，缩放后图像的像素为 192×256，是原图像的 50%，最终得到了缩小后图像的边缘检测图。

14.7　本 章 小 结

本章详细介绍了在 MATLAB/Simulink 中进行数字图像处理的基本过程和方法。介绍了 Video and Image Processing Blockset 中各个子模块库中基本组成，包括分析和增强模块库、转换模块库、滤波模块库、几何变换模块库、形态学操作模块库、接收器模块库和输入源模块库等；在 Simulink 的基础上，从工程技术应用的角度出发，以静态图像为主要对象，着重讨论视频和图像处理模块在数字图像处理中的基本应用方法；最后按照数字图像处理的功能介绍基于子模块进行图像处理的实例。建议用户参照示例，从实际问题出发，设计自己的图像处理模型。

习　　题

1. 在 MATLAB/Simulink 下，利用工具模块库中的 Variable Selector 剪切图像，取出图像一部分。

2. 在 MATLAB/Simulink 下，利用对比度调节的 Contrast Adjustment 模块进行灰度变换。

3. 在 MATLAB/Simulink 下，利用 FIR 滤波器的 2-D FIR Filter 模块完成图像锐化。

4. 在 MATLAB/Simulink 下，利用几何模块库中的 Shear 模块完成图像的水平切变。

5. 在 MATLAB/Simulink 下，利用形态学模块的 Dilation 模块和 Erosion 模块进行图像膨胀和腐蚀。

第 15 章　图像处理的 MATLAB 实例

MATLAB 凭借其强大的数值计算能力，在数字图像处理中占有了一席之地。本章针对数字图像处理中的一些具体应用问题展开，内容主要包括滤波反投影的 CT 图像重建算法、车牌倾斜校正算法、人脸识别中核心算法，以及 BP 神经网络的图形识别，均采用介绍相关算法的实现步骤，然后介绍在 MATLAB 中的实现方法。

15.1　滤波反投影图像重建算法的 MATLAB 实现

CT 图像重建的基本原理是由测量到的穿过人体横截面，沿着许多直线的 X 射线减的数据，重建出人体横截面的图像，是一种获取人体内部信息的有效手段，在医学临床诊断方面发挥了巨大的作用。滤波反投影算法是图像重建中应用最广泛的一种。本节主要介绍滤波反投影图像重建算法的 MATLAB 实现方法，具体包括滤波反投影图像重建算法的基本原理、实现流程及每个步骤在 MATLAB 中的实现过程。

15.1.1　滤波反投影图像重建算法的基本原理

滤波反投影图像重建算法的数学基础是中心切片定理。二维图像的中心切片定理指出：图像函数 $f(x, y)$ 的投影 $p(s)$ 的傅里叶变换等于图像函数 $f(x, y)$ 的二维傅里叶变换 $F(\omega_x, \omega_y)$ 沿与探测器平行的方向过原点的片段，如图 15.1 所示。

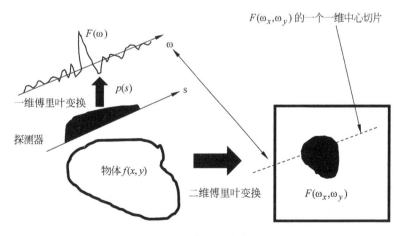

图 15.1　中心切片定理

如果探测器绕物体旋转至少 $180°$，物体的二维傅里叶变换 F()所对应于探测器方向的中心片段就能覆盖整个傅里叶空间，即平面。换句话说，探测器绕物体旋转180°就能测到完整的傅里叶变换函数 F()。一旦函数 F() 为已知函数，原图像函数 $f(x, y)$ 就可以用通过二维傅里叶反变换的数学手段轻易获得。探测器在每个探测方向上向傅里叶空间添入一条线。当这些线覆盖了整个傅里叶空间后，原图像可由二维傅里叶反变换获得重建。

　　根据中心切片定理，图像重建的问题可按如下流程求解：采集不同视角下的投影（理论上应为180°范围内连续无穷多个投影）→求出各投影的 1D 傅里叶变换（即图像 2D 傅里叶变换的各切片，理论上是连续的无穷多片）→汇集成图像的 2D 傅里叶变换→求反变换得重建图像，即直接反投影图像重建。

　　直接反投影重建算法的缺点是引入星状伪迹，即原来图像中密度为 0 的点，重建后不一定为 0，使图像失真。要除去反投影算法的星状伪迹，可以在反投影重建以前把投影数据先行修正（滤波），再把修正后的投影数据进行反投影运算而求出无伪迹的图像，这就是滤波反投影算法的基本方法，其过程如图 15.2 所示。

图 15.2　星状伪迹的去除

15.1.2　滤波反投影图像重建算法的 MATLAB 实现

　　在 MATLAB 中实现滤波反投影图像重建算法，可分为以下几个步骤：
（1）在 MATLAB 上生成 S-L 头模型，并产生投影数据，构成投影函数。
（2）利用 R-L 滤波函数对投影数据进行滤波。
（3）对角度下的投影函数作一维傅里叶变换。
（4）对（3）的变换结果乘上一维权重因子。
（5）对（4）的加权结果作一维傅里叶逆变换。
（6）用（5）中得出的修正过的投影函数做直接反投影。
（7）改变投影角度，增加角度，重复（2）～（6）的过程，直至完成全部180°下的反投影。

1. 原始的头模型数据生成

　　为了客观地评价重建算法的有效性，首先需要在 MATLAB 环境下仿真生成需重建的原始图像。本实验中，选用 Shepp-Logan 头模型（以下简称为 S-L 模型）作为仿真模型。该模型是由 10 个位置、大小、方向和密度各异的椭圆组成，象征一个脑断层图像。其中，在 10 个椭圆的分布图里，英文字母是 10 个椭圆的编号，数字表示该区域内的密度。表 15.1 给出了 S-L 头模型中 10 个椭圆的中心位置、长轴、短轴、旋转角及折射指数。

表 15.1　头模型中的椭圆参数

序号	中心坐标	长轴	短轴	旋转角度	密度值
a	(0,0)	0.92	0.69	90	2.0
b	(0,−0.0184)	0.874	0.6624	90	−0.98
c	(0.22,0)	0.31	0.11	72	−0.02

续表

序号	中心坐标	长轴	短轴	旋转角度	密度值
d	(−0.22,0)	0.41	0.16	108	−0.02
e	(0,0.35)	0.25	0.21	90	0.01
f	(0,0.1)	0.046	0.046	0	0.01
j	(0,−0.1)	0.046	0.046	0	0.01
h	(−0.08,−0.605)	0.046	0.023	0	0.01
i	(0,−0.605)	0.023	0.023	0	0.01
j	(0.06,−0.605)	0.046	0.023	90	0.01

生成头模型文件的基本准则是确定各像素点密度值，可以通过判断像素点是否在某一椭圆里，判断数学表达式如下（1）：

$$\frac{\left[(x-x_0)\cos a+(y-y_0)\sin a\right]^2}{A^2}+\frac{\left[-(x-x_0)\sin a+(y-y_0)\cos a\right]^2}{B^2} \tag{1}$$

其中，A 和 B 为椭圆的长轴和短轴，x_0 和 y_0 是椭圆中心坐标，a 是椭圆的折射角度，x 和 y 是像素坐标。

如果表达式（1）的值小于 1 则该像素点在该椭圆内，该像素点的灰度值加上椭圆的密度值；如果表达式（1）的值大于 1 则该像素点不在该椭圆内，该像素点的灰度值不做任何操作；依次判断每个像素点在 10 个椭圆的情况，最终确定图像中所有像素点的灰度值，从而构建完整的头模型文件。基于上述头模型数据的产生原理，编写产生头模型数据的函数 headata.m，其具体的 MATLAB 实现如下：

```
function [fp,axes_x,axes_y,pixel]=headata(N)
%N 表示创建头文件的大小；fp 表示存储头模型数据文件的指针头；
%axes_x 和 axes_y 表示的文件绘图坐标范围；
%pixel 为头模型数据矩阵；
%具体调用形式[fp,axes_x,axes_y,pixel]=headata(N)。
 lenth=N*N;
 pixel=zeros(N,N);                              %生成图像的密度矩阵，初值为 0
 coordx=[0,0,0.22,-0.22,0,0,0,-0.08,0,0.06];
                              %每个椭圆中心的 x 坐标，各个椭圆代表不同组织
 coordy=[0,-0.0184,0,0,0.35,0.1,-0.1,-0.605,-0.605,-0.605];
                                        %每个椭圆中心的 y 坐标
 laxes=[0.92,0.874,0.31,0.41,0.25,0.046,0.046,0.046,0.023,0.046];
                                        %每个椭圆长轴的大小
 saxes=[0.69,0.6624,0.11,0.16,0.21,0.046,0.046,0.023,0.023,0.023];
                                        %每个椭圆短轴的大小
 angle=[90,90,72,108,90,0,0,0,0,90];                %每个椭圆旋转的角度
 density=[2.0,-0.98,-0.4,-0.4,0.2,0.2,0.2,0.2,0.2,0.3];    %每个椭圆的灰度值
  for i=1:N,
      for j=1:N,
          for k=1:10,
              axes_x(i,j)=(-1+j*2/N-0.5*2/N);          %画图像时的 x 坐标
              x=(-1+j*2/N)-coordx(k);
              axes_y(i,j)=(-1+i*2/N-0.5*2/N);          %画图像时的 y 坐标
              y=(-1+i*2/N)-coordy(k);
              alpha=pi*angle(k)/180;
              a=(x*cos(alpha)+y*sin(alpha))/laxes(k);
```

```
                                                      %判断像素点是否在第 k 个椭圆里
                b=(-x*sin(alpha)+y*cos(alpha))/saxes(k);
                if((a*a+b*b)<=1)
                pixel(i,j)=density(k)+pixel(i,j);
                end
            end
        end
    end
 fp=fopen('datafile_name.txt','w');              %创建头模型数据文件, 对其进行写操作
 for i=1:N,
    for j=1:N,
        a=[i j pixel(i,j)];
        fprintf(fp,'%d  %d  %f\n',a);
    end
 end
 fclose(fp);                                      %关闭文件指针
 fp=fopen('datafile_name.txt','r');              %保存 datafile_name.txt 文件头
```

函数 headata.m 首先创建一个 N*N 的头模型零值矩阵, 定义头模型文件大小 N*N, 将椭圆的中心点坐标、长轴、短轴及灰度值分别存入向量 coordx、coordy、laxes、saxes、angle 和 density 中, 然后分别确定原始图像中每个像素点与 10 个椭圆的位置关系, 从而确定灰度值, 生成头模型文件灰度值矩阵 pixel; 为了后续图像重建调用方便, 利用函数 fopen() 创建头模型数据文件, 并对其按照[i j pixel(i,j)]格式进行写操作。其中, 输入参数 N 表示头模型大小, 返回值 fp 表述的头模型文件的指针位置, axes_x 和 axes_y 表示头模型像素点的取值范围, pixel 是头模型灰度矩阵。

在 MATLAB 的工作空间里, 输入指令 help headata, 能够返回函数输入参数的意义和调用形式说明, 运行结果如图 15.3 所示。

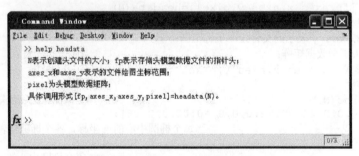

图 15.3　输入 help headata 的结果

【例 15-1】 利用头模型函数 headata()产生不同大小的头模型数据并显示, 其具体实现的 MATLAB 代码如下:

```
close all;                  %关闭当前所有图形窗口, 清空工作空间变量, 清除工作空间所有变量
clear all;
clc;
N1=256;                                          %输入头模型大小
[fp1,axes_x1,axes_y1,pixel1]=headata(N1);        %调用函数 headata 产生头模型数据
set(0,'defaultFigurePosition',[100,100,1200,450]);%修改图形图像位置的默认设置
set(0,'defaultFigureColor',[1 1 1])              %修改图形背景颜色的设置
figure,                                          %显示 256×256 头模型
subplot(121),
 for i=1:N1,
    for j=1:N1,
```

```
        a=fscanf(fp1,'%d %d %f\n',[1 3]);
        plot(axes_x1(i,j),axes_y1(i,j),'color',[0.5*a(3) 0.5*a(3)
        0.5*a(3)],...
                                'MarkerSize',20);
        hold on;
    end
 end
fclose(fp1);
N2=512;                                 %输入头模型大小
[fp2,axes_x2,axes_y2,pixel2]=headata(N2); %调函数 headata()产生头模型数据
 subplot(122),                          %显示 512×512 头模型
 for i=1:N2,
    for j=1:N2,
        a=fscanf(fp2,'%d %d %f\n',[1 3]);
        plot(axes_x2(i,j),axes_y2(i,j),'color',[0.5*a(3) 0.5*a(3)
        0.5*a(3)],...
                                'MarkerSize',20);
        hold on;
    end
end
fclose(fp2);
```

　　程序执行，运行结果如图 15.4 所示。程序中，先后设置头模型大小 N=256 和 N=512，调用头模型数据函数 headata()，返回文件指针，通过函数 fscanf()读取每个像素点灰度，并利用函数 plot()绘制每个像素点。从图像显示效果看，N 越大图像的采样率越高，分辨率越好；从程序的执行时间上看，N 越大，计算时间越长。因此，用户可根据自己需要定义合适的头模型文件大小。

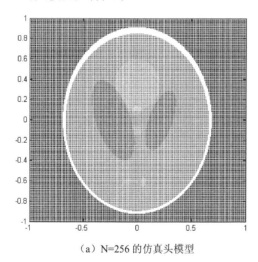 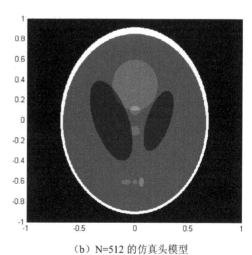

（a）N=256 的仿真头模型　　　　　　　　　（b）N=512 的仿真头模型

图 15.4　标准的头模型数据图像

2. 投影数据的产生

　　有了仿真头模型数据，那么可以根据 CT 成像原理产生投影数据。先说明一下投影数据产生的数学原理。图 15.5 所示是一个中心位置在在原点且未经旋转的椭圆，其长轴与 x 轴重合，短轴与 y 轴重合。假设椭圆内的密度为 P，椭圆外密度为 0，该椭圆图像可用以下方程表示：

$$f(x,y) = \begin{cases} 0, & \dfrac{x^2}{A} + \dfrac{y^2}{A} > 1 \\ \rho, & \dfrac{x^2}{A} + \dfrac{y^2}{A} \leqslant 1 \end{cases} \tag{2}$$

式中 A、B 分别为椭圆长轴与短轴的长度。

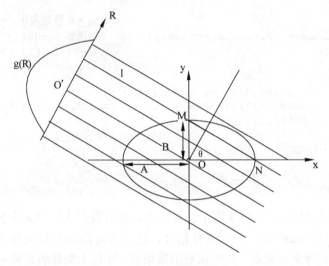

图 15.5　椭圆投影数据的产生

图 15.5 中 $g_\theta(R)$ 是椭圆图像的在 θ 角度下的投影函数。把投影线在椭圆内的线段长度乘以密度就是该投影线上的投影值。以图 15.5 中所示的投影线 MN 为例，

$$g_\theta(R) = \int_{MN} \rho dl = \rho \overline{MN} \tag{3}$$

直线 MN 的法线式为

$$x\cos\theta + y\sin\theta = R \tag{4}$$

联立式（3）和（4）求解即可得到投影线与椭圆的交点 M，N 的坐标：

$$x_{1,2} = \frac{RA^2\cos\theta \mp AB\sin\theta\sqrt{r^2 - R^2}}{r^2} \tag{5}$$

$$y_{1,2} = \frac{RA^2\cos\theta \pm AB\sin\theta\sqrt{r^2 - R^2}}{r^2} \tag{6}$$

其中

$$r^2 = A^2\cos\theta \pm B^2\sin^2\theta \tag{7}$$

于是可得线段 $\overline{MN}$ 的长度为

$$\overline{MN} = \sqrt{(x_2 - x_1)^2 + (y_2 - y_1)^2} = \frac{2AB\sqrt{r^2 - R^2}}{r^2}$$

进而可得投影函数的一般表达式为

$$g_\theta(R) = \begin{cases} \rho\dfrac{2AB\sqrt{r^2 - R^2}}{r^2}, & |R| \leqslant r \\ 0 \end{cases} \tag{8}$$

图 15.6 所示椭圆的中心 o 位于坐标处，椭圆的长轴相对于 x 轴沿逆时针方向旋转了 α

角，投影函数的坐标轴 R 与 x 轴的夹角仍为 θ。经过适当的坐标变换，可求得该椭圆图像的投影函数。采用的方法如下。

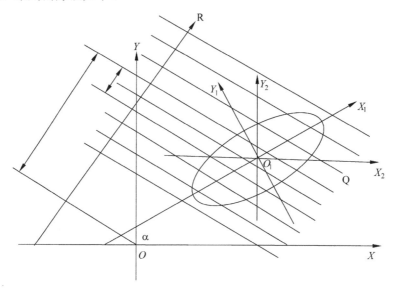

图 15.6　投影函数的计算

在坐标系 X_1OY_1 中，椭圆方程为

$$\frac{x^2}{A^2} + \frac{y^2}{B^2} = 1$$

根据坐标旋转关系可得

$$x_1 = x_2 \cos a + y_2 \sin a$$
$$y_1 = -x_2 \sin a + y_2 \cos a$$

于是，椭圆在坐标系 X_2OY_2 中的方程为

$$\frac{(x_2 \cos a + y_2 \sin a)^2}{A^2} + \frac{(-x_2 \sin a + y_2 \cos a)^2}{B^2} = 1 \tag{9}$$

再利用坐标平移关系

$$x_2 = x - x_0$$
$$y_2 = x - y_0$$

即可得到椭圆在坐标系 XOY 中的方程

$$\frac{[(x-x_0)\cos a + (x-y_0)\sin a]^2}{A^2} + \frac{[-(x-x_0)\sin a + (x-y_0)\cos a]^2}{B^2} = 1 \tag{10}$$

联立式（4）与（10）求解可得出投影线与椭圆的交点 P，Q 的坐标及线段的长度：

$$\overline{PQ} = \frac{2AB\sqrt{r_a^2 - R_a^2}}{r_a^2} \tag{11}$$

式中

$$r_a^2 = A^2 \cos^2(\theta - a) + B^2 \sin^2(\theta - a)$$
$$R_a = R - x_2 \cos\theta - y_0 \sin\theta$$

进而得出相应的投影函数 $g_{\theta,a}(R)$

$$g_{\theta,a}(R) = \rho\,\overline{PQ}$$

$$= \rho\,\frac{\sqrt{A^2\cos^2(\theta-a) + B^2\sin^2(\theta-a) - (R - x_0\cos\theta - y_0\sin\theta)^2}}{A^2\cos^2(\theta-a) + B^2\sin^2(\theta-a)} \tag{12}$$

对由 10 个椭圆组成的 S-L 仿真头模型进行投影，根据公式（12）计算投影函数，编写投影函数 projdata.m 的 MATLAB 程序，其实现的 MATLAB 代码如下：

```
function degree=projdata(proj,N)
%proj 表示投影数
%N 表示投影轴 R 的采样点数
%具体的调用格式 degree=projdata(proj,N)
NUM=10;                                          %椭圆的个数
%ellipse 定义十个椭圆，其中一个[]描述一个椭圆相关参数，每个椭圆对应不同组织
%[]椭圆的定义依次 X0，Y0，长轴，短轴，旋转角度，灰度值
%定义一个椭圆矩阵，将 10 个椭圆描述清楚，采用的是 cell 格式
ellipse={[0,0,0.92,0.69,90,2.0],
        [0,-0.0184,0.874,0.6624,90,0.98],
        [0.22,0,0.31,0.11,72,-0.4],
        [-0.22,0,0.41,0.16,108,-0.4],
        [0,0.35,0.25,0.21,90,0.4],
        [0,0.1,0.046,0.046,0,0.4],
        [0,-0.1,0.046,0.046,0,0.4],
        [-0.08,-0.605,0.046,0.023,0,0.4],
        [0,-0.605,0.023,0.023,0,0.4],
        [0.06,-0.605,0.046,0.023,90,0.4]};
 step=180/proj;                                  %投影角旋转的增量
 for i=1:NUM
 a(i)=ellipse{i,1}(3);                           %第 i 个椭圆的长轴
 b(i)=ellipse{i,1}(4);                           %第 i 个椭圆的短轴
 c(i)=2*a(i)*b(i);                               % 2*长轴*短轴
 a2(i)=a(i)*a(i);                                %长轴平方，矩阵 a2 1*10
 b2(i)=b(i)*b(i);                                %短轴平方，矩阵 b2 1*10
 alpha(i)=ellipse{i,1}(5)*pi/180;               %第 i 个椭圆旋转的角度转化成弧度
 sina(i)=sin(alpha(i));%sin(alpha)
 cosa(i)=cos(alpha(i));%cos(alpha)
 end
 for j=1:proj
  for i=1:NUM
   theta(j)=step*j*pi/180;                       %theta 投影线的与 x 轴夹角
   angle(i,j)=alpha(i)-theta(j);                 %alpha 表示椭圆的中心线与 x 轴夹角
   zx2(i,j)=sin(angle(i,j))*sin(angle(i,j));    %zx2=sin 平方
   yx2(i,j)=cos(angle(i,j))*cos(angle(i,j));    %yx2=cos 平方
  end
 end
 length=2/N;
for i=1:proj
 R=-(N/2)*length;
  for j=1:N
   R=R+length;
   degree(i,j)=0;
     for m=1:10
       A=a2(m)*yx2(m,i)+b2(m)*zx2(m,i);
                            %a2(m)相应椭圆长轴 a 的平方，yx2(m,i)余旋平方
       x0=ellipse{m,1}(1);
       y0=ellipse{m,1}(2);
       B=R-x0*cos(theta(i))-y0*sin(theta(i));   %计算投影值
```

```
        B=B*B;
        E=A-B;
        if (E>0)
         midu=ellipse{m,1}(6)*c(m)*sqrt(E)/A;
         degree(i,j)=degree(i,j)+midu;
        end
     end
  end
end
```

程序中，投影数 Proj 和对 R 的量化数 N，创建头模型相关的细胞矩阵 ellipse，然后根据表达式（12）计算，保存矩阵 degree 中，投影函数值矩阵 degree 大小与对量化有关。

【例 15-2】利用投影函数 projdata.m 产生不同大小的投影数据并显示，其具体实现的 MATLAB 代码如下：

```
close all;                    %关闭当前所有图形窗口，清空工作空间变量，清除工作空间所有变量
clear all;
clc;
proj1=90,N1=128;              %输入投影数据大小
degree1=projdata(proj1,N1);   %调用函数 projdata()产生头模型的投影数据
proj2=180,N2=256;             %输入投影数据大小
degree2=projdata(proj2,N2);   %调用函数 projdata()产生头模型的投影数据
set(0,'defaultFigurePosition',[100,100,1200,450]);
                              %修改图形图像位置的默认设置
set(0,'defaultFigureColor',[1 1 1])%修改图形背景颜色的设置
figure,
subplot(121),pcolor(degree1)  %显示 180×128 头模型
subplot(122),pcolor(degree2)  %显示 180×256 头模型
```

程序执行，运行结果如图 15.7 所示。为了说明 Proj 和 N 对投影数据影响，本例中分别设置 N=128、Proj=90 和 N=256、Proj=180 生成两组投影数据，从投影的图像来看，它们的取值不改变投影数据构成，只改变投影数据量。

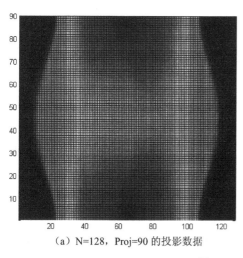
（a）N=128，Proj=90 的投影数据

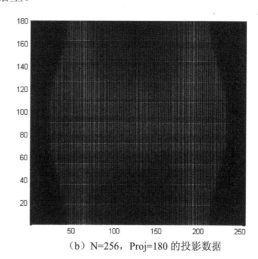
（b）N=256，Proj=180 的投影数据

图 15.7　投影函数的计算

3．R-L 滤波函数的 MATLAB 实现

在滤波反投影图像重建算法中，需要对投影数据进行滤波，这就需要滤波函数，本例

中采用的是 R-L 滤波函数，其离散形式 $h_{R-L}(x_r)$ 的数学表达式如下：

这里的采样间隔同前一样为 d，对应的最高不失真空间频率为 $1/2d$，以 $x_r = nd$ 代入 $h_{R-L}(x_r)$ 的数学表达式，得到：

$$h_{R-L}(\mathrm{nd}) = \begin{cases} \dfrac{1}{4d^2}, & n=0 \\ 0, & n=\text{偶数} \\ -\dfrac{1}{n^2\pi^2 d^2}, & n=\text{奇数} \end{cases} \tag{16}$$

其中 d 表示采样间隔，对应的最高不失真空间频率为 $1/2d$，其波形如图 15.8 所示。

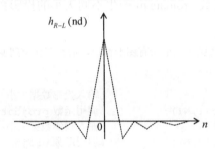

图 15.8　R-L 滤波函数的离散形式

根据表达式(16)编写 R-L 滤波函数 RLfilter.m，其具体实现的 MATLAB 代码如下：

```
function [axes_x,h]=RLfilter(N,L)
%定义量化值N
delta=2.0/N;                          %对滤波函数进行离散化单位量
for i=2:2:2*N                         %偶数项=0
    h(i)=0;
end
k=1/delta/delta;                      %原点项=0
h(N)=k/4;
for i=1:2:N-1
  down=-k/(i*i*pi*pi);                %奇数项=-1/(n^2 π^2 d^2 )
  h(N+i)=down;
  h(N-i)=down;
end
for i=1:2*N
axes_x(i)=(-1+(i-1)/N);              %画图像时的 x 坐标
end
```

函数 RLfilter.m 中，输入参数 N 和 L 表示 RL 滤波函数对长度 L 进行点数为 2N 采样，返回参数 h 表示 RL 滤波函数的取值，axes_x 表示 RL 滤波函数所对应的横轴坐标大小。

【例 15-3】利用函数 RLfilter()生成滤波函数并显示，其具体实现的 MATLAB 代码如下：

```
clear all;                           %清除工作空间，关闭图形窗口，清除命令行
close all;
clc;
N=64;                                %定义量化值N,L
m=15;
L=2.0;
[x,h]=RLfilter(N,L)
```

```
x1=x(N-m:N+m);
h1=h(N-m:N+m);
set(0,'defaultFigurePosition',[100,100,1200,450]);
                                        %修改图形图像位置的默认设置
set(0,'defaultFigureColor',[1 1 1])     %修改图形背景颜色的设置
figure,
subplot(121),
plot(x,h),axis tight,grid on            %显示波形
subplot(122),
plot(x1,h1),axis tight,grid on          %显示波形
```

　　程序执行，运行结果如图 15.9 所示。程序中，根据式（16）分别对滤波函数的奇数项和偶数项进行赋值，然后利用函数 plot()对局部的滤波函数进行显示。由显示结果可知，MATLAB 生成的滤波函数与理论上 RL 滤波函数波形基本相同，验证了所编代码的准确性。

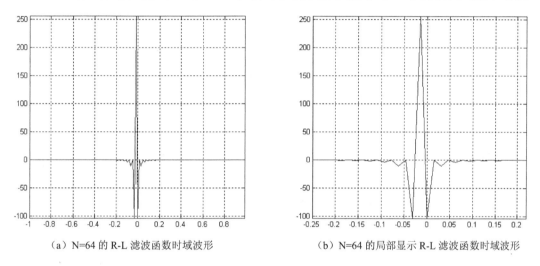

（a）N=64 的 R-L 滤波函数时域波形　　　　　（b）N=64 的局部显示 R-L 滤波函数时域波形

图 15.9 【例 15-3】运行结果

4. 从投影数据重建图像

　　将投影函数 $g_\theta(R)$ 与滤波函数 h(nd)做卷积，即实现对二维图像的傅里叶反变换的频域滤波，再对卷积运算的结果为 $Q_\theta(R)$ 做傅里叶反变换即得滤波反投影算法重建的图像。具体实现的原理及方法如下：

　　对于图像平面中的一个像素 F(i,j)，设其在 XOY 坐标系中的坐标为 (x_0, y_0)，则其对应的投影坐标 R_0 可表示为

$$R_0 = x_0 \cos\theta + y_0 \sin\theta$$

其中，像素点 (x_0, y_0) 与空间坐标(i,j)的关系是

$$x_0 = \left[i - \frac{N+1}{2} \right] d$$

$$y_0 = [i - (N+1)/2] d$$

于是可得

$$R_0 = \left[\left(i - \frac{N+1}{2} \right) \cos\theta + \left(i - \frac{N+1}{2} \right) \sin\theta \right] d$$

$$= \left[(i-1)\cos\theta + (j-1)\sin\theta - \frac{N-1}{2}(\cos\theta + \sin\theta) \right] d$$

指定最左边与平面中直径为 N/2 的圆相切的第一根射线为 $0^{\#}$ 射线，即 $0^{\#}$ 射线在 R 轴上的垂足为函数 $Q_\theta(n)$ 的原点，则 (x_0, y_0) 点在 R 轴上的垂足坐标 R_0' 为：

$$R_0' = R_0 + \left(\frac{N}{2} \right) d \tag{17}$$

$$= \left\{ (i-1)\cos\theta + (j-1)\sin\theta - \frac{N-1}{2}(\cos\theta + \sin\theta) \right\} d$$

表达式（17）中大括号右边第 3、4 两项在 N 与确定后为常数，令

$$C_\theta = \frac{N}{2} - (N-1)(\cos\theta + \sin\theta)/2$$

设 $d=1$，则有

$$R_0' = (i-1)\cos\theta + (j-1)\sin\theta + C_\theta$$
$$= n_0 + \delta$$

因为在仿真中 R_0' 并不是一个整数，设 n_0 为 R_0' 的整数部分，δ 为 R_0' 的小数部分。于是，n_0 与投影函数 $Q_\theta(n)$ 中的序号对应，$0 < \delta < 1$ 表示 (x_0, y_0) 的垂足坐标相对于 n_0 的偏移量。因此 (x_0, y_0) 点上图像 F(i, j) 像素的取值为

$$F(i, y) = (1-\delta)Q_\theta(n_0) + \delta Q_\theta(n_0 + 1)$$

在整个反投影的过程中，是从 $(i, j) = (1, 1)$ 开始计算，像素 $F(1, 1)$ 在 R 轴上对应的坐标是 C_θ，以后 x 方向的序号每增加 1，则 R_0' 增加 $\cos\theta$；y 方向的序号每增加 1，则 R_0' 增加 $\sin\theta$。

【例 15-4】 基于上述原理，编写 MATLAB 的滤波反投影图像重建程序，其具体实现的 MATLAB 代码如下：

```
clear all;                               %清除工作空间，关闭图形窗口，清除命令行
close all;
clc;N=128;                               %定义图像大小，椭圆个数，投影数
NUM=10;
PROJ=180;
[sp,axes_x,axes_y,pixel]=headata(N)      %创建仿真头模型数据
degree=projdata(PROJ,N);                 %从头模型产生投影函数
[axes_x,h]=RLfilter(N);                  %创建滤波函数
 m=N;
 n=NUM;
 k=PROJ;
 F=zeros(m,m);                           %参数初始化
 for k=1:PROJ
    for j=1:N-1
      sn(j)=0;
      for i=1:N-1
        sn(j)=sn(j)+h(j+N-i)*degree(k,i);%计算 Qtheta，投影数据与滤波函数卷积
      end
    end

 for i=1:N
    for j=1:N
      cq=N/2-(N-1)*(cos(k*pi/PROJ)+sin(k*pi/PROJ))/2;  %从投影数据重建图像
      s2=((i-1)*cos(k*pi/PROJ)+(j-1)*sin(k*pi/PROJ)+cq);
      n0=fix(s2);                        %整数部分
      s4=s2-n0;                          %小数部分
```

```
      if((n0>=1) && ((n0+1)<N))
        F(j,i)=F(j,i)+(1.0-s4)*sn(n0)+s4*sn(n0+1);
      end
    end
  end
end
set(0,'defaultFigurePosition',[100,100,1200,450]); %修改图形图像位置的默认设置
set(0,'defaultFigureColor',[1 1 1])                %修改图形背景颜色的设置
figure,
subplot(121),pcolor(pixel);
subplot(122),pcolor(F)                             %显示重构图像
```

程序执行，运行结果如图 15.10 所示。程序中，首先设置头模型参数，然后调用函数 headata()创建仿真头模型，利用函数 projdata()生成投影数据 degree，再利用 RLfilter()函数产生滤波函数，将投影数据和滤波数据卷积得到滤波数据 sn，做反变换按照整数和小数的得到重构图像 F，最后利用绘图函数 pcolor()分别显示仿真头模型和重构图像。从运行结果看，重建后图像基本恢复原图像数据，二者颜色差异主要是由于调用函数不同造成的。

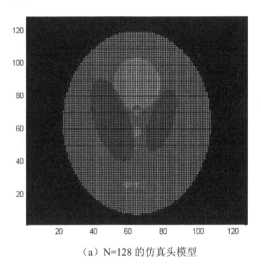 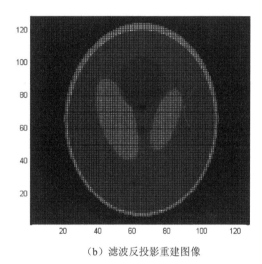

（a）N=128 的仿真头模型　　　　　　　　　（b）滤波反投影重建图像

图 15.10　【例 15-4】运行结果

⌂注：本节中滤波反投影图像重建是利用 MATLAB 中的自编函数来实现的，用户通过这种方法能够详细理解图像重建的编程步骤。另外，MATLAB 中也提供了图像重建中心切片定理实现的相关函数 randon()和 irandon()，用户也可调用这两个函数来实现滤波反投影图像重建。

15.2　车牌图像倾斜校正算法的 MATLAB 实现

车牌矫正是车牌定位和字符分割的一个重要处理过程。经过车牌定位后所获取的车牌图像不可避免地存在某种程度的倾斜，这种倾斜不仅会给下一步字符分割带来困难，最终也将对车牌的识别的正确率造成直接的影响。本节主要介绍车牌图像倾斜校正算法的

MATLAB 实现，将详细介绍 Hough 变换法、Radon 变换法、线性回归法和两点法，以及这 4 种方法的原理、算法步骤和具体程序实现过程。

15.2.1　基于 Hough 变换的车牌图像倾斜校正算法的实现

Hough 变换是一种形状匹配技术，它将原始图像空间中给定形状的曲线或直线变换成 Hough 空间中的一个点，即原始图像空间中给定形状的曲线或者直线上的所有点，都将集中到变换空间中的某个点上形成峰点。这样通过原始图像空间中给定曲线或者直线的检侧问题就变成寻找变换空间的峰点问题，也就把检测整体特征（原始图像空间中给定曲线或者直线的点集特征）转换为检测局部特征（Hough 空间中点的特征）。举一个简单例子来说明，在 XOY 平面内有一条直线，它与坐标原点 O 的距离为 ρ，它的法线与 x 轴正向夹角为 θ，直线上任意一点 (x, y)，均满足直线方程：

$$\rho = x \cos \theta + y \sin \theta$$

对于原图像空间中某一点 (x_i, y_i)，对应 (ρ, θ) 空间中一条正弦曲线，用图表示如图 15.11 所示。

$$\rho = x_i \cos \theta + y_i \sin \theta$$

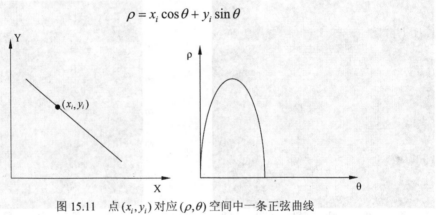

图 15.11　点 (x_i, y_i) 对应 (ρ, θ) 空间中一条正弦曲线

在 (x, y) 平面内同一直线的点序列：

$$\rho_0 = x \cos \theta_0 + y \sin \theta_0$$

变换到 (ρ, θ) 空间中，则表示经过同一点 (ρ_0, θ_0) 的所有正弦曲线，如图 15.12 所示。由于该直线上的所有点的 Hough 变换曲线均经过 (ρ_0, θ_0)，所以 (ρ_0, θ_0) 必成为 (ρ, θ) 空间中的一个峰点。

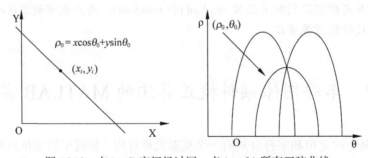

图 15.12　在 (ρ, θ) 空间经过同一点 (ρ_0, θ_0) 所有正弦曲线

将 (ρ, θ) 量化为许多个小格。根据每个 (x_i, y_i) 点带入 θ 的量化值，算出每个 ρ 所得值

经量化后落入某个小格内，使该小格的计数累加器加 1，当全部 (x_i, y_i) 点变换完毕后，对 (ρ, θ) 空间中的小格进行统计，有大的计数值的小格对应于共线点，其 (ρ, θ) 可以作为直线拟合参数。

基于 Hough 变换的车牌图像倾斜校正的基本原理，利用 Hough 变换检测车牌的边框，确定边框直线的倾斜角度，根据倾斜角度旋转，获得校正后图像，其的具体步骤如下。

（1）图像预处理。读取图像，转换成灰度图，去除离散噪声点。

（2）利用边缘检测，对图像中的水平线进行强化处理。

（3）基于 Hough 变换检测车牌图像中的边框，获取倾斜角度。

（4）根据倾斜角度，对车牌图像进行倾斜校正。

在 MATLAB 工具箱没有提供 Hough 变换的函数。由于 Hough 变换经常被用在直线或曲线的检测中，网上有很多关于 Hough 变换的 MATLAB 实现。

【例 15-5】　利用 Hough 变换实现车牌图像的倾斜校正，其具体实现的 MATLAB 代码如下：

```
clear all;                              %清除工作空间，关闭图形窗口，清除命令行
close all;
clc;
I=imread('车牌1.JPG');                   %读取原始的车牌图像I
I1=rgb2gray(I);                         %转换成灰度图像I1
I2=wiener2(I1,[5,5]);                   %对图像进行维纳滤波I2
I3=edge(I2,'sobel','horizontal');       %利用sobel算子，检测图像边缘直线I3
[m,n]=size(I3);                         %计算图像大小
rou=round(sqrt(m^2+n^2));               %获取rou最大值
theta=180;                             %获取θ角最大值
r=zeros(rou,theta);                     %产生量化初值为0的计数矩阵
for i=1:m
    for j=1:n
        if I3(i,j)==1
            for k=1:theta
                ru=round(abs(i*cos(k*3.14/180)+j*sin(k*3.14/180)));
                r(ru+1,k)=r(ru+1,k)+1;  %对矩阵记数
            end
        end
    end
end
r_max=r(1,1);
for i=1:rou
    for j=1:theta
        if r(i,j)>r_max
            r_max=r(i,j);
            c=j;                        %把矩阵元素最大值所对应的列坐标送给c
        end
    end
end
if c<=90
rot_theta=-c;                           %确定旋转角度
else
rot_theta=180-c;
end
I4=imrotate(I2,rot_theta,'crop');       %对图片进行旋转，矫正图像
set(0,'defaultFigurePosition',[100,100,1200,450]);  %修改图形图像位置的默认设置
set(0,'defaultFigureColor',[1 1 1])     %修改图形背景颜色的设置
```

```
figure,                                    %显示处理结果
subplot(121),imshow(I)
subplot(122),imshow(I2)
figure,
subplot(121),imshow(I3)
subplot(122),imshow(I4)
```

　　程序执行，运行结果如图 15.13 所示。程序中，首先读取原图像对其进行预处理，转换成灰度图像，利用函数 winer2()实现图像滤波；然后创建 (ρ,θ) 空间的量化矩阵 θ 角的范围为 $1\sim180$，ρ 的取值 $1\sim\sqrt{m^2+n^2}$ 把 (ρ,θ) 平面分成等间隔(1×1)的小网格，这个小网格对应一个记数矩阵。对图像中像素为 1 的每一个点进行计算，做出每一个像素为 1 的点的曲线，凡是曲线所经过的网格，对应的记数矩阵元素值加 1，对原图像中的每一点进行计算以后记数矩阵元素的值等于共线的点数。程序中认为记数矩阵中元素的最大值对应原始图像中最长的直线。然后寻找记数矩阵的最大元素所对应的列坐标 θ，θ 即为这条直线的法线与 X 轴的夹角。最后通过 θ 角来确定车牌的倾斜角度，利用函数 imrotate()对图像进行矫正。

（a）原车牌图像的灰度图像

（b）预处理后的车牌图像

（c）边缘检测后的车牌图像

（d）倾斜校正后的车牌图像

图 15.13　【例 15-5】运行结果

15.2.2　基于 Radon 变换的车牌图像倾斜校正算法的实现

　　Radon 变换是 1917 年由奥地利数学家 Radon 提出的，它描述一个二维图像函数 $f(x,y)$ 的沿着某一方向的投影函数 $g_\theta(R)$ 可以看成是 R 和 θ 构成的极坐标系统，(R,θ) 空间又被称为 Radon 空间，该空间中任意一点 (R_i,θ_i) 代表二维图像函数 $f(x,y)$ 所在 xoy 平面内的线积分，其数学表达式为：

$$g_\theta(R) = \int_{-\infty}^{+\infty}\int_{-\infty}^{+\infty} f(x,y)\delta(x\cos\theta + y\sin\theta - R)\,\mathrm{d}x\mathrm{d}y$$

Radon 变换的实质是求任意方向 θ 上图像矩阵的投影,它可以实现 Hough 变换的功能,可以用来检测图像中的直线方向,计算不同的 $g_\theta(R)$,找出 Radon 变换数值最大的值,它所对应的 θ 值代表了图像中最长直线的方向。

基于 Radon 变换的车牌图像倾斜校正算法的基本原理,将车牌图像朝各个方向投影,进而通过分析各方向的投影特性确定车牌的倾斜角度,其具体的实现步骤:

(1) 图像预处理。读取图像,转换成灰度图,去除离散噪声点;

(2) 利用边缘检测,对图像中水平线进行强化处理;

(3) 计算图像的 Radon 变换,获取倾斜角度;

(4) 根据倾斜角度,对车牌图像进行倾斜校正。

在该算法中,如何找到 Radon 变换后数值的最大值是最关键的步骤。目前求极大值的方法有两种,一种是把 Radon 变换后最大峰值点对应的角度作为车牌长边的倾斜角(Radon 方法 1),另一种是将 Radon 变换的一阶导数累加和的最大值对应的角度是车牌的倾斜角度(Radon 方法 2)。

MATLAB 中提供了 Radon 变换的函数 radon(),其具体的调用方式参见本书第 8 章的第 8.2 节图像的 Radon 变换。

【例 15-6】 基于 Radon 方法 1 的车牌校正算法,其具体 MATLAB 实现如下:

```
clear all;
clc
close all;
I=imread('车牌1.jpg');                    %图像输入
I1=rgb2gray(I);                           %转换成灰度图像 I1
I2=wiener2(I1,[5,5]);                      %对图像进行维纳滤波 I2
I3=edge(I2,'sobel', 'horizontal');        %用 Sobel 水平算子对图像边缘化
I3=imcrop(I3,[0 0 500 100]);      %对图像进行剪切,保留图像中的一条直线,减小运算量
theta=0:179;                              %设置选择角度
r=radon(I3,theta);                        %对图像进行 Radon 变换
[m,n]=size(r);
c=1;
for i=1:m
    for j=1:n
        if  r(1,1)<r(i,j)
            r(1,1)=r(i,j);
            c=j;
        end
    end
end                               %检测 Radon 变换矩阵中的峰值所对应的列坐标
rot=90-c;                                 %确定旋转角度
I4=imrotate(I2,rot,'crop');               %对图像进行旋转矫正
subplot(221),imshow(I),title('原始车牌图像灰度图像')
subplot(222),imshow(I2),title('经过预处理的车牌灰度图像')
subplot(223),imshow(I3),title('边缘检测后的车牌图像')
subplot(224),imshow(I4),title('经过校正后的车牌图像')
```

程序执行,运行结果如图 15.14 所示。程序中,首先读取原图像对其进行预处理,转换成灰度图像,利用函数 winer2()实现图像滤波;然后用函数 edge()计算图像的边缘二值图像,检测出原始图像中的直线;接着计算边缘图像的 Radon 变换,对每一个像素为 1 的点进行运算(0-179 度方向上分别做投影),检测出 Radon 变换矩阵中的峰值,这些峰值对

应原始图像中的直线，Radon 变换矩阵中这些峰值的列坐标 θ 就是与原始图像中直线垂直的直线倾斜角度，所以图像中直线的倾角为 90-θ。

（a）原车牌图像的灰度图像

（b）预处理后的车牌图像

（c）边缘检测后的车牌图像

（d）倾斜校正后的车牌图像

图 15.14　【例 15-6】运行结果

💬注：本节中采用 Hough 变换和 Radon 两种变换方法对车牌图像进行倾斜校正。从实现原理看，两者有明显不同；从校正效果来看，二者基本相同；从实现方式上，Hough 变换是根据原理在 MATLAB 下自编程序代码执行，Radon 变换是通过 MATLAB 提供的函数来实现。诸多特点，用户需结合实例体验。

15.3　人脸识别中核心算法的 MATLAB 实现

人脸识别的研究涉及到模式识别、计算机视觉、人工智能、图像处理、心理学、生理学和认知科学等，与计算机人机交互领域和基于其他生物特征的身份识别方法都有密切联系。典型的人脸自动识别系统主要包括两个技术环节：一是人脸检测与定位，即检测图像中是否包含人脸，若有则将其从背景中分割出来，并确定其在图像中的大小和位置；二是特征提取与识别，即提取待识别的人脸图像特征，与数据库中人脸图像进行匹配识别。本节主要介绍人脸识别过程中的基于肤色的人脸区域检测与分割，以及人眼检测与定位的 MATLAB 算法。

15.3.1　基于肤色的人脸区域检测与分割的 MATLAB 实现

在实际情况中输入的人脸图像往往都会有背景，这些背景将会干扰后期人脸图像归一化处理及识别，如果不能有效地将人脸图像在有背景的图像中提取出来，会对人脸图像处理造成失真和错误，对后期处理和算法造成重要影响。这里说明的人脸检测算法是基于肤色的色彩空间转换方法。

YCbCr 是一种常见的颜色模型，在此色彩空间中 Y 是色彩的亮度，Cb 和 Cr 分别表示蓝色和红色的色度。由于 YCbCr 色彩空间对肤色具有很好的聚类效果，而 RGB 色彩空间受亮度的影响大，因此在进行肤色检测的时候，可以把 RGB 色彩空间转换到 YCbCr 色彩空间，它们的相互转换关系如下：

RGB 转 YCbCr：

$$
\begin{bmatrix} Y \\ Cb \\ Cr \\ 1 \end{bmatrix} = \begin{bmatrix} 0.2990 & 0.5870 & 0.1140 & 0 \\ -0.1687 & -0.3313 & 0.5000 & 128 \\ 0.5000 & -0.4187 & -0.0813 & 128 \\ 0 & 0 & 0 & 1 \end{bmatrix} \cdot \begin{bmatrix} R \\ G \\ B \\ 1 \end{bmatrix}
$$

YCrCb 转 RGB：

$$
\begin{bmatrix} R \\ G \\ B \end{bmatrix} = \begin{bmatrix} 1 & 1.40200 & 0 \\ 1 & -0.34414 & -0.71414 \\ 1 & 1.77200 & 0 \end{bmatrix} \cdot \begin{bmatrix} Y \\ Cb-128 \\ Cr-128 \end{bmatrix}
$$

虽然不同性别、不同年龄、不同肤色的人脸图像在彩色空间的分布情况不同，但这种不同主要存在于亮度上而不是在色度上，肤色在一定范围内还是呈现聚类特性的。经统计实验发现，肤色空间在 YCrCb 上的聚合主要集中在 $Cb = 150$ 左右。采用判别公式（18），对彩色人脸图像进行处理，经肤色分割得到人脸灰度图像，如图 2.1 所示。

$$
\begin{cases} (R,G,B) = (255,255,255) & if \quad Cr \in (80,120) \, and \, Cb \in (133,165) \\ (R,G,B) = (0,0,0) & if \quad Cr \notin (80,120) \, or \, Cb \notin (133,165) \end{cases} \tag{18}
$$

【例 15-7】　基于上诉肤色聚类的进行人脸检测及灰度转换，其具体实现的过程如下。

（1）编写一个函数 face_detection.m，实现基于肤色聚类的人脸检测及二值化功能，其具体 MATLAB 代码如下：

```
function BW= face_detection(I)
% I 是待识别的彩色图像，BW 是检测到二值人脸图像
I1=I;                          %输入图像矩阵 I
R=I1(:,:,1);                   %获取 RGB 图像矩阵 I 的 R、G、B 取值
G=I1(:,:,2);
B=I1(:,:,3);
Y=0.299*R+0.587*G+0.114*B;     %进行颜色空间转换 计算 Y 和 Cb
Cb=-0.1687*R-0.3313*G+0.5000*B+128;
for Cb=133:165
    r=(Cb-128)*1.402+Y;        %将 YCrCb 空间中 Cb=133:165 中的区域确定
    r1=find(R==r);             %产生肤色聚类的二值矩阵
    R(r1)=255;                 %对肤色聚类的区域
    G(r1)=255;
    B(r1)=255;
end
I1(:,:,1)=R;                   %生成肤色聚类后的图像
I1(:,:,2)=G;
I1(:,:,3)=B;
J=im2bw(I1,0.99);              %转换成灰度图像
BW=J;                          %返回结果
```

　　函数 face_detection()中输入参数 I 表示待识别的彩色图像，返回参数 BW 表示检测到的人脸二值图像；程序中先获取输入图像 I 的 R、G、B 的值，根据 RGB 转 YCbCr 的表达式进行图像颜色空间转换；再根据人脸肤色多聚集在 $Cb=150$ 左右，设定聚类范围 133～165；最后转换生成灰度图像。

　　（2）调用函数 face_detection()，实现人脸图像的检测及二值化，其具体实现的 MATLAB 代码如下：

```
clear all;                              %清除工作空间，关闭图形窗口，清除命令行
close all;
clc;
B=imread('girl2.bmp');                  %读入图像
C=imread('boy1.bmp');
BW1=face_detection(B);                  %调用函数 face_detection 进行人脸检测
BW2=face_detection(C);
set(0,'defaultFigurePosition',[100,100,1200,450]);
                                        %修改图形图像位置的默认设置
set(0,'defaultFigureColor',[1 1 1])     %修改图形背景颜色的设置
figure,
subplot(121),imshow(B);                 %显示原图及结果
subplot(122),imshow(BW1);
figure,
subplot(121),imshow(C);
subplot(122),imshow(BW2);
```

　　程序执行，运行结果如图 15.15 所示。程序中，首先读取图像数据，然后调用函数 face_detection()进行肤色聚类的人脸检测，并获取检测后的人脸灰度图像。从图 15.15 中可以看到，经肤色检测后的人脸图像虽然能够把人脸的区域检测出来，但是一些类肤色的颜色也会被当作肤色检测处理，使得肤色检测后的图像中存在人脸的干扰区域，并且人脸所在的区域并不是一个连通的区域。

（a）原女孩图像

（b）基于肤色聚类后人脸检测的灰度图像

（c）原男孩图像

（d）基于肤色聚类后人脸检测的灰度图像

图 15.15　基于肤色聚类的人脸检测

为了提取出人脸区域，可以采用形态学处理的方法对图像做进一步处理，从而实现人脸检测与分割。

【例 15-8】 利用肤色聚类、形态学对人脸区域进行检测和分割，其具体实现步骤如下。

（1）对函数 face_detection.m 进行修改，添加形态学中一些处理手段，编写新的人脸检测函数命名为 refine_face_detection.m，其具体实现的 MATLAB 代码如下：

```
function BW=refine_face_detection(I)
% I 是待识别的彩色图像，BW 是检测到二值人脸图像
%%肤色聚类
I1=I;                                    %输入图像矩阵 I
R=I1(:,:,1);                             %获取 RGB 图像矩阵 I 的 R、G、B 取值
G=I1(:,:,2);
B=I1(:,:,3);
Y=0.299*R+0.587*G+0.114*B;               %进行颜色空间转换 计算 Y 和 Cb
Cb=-0.1687*R-0.3313*G+0.5000*B+128;
for Cb=133:165                           %将 YCrCb 空间中 Cb:133:165 中的区域确定
    r=(Cb-128)*1.402+Y;
    r1=find(R==r);                       %产生肤色聚类的二值矩阵
    R(r1)=255;                           %对肤色聚类的区域
    G(r1)=255;
    B(r1)=255;
end
I1(:,:,1)=R;                             %生成肤色聚类后的图像
I1(:,:,2)=G;
I1(:,:,3)=B;
J=im2bw(I1,0.99);                        %转换成灰度图像
%% 膨胀和腐蚀
SE1=strel('square',8);
BW1=imdilate(J,SE1);                     %先小面积膨胀
BW1 = imfill(BW1,'holes');              %填充区域里的洞
SE1=strel('square',20);
BW1=imerode(BW1,SE1);                    %大面积的腐蚀
SE1=strel('square',12);
BW1=imdilate(BW1,SE1);                   %膨胀，恢复人脸区域
%% 定位人脸的大致区域
[B,L,N]=bwboundaries(BW1,'noholes');     %边界跟踪
a=zeros(1,N);
for i1=1:N
    a(i1)=length(find(L==i1));           %获取斑点位置
end
a1=find(a==max(a));
L1=(abs(L-a1))*255;
I2=double(rgb2gray(I));
I3=uint8(I2-L1);                         %消除斑点
BW=double(I3);                           %返回结果
```

函数 refine_face_detection() 是在函数 face_detection() 基础上，添加形态学中膨胀和腐蚀操作，先小面积膨胀、大面积腐蚀，再膨胀恢复人脸；然后边界追踪获取图像中斑点位置并消除，从而获得交换的人脸区域。

（2）调用函数 refine_face_detection.m 进行人脸检测与形态学分割，其具体实现的 MATLAB 代码如下：

```
clear all;                               %清除工作空间，关闭图形窗口，清除命令行
close all;
```

```
clc;
B=imread('girl2.bmp');              %读入图像
C=imread('boy1.bmp');
BW1=refine_face_detection(B);       %调用函数 refine_face_detection 进行人脸检测
BW2=refine_face_detection(C);
set(0,'defaultFigurePosition',[100,100,1200,450]);
                                    %修改图形图像位置的默认设置
set(0,'defaultFigureColor',[1 1 1]) %修改图形背景颜色的设置
figure,
subplot(121),imshow(BW1);           %显示原图及结果
subplot(122),imshow(BW2);
```

程序执行，运行结果如图 15.16 所示。程序中，首先读取原人脸图像，然后调用修改后的人脸检测与分割函数 refine_face_detection.m 实现人脸检测，最后显示处理结果。从程序的运行结果看，检测效果明显优于无膨胀和腐蚀处理的函数 face_detection()。

（a）形态学处理后女孩人脸检测与分割　　　　　　　　（b）形态学处理后男孩人脸检测与分割

图 15.16　基于形态学算子的人脸分割

15.3.2　人眼检测与定位的 MATLAB 实现

人眼作为脸部重要器官，往往为人脸区域的归一化提供参考，因此人眼定位是人脸图像归一化的关键步骤。这里介绍基于 Gabor 变换的人眼检测的 MATLAB 实现。

【例 15-9】利用 Gabor 核函数实现图像的 Gabor 变换，其具体实现步骤如下。

（1）编写一个 Gabor 变换核函数的 Gabor_hy.m；

Gabor 变换核函数的定义如下：

$$\varphi(x,y,\omega_0,\theta)=\frac{1}{2\pi\sigma^2}e^{-(x_0^2+y_0^2)/2\sigma^2}(e^{j\omega_0x_0}-e^{-\omega_0^2\sigma^2/2}) \tag{19}$$

式中，x，y 为像素的空间坐标，ω_0 为频域的径向中心频率，θ 为方向，σ 为高斯函数沿着 x 和 y 方向的标准方差。

根据 Gabor 变换核函数的定义，其具体的 MATLAB 的实现代码如下：

```
function Gabor= Gabor_hy(Sx,Sy,f,theta,sigma)
% f 是中心频率，theta 是滤波器的方向，sigma 是高斯窗的方差
x = -fix(Sx):fix(Sx);                       %Gabor 变换核函数的窗口长度
y = -fix(Sy):fix(Sy);
[x y]=meshgrid(x,y);
xPrime = x*cos(theta) + y*sin(theta);
```

```
yPrime = y*cos(theta) - x*sin(theta);
Gabor = (1/(2*pi*sigma.^2)) .* exp(-.5*(xPrime.^2+yPrime.^2)/sigma.^2).*...
%Gabor 变换核函数
                (exp(j*f*xPrime)-exp(-(f*sigma)^2/2));
```

（2）利用 Gabor 核函数实现图像的 Gabor 变换；

人脸图像的 Gabor 变换能够通过图像和 Gabor 变换核函数的卷积，其计算的表达式：

$$C_{\varphi G}^{(\omega_0,\theta)}(x,y) = G(x,y) ** \varphi(x,y,\omega_0,\theta) \tag{20}$$

这里用 ** 表示卷积运算，$C_{\varphi G}^{(\omega_0,\theta)}(x,y)$ 是图像 $G(x,y)$ 对应于径向中心频率为 ω_0，方向为 θ 的 Gabor 的卷积结果，改变 σ 和 ω_0 可得到人脸图像的多级多方向 Gabor 变换描述。

其具体实现的 MATLAB 代码如下：

```
clear all;                              %清除工作空间，关闭图形窗口，清除命令行
close all;
clc;
I=imread('girl1.bmp');
I1=refine_face_detection(I);            %人脸分割
[m,n]=size(I1);
theta1=0;                               %方向
theta2=pi/2;
f = 0.88;                               %中心频率
sigma = 2.6;                            %方差
Sx = 5;
Sy = 5;                                 %窗宽度和长度
Gabor1=Gabor_hy(Sx,Sy,f,theta1,sigma);  %产生 Gabor 变换的窗口函数
Gabor2=Gabor_hy(Sx,Sy,f,theta2,sigma);  %产生 Gabor 变换的窗口函数
Regabout1=conv2(I1,double(real(Gabor1)),'same');
Regabout2=conv2(I1,double(real(Gabor2)),'same');
set(0,'defaultFigurePosition',[100,100,1200,450]);
                                        %修改图形图像位置的默认设置
set(0,'defaultFigureColor',[1 1 1])     %修改图形背景颜色的设置
figure,                                 %显示
subplot(131),imshow(I);
subplot(132),imshow(Regabout1);
subplot(133),imshow(Regabout2);
```

程序执行，运行结果如图 15.17 所示。程序中，首先读入原图像数据，然后利用函数 refine_face_detection.m 实现基于肤色聚类的人脸区域检测与分割，再调用 Gabor 变换核函数 Gabor_hy.m，通过 MATLAB 自带卷积函数 conv2()实现图像的 Gabor 变换，最后显示结果。

（a）原图像　　　　（b）经过 0° Gabor 变换的图像　　（c）经过 90° Gabor 变换的图像

图 15.17　Gabor 变换的图像

经 Gabor 滤波处理后的人脸图像，只是缩小了人眼区域的查找范围，因此，还需要在滤波处理后的人脸图像中提取人眼感兴趣区域。观察图 15.17 发现，人眼区域的白色像素面积比较小，并且人眼区域中的白色像素区域与其他区域都有一定的距离；而其他一些干扰区域，如脸的轮廓区域等，其白色像素面积比较大，并且其白色区域之间的距离很小。因此，可以采用膨胀的方法对人脸图像进行膨胀，以消除一些干扰区域，并提取出人眼感兴趣区域。

【例 15-10】 利用形态学方法，提取人眼感兴趣的区域，其具体实现的 MATLAB 代码如下：

```matlab
clear all;                              %清除工作空间，关闭图形窗口，清除命令行
close all;
clc;
I=imread('girl1.bmp');
I1=refine_face_detection(I);            %人脸分割
I1=double(I1);
[m,n]=size(I1);
theta1=0;                               %方向
theta2=pi/2;
f = 0.88;                               %中心频率
sigma = 2.6;                            %方差
Sx = 5;
Sy = 5;                                 %窗宽度和长度
Gabor1=Gabor_hy(Sx,Sy,f,theta1,sigma);  %产生 Gabor 变换的窗口函数
Gabor2=Gabor_hy(Sx,Sy,f,theta2,sigma);  %产生 Gabor 变换的窗口函数
Regabout1=conv2(I1,double(real(Gabor1)),'same');
Regabout2=conv2(I1,double(real(Gabor2)),'same');
Regabout=(Regabout1+Regabout2)/2;
%% 第一次膨胀
J1 = im2bw(Regabout,0.2);
SE1 = strel('square',2);BW = imdilate(J1,SE1);
[B,L,N] = bwboundaries(BW,'noholes');    %边界跟踪
a = zeros(1,N);
for i1 = 1:N
    a(i1) = length(find(L == i1));
end
a1 = find(a > 300);
for i1 = 1:size(a1,2)
L(find(L == a1(i1))) = 0;
end
L1 = double(uint8(L*255))/255;
a = 0;
BW = I1 .* L1;
%% 第二次膨胀
for i2 = 1:m
    for j2 = 1:n
        if BW(i2,j2) > 0 && BW(i2,j2) < 50
            BW(i2,j2) = 255;
        end
    end
end
BW = uint8(BW);
J2 = im2bw(BW,0.8);
SE1 = strel('rectangle',[2 5]);BW = imdilate(J2,SE1);
[B,L,N] = bwboundaries(BW,'noholes');    %边界跟踪
a = zeros(1,N);
```

```
for i1 = 1:N
    a(i1) = length(find(L == i1));
end
a1 = find(a > 300);
for i1 = 1:size(a1,2)
L(find(L == a1(i1))) = 0;
end
L1 = double(uint8(L*255))/255;
a =0;
SE1 = strel('rectangle',[10 10]);BW = imdilate(L1,SE1);
BW = uint8(I1 .* double(BW));
set(0,'defaultFigurePosition',[100,100,1200,450]);%修改图形图像位置的默认设置
set(0,'defaultFigureColor',[1 1 1])                %修改图形背景颜色的设置
figure,
imshow(BW);
```

　　程序执行，运行结果如图 15.18 所示。程序中，首先对 Gabor 滤波器处理后的人脸图像进行膨胀，使人脸轮廓等处的区域连通，同时人眼区域与其他区域相独立；然后计算每一块连通区域的面积，设定人眼区域面积的阈值 T，当某一块区域的面积大于阈值 T，则丢弃，否则就保留，作为人脸感兴趣区域；最后，由于保留下的人眼感兴趣区域的面积比较小，为了能够把人眼完整的显现出来，则必须进行第二次膨胀，使得膨胀后的人眼区域能够完整地包含人眼，最终显示原图像和人眼感兴趣图像。

图 15.18　人眼区域检测结果

注：本节中实现了人脸识别中一些基本算法，先在 YCrCb 色彩空间进行肤色分割，提取人脸大致区域；接着利用双向 Gabor 滤波器进行人眼范围提取，进一步缩小人眼候选范围，为后续人脸识别做出良好的准备。

15.4　基于 BP 神经元网络图形识别的 MATLAB 实现

　　神经网络是对人脑或自然神经网络若干基本特性的抽象，是一种基于连接学说构造的智能仿生模型，人们试图通过对它的研究最终揭开人脑的奥秘，建立起能模拟人脑功能和

结构的智能系统，使计算机能够像人脑那样进行信息处理。本节主要介绍基于 BP 神经元网络的图形识别及 MATLAB 实现。

15.4.1　BP 神经网络的结构及学习规则

三层 BP 网络的结构如图 15.19 所示，它包括一个输入层、一个隐含层和一个输出层，分别由 n、p、q 个神经元组成。

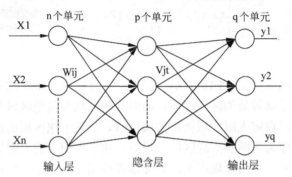

图 15.19　三层 BP 神经网络结构

该神经元网络的隐层神经元的输出为：

$$b_j = f(\sum_{i=1}^{N} w_{ij} x_i - \theta_j) \tag{21}$$

输出层神经元的输出为：

$$c_t = f(\sum_{j=1}^{p} v_{jt} b_j - r_t) \tag{22}$$

其中，w_{ij} 表示输入层第 i 个神经元与隐层第 j 个神经元之间的连接权；v_{jt} 表示隐层第 j 个神经元与输出层第 t 个神经元之间的连接权；θ_j、r_t 表示相应神经元的阈值；$f(x)$ 表示神经元的激励函数；这里采用

$$f(x) = \frac{1}{1 + e^{-x}}$$

y_t 表示第 t 个神经网络的期望输出值；c_t 表示第 t 个神经网络的实际输出值；当训练样本总数为 K 时，网络全局输出误差采用最小方差计算，定义为：

$$\varepsilon = \frac{1}{K} \sum_{k=1}^{K} \sum_{t=1}^{q} (y_t - c_t)^2 \tag{23}$$

连接权的修正依据反向传播梯度下降法。

（1）隐含层和输出层神经元之间的连接权 v_{jt} 的修正量 d_t^k 为

$$d_t^k = (y_t^k - c_t) \cdot c_t (1 - c_t), \quad (t = 1, 2, ..., q) \tag{24}$$

用 d_t^k、b_j、v_{jt} 和 r_t 计算下一次的隐含层和输出层之间的新的连接权和阈值为：

$$v_{jt}(N) = v_{jt}(N-1) + \alpha \cdot d_t^k \cdot b_j \tag{25}$$

$$r_t(N) = r_t(N-1) + \alpha \cdot d_t^k \tag{26}$$

（2）输入层到隐含层之间的连接权的修正量 e_j^k 为

$$e_j^k = \sum_{t=1}^{q} (d_t \, v_{jt}) \cdot b_j (1-b_j) , \quad (j=1,2,...,p) \tag{27}$$

用 e_j^k、a_i^k、w_{ij} 和 θ_j 计算下一次输入层和中间层之间新的连接权和阈值为：

$$w_{ij}(N) = \beta \cdot e_j^k \cdot a_i^k + w_{ij}(N-1) , \quad (i=1,2,...,n) \tag{28}$$

$$\theta_j(N) = \beta \cdot e_j^k + \theta_j(N-1) \tag{29}$$

其中 α 和 β 为学习系数；N 为第 N 次学习，x_i^k 表示输入到网络的第 k 个样本，i 表示第 i 个神经元的输入量，n、p 和 q 分别表示神经网络输入层、中间层和输出层神经元个数。每个样本学习结束，调整相应的连接权值，直到 K 个样本都学习结束时，判断全局输出误差函数是否到达设定的收敛限定值，直到误差函数达到限定值时，网络训练结束；否则，如果在达到最大学习次数时误差仍然大于设定的数值，训练也结束，网络训练失败。

15.4.2 基于 MATLAB 自编函数的图形识别实现

利用神经网络进行模式识别的基本步骤是，首先根据待识别模式建立所需神经网络，然后利用待识别模式训练神经网络，最后是测试神经网络。依据 BP 神经网络的基本结构和规则，在 MATLAB 中编写神经网络进行训练和测试，从而实现图形的识别。

【例 15-11】 在 MATLAB 中编写 BP 神经网络程序，实现对图 15.20 所示 3 个图形的识别，其具体实现步骤如下。

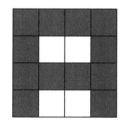 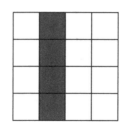 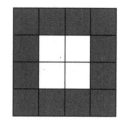

图 15.20 【例 15-8】待识别的图形

（1）描述输入模式 X，确定 BP 神经网络参数。对这个 3 个图形用 3 个输入模式向量 $X1$，$X2$ 和 $X3$ 来表示，其中涂色的部分为 1，没涂色的部分为零，这样就有：

$X1$=[1,1,1, 1, 1, 0, 0, 1, 1, 1, 1, 1, 1, 0, 0 ,1]；

$X2$=[0,1, 0, 0, 0, 1, 0, 0, 0, 1, 0, 0, 0, 1, 0 ,0]；

$X3$=[1, 1, 1, 1,1, 0, 0, 1,1, 0, 0, 1, 1, 1, 1, 1]；

令这 3 个模式所对应的输出为：$Y1$=[1,0,0]^T，$Y2$=[0,1,0]^T，$Y3$=[0,0,1]^T

为了能有效识别这 3 个图形，需要构成一个输入层神经元个数 $n=16$，输出层神经元个数 $q=3$，它的中间层神经元个数为 $p=8$。对于这个网络的最大允许误差：

$$\varepsilon_{\max} = 0.01$$

误差计算方法的数学表达式为：

$$\varepsilon = \frac{1}{3} \sum_{k=1}^{3} \sum_{t=1}^{3} (y_t - c_t)^2$$

学习系数 α 和 β，在学习中取 0.01；网络的最大学习次数 cntmax 为 100。

（2）在 MATLAB 中，根据 BP 的训练规则创建 BP 网络的训练函数 bptrain.m，其具体实现的 MATLAB 代码如下：

```
function [w,v,theta,r,t,mse]=bptrain(n,p,q,X,Yo,k,emax,cntmax,a1,b1,rou)
%n 表示输入神经元个数，p 表示中间层神经元个数，q 表示输出神经元个数
%X 表示输入训练模式，Yo 表示标准输出，k 表示训练模式的个数
%emax 表示最大误差，cntmax 表示最大训练次数，a1，b1 表示学习系数，rou 表示动量系数
%w、theta 表示训练结束后输入层与中间层连接权系数和阈值
%v、r 表示训练结束后中间层与输出层连接权和阈值
%t 表示训练时间，mse 表示每次训练结束后的全局误差
tic
w=rands(n,p);                        %输入层与隐含层连接权
v=rands(p,q);                        %隐含层与输出层连接权
theta=rands(1,p);                    %中间层的阈值
r=rands(1,q);                        %输出层的阈值
cnt=1;
er=0;                                %全局误差为 0
mse=zeros(1,cntmax);                 %每次迭代全局误差数组
while ((er>emax)|(cnt<=cntmax))
 E=zeros(1,q);
 %循环识别模式
 for cp=1:k
    X0=X(cp,:);
    Y0=Yo(cp,:);
    %计算中间层的输入 Y(j)
    Y=X0*w;
    %计算中间层的输出 b
    Y=Y-theta;                       %中间层阈值
    for j=1:p
        b(j)=1/(1+exp(-Y(j)));       %中间层输出 f(sj)
    end
    %计算输出层输出 c
            Y=b*v;
            Y=Y-r;                   %输出层阈值
        for t=1:q
          c(t)=1/(1+exp(-Y(t)));     %输出层输出
        end
    %计算输出层校正误差 d
        for t=1:q
          d(t)=(Y0(t)-c(t))*c(t)*(1-c(t));
        end
    %计算中间层校正误差 e
        xy=d*v';
        for t=1:p
          e(t)=xy(t)*b(t)*(1-b(t));
        end
    %计算下一次中间层和输出层之间新的连接权 v(i,j),阈值 r(j)
        for t=1:q
            for j=1:p
                v(j,t)= v(j,t)+a1*d(t)*b(j);
            end
            r(t)= r(t)+a1*d(t);
        end
    %计算下一次输入层和中间层之间新的连接权 w(i,j),阈值 theta(j)
        for j=1:p
```

```
            for i=1:n
                w(i,j)= w(i,j)+b1*e(j)*X0(i);
            end
            theta(j)= theta(j)+b1*e(j);
        end
        for t=1:q
            E(cp)=(Y0(t)-c(t))*(Y0(t)-c(t))+E(cp);%求当前学习模式的全局误差
        end
        E(cp)=E(cp)*0.5;
    %输入下一模式
 end
 er=sum(E);                          %计算全局误差
 mse(cnt)=er;                        %保存全局误差
 cnt=cnt+1;                          %更新学习次数
end
 t=toc;
```

通过调用函数 bptrain.m 就可以创建并训练用户需要的 BP 神经网络，训练结束后还需要对网络的记忆功能进行测试。

（3）在 MATLAB 中编写的测试 BP 网络的识别能力的函数 bptest.m，其具体实现的MATLAB 代码如下：

```
function c=bptest(p,q,n,w,v,theta,r,X)
%p,q,n 表示输入层、中间层和输出层神经元个数
%w, v 表示训练好的神经网络输入层到中间层、中间层到输出层权值
%X 为输入测试的模式
%c 表示模式 X 送入神经网络的识别结果
%计算中间层的输入 Y(j)
Y=X*w;
%计算中间层的输出 b
Y=Y-theta;                          %中间层阈值
for j=1:p
    b(j)=1/(1+exp(-Y(j)));          %中间层输出 f(sj)
end
%计算输出层输出 c
Y=b*v;
Y=Y-r;                              %输出层阈值
thr1=0.01;thr2=0.5;
for t=1:q
    c(t)=1/(1+exp(-Y(t)));          %输出层输出
End
```

函数中，输入训练好的网络相关参数 p，q，n，w，v，theta，r 以及测试模式 X，计算BP 网络的输出 c，确定测试 X 的识别结果。

（4）调用函数 bptrain.m 和 bptest.m，实现对 3 个图形模式的识别，其具体实现的MATLAB 代码如下：

```
clear all;
close all;
clc
X1=[1 1 1 1, 1 0 0 1, 1 1 1 1, 1 0 0 1];           %识别模式
X2=[0 1 0 0, 0 1 0 0, 0 1 0 0, 0 1 0 0];
X3=[1 1 1 1, 1 0 0 1, 1 0 0 1, 1 1 1 1];
X=[X1;X2;X3];
Y1=[1 0 0];                                        %输出模式
```

```
Y2=[0 1 0];
Y3=[0 0 1];
Yo=[Y1;Y2;Y3];
n=16;                                              %输入层神经元个数
p=8;                                               %中间层神经元个数
q=3;                                               %输出神经元个数
k=3 ;                                              %训练模式个数
a1=0.2; b1=0.2;                                    %学习系数
%rou=0.5;                                          %动量系数
emax=0.01; cntmax=100;                             %最大误差，训练次数
[w,v,theta,r,t,mse]=bptrain(n,p,q,X,Yo,k,emax,cntmax,a1,b1);
                                                   %调用函数 bptrain()训练网络
X4=[1 1 1 1, 1 0 0 1, 1 1 1 1, 1 0 1 1 ];
disp('模式 X1 的识别结果: ')                         %测试并显示对图形的识别结果
c1=bptest(p,q,n,w,v,theta,r,X1)
disp('模式 X2 的识别结果: ')
c2=bptest(p,q,n,w,v,theta,r,X2)
disp('模式 X3 的识别结果: ')
c3=bptest(p,q,n,w,v,theta,r,X3)
disp('模式 X4 的识别结果: ')
c4=bptest(p,q,n,w,v,theta,r,X4)
c=[c1;c2;c3;c4];
for i=1:4
   for j=1:3
      if c(i,j)>0.5
         c(i,j)=1;
      elseif c(i,j)<0.2
        c(i,j)=0;
        end
      end
end
disp('模式 X1～X4 的识别结果: ')
c
```

　　程序执行，运行结果如图 15.21 所示。程序中，首先输入识别模式 X（[X1,X2,X3]）和相应的标准输出 Y，定义创建的 BP 神经网络的参数；然后调用函数 bptrain()创建并训练识别模式 X 的 BP 神经网络；最后利用函数 bptest()对训练的模式 X 进行测试并显示识别结果；同时输入新的模式 X4 与 X1 类似，测试并显示它的识别结果。从 Workspace 中返回的识别结果看，c1，c2，c3，c4 矩阵中的元素并不是准确的 0 或者 1，而是接近 0 或者 1。因此设定阈值明确 X1～X4 的分类结果，对于 X4 的分类结果和 X1 的分类结果相同，从而说明 X4 所表征的图形与 X1 基本相同。在 Workspace 里看到的返回变量如图 15.22 所示。

15.4.3　基于 MATLAB 神经网络函数的图形识别实现

　　在 MATLAB 中提供了专门的神经网络工具箱，用户可以直接利用工具箱中编写好的神经网络实现对图形的识别。本书中只针对 BP 神经网络对图形图像进行识别，在 MATLAB 工作空间的命令行输入"help backprop"，即可得到与 BP 神经网络相关的函数，进一步利用 help 命令又能得到相关函数的详细介绍。如表 15-2 列出了这些函数的名称和基本功能。

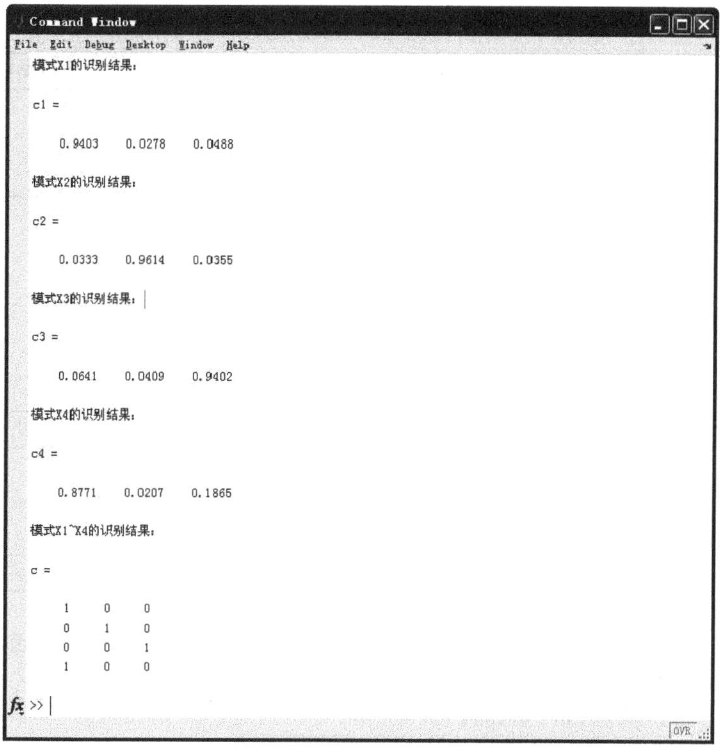
```
Command Window
File Edit Debug Desktop Window Help
模式X1的识别结果:

c1 =

    0.9403    0.0278    0.0488

模式X2的识别结果:

c2 =

    0.0333    0.9614    0.0355

模式X3的识别结果:

c3 =

    0.0641    0.0409    0.9402

模式X4的识别结果:

c4 =

    0.8771    0.0207    0.1865

模式X1~X4的识别结果:

c =

     1     0     0
     0     1     0
     0     0     1
     1     0     0

fx >>
```

图 15.21 【例 15-11】运行结果

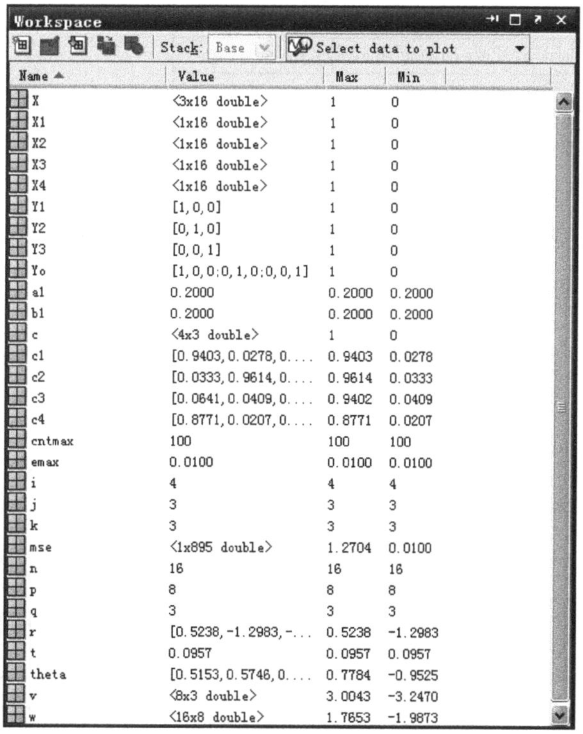
Workspace　Stack: Base　Select data to plot

Name ▲	Value	Max	Min
X	<3x16 double>	1	0
X1	<1x16 double>	1	0
X2	<1x16 double>	1	0
X3	<1x16 double>	1	0
X4	<1x16 double>	1	0
Y1	[1,0,0]	1	0
Y2	[0,1,0]	1	0
Y3	[0,0,1]	1	0
Yo	[1,0,0;0,1,0;0,0,1]	1	0
a1	0.2000	0.2000	0.2000
b1	0.2000	0.2000	0.2000
c	<4x3 double>	1	0
c1	[0.9403,0.0278,0....	0.9403	0.0278
c2	[0.0333,0.9614,0....	0.9614	0.0333
c3	[0.0641,0.0409,0....	0.9402	0.0409
c4	[0.8771,0.0207,0....	0.8771	0.0207
cntmax	100	100	100
emax	0.0100	0.0100	0.0100
i	4	4	4
j	3	3	3
k	3	3	3
mse	<1x895 double>	1.2704	0.0100
n	16	16	16
p	8	8	8
q	3	3	3
r	[0.5238,-1.2983,-...	0.5238	-1.2983
t	0.0957	0.0957	0.0957
theta	[0.5153,0.5746,0....	0.7784	-0.9525
v	<8x3 double>	3.0043	-3.2470
w	<16x8 double>	1.7653	-1.9873

图 15.22 【例 15-11】运行后 Workspace 空间中的变量

表 15-2　BP神经网络的相关的函数和主要功能

函数名	功　能	函数类别
tansig()	双曲正切 S 型（tan-sigmoid）传输函数	传输函数
purelin()	线性（Purelin）传输函数	
logsig()	对数 S 型（log-sigmoid）传输函数	
deltatan()	Tansig 神经元的 delta 函数	阈值函数
deltalin()	Purelin 神经元的 delta 函数	
deltalog()	Logsig 神经元的 delta 函数	
learnbp()	BP 学习规则	阈值函数
learnbpm()	含动量规则的快速 BP 学习规则	
learnlm()	Levenberg-Marguardt 学习规则	
initff()	对 BP 神经网络进行初始化	网络初始化函数
trainbp()	利用 BP 算法训练前向网络	网络训练函数
trainbpx()	利用快速 BP 算法训练前向网络	
trainlm()	利用 Levenberg-Marguardt 规则训练前向	
simuff()	网络 BP 神经网络进行仿真	网络测试函数
newff()	生成一个前馈 BP 网络	网络创建函数
newfftd()	生成一个前馈输入延时 BP 网络	
newcf()	生成一个前向层叠 BP 网络	
sse()	误差平方和性能函数	网络评价函数
sumsqr()	计算误差平方和	
errsurf()	计算误差曲面	
plotes()	绘制误差曲面图	
plotep()	在误差曲面图上绘制权值和偏值的位置	
ploterr()	绘制误差平方和对训练次数的曲线	
barer()	绘制误差直方图	

对于每个函数的详细调用方式，用户可查阅专门介绍 MATLAB 中神经网络函数的书籍，本节重点介绍基于神经网络的图形图像的识别。

【例 15-12】　利用 MATLAB 提供的 BP 神经网络相关函数，设计一个三层 BP 神经网络，并训练它来识别 0、1、2、…、9、A、…、F，这 16 个十六进制已经被数字成像系统数字化了，其结果是对应每个数字有一个 5×3 的布尔量网络。例如 0 用[1 1 1;1 0 1;1 0 1;1 0 1;1 1 1]表示；1 用[0 1 0;0 1 0;0 1 0;0 1 0; 0 1 0]表示；2 用[1 1 1; 0 0 1;0 1 0;1 0 0;1 1 1]表示等，如图 15.23 所示。

图 15.23　【例 15-12】待识别的字符数字图像

　　调用 MATLAB 的神经网络工具箱函数实现上述 16 个数字图像识别的具体实现代码
如下：

```
clear all;                              %清除工作空间，关闭图形窗口，清除命令行
close all;
clc
P=[1 1 1,1 0 1,1 0 1,1 0 1,1 1 1;       %0 输入向量:16 种输入向量
   0 1 0,0 1 0,0 1 0,0 1 0,0 1 0;       %1
   1 1 1,0 0 1,0 1 0,1 0 0,1 1 1;       %2
   1 1 1,0 0 1,0 1 0,0 0 1,1 1 1;       %3
   1 0 1,1 0 1,1 1 1,0 0 1,0 0 1;       %4
   1 1 1,1 0 0,1 1 1,0 0 1,1 1 1;       %5
   1 1 1,1 0 0,1 1 1,1 0 1,1 1 1;       %6
   1 1 1,0 0 1,0 0 1,0 0 1,0 0 1;       %7
   1 1 1,1 0 1,1 1 1,1 0 1,1 1 1;       %8
   1 1 1,1 0 1,1 1 1,0 0 1,1 1 1;       %9
   0 1 0,1 0 1,1 0 1,1 1 1,1 0 1;       %A
   1 1 1,0 1 1 0,1 0 1,1 1 1;           %B
   1 1 1,1 0 0,1 0 0,1 0 0,1 1 1;       %C
   1 1 0,1 0 1,1 0 1,1 0 1,1 1 0;       %D
   1 1 1,1 0 0,1 1 0,1 0 0,1 1 1;       %E
   1 1 1,1 0 0,1 1 0,1 0 0,1 0 0]';     %F
T=[0 0 0 0;0 0 0 1;0 0 1 0;0 0 1 1;     %目标向量
   0 1 0 0;0 1 0 1;0 1 1 0;0 1 1 1;
   1 0 0 0;1 0 0 1;1 0 1 0;1 0 1 1;
   1 1 0 0;1 1 0 1;1 1 1 0;1 1 1 1]';
threshold=[0 1;0 1;0 1;0 1;0 1;0 1;0 1;0 1;0 1;0 1;0 1;0 1;0 1;0 1;0 1];
                                        %输入向量的最大值和最小值
net=newff(threshold,[11,4],{'tansig','logsig'},'trainlm');
                                        %创建 BP 网络，[]内分别为中间层和隐含层
net.trainParam.epochs=100;              %最大训练次数
net.trainParam.goal=0.0005;             %训练目标（最大误差）
LP.lr=0.1;                              %学习速率（学习系数）
net=train(net,P,T);                     %训练网络
P_test=[ 1 1 1,1 0 0,1 1 1,1 0 0,1 0 0;  %测试数据（和训练数据不一致）
         1 0 1,1 0 1,1 1 1,0 0 1,0 1 1]'; 
y=sim(net,P_test)'                      %对测试数据仿真,验证训练的网络
```

　　程序运行，执行结果如图 15.24 所示。程序中，首先将数字所对应的图形转换成向量
表示，并将 0～9、A～F 表示向量构成输入矩阵 **P**，设计理想输出向量 **T**，定义输出层神经
元个数为 4，分别用 4 位 2 进制数表示 16 个理想输出；通过 threshold 设定输入向量的最大
值和最小值；利用函数 newff()创建输入层 16 个神经元、中间层 11 个神经元和输出层 4 个
神经元的 BP 网络，其中间层和输出层阈值函数分别是 tansig 和 logsig，利用 trainlm 调用
Levenberg-Marguardt 训练规则；定义最大学习次数 net.trainParam.epochs 为 100，最大误差
为 0.0005；学习系数为 0.1；然后通过函数 train()、训练模式 P 和理想输出 T 训练 net；训
练结束后利用函数 sim()和测试向量 P_test 验证结果。测试向量中选择了与数字 4 和 F 非常
接近的输入，正确输出为"1 1 1 1"和"0 1 0 0"。

　　此外，程序结束运行后，会返回建立网络的参数和一些评估指标，如图 15.25 所示。
图中分别给出了网络在训练结束后的一些参数，如运行次数 Epoch、误差 Performance 等，
用户也可以单击图 15.25 中 Plots 选项区域下的 Performance、Training State 及 Regression
按钮绘制各种网络评价曲线。例如，单击按钮 Performance 按钮，运行结果如图 15.26 所示，
展示出训练过程中最小均方误差随迭代次数的变换。

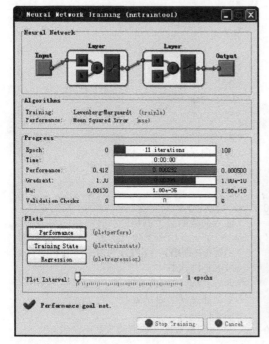

图 15.24　【例 15-12】测试字符数字图像在命令行返回的输出结果

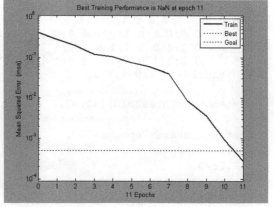

图 15.25　【例 15-12】运行的 nntraintool 窗口　　　　图 15.26　在 nntraintool 窗口
　　　　　　　　　　　　　　　　　　　　　　　　　　单击 plots-Performance 按钮后的结果

🔔注：本节中举例说明了 BP 网络在数字图像识别中的应用，给出了两种实现方法，一种
　　是根据神经网络的基本原理和规则，在 MATLAB 中自编函数实现；另一种是调用
　　MATLAB 的神经网络工具箱中的函数。两种方法都能解决数字图像识别的问题，
　　用户应根据自身需求，选择合适的神经网络和方法来实现图像识别。

15.5　本章小结

　　本章主要介绍了一些基于 MATLAB 进行数字图像处理的实例。从实际应用问题出发，
以 MATLAB 语言和函数为工具，介绍了几种数字图像处理中常见问题的解决方法。实例
中涉及医学图像重建、车牌校正、人脸识别及神经网络的图形识别，启发用户通过这些实
例真正掌握 MATLAB 图像处理的方法，从而解决自己遇到的工程问题。对于同一问题，
本书从多方面给出解决方案，用户应详细运行实例编码，体会解决方法。